Springer-Lehrbuch

Springer

Berlin
Heidelberg
New York
Barcelona
Hongkong
London
Mailand
Paris
Tokio

Physics and Astronomy

ONLINE LIBRARY

http://www.springer.de/phys-de/

Ernst Kircher   Werner B. Schneider

Physikdidaktik in der Praxis

Mit zahlreichen Abbildungen

 Springer

Priv. Doz. Dr. Ernst Kircher
Physikalisches Institut
Universität Würzburg
Am Hubland
97074 Würzburg, Deutschland
e-mail: Kircher@physik.uni-wuerzburg.de

Professor Dr. Werner B. Schneider
Universität Erlangen-Nürnberg
Staudtstr. 7
91058 Erlangen, Deutschland
e-mail: Werner.Schneider@physik.uni-erlangen.de

Die Deutsche Bibliothek – CIP-Einheitsaufnahme

Physikdidaktik in der Praxis / Hrsg.: Ernst Kircher ; Werner Schneider. - Berlin ; Heidelberg ; New York ; Barcelona ;
Hongkong ; London ; Mailand ; Paris ; Tokio : Springer, 2002
ISBN 3-540-41937-3

ISBN 3-540-41937-3 Springer-Verlag Berlin Heidelberg New York

Springer-Verlag Berlin Heidelberg New York
ein Unternehmen der BertelsmannSpringer Science+Business Media GmbH

http://www.springer.de

© Springer-Verlag Berlin Heidelberg 2002

Satz: Reproduktionsfertige Vorlage der Autoren
Einbandgestaltung: design & production GmbH, Heidelberg

Gedruckt auf säurefreiem Papier   SPIN: 10835732   56/3020 cu - 5 4 3 2 1 0

Vorwort

„Physikdidaktik in der Praxis" wendet sich an Physiklehrerinnen und Physiklehrer *der Sekundarstufen I und II sowie an Studierende und Referendare aller Lehrämter mit dem Fach Physik*. Das Buch ist die notwendige Ergänzung von „Physikdidaktik – eine Einführung" (Kircher, Girwidz & Häußler, 2001).

1. „Physikdidaktik in der Praxis" illustriert an Beispielen, wie Physik und Technik in einem grundsätzlich „offenen" Physikunterricht realisiert werden können.

Eine wichtige Rolle spielen dabei die *Alltagsvorstellungen der Schülerinnen und Schüler* (Kap. 1). Nach heutiger Auffassung ist deren Kenntnis und adäquate Berücksichtigung im Unterricht eine Grundvoraussetzung für erfolgreiches Physiklehren und Physiklernen.

Ein weiteres Problem des gegenwärtigen Physikunterrichts ist das eher geringe Interesse der Schülerinnen an den gegenwärtigen Inhalten und methodischen Strukturen des Physikunterrichts. In „Mädchen im Physikunterricht" (Kap. 2) werden Probleme analysiert und Ergebnisse aus neueren empirischen Studien zusammengefasst. Des Weiteren werden charakteristische Bereiche der *modernen Physik und Technik* in *elementarer Weise* dargestellt (Kap.3). Das bedeutet, dass für Erklärungen und Interpretationen weitgehend auf mathematische Formeln verzichtet wird. Dadurch sind die Texte über moderne Physik und Technik den *Physiklehrerinnen und Physiklehrern nicht nur des Gymnasiums zugänglich*.

In den Kapiteln 4 und 5 werden *Projekte und Lernzirkel* als Beispiele für „offene" Unterrichtsmethoden beschrieben. Wenn es um *aktuelle Medien* des Physikunterrichts geht (Kap. 6), dürfen die sogenannten „Neuen Medien" (Computer und Internet) nicht fehlen. Außerdem werden in diesem Kapitel „Freihandversuche" und „gespielte Physik" thematisiert, um andere Aspekte von „Offenheit" im Unterricht exemplarisch aufzuzeigen.

„Physikdidaktik in der Praxis" enthält selbstverständlich auch Beispiele für die *Planung und Analyse des Physikunterrichts* (Kap. 7). Die in 7.1 skizzierten Modelle der Unterrichtsplanung orientieren sich an bekannten Vorschlägen der Schulpädagogik (z.B. Peterssen, 1998). Eine Folge der TIMS-Studie ist der Artikel über „Konstruktion und Bewertung von Physikaufgaben" (7.2). Pragmatische Ratschläge werden für die „Analyse einer Unterrichtseinheit" (7.3) anlässlich des Schulpraktikums gegeben. Das in 7.4 beschriebene Instrument „Videoanalyse" geht über die wissenschaftliche Analyse des Physikunterrichts in der Lehrerbildung hinaus: Es kann außerdem für schriftlichen Hausarbeiten (Zulassungsarbeiten) und für die Analyse des Unterrichts eines selbstkritischen Lehrers genutzt werden.

2. In der Lehrerbildung sind sowohl die theoretische als auch die auf Schulerfahrung beruhende pragmatische Reflexion und Analyse von Beispielen erforderlich. Wegen des Zusammenhangs mit „Physikdidaktik – eine Einführung" wird hier allerdings weitgehend auf theoretische Erörterungen und physikdidaktische Begründungen verzichtet. Auch gehen wir davon aus, dass für erfahrene Lehrkräfte die Beispiele für sich sprechen. Diese sind in Lage, nicht nur die Beispiele zu unterrichten, sondern selbstständig die zu Grunde liegenden Ideen in eigenen Beispielen weiter zu verfolgen und zu verbreiten.

Die Leitideen von „Physikdidaktik in der Praxis" sind nicht nur auf den Physikunterricht beschränkt:

Die moderne von den Naturwissenschaften wesentlich geprägte Lebenswelt muss *für alle verständlich* sein. Wir gehen davon aus, dass trotz der häufig sehr stabilen und (aus naturwissenschaftlicher Sicht) inadäquaten Alltagsvorstellungen der Kinder und Jugendlichen, ein „offener" naturwissenschaftliche Unterricht dazu in der Lage ist.

Offener Unterricht führt nicht nur zu einem *günstigen Lernklima*, sondern darüber hinaus zu einem *positiven sozialen Klima* in der Klasse. Dahinter stehen lernpsychologische Überlegungen und die Überzeugung, dass dadurch auch *Loyalität und Engagement für unsere demokratische Grundordnung geschaffen und gefestigt wird. Dieser Unterricht muss im Allgemeinen ergänzt werden durch eine neue Aufgabenkultur (s. 7.2), durch zusätzliche Übungen, Anwendungen, Strukturierungen* und auch *durch notwendige Evaluation*.

3. Wie bei „Physikdidaktik – eine Einführung" sind wir auch an Ihren Vorstellungen, neuen Ideen und Erfahrungen im Umgang mit „Physikdidaktik in der Praxis" interessiert:

Ernst Kircher: Kircher@physik.uni-wuerzburg.de
Werner B. Schneider   Werner.Schneider@physik.uni-erlangen.de

4. Mein Dank gilt allen Kolleginnen und Kollegen, die mit großem Engagement ihre Beiträge verfasst und damit zur zügigen Fertigstellung dieses Sammelbandes für die Praxis des Physikunterrichts beigetragen haben. Mein besonderer Dank gilt W.B. Schneider, der die Autoren von Kap. 3 ausgewählt und deren Beiträge moderiert hat. J. Günther hat mit großem Engagement die Aufsätze in ein professionelles Layout gebracht. Die Redaktion des Springer-Verlags hat wertvolle Hilfen für die Fertigstellung der Druckvorlagen gegeben.

Würzburg, Juni 2002   Ernst Kircher

Inhaltsverzeichnis

1 Alltagsvorstellungen und Physik lernen

Wenn Schülerinnen und Schüler in den Sachunterricht oder in den Physikunterricht hinein kommen, so haben sie in der Regel bereits in vielfältigen Alltagserfahrungen tief verankerte Vorstellungen zu Begriffen und Phänomenen und Prinzipien entwickelt, um die es im Unterricht gehen soll. Die meisten dieser Vorstellungen stimmen mit den zu lernenden wissenschaftlichen Vorstellungen nicht überein. Hier liegt eine Ursache vieler Lernschwierigkeiten. Die Schüler verstehen häufig gar nicht, was sie im Unterricht hören oder sehen und was sie im Lehrbuch lesen. Lernen bedeutet, Wissen auf der Basis der vorhandenen Vorstellungen aktiv aufzubauen. Der Unterricht muss also an den Vorstellungen der Schülerinnen und Schüler anknüpfen und ihre Eigenaktivitäten fordern und fördern. Er muss darüber hinaus für die wissenschaftliche Sicht werben, d.h. die Schüler davon überzeugen, dass diese Sicht fruchtbare neue und interessante Einsichten bietet.

Alltagsvorstellungen bestimmen das Lernen, weil man das Neue nur durch die Brille des bereits Bekannten „sehen" kann

1.1 Beispiele für Alltagsvorstellungen

1.1.1 Vorstellungen zu Phänomenen und Begriffen

Viele Vorstellungen, die Schülerinnen und Schüler in den Unterricht mitbringen, stammen aus Alltagserfahrungen im Umgang mit Phänomenen wie Licht, Wärme, Schall und Bewegung. Aber auch die Alltagssprache beeinflusst das Bild, das sich die Schüler von der Welt machen. Zunächst bewahrt die Alltagssprache Vorstellungen wie „Die Sonne geht auf", die dem Bild, dass die Sonne die Erde umrundet, näher steht als der heutigen Auffassung. Weiterhin aber stellt die Struktur der Sprache ein Ordnungssystem bereit, Beobachtungen und Erfahrungen zu deuten. Die Art und Weise, wie im Alltag (beim täglichen Gespräch, in Zeitschriften und Büchern, im Fernsehen und Radio) von Erscheinungen wie Elektrizität, Strom, Wärme, Energie oder Kraft die Rede ist, trägt ebenfalls zur Ausbildung von bestimmten Alltagsvorstellungen bei. Die genannten Vorstellungen sind in aller Regel tief verankert – sie haben sich schließlich in Alltagssituationen bestens bewährt und werden tagtäglich durch weitere sinnliche oder sprachliche Erfahrungen verstärkt.

Ein Ton fliegt durch die Luft – Vorstellungen zum Schall

Zeichnung eines Schülers zur Ausbreitung des Schalls

Kinder machen vielfältige Erfahrungen mit Tönen und äußern interessante Vorstellungen, wie es kommt, dass ein Ton von der Schallquelle zum Ohr kommt (Wulf & Euler, 1995). Eine Reihe von jüngeren Kindern (Schuljahr 1) deutet diese Ausbreitung anthropomorph: Sie reden davon, dass der Ton zu uns will oder aus dem Instrument hervorgelockt werden muss. Interessant ist, dass auch Erwachsene dieses Bild des Hervorlockens eines Tons noch verwenden. Überhaupt findet man in jedem Alter anthropomorphe Vorstellungen. Mit zunehmendem Alter werden sie allerdings weniger „ernst" genommen, sondern dienen als erster orientierender Zugang zur Deutung eines Phänomens, mit dem eher „spielerisch" umgegangen wird.

Ältere Kinder deuten die Schallausbreitung mit Hilfe materieller Vorstellungen. Der Ton fliegt durch die Luft wie materielle Objekte. Diese Vorstellung leitet in die Irre, wenn es darum geht, die Schallleitung in Luft und festen Körpern zu vergleichen. Die Schüler schließen, dass die Luft die sich ausbreitenden materiellen Objekte nicht behindert, feste Körper aber sehr wohl. Folglich breitet sich der Schall nach Meinung der meisten Kinder in der Luft besser aus als zum Beispiel in Holz. Diese Vorstellung findet man bis in die Sekundarstufe I hinein bei einer erheblichen Zahl von Schülern.

Licht und Sehen

In der Physik wird der Vorgang des Sehens wie folgt erklärt. Lichtquellen senden Licht aus. Dieses Licht fällt direkt ins Auge – dann sieht man die Lichtquelle – oder es fällt auf Körper, die nicht von sich aus Licht aussenden, wird dort teilweise reflektiert und fällt von dort ins Auge. Zwei Punkte sind wichtig. Die Physik macht keinen grundsätzlichen Unterschied zwischen Lichtquellen und beleuchteten Körpern. Beide senden Licht aus, das unter Umständen ins Auge fällt und dann zu einem Seheindruck führt. Zweitens wird Licht als Ausbreitungsvorgang, als eine Bewegung von „etwas" (elektromagnetische Strahlung) verstanden. Alltagsvorstellungen zu Licht und Sehen sind ganz anders (Jung, 1989; Wiesner, 1994a). Für viele Schülerinnen und Schüler sind Lichtquellen und beleuchtete Körper fundamental verschieden. Während erstere etwas abgeben, das mit Licht bezeichnet wird, ist dies bei beleuchteten Körpern nicht der Fall. Diese kann man sehen, wenn man ihnen das gesunde Auge zuwendet. Das Licht liegt gewissermaßen als „Helligkeit" auf ihnen. Dass diese (nicht aktiven) Körper Licht aussenden, erscheint vielen Schülern absurd zu sein. Aus der Geschichte der Physik ist die im ersten Bild illustrierte Sehstrahlvorstellung bekannt. Das Auge sendet Licht aus, dadurch werden die angeschauten Körper sichtbar. Diese Vorstellung findet man bei Schülern in aller Regel nicht. Allerdings wird dem Auge durchaus eine aktive Rolle beim Sehvorgang zugebilligt. In der Tat ist das Gehirn aktiv beim Sehvorgang beteiligt, es konstruiert gewissermaßen das Bild, das wir wahrnehmen. Das Bild auf der Netzhaut wird zum Beispiel in den Raum projiziert und vom Gehirn nicht schlicht passiv „angeschaut" (Gropengießer, 2001).

Magnetismus – magische Vorstellungen

Die Wirkung, die ein Magnet auf einige andere Körper ausübt, ist für den Alltagsverstand schwer erklärbar. Vor allem bei jüngeren Kindern, aber nicht nur bei ihnen, finden sich viele „magische" Deutungen (Banholzer, 1936; Barrow, 1987). Viele Kinder versuchen, das Unverständliche durch Vergleich mit Bekanntem dem Verständnis näher zu bringen. Sie sprechen z.B. von Klebstoff. Wenn sich nach intensivem Reiben herausstellt, dass der Klebstoff sich nicht entfernen lässt, ist dies noch kein zureichender Grund für die meisten Anhänger dieser Theorie, ihre Vorstellung aufzugeben. Viele Kinder sind der Auffassung, Elektrizität flösse (irgendwie) in den Magneten und mache ihn damit magnetisch. Hier wird wohl versucht, das Unverständliche mit etwas anderem zu erklären, das aber ebenfalls unverstanden ist. Ein solcher Versuch zeigt sich auch bei vielen Schülern der Sekundarstufe I, wenn sie als Ursache für die Gravitationskraft den Magnetismus nennen.

Wolle gibt Wärme

Dieses Mädchen untersucht, ob ein Eisblock, der in Wolle eingehüllt ist, schneller schmilzt als ein Eisblock, der in Aluminiumfolie eingehüllt ist. Es meint, der in Wolle eingehüllte Eisblock müsse schneller schmelzen. Ein Wollpullover hält mich warm, gibt also Wärme ab, so ihre Argumentation (Tiberghien, 1980). Dies ist eine weit verbreitete Vorstellung, insbesondere bei jüngeren Schülern.  Fragt man sie zum Beispiel, welche Temperatur ein Thermometer anzeigt, das in einem Pullover steckt und das auf dem Tisch neben dem Pullover liegt, so wird im Pullover eine höhere Temperatur als außerhalb erwartet. Der gegenteilige Ausgang des Experiments überzeugt weder das hier abgebildete Mädchen noch die Schüler, die das Experiment mit dem Thermometer im Pullover ausführen, dass ihre Vorstellung falsch sind. Tief verankerte Erfahrungen, wie „Ein Pullover hält mich warm", lassen sich so einfach nicht erschüttern.

Strom wird verbraucht

Vorstellungen zum einfachen elektrischen Stromkreis sind weltweit am häufigsten untersucht worden. Dabei zeigen sich die folgenden Alltagsvorstellungen – in allen Ländern (Shipstone et al., 1988). Manche Schülerinnen und Schüler sind der Meinung, eigentlich benötige man gar nicht zwei Zuleitungen, schließlich sind elektrische Verbraucher im Haushalt auch nur (so scheint es jedenfalls) mit einer Leitung an die Steckdose angeschlossen. Andere sind der Auffassung, es fließe Strom von beiden Anschlussstellen der Batterie (oder einer anderen Quelle) zum Lämpchen, manchmal Plus- und Minusstrom genannt. Wieder andere haben die Idee, der Strom fließe von einem Pol der Batterie hin zum Lämpchen, durch das Lämpchen hindurch, werde dort teilweise verbraucht, der Rest fließe zur Batterie zurück. Diese Verbrauchsvorstellung findet sich bei den meisten Schülerinnen und Schülern bis an das Ende der Sekundarstufe I, sie „widersteht" in vielen Fällen intensiven unterrichtlichen Bemühungen. Dies hat sicher damit zu tun, wie im Alltag über Strom geredet (und damit gedacht) wird. Strom steht im Alltag eher für elektrische Energie als für das Fließen von Ladungen. In der Tat wird – im umgangssprachlichen Sinne – im Lämpchen etwas „verbraucht". Gemeint ist damit, dass etwas benutzt und dabei auch abgenutzt wird. Stromverbrauch ist also aus der Schülerperspektive eine durchaus vernünftige Vorstellung – da von ihnen auch Strom im alltagssprachlichen Sinne aufgefasst wird.

Kraft-Dilemmata

Schwierigkeiten beim Verstehen der newtonschen Mechanik sind ebenfalls sehr häufig untersucht worden (Schecker, 1985; Nachtigall, 1986). Es zeigt sich, dass nicht nur Schülerinnen und Schüler bis hinauf zu Leistungskursen der Sekundarstufe II Probleme haben, den newtonschen Kraftbegriff adäquat zu verstehen, sondern auch noch Studenten der Physik. Varianten der nebenstehenden Aufgabe sind häufig eingesetzt worden. Ein Ball bewegt sich auf der eingezeichneten Bahn. Die Kräfte, die in den Punkten A und B auf den Ball wirken, sollen eingezeichnet werden. Bei diesen Aufgaben zeichnen die Befragten in der Regel einen Pfeil in Richtung der Bewegung ein, also z. B. im Punkt A einen waagerechten Pfeil. Dahinter steckt, so scheint es, ein Rest mittelalterlicher Impetusvorstellungen. Wenn sich ein Körper in eine bestimmte Richtung bewegt, muss es eine Kraft geben, die ihn in diese Richtung zieht. Aus Sicht der newtonschen Mechanik wirkt, wenn man von der Reibung absieht, nur die Gravitationskraft senkrecht nach unten. Allerdings gibt es sehr wohl

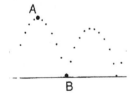

eine physikalische Größe, die immer in Richtung der Bewegung wirkt, nämlich der Impuls. Es sei angemerkt, dass insbesondere viele jüngere Schüler der Auffassung sind, dass zum Herunterfallen des Körpers keine Kraft nötig ist. Der Körper kehrt, ganz in Übereinstimmung mit der Physik der Aristoteles, gewissermaßen an seinen natürlichen Ort zurück (Schecker, 1988). Wird er allerdings hochgeworfen, so ist dafür sehr wohl eine Kraft nötig.

Bei der nebenstehenden Aufgabe wird eine Kugel an einem Band herumgeschleudert. An der markierten Stelle reißt das Band. Viele meinen, die Kugel würde sich auf einer gekrümmten Bahn weiter bewegen, als sei ihr die Kreisbewegung gewissermaßen noch aufgeprägt. Es gibt eine Reihe weiterer Probleme die der newtonsche Kraftbegriff dem Alltagsverständnis bereitet. So führen unsere täglichen Krafterfahrungen nicht zum Trägheitsprinzip, schließlich bedürfen Körper um uns herum eines dauernden Antriebs, wenn sie nicht stehen bleiben sollen. In der newtonschen Sicht sind Ruhe und Bewegung prinzipiell gleichrangige Bewegungszustände. In der Alltagssicht ist dies nicht so. Schließlich bereitet das Wechselwirkungsprinzip große Schwierigkeiten, dass nämlich Kräfte immer paarweise auftreten, dass „Kraft" und „Gegenkraft" gleich groß sind (Schecker, 1988; Backhaus, 2001).

1.1.2 Vorstellungen über die Physik und über das Lernen

Nicht allein Vorstellungen zu physikalischen Phänomenen, Begriffen und Prinzipien (also zu physikalischen Inhalten) bestimmen das Lernen. „Alltagsvorstellungen" zweier weiterer Bereiche müssen in Betracht gezogen werden. Zum einen handelt es sich um Vorstellungen *über* die Physik, also Vorstellungen zum „Wesen" und zur „Natur" der Physik. In der Regel müssen Schülerinnen und Schüler als naive Realisten bezeichnet werden. Sie scheinen jedenfalls davon auszugehen, dass die Physik die Wirklichkeit „eins-zu-eins" getreu abbildet (McComas, 1998). Weiterhin haben die Schüler meistens keine adäquaten Vorstellungen von ihrem eigenen Lernen. Sie sehen Lernen in der Regel als schlichte Übernahme und Speicherung von Wissen. Dass Wissen von ihnen selbst konstruiert werden muss (s.u.) ist ihnen nicht vertraut. Entsprechend „passiv" ist ihr Lernverhalten im Unterricht.

Schüler sind i. Allg. naive Realisten

Lernen ist für Schüler Übernahme und Speicherung von Wissen

1.1.3   Lehrervorstellungen

Es gibt sehr viele Untersuchungen, die zeigen, dass manche Lehrer Alltagsvorstellungen zu den physikalischen Inhalten und über Physik haben, die denen ihrer Schüler sehr ähnlich sind. Auch ihre Vorstellungen vom Lernen entsprechen häufig nicht der Sicht, von der nach heutigem Stand des Wissens ausgegangen werden sollte. Es dominiert, so scheint es, die Sicht, dass Wissen an den Schüler weitergegeben (zu ihm transportiert) werden könne.

1.2   Vorstellungen und Lernen

1.2.1   Vorunterrichtliche Vorstellungen berücksichtigen

Der wichtigste Faktor beim Lernen ist, was der Lernende schon weiß – man berücksichtige dies und lehre entsprechend (Ausubel, 1968)

Es ist beileibe keine neue Erkenntnis, dass die vorunterrichtlichen Vorstellungen der Schülerinnen und Schüler im Unterricht berücksichtigt werden müssen. Diesterweg (1835) hat dies bereits im 19. Jahrhundert in seinem „Wegweiser für deutsche Lehrer" so ausgedrückt: *„Ohne die Kenntnis des Standpunktes des Schülers ist keine ordentliche Belehrung desselben möglich".* Unzählige Lernstudien zeigen, dass fachspezifisches Vorwissen der wichtigste Faktor ist, der Lernen und Problemlösen bestimmt.

Assimilation und Akkommodation

Piaget sieht Lernen, den Prozess des Erwerbs neuen Wissens und neuer Fähigkeiten, als subtiles Wechselspiel von Assimilation und Akkommodation. Durch die Assimilation versucht der Lernende, die außenweltlichen Ereignisse, die neuen Erfahrungen, seinen bereits vorhandenen kognitiven Strukturen, seinen verfügbaren Schemata, anzugleichen. Gelingt die Assimilation nicht, müssen die vorhandenen Schemata modifiziert, oder es muss ein völlig neues Schema entwickelt werden. Diesen Prozess nennt Piaget Akkommodation.

Das Vorwissen: Notwendiger Anknüpfungspunkt und Lernhemmnis

Es gilt also, das Vorwissen der Schülerinnen und Schüler bei der Planung ihrer Lernprozesse zu berücksichtigen. Sie müssen, wie es eine alte pädagogische Metapher ausdrückt, dort abgeholt werden, wo sie sich befinden. Wie einleitend bereits bemerkt, erweist sich dieses Abholen beim Lernen der Naturwissenschaften als besonders schwierig, weil das vorunterrichtliche Wissen über die zu erklärenden Phänomene und Begriffe in aller Regel nicht mit der zu lernenden physikalischen Sichtweise übereinstimmt.

1.2.2 Lernen

Wie kann man sich das Lernen vorstellen?

Natürlich hat der Nürnberger Trichter als Metapher für Lernen aus-
gedient. Aber deuten nicht doch viele Alltagsredeweisen über Lernen
darauf hin, dass es häufig als passives Einlagern gesehen wird, wenn
man zum Beispiel vom Speichern spricht? Passives Übernehmen von
Lehrstoff gelingt nicht. Der Lernende muss sein Wissen vielmehr auf
der Basis des Wissens, über das er bereits verfügt, selbst konstruie-
ren. Wissen lässt sich einem Lernenden nicht wie ein Goldstück ü-
bergeben.

Aktiv konstruieren, nicht passiv übernehmen

Einfaches Weiterreichen von Wissen ist aus dem folgenden Grund
nicht möglich. Sinnesdaten, die der Lernende empfängt, haben keine
ihnen gewissermaßen innewohnende Bedeutung. Die Sinnesdaten
erhalten diese Bedeutung für den Empfangenden erst dadurch, dass
dieser ihnen eine Bedeutung verleiht. Lehren und Lernen hat mit
dem folgenden Dilemma zu tun. Der Lehrer sendet ein Signal an den
Lernenden, schreibt zum Beispiel einen Satz an die Tafel oder sagt
einen Satz in einem Gespräch. Dieser Satz hat für den Lehrer im
Rahmen seiner Vorstellungen eine ganz bestimmte Bedeutung. Der
Lernende verfügt aber über diese Vorstellungen noch gar nicht, son-
dern ist zur Interpretation des Satzes auf seine vorhandenen Vorstel-
lungen angewiesen. Häufig verleiht er demselben Satz eine andere
Bedeutung als der Lehrer. Ein entsprechendes Problem gibt es, wenn
der Lernende in einer Gesprächssituation eine Antwort an den Lehrer
gibt. Der Lehrer wird der Antwort auf der Basis seiner Vorstellungen
in der Regel eine (etwas oder gänzlich) andere Bedeutung unterle-
gen, als sie vom Lernenden gemeint war. Der hier mit „Zirkel des
Verstehen des Verstehens" bezeichnete Aspekt wird in der Pädago-
gik „hermeneutischer Zirkel" genannt. Er gilt für jede Kommunika-
tion- und Gesprächssituation. Auch im Alltag reden Gesprächspart-
ner häufig aneinander vorbei, sie verstehen sich nicht. Im Unterricht
sind Missverständnisse eher die Norm als die Ausnahme.

Zirkel des Verstehens des Verstehens

Konstruktivismus

Die vorstehend beschriebene Sicht des Lernens wird heute in der
Regel als „konstruktivistisch" bezeichnet (Gerstenmaier & Mandl,
1995; Duit, 1995). Es gibt viele Varianten dieser Sichtweise. Ihr ge-
meinsamer Kern lässt sich in den folgenden Aspekten zusammenfas-
sen.

Wissen muss selbst konstruiert werden

1. Wissen muss vom Lernenden selbst konstruiert werden. Der Lernende ist folglich für sein Lernen selbst verantwortlich. Dieser Aspekt bezieht sich also auf psychologische Aspekte des Wissenserwerbs.

Auch naturwissenschaftliches Wissen ist menschliche Konstruktion

2. Im zweiten Aspekt geht es um erkenntnistheoretische Aspekte. Wissen über die durch Erfahrungen vielfältiger Art auf uns wirkende „Außenwelt" wird als menschliche Konstruktion gesehen. Watzlawik (1981) hat pointiert von der „erfundenen Wirklichkeit" gesprochen. Glasersfeld (1993) hat betont, dass nur solches Wissen konstruiert wird, das sich als fruchtbar (viabel) erweist, sich also bei Anwendungen bewährt. Es ist wichtig zu betonen, dass der hier in Rede stehende Aspekt nicht zur Konsequenz führt, eine Realität außerhalb von uns zu leugnen. Es wird lediglich geltend gemacht, dass alles, was wir über diese Wirklichkeit wissen, menschliche Konstruktion ist. Dies gilt auch für das naturwissenschaftliche Wissen. Auch dies ist als vorläufige menschliche Konstruktion zu sehen. Die Wissenschaftsgeschichte hat gezeigt, dass manches bislang für „wahr" Gehaltenes revidiert werden und durch fruchtbarere Theorien ersetzt werden musste (Kircher et al., 2001, 151ff). Auch hier muss betont werden, dass sich das konstruierte Wissen als in Einklang mit der Realität erweisen muss.

Der soziale und materiale Kontext bestimmen das Lernen

3. Die ersten beiden Aspekte beziehen sich vorwiegend auf individuelle Konstruktionen. Der hier angefügte Aspekt wird in der Literatur in der Regel als *sozial-konstruktivistisch* bezeichnet. Lernen findet immer in einer bestimmten Lernumgebung statt, die einerseits vom sozialen und kulturellen Kontext (also die soziale Gruppe, in der gelernt wird und ihre kulturell bestimmten Sichtweisen) und andererseits vom materialen Kontext bestimmt ist. Unter materialem Kontext werden die materiellen Gegebenheiten der Lernumgebung verstanden, also der Ort an dem gelernt wird und die verwendeten Lernmedien. Diese Kontexte bestimmen die individuellen Konstruktionen, zumindest bis zu einem gewissen Grade. In der Literatur

Situiertes Lernen

spricht man auch vom „situierten Lernen". Damit soll hervorgehoben werden, dass jedes erworbene Wissen zunächst eng mit der Situation (der Lernumgebung) verbunden ist, in der es erworben worden ist.

Kurz zusammengefasst: Jeder ist seines Wissens Schmied. Jeder macht sich sein eigenes Bild von allem, was im Unterricht als Lernumgebung angeboten wird (vom Lehrervortrag, von Experimenten von Bildern, Graphen und Zeichnungen). Die Konstruktionen des Einzelnen werden davon bestimmt, was bereits „im Kopf" ist (also von den vorhandenen Vorstellungen), in welcher Gruppe und mit welchem Unterrichtsmaterial gearbeitet wird.

Der für sein Lernen selbst verantwortliche Lerner

Die konstruktivistische Sichtweise betont also auf der einen Seite den für sein Lernen selbst verantwortlichen Lernenden. Übertragung von Wissen ist, wie bereits ausgeführt, nicht möglich. Die Rolle des Lehrers ist also nicht die des Wissensübermittlers. Er kann gezielte Anstöße und Unterstützungen zum Lernen geben – nicht mehr aber auch nicht weniger.

Der Lehrer als Entwicklungshelfer

1.2.3 Zur Rolle von Vorstellungen beim Lernen

Vorstellungen bestimmen die Beobachtungen bei Experimenten

Jeder Schüler macht sich sein eigenes Bild von allem, was im Unterricht präsentiert wird. Dies gilt auch für die Beobachtungen, die man bei Experimenten machen kann. In der Regel geht man im Unterricht wohl davon aus, dass die Schüler das sehen, was doch aus Sicht der Lehrer so klar zu sehen ist. Häufig aber beobachten Schülerinnen und Schüler etwas ganz anderes, nämlich das, was ihnen ihre Vorstellungen gewissermaßen gestatten. Schüler, die der Meinung sind, ein Glühdraht beginne zuerst dort zu leuchten, wo der Strom zuerst hineinfließt, sehen das in aller Regel auch, wenn der Versuch durchgeführt wird, obwohl der Draht auf seiner ganzen Länge zu Glühen beginnt (Schlichting, 1991). Es gibt eine Reihe weiterer Beispiele dieser Art. Ein solches Verhalten ist auch aus dem Alltag gut bekannt. Verschiedene Zeugen des gleichen Ereignisses berichten in der Regel ganz Unterschiedliches, nämlich das, wohin sie durch ihre Vorstellungen, Interessen und dergleichen geleitet werden.

Vorstellungen und die eingeschränkte Überzeugungskraft experimenteller Befunde

Tritt bei einem Experiment ein anderes Ergebnis auf, als Schülerinnen und Schüler es sich auf der Basis ihrer Vorstellungen gedacht haben, so überzeugt sie das in der Regel keineswegs, dass ihre Vorstellung nicht richtig war (s. die in 1.1.1 gegebenen Beispiele). Es wird vielmehr versucht, die Vorstellung zu „retten", indem argumentiert wird, dass in diesem speziellen Fall eben aus diesen und jenen Gründen sich ein anderes Ergebnis gezeigt hat als vorher gesagt.

Ein Gegenbeispiel allein überzeugt nicht von der Richtigkeit der wissenschaftlichen Sichtweise

Widerstand gegenüber Änderungen der Sichtweise

**Überzeugen –
nicht allein der
logischen Einsicht
vertrauen**

Hartnäckiges Festhalten an einer einmal gewonnenen Vorstellung ist auch aus der Geschichte der Naturwissenschaften gut bekannt (Kircher et al., 2001, 151ff). Änderung von gewohnten und bisher ja durchaus erfolgreichen Vorstellungen ist nicht Sache logischer Einsicht allein. Die Alltagsvorstellungen, mit denen unsere Schülerinnen und Schüler in den Unterricht hineinkommen, sind in aller Regel nicht schlicht falsch, sondern sie haben sich in vielfältigen Alltagserfahrungen bewährt. Sie müssen in langwierigen Prozessen davon überzeugt werden, dass diese neuen Sichtweisen mindestens so einleuchtend und fruchtbar sind wie die alten.

**Es verstehen –
aber es nicht
glauben**

Schülerinnen und Schüler lassen also so schnell nicht ab von den Vorstellungen und Überzeugungen, die sie in den Unterricht mitbringen. Sie verstehen uns zunächst nicht, erheben Einwände, die häufig nicht einfach vom Tisch gewischt werden können, und sie „glauben" uns schließlich nicht, wenn sie uns verstehen. Jung (1993) gibt aus seinen Untersuchungen zu Vorstellungen von Licht und Sehen viele Beispiele dafür, dass Schülerinnen und Schüler die physikalische Sicht verstehen, sie aber nicht für wahr halten. Er konnte zum Beispiel Schülern die physikalische Sicht verständlich machen, dass ein beleuchteter Körper (ein Playmobilmännchen) Licht aussendet. Aber viele glaubten dies nicht.

Kein Lernen, ohne dass affektive Aspekte beteiligt sind

Was wahrgenommen wird, ist mitbestimmt durch Bedürfnisse und Interessen, also durch „affektive" Aspekte. Auch beim Interpretationsprozess spielen sie hinein. Lernen ist nie allein Sache rationaler Einsicht, also des Kognitiven, sondern es sind immer affektive Aspekte beteiligt. Niedderer (1988) hat deshalb vorgeschlagen, sich nicht allein auf die Rolle der Alltagsvorstellungen beim Lernen der Physik zu beschränken, sondern das so genannte „Schülervorverständnis" bei der Planung von Lernprozessen zu berücksichtigen. Dies schließt affektive Aspekte ausdrücklich ein.

Aus Fehlern lernen

**Aus Fehlern wird
man klug**

Im BLK Modellversuchsprogramm „Steigerung der Effizienz des mathematisch-naturwissenschaftlichen Unterrichts" (BLK, 1997; Prenzel & Duit, 1999) wird in einem Modul „Aus Fehlern lernen" betont, dass für ein Lernen, das zum Verständnis führen soll, das Fehlermachen wichtig ist. Fehler müssen als Lerngelegenheit verstanden werden, nicht als Störung, die unbedingt zu vermeiden ist. Dies gilt auch für die Alltagsvorstellungen, von denen hier die Rede ist. Sie dürfen nicht als „falsche" Vorstellungen gebrandmarkt, sondern müssen als Lerngelegenheiten akzeptiert werden.

1.2.4 Konzeptwechsel

Lernen der Naturwissenschaften bedeutet für die Schülerinnen und Schüler in aller Regel, eine ganz neue Sichtweise zu erlernen. Sie müssen von einem Konzept (nämlich den Alltagsvorstellungen) zu einem neuen Konzept (der physikalischen Sichtweise) wechseln. Dieser Wechsel bedeutet aber nicht, dass die Alltagsvorstellungen völlig aufgegeben werden. Die vorliegenden Untersuchungen zeigen, dass dies nicht gelingt. Es kann deshalb lediglich das Ziel des Unterrichts sein, die Schülerinnen und Schüler davon zu überzeugen, dass die naturwissenschaftlichen Vorstellungen in bestimmten Situationen angemessener und fruchtbarer sind als die vorunterrichtlichen Alltagsvorstellungen.

Kontext-spezifischer Wechsel

Bedingungen für Konzeptwechsel

Posner et al. (1982) geben die folgenden vier Bedingungen für Konzeptwechsel an:
1. Die Lernenden müssen mit den bereits vorhandenen Vorstellungen unzufrieden sein.
2. Die neue Vorstellung muss logisch verständlich sein.
3. Sie muss einleuchtend, also intuitiv plausibel, sein.
4. Sie muss fruchtbar, d.h. sich in neuen Situationen erfolgreich sein.

Diese vier Bedingungen haben sich in vielen Untersuchungen und in neuen Unterrichtsansätzen als fruchtbarer Orientierungsrahmen erwiesen.

Multiple Konzeptwechsel

Es ist oben bereits angeklungen, dass es beim Lernen der Naturwissenschaften um Konzeptwechsel auf mehreren Ebenen geht. Nicht allein die Alltagsvorstellungen zu den zu vermittelnden Begriffen und Prinzipien bestimmen das Lernen, sondern auch Vorstellungen *über* die Physik und Vorstellungen über das Lernen. Konzeptwechsel auf der inhaltlichen Ebene müssen also begleitet sein von Konzeptwechseln auf den beiden anderen Ebenen. Auch dort gilt es, „naive" Alltagsvorstellungen zu ändern.

*Lernen als Wechsel der Kultur- und Sprachgemein-
schaft*

**Lernen der
Physik:**

**Einleben in eine
neue Kultur**

**Erwerb einer
neuen Sprache**

Aus sozial-konstruktivistischer Perspektive wird Lernen als Wechsel
von der bisherigen zu einer neuen Kultur- und Sprachgemeinschaft
gesehen. Einleben in die neue Kultur und der Erwerb einer neuen
Sprache sind langwierige Prozesse. In sozial-konstruktivistischen
Ansätzen verwendet man deshalb häufig das Bild der „kognitiven
Meisterlehre" (des „cognitive apprenticeship"): Der Experte geleitet
den Neuling, dieser wächst in die Kultur hinein, versteht zunehmend
durch Teilnahme an den Aktivitäten in dieser Kultur, um was es sich
handelt. Dieses Bild bietet zweifellos auch einen fruchtbaren Rahmen für den Wechsel von Alltagsvorstellungen zu den wissenschaftlichen Vorstellungen.

1.3   Unterricht auf der Basis von vorunter-
richtlichen Vorstellungen

Wie kann Unterricht das, was zur Rolle der Alltagsvorstellungen
ausgeführt worden ist, berücksichtigen? Es gibt in der diesbezügli-
chen Literatur eine bereite Palette von Vorschlägen, die hier nicht
vorgestellt werden kann. Die Forschung zeigt, dass zwei gut bekannte Faktoren eine entscheidende Rolle spielen: Zeit und Geduld für
ständige Bemühungen, das Verständnis Schritt für Schritt zu entwickeln. Ein tiefes Verständnis zu Energie und Kraft erschließt sich
nicht in einem Anlauf. Unterricht muss drei im Grunde genommen
ganz selbstverständliche Regeln beachten (Häußler et al., 1998, 199f,
235):

**Die vorunterricht-
lichen Vorstel-
lungen ernst
nehmen**

Die vorunterrichtlichen Vorstellungen müssen beim gesamten Pla-
nungsprozess berücksichtigt werden. Die Sachstruktur für den Unterricht muss mit Blick auf die Vorstellungen der Schülerinnen und
Schüler geplant werden. Dabei geht es nicht um eine Vereinfachung
der Sachstruktur der Physik, sondern um eine didaktische Rekonstruktion (Kattmann et al., 1997; Kircher et al., 2001, 117 ff). Es ist
zu berücksichtigen, von welchen Vorstellungen ausgegangen werden
soll und wie von dort Schritt für Schritt zu den wissenschaftlichen
Vorstellungen geleitet werden kann. Bei den einzusetzenden Medien
(z.B. Illustrationen, Bilder, Experimente) muss beachtet werden, dass
die Schülerinnen und Schüler sie aus ihrer Perspektive möglicherweise ganz anders interpretieren, als es beabsichtigt war. Unterrichtsmethoden müssen so ausgewählt werden, dass die Schülerinnen

und Schüler Gelegenheit haben, sich mit den neu zu lernenden Vorstellungen intensiv auseinander zu setzen.

Wissen kann nicht übergeben werden. Es gilt, die Schülerinnen und Schüler zum eigenständigen „Konstruieren" des Wissens anzuregen. Dies schließt auch die Reflexion über das erworbene und das alte Wissen, also über den durchlaufenden Lernprozess ein.

Unterrichtsbewertung sollte nicht auf eine abschließende Einordnung der Schülerinnen und Schüler auf Skalen, die in die Zensur eingehen, fokussiert sein, sondern auf die Lernberatung. Aus dieser Sicht sind beispielsweise die aus fachlicher Perspektive falschen Antworten interessanter und wichtiger als die richtigen.

Nicht Wissen übergeben wollen, sondern aktive Auseinandersetzung mit dem zu Lernenden anregen und fördern

Unterrichtsbewertung im Dienste der Lernberatung

1.3.1 Anknüpfen – Umdeuten – Konfrontieren

Anknüpfen

Es werden Erfahrungen als Ausgangspunkt gewählt, deren Alltagsverständnis nicht oder möglichst wenig mit dem wissenschaftlichen kollidiert. Hier handelt es sich also um den Versuch, einen kontinuierlichen, bruchlosen Übergang zu finden. Die Lernenden werden gewissermaßen Schritt für Schritt zu den wissenschaftlichen Vorstellungen geführt.

Kontinuierliche und diskontinuierliche Lernwege

Umdeuten

Hier geht es um die Variante eines bruchlosen Weges, also um den Versuch, einen kontinuierlichen Übergang von vorunterrichtlichen zu den physikalischen Vorstellungen zu finden. Wie bereits erwähnt, haben viele Schüler beim einfachen elektrischen Stromkreis die Vorstellung, der Strom würde im Lämpchen „verbraucht". Man könnte an dieser Vorstellung anknüpfen und sie umdeuten: nicht Strom, sondern Energie wird verbraucht. In ähnlicher Weise könnte man im Falle des Kraftbegriffs an der Vorstellung vieler Schüler anknüpfen, es müsse immer eine Kraft in Richtung der Bewegung geben. Hier ist den Schüler klar zu machen, dass sie sich schon etwas Richtiges denken, dass dies aber in der Physik mit Impuls bezeichnet wird (Jung, 1986).

Konfrontieren

Hier geht man bewusst einen anderen Weg. Man beginnt hier gerade mit solchen Aspekten, die dem zu Lernenden konträr gegenüber stehen. Es wird versucht, Schülerinnen und Schüler in kognitive Konflikte (vgl. Kircher et al., 2001, 205f.) zu bringen, um sie von der wissenschaftlichen Sichtweise zu überzeugen. Dazu gibt es grundsätzlich zwei Möglichkeiten. (1) Einander konträre Vorstellungen, also die Vorstellung der Lernenden und die naturwissenschaftlichen Vorstellungen, werden gegeneinander gesetzt. (2) Die Voraussagen der Lernenden zum Ausgang eines Experiments und das tatsächliche Ergebnis werden zur Erzeugung eines kognitiven Konflikts genutzt.

Erzeugung des kognitiven Konflikts

Bruchloser Übergang oder kognitiver Konflikt?

Bei der Entscheidung, ob ein mit dem kognitiven Konflikt verbundener diskontinuierlicher Lernweg oder ein kontinuierlicher (bruchloser Übergang) von den vorunterrichtlichen zu den naturwissenschaftlichen Vorstellungen gewählt wird, sind Probleme der diskontinuierlichen Wege im Auge zu behalten. Zunächst muss gewährleistet sein, dass die Schülerinnen und Schüler den kognitiven Konflikt auch tatsächlich so „sehen" (erfahren), wie es die Lehrkraft beabsichtigt. Wiesner (1995) ist skeptisch. Er meint, dass es häufig an Experimenten mangelt, an denen die Unterschiede zwischen den Schülervorstellungen und den wissenschaftlichen Vorstellungen überzeugend aufgezeigt werden können. Weiterhin wird seiner Meinung nach viel Unterrichtszeit benötigt, alle Vorstellungen der Schüler „seriös" durchzudiskutieren. Sie stellen sich schnell darauf ein, ihre Vorstellungen durch Ad-Hoc-Annahmen zu verteidigen, so dass in vielen Fällen nur der Ausweg bleibt, die Diskussion durch die Expertenmitteilung des Lehrers zu einem vorläufigen Abschluss zu bringen. Er schlägt deshalb vor, die Schülervorstellungen nicht explizit anzusprechen, sondern Experimente und Argumentationen zu finden, die einen weitgehend bruchlosen Weg zulassen (s. auch Kircher et al., 2001, 53 f.).

1.3.2   Unterrichtsstrategien, die Konzeptwechsel unterstützen

Vertraut machen mit den Phänomenen

Grob betrachtet folgen die meisten in der Literatur vorgeschlagenen Unterrichtsstrategien dem folgenden Muster. Am Anfang steht eine Phase, in der die Lernenden mit dem Lerngegenstand, so gut es geht, vorläufig vertraut gemacht werden. Es wird ihnen z.B. Gelegenheit gegeben, eigene Erfahrungen mit den Phänomenen zu machen, die mit der Sache zusammenhängen.

Bewusstmachen der Vorstellungen

Es folgt dann eine Diskussion über die Schülervorstellungen – es sei denn, diese Phase wird aus den oben aufgeführten Gründen bewusst ausgelassen.

Die wissenschaftliche Sicht wird von der Lehrkraft (bzw. durch Medien wie ein Multi-Media-Programm) eingebracht. Ihr Nutzen wird diskutiert.

Einführung in die wissenschaftliche Sichtweise

Anwendungen der neuen Sichtweise auf neue Beispiele schließen sich an, um das Erreichte zu festigen und zu erweitern.

Anwendung der neuen Sichtweise

Wichtig ist ein kritischer Rückblick auf die durchlaufenen Lernprozesse: Wie haben wir am Beginn, wie am Ende über eine Sache gedacht?

Rückblick auf den Lernprozess

Dieses Grundmuster erlaubt eine Reihe von Variationen, je nachdem, ob man einen kontinuierlichen oder einen diskontinuierlichen Lernweg plant. Bei den oben genannten sozial-konstruktivistischen Ideen wie dem „cognitive apprenticeship" spielt das „Einleben" in eine neue Kultur bzw. in eine neue Sprache eine wichtige Rolle. Hier setzt man auf einen weitgehend bruchlosen Weg, der sich geduldig Schritt für Schritt der wissenschaftlichen Sicht nähert. Dieser Prozess gliedert sich in drei Phasen. In der ersten Phase gibt der Experte die *nötigen Anleitungen*. Der zweiten Phase liegt die Metapher des Bauen eines Gerüstes zugrunde, das dem Neuling das eigenständige Erklimmen des „Gebäudes der neuen Kultur" erlaubt, den Einstieg (wie Wagenschein, 1968, es ausgedrückt hat) zu ermöglichen. Schließlich wird das „coaching" und „scaffolding" Schritt für Schritt zurückgenommen, damit der Neuling zunehmend auf eigenen Füßen stehen kann („fading").

Bei den diskontinuierlichen Wegen (wie der konstruktivistischen Strategie von Driver & Scott, 1993) bemüht man sich eher um schlagartige Einsicht. Wie oben ausgeführt, sieht Piaget Lernen als subtiles Zusammenspiel von Assimilation und Akkommodation. In ähnlicher Weise sollte Lernen als Zusammenspiel von kontinuierlichen und diskontinuierlichen Lernwegen gesehen werden. In anderen Worten, in der „Feinstruktur" des Unterrichts wird es Phasen geben, die eher kontinuierlich und andere, die eher diskontinuierlich vorgehen.

- **Coaching**
- **Scaffolding**
- **Fading**

Im folgenden soll anhand zweier Beispiele ausführlicher diskutiert werden, in wie weit sich Alltagsvorstellungen und physikalische Vorstellungen unterscheiden und welche Konsequenzen dies für den Unterricht hat (vgl. Duit, 1999; 1992).

Zwei Themenbereiche – näher betrachtet

1.3.3   Wärme – Temperatur – Energie

Wie im Alltag von Energie die Rede ist

Warmherzig

Fahren Sie mit uns in die Wärme

Ein Ofen hat Wärme

Wärmekraftwerk

In vielfältigen Bedeutungen reden wir im Alltag von Wärme und meinen damit Aspekte von „Wärmevorgängen" wie Erwärmen, Abkühlen oder Warmsein. Es ist uns selbstverständlich, dass sich Dinge von allein (ohne dass andere Dinge oder Vorgänge beteiligt sind) nur abkühlen, aber sich nie von allein erwärmen. Wärme steht also im Alltag einerseits für etwas, das von einem warmen zu einem kalten Gegenstand fließt und das in der Physik mit dem Begriff Energie bezeichnet wird. Andererseits meint das Wort Wärme den „oberen" Teil der Temperaturskala, steht also für hohe Temperatur- ren. Im Alltagsdenken finden sich aber nicht nur erste Anknüpfungspunkte für die physikalischen Begriffe Temperatur und Energie, sondern auch für den als so schwierig geltenden zweiten Hauptsatz der Thermodynamik. Schließlich ist es eine zentrale Aussage dieses Satzes, dass Prozesse von allein immer nur in einer Richtung verlaufen, nämlich "bergab" zu tieferen Temperaturen. Freilich sind diese rudimentären Anknüpfungspunkte für physikalisches Denken über die Wärme im Alltagsdenken undifferenziert. Sie müssen in einem langen Prozess Schritt für Schritt entfaltet werden.

Wie die Physik Wärmeerscheinungen beschreibt

Intensive Größe: **Temperatur**

Extensive Größen: **Energie** **Entropie**

Die Physik deutet Wärmeerscheinungen zunächst mit den Begriffen Temperatur und Energie. Temperatur steht dabei für den *intensiven* Aspekt, Energie für den *extensiven* Aspekt der" Wärme". Intensive Größen ändern ihren Wert nicht, wenn man zwei Systeme mit dem gleichen Wert einer solchen Größe zusammenführt. Extensive Größen dagegen addieren sich bei einer derartigen Prozedur. In anderen Worten, intensive Größen stehen dafür, "wie stark" etwas ist, im Falle der Temperatur also für den Warmheitsgrad. Extensive Größen geben an, "wie viel" vorhanden ist, wie viel Energie also beim Abkühlen abgegeben und beim Erwärmen aufgenommen wird. Unglücklicherweise (in Hinsicht auf die dadurch verursachten Lernschwierigkeiten) tritt der Energiebegriff bei der Deutung von Wärmeerscheinungen in zweifacher Art auf. Einerseits redet man von der „Wärmeenergie" (in der Physik manchmal auch schlicht als „Wärme" bezeichnet). Sie ist die Energie, die aufgrund von Temperaturdifferenzen zwischen zwei Systemen fließt. Andererseits gibt es die "innere Energie", also die Energie im Innern eines Systems, die sich aus vielen Anteilen (u.a. kinetische und potenzielle Energie der Teilchen) zusammensetzen kann. Schülerinnen und Schüler haben große

Schwierigkeiten, die physikalische Redeweise zu übernehmen und zu verstehen. Auch am Ende der Sekundarstufe I ist vielen nicht klar, dass eine als Wärmeenergie zugeflossene Energiemenge dann nicht mehr als Wärme im Körper vorhanden, sondern gewissermaßen in der inneren Energie aufgegangen ist. Zu den Grundbegriffen der Wärmelehre zählt neben der Temperatur und der Energie die Entropie, die für den zweiten Hauptsatz der Wärmelehre steht, also für die Irreversibilität des Naturgeschehens. Wie bereits erwähnt, sind wichtige Aspekte dieses Satzes aus dem Alltagsverständnis ganz selbstverständlich – schließlich entstehen „antreibende" Differenzen wie Temperaturunterschiede nie von allein.

Wie sich die physikalische Sicht der Wärme entwickelt hat?

Es ist aufschlussreich, einen kurzen Blick auf die Entwicklung der Wärmelehre im Verlaufe der Geschichte der Physik zu werfen. Der Weg zum heutigen Wärmebegriff begann im 17. Jahrhundert mit der Entwicklung von Thermometern. Wiser und Carey (1983) haben untersucht, wie sich die führenden Wissenschaftler dieser Zeit in der Academia del Cimento in Florenz bemühten, Wärmeerscheinungen zu deuten. Sie kommen zum Schluss, dass die damaligen Wissenschaftler von einem undifferenzierten Wärmekonzept ausgingen, also intensive und extensive Aspekte nicht klar trennten und deshalb oft vergeblich um die Erklärung der von ihnen beobachteten Erscheinungen rangen. Ihnen fehlte eine klare Vorstellung vom Temperaturausgleich, wie wir sie heute haben, sowie die Idee der thermischen Interaktion.

Grundbegriffe der Wärmelehre

Erst in der Mitte des 18. Jahrhunderts ist Joseph Black – vor allem durch seine Versuche zur Mischung unterschiedlich warmer Stoffmengen – zu einer klaren Unterscheidung eines intensiven und extensiven Aspekts der Wärme vorgedrungen. Es hat dann noch etwa 100 Jahre gedauert, bis mit der carnotschen Theorie der Dampfmaschine und der Erfindung des Energiebegriffs der Weg frei war für die heute erreichte Differenzierung in Aspekte, die mit den Begriffen Temperatur, Energie und Entropie beschrieben werden.

Unterscheidung eines intensiven und extensiven Aspekts der Wärme

Schülervorstellungen zu Wärme – Temperatur – Energie

Von sich aus benutzen nur wenige Schülerinnen und Schüler eine Teilchenvorstellung zur Erklärung von Wärmeerscheinungen; wird sie vorgegeben, akzeptieren die Schülerinnen und Schüler sie allerdings in der Regel. Teilchen werden häufig Eigenschaften makros-

Vorstellungen zur Natur der Wärme

kopischer Körper zugeordnet: Teilchen selbst sind warm, sie dehnen sich aus; bewegen sie sich und reiben aneinander, entsteht Wärme. Stoffvorstellungen zur Wärme: Schülerinnen und Schüler sehen Wärme in aller Regel nicht als etwas "Stoffliches".

Vorstellungen zur thermischen Interaktion und zum thermischen Gleichgewicht

Es fehlt häufig eine Vorstellung von thermischer Interaktion. Das bedeutet, Gegenstände kühlen sich in der Vorstellung der Schülerinnen und Schüler ab, ohne dass sie in Wechselwirkung mit anderen Gegenständen stehen müssen. Temperaturänderungen eines Gegenstands werden allein mit Eigenschaften dieses Gegenstands in Verbindung gebracht.

Viele Schülerinnen und Schüler haben keine konsistente Vorstellung vom thermischen Gleichgewicht:
Gegenständen, die lange Zeit in einem Zimmer liegen, werden z. B. unterschiedliche Temperaturen zugeordnet, weil sie sich unterschiedlich warm anfühlen: Metalle beispielsweise werden als kälter, Kunststoffe und Holz als wärmer als die Umgebung erachtet.
Verschiedenen Gegenständen in einem Ofen von z. B. 60°C ordnen Schülerinnen und Schüler ebenfalls unterschiedliche Temperaturen zu. Hier werden Metalle als wärmer, Holz und Kunststoff als kälter als 60°C angesehen.

Differenzierung von Temperatur und Wärme

Die Wörter Wärme und Temperatur werden häufig (fast) synonym verwendet.
Wärme ist verbunden mit höherer, Kälte mit niedrigerer Temperatur als die „Normaltemperatur".

Temperatur ist der dominante Aspekt bei der Beurteilung, wie viel "Wärme" zum Erwärmen oder Schmelzen nötig ist.
Zwei unterschiedlich große Eiswürfel werden geschmolzen. Bei welchem wird mehr Wärme benötigt, oder wird in beiden Fällen gleich viel Wärme benötigt? Viele meinen, gleich viel – aber der kleine schmilzt schneller.
Gleiche Volumina von Wasser und Alkohol (Ausgangstemperatur 20°C) werden von gleichen Gasbrennern erwärmt. Der Alkohol erreicht die Temperatur von 30°C nach 2 Minuten, beim Wasser dauert es doppelt so lange. Wem ist mehr Wärme(Energie) zugeführt worden? Viele meinen, beiden ist gleich viel Wärmeenergie zugeflossen, weil sie die gleiche Temperatur erreicht haben.

Vorstellungen zu Wärme und Energie

Wärme und Energie sind eng miteinander verbunden, d. h., das Wort Wärme hat für alle Schülerinnen und Schüler auch eine "energetische" Bedeutung.

Häufig fehlen adäquate Vorstellungen von Umwandlung und Erhaltung. Schülerinnen und Schülern sind i. A. viele Energieformen bekannt. Dass bei Umwandlung eine Energieform auf Kosten der Zunahme anderer Energieformen abnimmt, bereitet vielen Schwierigkeiten.

Dass Energie erhalten bleibt, ist vielen als Aussage vertraut. Eine adäquate Vorstellung ist damit häufig jedoch nicht verbunden. Fällt beispielsweise ein Dachziegel von einem Dach, so haben Schülerinnen und Schüler Schwierigkeiten zu beantworten, wo die Bewegungsenergie beim Fallen herkommt und wo diese Energie nach dem Auftreffen bleibt. Manche meinen, Energie bleibe erhalten, weil sich ja ein Effekt (eine Verformung des Erdbodens) ergeben habe.

Selbstverständlich kann hier kein Programm für Unterricht über die „Wärme" im einzelnen entwickelt werden, das alle vorstehend skizzierten Aspekte berücksichtigt. Die historische Entwicklung lässt sich als langer und mühsamer Prozess der schrittweisen Entfaltung undifferenzierter Wärmevorstellungen in die heutigen Aspekte verstehen. Aus den vielen vorliegenden Untersuchungen zu Schülervorstellungen wissen wir, dass viele Schülerinnen und Schüler mit ähnlich undifferenzierten Vorstellungen in den Unterricht hineinkommen, wie sie die Wissenschaftler des 17. Jahrhunderts besaßen. Wie jene haben sie große Mühe, ihre Alltagsvorstellungen zur Wärme in Richtung auf die physikalischen Grundbegriffe zu entwickeln.

Was daraus für den Unterricht folgt

Für den Unterricht über Wärme bedeutet dies, das zunächst einmal das Prinzip des Temperaturausgleichs einsichtig gemacht werden muss. Dies gelingt nur, wenn erklärt wird, wie unser Wärmesinn funktioniert, warum wir also Gegenstände gleicher Temperatur als ungleich warm empfinden. Dies sollte gleich am Beginn des Unterrichts zur Wärme geschehen. Die in vielen Versuchen beobachtete Tatsache, dass sich Temperaturdifferenzen stets ausgleichen, legt es nahe, sich diesen Ausgleich als Austausch von „etwas" zu denken, das in der Physik „Energie" genannt wird. Damit wird auch der Grundstein für das Verständnis des 2. Hauptsatzes gelegt. Dieses „etwas" fließt „von allein" immer nur vom warmen zum kalten Körper. Um den Problemen mit dem unterschiedlichen Gebrauch des Terminus Wärme in der Physik auszuweichen, könnte man Wärme im Unterricht immer nur im umgangssprachlichen Sinne (als undifferenzierte Kennzeichnung von Wärmevorgängen) verwenden und Bezeichnungen wie Wärmeenergie vermeiden.

1.3.4　Vorstellungen zum Teilchenmodell

Was im Physikunterricht unter dem Teilchenmodell verstanden wird

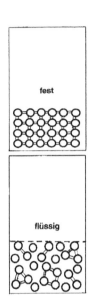

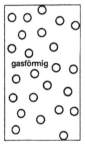

Das Teilchenmodell spielt im Physikunterricht eine wichtige Rolle. Wenn in der Sekundarstufe I vom Teilchenmodell die Rede ist, so ist damit die Vorstellung gemeint, dass alle Dinge um uns herum aus kleinsten Teilchen aufgebaut sind. Die Struktur dieser Teilchen bleibt dabei unberücksichtigt. Die Teilchen werden i.A. als sehr kleine Materiepartikel. Das Teilchenmodell ist ein mechanistisches Modell. Die Teilchen verhalten sich nach den Regeln der klassischen statistischen Mechanik. Das Teilchenmodell dient dazu, verschiedenartige Phänomene (aus verschiedenen Gebieten der Physik, meist aber aus der Wärmelehre und der Mechanik) einheitlich zu deuten. Das Standardbeispiel ist die Erklärung der Aggregatzustände fest, flüssig und gasförmig.

Viele Untersuchungen zeigen, dass Schülerinnen und Schüler der Sekundarstufe I große Schwierigkeiten haben, dieses Modell anzuwenden. Auch nach mehrjährigem Physikunterricht, in dem versucht worden ist, den Schülern dieses Modell nahe zu bringen, ist die erreichte Konzeptänderung von den vorunterrichtlichen Alltagsvorstellungen zu den wissenschaftlichen Vorstellungen recht bescheiden.

Es scheint, dass diese Probleme zu einem erheblichen Teil „hausgemacht" sind, d.h. durch den Unterricht zum Teilchenmodell mitverursacht werden. Das wichtigste Problem hat damit zu tun, dass wir uns bemühen müssen, die Mikrowelt der Teilchen so zu veranschaulichen, dass sie den Schülerinnen und Schüler verständlich wird. Diese Bemühungen aber erweisen sich als trojanisches Pferd. Das Teilchenmodell verlässt den Bereich, der unseren sinnlichen Wahrnehmungen zugänglich ist, und stößt zu einem Bereich vor, in dem unsere gewohnten Anschauungen nicht mehr passen. Um es verständlich zu machen, werden aber ganz ausdrücklich Analogien zur gewohnten Alltagswelt verwendet. Die Teilchen sind zum Beispiel den gewohnten Dinge ähnlich, sie werden zum Beispiel als Kugeln dargestellt. Es ist dann nicht verwunderlich, wenn die Schülerinnen und Schüler sich die Welt der Teilchen als ähnlich vorstellen wie die gewohnte Welt um sie herum. Dass in der Welt der Teilchen ganz andere Gesetze als in der „Alltagswelt" gelten, bleibt vielen Schülern verschlossen. In anderen Worten, der Status des Teilchenmodells wird ihnen nicht klar. Wir haben es hier mit einem Dilemma zu tun. Um das Modell verständlich zu machen, muss auf etwas zurückgegriffen werden, das den Lernenden vertraut ist – gerade dadurch aber werden Lernbarrieren aufgebaut.

Schülervorstellungen zum Teilchenmodell

Nur wenige Schülerinnen und Schüler verwenden i. Allg. das Teilchenmodell von sich aus, um Phänomene und Vorgänge zu erklären. Wird es allerdings als Erklärung angeboten, so wird es von vielen akzeptiert.

Alltagserfahrungen legen Kontinuumsvorstellungen, nicht Teilchenvorstellungen, nahe. In der Alltagssicht wird Materie als etwas Statisches gesehen und nicht als etwas, das unablässig in Bewegung ist. Die Vorstellung des absoluten Leeren, des Vakuums, hat in dieser Vorstellung keinen Platz. Diese intuitiven Alltagsvorstellungen reichen in aller Regel aus, um Vorgänge im Alltag zu deuten. In vielen Untersuchungen zeigen sich „Vermischungen" von Kontinuums- und Diskontinuumsvorstellungen. Man kann dies so interpretieren, dass sich die Schüler bemühen, das Neue (hier das Teilchenmodell) im Rahmen des bereits Bekannten (hier ihr Kontinuumsmodell) zu sehen. Pfundt (1981) berichtet, dass eine Flüssigkeit von den meisten Schülern in ihren Interviews als Kontinuum gesehen wird. Dem daraus bei der Verdunstung bzw. Verdampfung entstehenden Gas wird allerdings von manchen Schülern durchaus eine körnige Struktur zugebilligt.

Vermischungen von Kontinuums- und Diskontinuumsvorstellungen

Zwischen den Luftteilchen ist Luft

Zwischen den Teilchen, da ist der leere Raum. Dies ist die Antwort des Physikers aus der Sicht des Teilchenmodells. Es ist nicht die Antwort vieler Schüler. Bei der nebenstehenden Aufgabe (Kircher, 1986) wird zum Beispiel von den meisten Schülern angekreuzt, dass sich Luft, Sauerstoff oder Dampf zwischen den Teilchen befindet. In einer anderen Untersuchung hat Rennström (1988) Schülern Salzstückchen vorgelegt und gebeten, aufzuzeichnen, wie sie sich den Aufbau der Stückchen vorstellen. Viele zeichneten Punkte, um Teilchen anzudeuten. Und was ist zwischen den Punkten? Natürlich Salz!

Kreuze einen der Buchstaben an, der den folgenden Satz richtig ergänzt: Wenn wir die Luftteilchen (wie in der Abb.) sehen könnten, würden wir herausfinden, dass in den Räumen zwischen den Teilchen...
a) ... Luft ist
b) ... Schadstoffe sind
c) ... Sauerstoff ist
d) ... überhaupt keine Materie (kein Stoff) ist
e) ... Dampf ist
f) ... Staub ist

Es gibt eine Reihe von Belegen, dass der Unterricht zum Teilchenmodell dazu führt, dass Schülerinnen und Schülern den Teilchen Eigenschaften der Dinge der gewohnten Welt zuordnen. Einige von ihnen sind bereits erwähnt worden. Hier sei nur noch das folgende Beispiel hinzugefügt. In einer Informationsschrift eines Energieversorgungsunternehmens über die Funktionsweise eines Mikrowellenherds kann man lesen: „Wenn Mikrowellen auf das Nahrungsmittel

Übertragen von Aspekten der makroskopischen Welt und von Erfahrungen der Lebenswelt auf die Welt der Teilchen

treffen, bringen sie die Teilchen der Speisen in Schwingung. Die Teilchen reiben sich aneinander und es entsteht Wärme, ebenso wie Wärme entsteht, wenn man die Hände aneinander reibt". Viele Schüler haben die gleiche Vorstellung.

Die Teilchen kommen irgendwann einmal zur Ruhe, sie bewegen sich nicht ewig

In der Welt der Teilchen gibt es keine Reibung, die Teilchen kommen nie zur Ruhe, es herrscht in dieser Welt eine ewige „innere Unruhe" (Wagenschein, 1965, 225). Teilchen der normalen Welt verhalten sich ganz anders. Sie kommen unvermeidlich irgendwann zur Ruhe, wenn die durch Reibung verursachten Energieverluste nicht ausgeglichen werden. Schülerinnen und Schüler haben deshalb große Schwierigkeiten, sich vorzustellen, dass sich die kleinsten Teilchen unablässig bewegen.

Was daraus für den Unterricht folgt:

Das Teilchenmodell kann man nicht aus experimentellen Beobachtungen erschließen, es kann lediglich ein breites Spektrum von Beobachtungen konsistent erklären. Der Unterrichtsvorschlag von Driver und Scott (1994) folgt konsequent dieser Einsicht. Es wird die oben (1.3.2) vorgestellte „konstruktivistische" Unterrichtsstrategie verwendet, allerdings wird eine Phase eingeschoben, in der die Natur des Teilchenmodells diskutiert wird.

Vertrautmachen mit den Pänomenen

Die Schülerinnen und Schüler untersuchen Phänomene, die sich mit dem Teilchenmodell deuten lassen, wie Kompressibilität von Gasen, Flüssigkeiten und festen Körpern, die Ausbreitung von Parfüm und die unterschiedliche Dichte von verschiedenen Materialien. Sie führen Versuche durch und schreiben ihre Erklärungen auf. Jede Gruppe gestaltet ein Poster und präsentiert so ihre Ergebnisse den anderen Gruppen.

Zur „Natur" naturwissenschaftlicher Theorien

Es werden zunächst Spiele gespielt, bei denen es darum geht, die Regel zu entdecken, die hinter einer Zahlenfolge steckt. Dann sollen bei einem anderen Spiel („murder mystery") Indizien gesammelt werden, mit denen man in einem vorgegebenen Fall einen Mörder identifizieren kann. Ihre Rolle bei der Untersuchung der Teilcheneigenschaften der Materie sollen die Schüler also als analog zur Arbeit eines Detektivs sehen. Es gilt, Indizien zusammen zu tragen, die eine Teilchenvorstellung unterstützen.

Fortsetzung der Experimente und Konstruieren der Teilchentheorie

Die in der ersten Phase begonnenen Experimente werden nun systematischer angegangen. Eigenschaften der Körper werden zusammengetragen. Die Schülerinnen und Schüler erweitern, ergänzen und revidieren ihre bisherigen Teilchentheorien auf der Basis der gesammelten Indizien.

Die verschiedenen Schülertheorien werden verglichen. Der Lehrer führt die physikalische Vorstellung ein und erläutert, inwiefern sie besser zu den gesammelten Indizien passt als die Schülertheorien. Kognitive Konflikte zwischen Schülertheorien und der physikalischen Sicht werden bewusst eingesetzt.

Auf dem Weg zur physikalischen Teilchenvorstellung

Schließlich geht es um die Anwendung der neuen Vorstellung auf neue Phänomene. Dabei ist es in der Regel nötig, die bisher durchlaufenen Lernprozesse noch einmal bewusst zu machen.

Rückblick und Anwendungen

Fischler und Lichtfeld (1997) setzen bei ihren Unterrichtsvorschlägen an den oben aufgeführten Vorstellungen und den damit verbundenen Lernschwierigkeiten an und geben Hinweise, wie Missverständnisse vermieden werden können. Die Übertragung von Eigenschaften makroskopischer Körper auf die Welt der Teilchen soll zum Beispiel dadurch entgegengewirkt werden, dass verschiedene Formen der Teilchen (nicht nur Kugeln) und unter ihnen auch „schlechte" Vergegenständlichungen wie Kastanien oder Dosen verwendet werden.

1.4 Anmerkungen und Literaturhinweise

1.4.1 Abschließende Anmerkungen

Die sehr enttäuschenden Ergebnisse deutscher Schülerinnen und Schüler bei den internationalen Vergleichsstudien TIMSS (1995) und PISA (2000) haben gezeigt, dass viele unserer Schülerinnen und Schüler eine solide physikalische Grundbildung in der Schule nicht erwerben (Baumert u.a., 2001). Die Ursachen für dieses schlechte Abschneiden sind vielfältig. Schulleistungen werden durch eine Vielzahl von Faktoren bestimmt. Wichtige Einflüsse gehen von den Eltern, dem gesellschaftlichen Umfeld (einschließlich der Medien), den Jugendkulturen und den Mitschülern (sogenannte peer groups) aus. Ein entscheidender Punkt sind hier Leistungs- und Lernbereitschaft sowie die Wertschätzung der Physik. Selbstverständlich sind aber auch die Schulen für das schlechte Abschneiden mit verantwortlich. Hier wiederum spielt die im hier vorliegenden Kapitel näher ausgeführte besondere Schwierigkeit des Erlernens der Physik eine wichtige Rolle.

Keine solide physikalische Grundbildung

Alltagsvorstellun-
gen:
Anknüpfungs-
punkt und
Lernhemmnis

Die Alltagsvorstellungen, mit denen die Schülerinnen und Schüler in den Unterricht hineinkommen, stimmen in aller Regel mit den zu lernenden physikalischen Vorstellungen nicht überein, häufig stehen sie sogar im krassen Widerspruch zu ihnen. Sie sind notwendiger Anknüpfungspunkt und Lernhemmnis zugleich. Wird dies im Physikunterricht in Schule und Hochschule, aber auch bei der Vermittlung naturwissenschaftlicher Erkenntnisse an eine breite Öffentlichkeit, nicht angemessen berücksichtigt, so wird sich der Erfolg dieser Bemühungen in Grenzen halten. Lernen kann nur dann erfolgreich sein, wenn die Lernenden das ihnen Präsentierte jedenfalls bis zu einem gewissen Grade verstehen können und wenn sie Gelegenheiten bekommen, sich intensiv mit der Sache auseinander zu setzen. Der Prozess der eigenständigen Konstruktion des Wissens kann nur gelingen, wenn ausreichende Unterstützung durch den Lehrer gegeben wird (Weinert, 1996).

Eigentätigkeit der
Lernenden
fordern und
fördern

All dies scheint zur Zeit im Physikunterricht noch zu kurz zu kommen. Der Unterricht muss an den Vorstellungen der Schülerinnen und Schüler anknüpfen und die Eigentätigkeit der Lernenden fordern und fördern. Berücksichtigen dieser Vorstellungen ist aber auch als ein Teil von Bemühungen zu sehen, Physikunterricht zu entwickeln, der von den Schülerinnen und Schülern als wichtig und sie betreffend angesehen wird.

Verstehens von
Physik und
Entwicklung von
Interesse

Förderung des Verstehens von Physik und Entwicklung von Interesse sind zwei Seiten einer Medaille. Erleben die Schülerinnen und Schüler, dass sie die als so schwierig geltenden physikalischen Begriffe und Prinzipien verstehen können und dass sie für sie persönlich wichtig sind, so fördert das nicht nur ihr Selbstvertrauen, in Physik etwas lernen zu können, sondern auch ihr Interesse, sich mit Physik intensiv auseinander zu setzen. Es steht außer Frage, dass diese intensive Auseinandersetzung nötig ist, um eine angemessenere physikalische Grundbildung zu erwerben.

1.5.2 Literaturübersicht zu Alltagsvorstellungen

Seit mehr als 20 Jahren wird die Literatur zu „Alltagsvorstellungen und naturwissenschaftlicher Unterricht" in einer Bibliographie dokumentiert (Pfundt & Duit, 2001). Sie kann von der Homepage des IPN heruntergeladen werden (Duit, 2002). Schlagwörter erlauben es u.a. nach Arbeiten zu Vorstellungen der verschiedenen Sachgebiete der Physik zu suchen.

Bibliographie

Häußler, et al. (1998). Naturwissenschaftsdidaktische Forschung: Perspektiven für die Unterrichtspraxis. Kiel: IPN. Kapitel 6: „Welche Perspektiven eröffnet die Forschung zu vorunterrichtlichen Vorstellungen und zum Lernprozess?"

Duit & v. Rhöneck (1996). Lernen in den Naturwissenschaften, Kiel: IPN.

Duit & v. Rhöneck (2000). Ergebnisse fachdidaktischer und psychologischer Lehr-Lern-Forschung. Kiel: IPN.

Übersichtsarbeiten

In diesen Bänden wird versucht, den Stand fachdidaktischer und psychologischer Forschung zum Lehren und Lernen der Physik zusammen zu fassen.

Duit, Goldberg & Niedderer (1992). Research in physics learning: Theoretical issues and empirical studies. Kiel: IPN.

Der Band enthält die Beiträge einer internationalen Konferenz zu Lernprozessstudien im Bereich der Physik.

Die folgenden drei Themenhefte einer Zeitschrift enthalten allgemeine Überlegungen zur Rolle von Vorstellungen beim Lernen der Physik und Unterrichtsvorschläge zu den folgenden Gebieten der Physik: Energie, Elektrik,Optik, Mechanik, Wärme und Teilchen.

Alltagsvorstellungen. NiU/ Physik Chemie, 34, Ausgabe 3/1986. Friedrich Verlag.

Schülervorstellungen – Neue Unterrichtsansätze in der Elektrizitätslehre. NiU/ Physik, 4, Ausgabe 1/1993. Friedrich Verlag.

Alltagsvorstellungen II. NiU/ Physik 5, Ausgabe 2/1994. Friedrich Verlag.

Arbeiten zu zentralen physikalischen Begriffen	Im folgenden werden zu wichtigen Inhaltsbereichen der Physik Literaturhinweise zusammengestellt. Dabei werden deutschsprachige Arbeiten und solche, die relativ leicht zugänglich sind, bevorzugt.
Elektrik	v. Rhöneck (1986) / Shipstone et al. (1988) / Grob, v. Rhöneck & Völker (1993) / Wiesner (1995) / Duit & v. Rhöneck (1998).
Magnetismus	Duit (1992) / Kircher & Rohrer (1993).
Wärme	Duit (1986a, 1999) / Kesidou, Duit & Glynn (1995) / Fritzsche & Duit (1999).
Energie	Duit (1986b, 1999) / Lijnse (1990) / Duit & Häußler (1994).
Optik	Wiesner (1986, 1993/1994, 1994a) / Jung (1989, 1993) / Wodzinski & Wiesner (1994a) / Galili & Hazan (2000) / Gropengießer (2001).
Kraft	Schecker (1985) / Nachtigall (1986) / Wiesner (1994b) / Wodzinski & Wiesner (1994b) / Schecker & Niedderer (1996) / Wodzinski (1996) / Heuer & Wilhelm (1997) / Jung (1998) / Viennot (1998) / Gerdes & Schecker (1999)
Druck	Huster (1996) / Wodzinski (1997) / Psillos & Kariotoglou (1999).
Auftrieb	Wiesner (1991) / Möller (1999).
Gravitationskraft	Galili (1993) / Sneider & Ohadi (1998).
Astronomie	Vosniadou (1994) / Baxter (1995) / Sneider & Ohadi (1998).
Teilchen	Pfundt (1981) / Kircher (1986) / Duit (1992) / Driver & Scott (1994) / Fischler & Lichtfeldt (1997) / Nussbaum (1998)
Quantenphysik	Bethke (1992) / Fischler & Lichtfeldt (1992) / Lichtfeldt (1992a, 1992b) / Wiesner (1996) / Petri & Niedderer (1998)
Chaos	Duit & Komorek (2000).

Rita Wodzinsky

2 Mädchen im Physikunterricht

Das Fach Physik ist für viele Mädchen mit Abstand das unbeliebteste Fach, für einige sogar ein „Horrorfach". Wenn es die Möglichkeit gibt, Physik abzuwählen, dann entscheiden sich viele Mädchen bewusst gegen die Physik. In Physik-Leistungskursen sind Mädchen nach wie vor mit etwa 10% klar unterrepräsentiert und nur wenige wählen Berufe oder Studiengänge im naturwissenschaftlich-technischen Bereich. Das frühzeitige Abwenden von der Physik führt u.a. dazu, dass viele Mädchen zu einem wichtigen Teil unserer Kultur keinen Zugang finden, bei gesellschaftlich wichtigen Fragen nicht mitreden können und im Hinblick auf ihre persönliche und berufliche Entwicklung ein schmaleres Spektrum an Möglichkeiten haben als viele Jungen.

Schon zu Beginn der 80er Jahre wurde diese Problematik in den Blickpunkt einer breiten Öffentlichkeit gerückt. Für Anhänger der Frauenbewegung war die Situation der Mädchen im Physikunterricht ein besonders deutliches Beispiel für die Benachteiligung von Mädchen im Bildungssystem (z.B. Spender, 1985). Eine stärkere Förderung der Mädchen in Naturwissenschaften und Technik sollte ihnen nicht nur mehr Chancen auf dem Arbeitsmarkt einräumen, sondern auch eine Basis für private und politische Entscheidungen bereitstellen und ihnen so zu mehr Emanzipation und Gleichberechtigung verhelfen. Angesichts eines sinkenden Images der Naturwissenschaften und eines zunehmenden Mangels an Fachkräften im naturwissenschaftlich-technischen Bereich sind aber auch wirtschaftliche Interessen bei der Mädchenförderung nicht zu übersehen (vgl. Muckenfuß, 1995).

Neuere Untersuchungen zum Thema „Mädchen und Physik" machen noch ein weiteres Motiv deutlich, sich mit der besonderen Situation der Mädchen im Physikunterricht auseinander zu setzen. Die Untersuchungsergebnisse bestätigen nämlich, dass eine Orientierung des Unterrichts an den Mädchen auch den Jungen zugute kommt und eine Qualitätssteigerung des Physikunterrichts insgesamt bedeutet. Wagenschein hat dies vor vielen Jahren bereits in der griffigen und häufig zitierten Formulierung zusammengefasst: „Wenn man sich nach den Mädchen richtet, ist es auch für Jungen richtig, umgekehrt aber nicht" (Wagenschein, 1965, 350).

In den letzten Jahren ist ein entsprechender Wandel in der Auseinandersetzung mit dem Thema „Mädchen und Physik" zu beobachten. Der Blick ist nicht mehr auf Defizite auf Seiten der Mädchen gerichtet, die es zu beheben gilt, sondern auf Defizite des Physikunterrichts, für die das Desinteresse der Mädchen ein Indikator ist (vgl. Muckenfuß, 1995, 58).

2.1 Ein erster Überblick

2.1.1 Die besondere Situation der Mädchen im Physikunterricht

Unterschiede in kognitiven Fähigkeiten?

Mädchen unterscheiden sich von Jungen nicht nur im Hinblick auf das Interesse, sondern sie erzielen auch deutlich geringere Leistungen als ihre männlichen Klassenkameraden. In der TIMS-Studie z.B. wurden am Ende der 8. Klasse in den alten Bundesländern Leistungsunterschiede zwischen Jungen und Mädchen festgestellt, die dem Leistungsfortschritt etwa eines Schuljahres entsprechen. In den neuen Bundesländern war der Unterschied etwa halb so groß (Baumert et al., 1997, 158). Während man vor einigen Jahren die Leistungsunterschiede noch mit unterschiedlichen kognitiven Fähigkeiten von Mädchen und Jungen – insbesondere dem räumlichen Vorstellungsvermögen – erklärte, zeigen heutige Tests kaum noch Unterschiede in den kognitiven Leistungen der Jungen und Mädchen (Baumert et al., 1997; 148, Hoffmann et al., 1997, 22; siehe auch Kotte, 1992). Es gibt also keinen Grund anzunehmen, dass Mädchen im Physikunterricht nicht grundsätzlich zu den gleichen Leistungen fähig wären wie die Jungen.

Interesse und Leistung

Häufig wird ein unmittelbarer Zusammenhang zwischen den geringeren Leistungen und den geringeren Interessen der Mädchen vermutet. Entsprechend wird erwartet, dass eine stärkere Berücksichtigung der Interessen der Mädchen auch zu besseren Leistungen bei den Mädchen führe. Tatsächlich ist ein solcher kausaler Zusammenhang zwischen Interesse und Leistungen aber nicht nachweisbar (Krapp, 1992).

2.1.2 Einige Ursachen

Geschlechtsstereotype

Als Hauptursache für die Unterschiede bzgl. Interesse und Leistungen von Jungen und Mädchen im Physikunterricht werden vor allem gesellschaftlich relativ fest verankerte Geschlechtsstereotype angesehen, nach denen Weiblichkeit und Interesse an der Physik als unvereinbar gelten. Stereotype dieser Art bestimmen, wie Jungen und Mädchen erzogen werden, wie Lehrerinnen und Lehrer mit ihnen umgehen, welches Selbstbewusstsein Jungen und Mädchen entwickeln usw.

Im einzelnen werden oft folgende Einzelaspekte angeführt, um die Interessens- und Leistungsunterschiede von Jungen und Mädchen zu erklären.

1. *Vorerfahrungen:* Mädchen bringen aus ihrem Elternhaus nachweislich weniger Erfahrungen im Umgang mit physikalisch-technischen Gegenständen und Phänomenen mit als Jungen und werden von ihrem Umfeld seltener dazu angeregt, sich mit physikalischen Themen zu beschäftigen. Da sich in vielen Untersuchungen das Vorwissen als wichtige Einflussgröße auf den Lernerfolg herausstellt, ist zu vermuten, dass das unterschiedliche Vorwissen auch für die Unterschiede im Lernen von Jungen und Mädchen ein wichtiger Faktor ist. Empirisch ist dieser Zusammenhang jedoch nicht eindeutig geklärt (Baumert et al., 1998; Ziegler et al., 1997; Jones et al., 2000).

Vorerfahrungen

2. *Ungleiche Interaktionsmuster von Lehrkräften und Mitschülern gegenüber Jungen und Mädchen:* Untersuchungen zeigen, dass Lehrerinnen und Lehrer mit Jungen im Physikunterricht anders umgehen als mit Mädchen: Mädchen werden weniger beachtet, sie erhalten weniger Aufmerksamkeit durch Lob oder Tadel und werden seltener am Unterricht beteiligt. Bei gleichen Leistungen erhalten Jungen mehr Lob, während Mädchen häufig Anerkennung für soziales Wohlverhalten bekommen. Diese Verhaltensweisen sind den Lehrkräften in aller Regel nicht bewusst und treten selbst dann auf, wenn die Lehrerinnen und Lehrer mit der Problematik vertraut sind und sich um Gleichbehandlung bemühen (Haggerty, 1995, Spender, 1985, 92 ff). Gezielte Beobachtung von außen oder Videomitschnitte des eigenen Unterrichts sind ein wertvolles Hilfsmittel, um sich mit den eigenen Verhaltensweisen zu konfrontieren.

Ungleiche Interaktionsmuster

Auch in den Interaktionen zwischen Jungen und Mädchen sind Mädchen eher benachteiligt (Enders-Dragässer &Fuchs, 1989).

3. *Unterschiedliches Selbstbild:* Ein weiterer wichtiger Einflussfaktor auf Interesse und Leistungen ist das Selbstvertrauen und die Einschätzung der eigenen Leistungsfähigkeit in Physik. Man bezeichnet dies auch als fachspezifisches Selbstkonzept (Hoffmann et al., 1997). Besonders deutlich kommt das unterschiedliche Selbstkonzept von Jungen und Mädchen zum Ausdruck in der Art, wie sie eigene Erfolge bzw. Misserfolge bewerten. Mädchen neigen dazu, Erfolge eher äußeren Faktoren zuzuschreiben, auf die sie selbst keinen Einfluss haben, wie z.B., dass sie einfach Glück gehabt haben, dass die Arbeit leicht war etc. Misserfolge dagegen schreiben sie ihrer eigenen Unfähigkeit bzw. ihrer mangelnden Begabung für das Fach zu. Bei Jungen verläuft das Muster genau umgekehrt. Sie führen Erfolge eher auf ihre persönliche Begabung zurück, während sie für Misserfolge äußere Ursachen angeben, wie die Tatsache, dass der Lehrer schlecht bewertet hat, dass die Aufgaben unfair gestellt waren etc. Diese un-

Selbstkonzept

terschiedlichen Muster führen dazu, dass die Vorstellung der Mädchen, für die Naturwissenschaften unbegabt zu sein, immer neue Nahrung erhält (Möller & Jerusalem, 1997; Hoffmann et al., 1997; Horstkemper, 1987).

Mädchen	Jungen
äußere Ursachen: Glück, leichte Aufgaben	**äußere Ursachen:** Pech, schwere Aufgaben
Erfolg **Misserfolg**	**Erfolg** **Misserfolg**
innere Ursachen: fehlende Begabung	**innere Ursachen:** Begabung

Abb. 2.1: Unterschiedliche Muster der Erfolgs- und Misserfolgszuweisung von Jungen und Mädchen

Lehrkräfte neigen dazu, diese Muster der Erfolgs- und Misserfolgszuweisung für beide Geschlechter noch zu verstärken (vgl. Ziegler et al., 1998b). Entsprechend verschärfen sich die Unterschiede im Selbstbild im Laufe der Schulzeit noch. Sie bestimmen wesentlich, ob sich z.B. Abiturientinnen für ein naturwissenschaftliches Studium entscheiden. So schätzen Studentinnen mit weit überdurchschnittlichen Kenntnissen in Naturwissenschaften ihre Fähigkeiten doppelt so oft als zu gering ein, um Naturwissenschaften zu studieren, als ihre männlichen Kollegen (Hoffmann et al., 1997, 24).

Das fachspezifische Selbstkonzept hat sich in vielen Untersuchungen als wichtigste Variable zur Erklärung der Unterschiede in den Leistungen und dem Interesse am Fach Physik erwiesen. Für das Sachinteresse, also das Interesse an physikalischen Themen und Sachverhalten, spielt das fachspezifische Selbstkonzept allerdings nur eine geringe Rolle (Hoffmann et al., 1998; Baumert et al., 1998).

Unterrichts-gestaltung an den Mädchen vorbei

4. Unterrichtsgestaltung an den Mädchen vorbei: Eine weitere Ursache für das Abwenden der Mädchen von der Physik wird darin gesehen, dass der traditionelle Physikunterricht die Interessen der Mädchen zu wenig berücksichtigt. Untersuchungen zeigen, dass die Mädchen durchaus Interesse an den Themen des Physikunterrichts haben. Sie reagieren jedoch – anders als viele Jungen – sehr sensibel darauf, in welchen Kontext das jeweilige Thema eingebettet ist. Auch bevorzugen Mädchen andere Lernformen als Jungen. Kooperatives Lernen wird z.B. von ihnen mehr geschätzt als konkurrierendes Lernen. Der traditionelle Physikunterricht nimmt darauf bisher zu wenig Rücksicht. Er orientiert sich noch immer an den Interessen der Teilgruppe der hoch interessierten Jungen, deren Interesse für Physik durch die Unterrichtsgestaltung kaum erschüttert werden kann.

2.1.3 Ansatzpunkte für Mädchen gerechten Unterricht

Die Maßnahmen, die vorgeschlagen werden, um die Ungleichheiten von Jungen und Mädchen im Physikunterricht zu reduzieren, greifen an den verschiedenen oben dargestellten Ursachenkomplexen an:

So bieten inzwischen verschiedene Institutionen und Organisationen Veranstaltungen nur für Mädchen an, in denen Mädchen in geschlechtshomogenen Gruppen die Möglichkeit erhalten, unbeobachtet von den Jungen eigene Erfahrungen mit Naturwissenschaften und Technik zu machen, um so den Erfahrungsrückstand auszugleichen und ein positiveres Selbstkonzept aufzubauen. Der Sachunterricht in der Grundschule könnte durch stärkeres Einbinden naturwissenschaftlich-technischer Themen vermutlich ebenfalls dazu beitragen, den Erfahrungsrückstand der Mädchen zu reduzieren. **Mädchenprojekte**

Ein anderer Ansatzpunkt ist die gezielte Sensibilisierung von Lehrerinnen und Lehrern für die Problematik der Mädchen. Sie stellt offenbar eine notwendige Grundvoraussetzung dar, ohne die spezielle Unterrichtskonzepte zur Förderung der Mädchen wesentlich an Wirksamkeit verlieren (s.u.). **Lehrertraining**

Auch gezieltes Training für Mädchen, sogenannte *Reattributionstrainings*, wurden erprobt, um die Mechanismen aufzubrechen, die zu einer Verstärkung ihres eher negativen Selbstbildes beitragen. **Reattributionstraining**

In den 90er Jahren wurde außerdem die Frage diskutiert, ob Mädchen an Mädchenschulen in den Naturwissenschaften besser gefördert werden als an *koedukativen Schulen*. Dies gilt inzwischen als erwiesen (Ziegler et al., 1998a; Gillibrand et al., 1999). Dennoch wird eine Aufhebung der Koedukation höchstens zeitweise und auf den Physikunterricht in den Anfangsklassen beschränkt erwogen. Eine derartige Geschlechtertrennung trägt vermutlich auch nur wenig dazu bei, die Situation der Mädchen zu verändern. Wenn jedoch zusätzlich in der Unterrichtsgestaltung auf die Interessen der Mädchen Rücksicht genommen wird, dann profitieren die Mädchen (aber auch die Jungen) von einer solchen Unterrichtsorganisation in hohem Maß. Dies ist das Ergebnis einer umfangreichen Studie, die weiter unten ausführlicher beschrieben ist (s. Faulstich-Wieland, 1987; Kreienbaum & Metz-Göckel, 1992; Glumpler, 1994). **Aufhebung der Koedukation?**

2.2   Zur Förderung der Mädchen im Physikunterricht

2.2.1   Konkrete Unterrichtsvorschläge

Es gibt inzwischen eine Reihe konkreter Unterrichtsvorschläge, die sich inhaltlich und methodisch an den Interessen der Mädchen orientieren. Einige Beispiele finden sich in zwei Themenheften der Zeitschrift „Unterricht Physik" („Mädchen und Physikunterricht", Heft Nr.1, 1990 und „Mädchen und Jungen auf dem Weg zur Physik", Heft Nr. 49, 1999).

Vorschläge für die Sekundarstufe I „Mädchenfreundliche Physikprojekte" finden sich auch in einer Dokumentation zum Modellversuch MINT (Mädchen in Naturwissenschaften und Technik), der Ende der 80er Jahre in Nordrhein-Westfalen durchgeführt wurde (Uhlenbusch, 1992). Ausführliche Unterrichtskonzepte für den Anfangsunterricht in der Sekundarstufe I mit besonderer Berücksichtigung der Mädchen sind bei Faißt et al. (1994) veröffentlicht.

Vorschläge für die Sekundarstufe II Für die Oberstufe hat Berger (2000) kürzlich ein umfassendes Unterrichtskonzept für die Themenbereiche „Röntgenstrahlung" und „Wellen" vorgelegt, das sich an den medizinischen Kontexten „Computertomografie" und „Ultraschall" orientiert.

Weitere Anregungen für Unterricht in den Klassen 10 bis 13 findet man in einer Zusammenstellung des Pädagogischen Zentrums des Landes Rheinland-Pfalz (1998).

2.2.2   Die Interessenstudien des IPN

Viele der veröffentlichten Unterrichtsvorschläge zur Förderung der Mädchen stützen sich auf Untersuchungen von Hoffmann, Häußler und Lehrke, die in den 80er und 90er Jahren am Institut für Pädagogik der Naturwissenschaften (IPN) in Kiel durchgeführt wurden. Darin wurde untersucht, wo die Interessen von Jungen und Mädchen bezogen auf den Physikunterricht liegen, wie sich diese Interessen im Laufe der Sekundarstufe I entwickeln, und welche Faktoren die Interessen bestimmen. (Diese Untersuchung ist umfassend dargestellt in Hoffmann et al., 1998.)

Ausgehend von den Ergebnissen dieser Studie wurden im Rahmen einem BLK-Projektes verschiedene Maßnahmen zur Verbesserung des Situation der Mädchen im Physikunterricht vorgeschlagen und auf ihre Wirkung hin empirisch untersucht. (Beide Studien sind kompakt zusammengefasst bei Häußler & Hoffmann, 1995.)

Wichtige Ergebnisse der Interessenstudie sind:

- Wenn Schülerinnen und Schüler das Fach Physik uninteressant finden, dann bedeutet das nicht, dass sie an physikalischen Themen kein Interesse haben. Mit anderen Worten: man muss deutlich unterscheiden zwischen dem Sachinteresse und dem Fachinteresse. Zwischen beiden gibt es erstaunlicherweise nur einen geringen Zusammenhang. Dies lässt sich auch als Indiz für die geringe Passung von Unterrichtsangebot und Interessen deuten.

  Sachinteresse ≠ Fachinteresse

- Das Sachinteresse nimmt im Laufe der Schulzeit ab und zwar bei Mädchen stärker als bei Jungen. Dadurch erhöht sich die Kluft zwischen Jungen und Mädchen von Jahr zu Jahr.

- Das Sachinteresse an einem physikalischen Thema wird nicht so sehr vom Sachgebiet bestimmt, sondern vor allem davon, in welchen Kontext das Thema eingebettet bzw. mit welchem Anwendungsbereich das Thema verknüpft ist. Während das Interesse der Jungen generell hoch ist, reagieren Mädchen sehr sensibel auf die Wahl des Anwendungsbereiches. So interessieren sich z.B. 80% der Mädchen für eine Pumpe, die als künstliches Herz Blut pumpt, aber nur 40% für eine Pumpe, die Erdöl aus großer Tiefe an die Erdoberfläche pumpt. Von den Jungen interessieren sich für beide Pumpentypen etwa 60%.

  Kontexte prägen das Sachinteresse

Folgende Kontexte haben sich für Jungen und Mädchen als besonders günstig in Bezug auf das Interesse erwiesen:

- „Die Anbindung physikalischer Inhalte an alltägliche Erfahrungen und Beispiele aus der Umwelt ist für Schülerinnen und Schüler Interesse fördernd, für Mädchen jedoch nur, wenn sie dabei auf Erfahrungen zurückgreifen können, die sie tatsächlich gemacht haben.

  Günstige Kontexte für das Interesse

- Inhalte mit einer *emotional positiv* getönten Komponente, also etwa *Phänomene*, über die man *staunen* kann und die zu einem Aha-Erlebnis führen, werden generell als interessant empfunden. Mädchen sind dabei eher über ein die Sinne unmittelbar ansprechendes Erleben (z.B. Naturphänomene) erreichbar und weniger über erstaunliche technische Errungenschaften (Negativbeispiel: Leistung von Motoren).

- Das Interesse an der gesellschaftlichen Bedeutung der Physik ist generell relativ hoch: bei Mädchen um so höher, je älter sie sind und je deutlicher eine unmittelbare Betroffenheit angesprochen wird.

- Das Interesse an einem Bezug der Physik zum menschlichen Körper ist insbesondere bei Mädchen auffallend groß. Dazu gehören z.B. Anwendungen in der medizinischen Diagnostik und Therapie, Gefährdungen der Gesundheit und Erklärungen der Funktionsweise von Sinnesorganen. Aber auch die Jungen interessieren sich dafür nicht weniger als z.B. für technische Anwendungen.

- Das Entdecken oder Nachvollziehen von Gesetzmäßigkeiten um ihrer selbst willen wird von Jungen und Mädchen als weniger interessant empfunden, insbesondere wenn es um eine quantitative Beschreibung (Formeln!) geht. Das Interesse steigt, wenn ein Anwendungsbezug hergestellt wird und dabei der Nutzen oder die Notwendigkeit einer Quantifizierung erfahren werden können" (Häußler & Hoffmann, 1995, 113).

Neben den Kontexten spielen auch die *Tätigkeiten* eine Rolle, die mit dem Thema im Unterricht verknüpft sind. Dabei ergab sich folgendes Bild:

- Hohes Interesse besteht bei Jungen und Mädchen an den Tätigkeiten auf der praktisch-konstruktiven Ebene wie „etwas bauen", „einen Versuch aufbauen", „ein Gerät konstruieren", „einen Versuch selber durchführen", „Messungen machen", „etwas ausprobieren", und „ein Gerät auseinandernehmen oder zusammensetzen".

- Relativ geringes Interesse wird an Tätigkeiten auf der theoretisch-konstruktiven Ebene geäußert wie „sich ausdenken, wie man eine bestimmte Vermutung durch einen Versuch prüfen kann", „etwas berechnen", „den Ausgang eines Versuchs exakt vorhersagen" und „Aufgaben lösen" (Hoffmann et al., 1997, 21).

(Da das Interesse an diesen Tätigkeiten ebenfalls stark vom jeweiligen Kontext dominiert wird, ist eine solche Verallgemeinerung allerdings mit gewisser Vorsicht zu betrachten (Muckenfuß, 1995).)

Zusammenfassend ist festzuhalten, dass sich Jungen und Mädchen insgesamt nur wenig in ihrem Urteil unterscheiden, was Physikunterricht interessant machen könnte. Traditioneller Unterricht nimmt auf diese Interessen bisher wenig Rücksicht. Es gibt zwar bestimmte Themen und Kontexte, in denen Mädchen deutlich geringeres Interesse zeigen als Jungen (z.B. Elektronik), aber was die Mädchen interessiert, stößt immer auch bei den Jungen auf Interesse. Umgekehrt gilt dies nicht.

Zusammenfassung

Möglicherweise ließe sich also die Situation der Mädchen im Physikunterricht schon dadurch verbessern, dass man den Unterricht stärker an den Interessen der Mädchen orientiert. Dies sollte gleichzeitig auch den Jungen zugute kommen. Denn vergleicht man den realen Unterricht mit den von den Jungen geäußerten Interessen, so klafft zwischen beidem eine größere Lücke als zwischen den Interessen der Jungen und Mädchen.

2.2.3 Der BLK-Modellversuch

Im Rahmen des BLK-Modellversuchs „Chancengleichheit – Veränderung des Anfangsunterrichts Physik/Chemie unter besonderer Berücksichtigung der Kompetenzen und Interessen von Mädchen" wurde der Frage nachgegangen, wie sich eine Orientierung des Physikunterrichts an den Interessen der Mädchen auf Jungen und Mädchen im einzelnen auswirkt (Hoffmann et al., 1997; Häußler & Hoffmann, 1998).

Für die gesamte Jahrgangsstufe 7 des Gymnasiums wurde ein Curriculum entwickelt, das sich insbesondere durch lebensweltliche Kontexte auszeichnet. Dieses Prinzip wird bereits in den Überschriften der Unterrichtseinheiten deutlich:

Einbettung der Inhalte in lebensweltliche Kontexte

- Wir bauen Musikinstrumente und messen Lärm.
- Wir untersuchen den Fahrradhelm und messen Geschwindigkeiten und Kräfte.
- Wärme und Wärmequellen beim Zubereiten von Speisen.
- Von einfachen Schaltungen und raffinierten Schaltern.
- Wir machen Bilder.

Die Konzeption der Unterrichtseinheiten orientierte sich an folgenden 10 Gesichtspunkten, die aus den Interessenuntersuchungen abgeleitet wurden (Faißt et al., 1994, 10). (Die Unterrichtseinheiten sind in Faißt et al. (1994) auch ausführlich beschrieben.)

10 Gesichtspunkte für die Gestaltung naturwissenschaftlichen Unterrichts

1. Wie wird Schülerinnen und Schülern Gelegenheit gegeben, zu staunen und neugierig zu werden, und wie wird erreicht, dass daraus ein Aha-Erlebnis wird?

2. Wie wird an außerschulische Erfahrungen angeknüpft, die zur Vermeidung geschlechtsspezifischer Dominanzen Mädchen und Jungen in gleicher Weise zugänglich sind?

3. Wie wird es Schülerinnen und Schülern ermöglicht, aktiv und eigenständig zu lernen und Erfahrungen aus erster Hand zu machen?

4. Wie wird erreicht, dass Schülerinnen und Schüler einen Bezug zum Alltag und zu ihrer Lebenswelt herstellen können?

5. Wie wird dazu angeregt, die Bedeutung der Naturwissenschaften für die Menschen und die Gesellschaft zu erkennen und danach zu handeln?

6. Wie wird der lebenspraktische Nutzen der Naturwissenschaften erfahrbar gemacht?

7. Wie wird ein Bezug zum eigenen Körper hergestellt?

8. Wie wird die Notwendigkeit und der Nutzen der Einführung und des Umgehens mit quantitativen Größen verdeutlicht?

9. Wie wird sichergestellt, dass den Formeln ein qualitatives Verständnis der Begriffe und ihrer Zusammenhänge vorausgeht?

10. Wie kann vorzeitige Abstraktion vermieden werden zugunsten eines spielerischen Umgangs und unmittelbaren Erlebens?

Weitere Maßnahmen des Modellversuchs

Neben dem neuen Curriculum wurde auch die Wirkung weiterer Maßnahmen zur Förderung der Mädchen untersucht, nämlich

- die Sensibilisierung der Lehrkräfte für die Mädchenproblematik
- die Halbierung der Klassen in jeder zweiten Physikstunde
- die Halbierung der Klassen nach Geschlechtern getrennt in jeder zweiten Physikstunde

Um die Wirkung der Maßnahmen getrennt untersuchen zu können, wurden aus den 16 Klassen vier Untergruppen gebildet, in denen jeweils unterschiedlich viele Maßnahmen umgesetzt wurden: In allen Klassen wurde der Unterricht nach dem neuen Curriculum erteilt. Mit Ausnahme der ersten Gruppe wurden alle anderen Lehrkräfte zu Beginn des Schuljahres in die besondere Problematik der Mädchen eingeführt und in geeigneten Verhaltensweisen geschult. In der dritten und vierten Gruppe wurden zusätzlich die Klassen in jeder zweiten Unterrichtsstunde geteilt und in Halbklassen unterrichtet. Bei der dritten Gruppe wurden die Halbklassen koedukativ gebildet, während in der vierten Gruppe die Halbklassen geschlechtshomogen mit Jungen und Mädchen besetzt wurden.

	neues Curriculum	Sensibilisierung der Lehrkräfte	Halbierung der Lerngruppe	Halbierung nach Geschlecht
Gruppe 1	x			
Gruppe 2	x	x		
Gruppe 3	x	x	x	
Gruppe 4	x	x	x	x

Abb. 2.2: Übersicht über die in den verschiedenen Untersuchungsgruppen eingesetzten Maßnahmen

Als Kontrollgruppe dienten sieben Klassen, die ohne irgendeine der genannten Maßnahmen traditionell unterrichtet wurden.

Ergebnisse des Modellversuchs

In der Untersuchung wurde der Einfluss der verschiedenen Maßnahmen auf die Interessen und Leistungen der Schülerinnen und Schüler sowie auf deren Selbstkonzeptentwicklung deutlich.

Insgesamt haben die verschiedenen Maßnahmen positive Wirkungen gezeigt, aber nicht immer den Erwartungen entsprechend. Insbesondere konnte das neue Unterrichtskonzept, das sich an den Interessen der Mädchen orientierte, für sich allein nicht zum Rückgang des Interessenverlustes weder der Mädchen, noch der Jungen beitragen. Wesentlicher Effekt des neuen Curriculums ist der Beitrag zu besseren längerfristigen Behaltensleistungen bei Jungen und Mädchen. Bei Mädchen trug das neue Curriculum außerdem zur Entwicklung eines positiveren Selbstkonzeptes bei.

Man hätte erwartet, dass das neue Unterrichtskonzept die Mädchen für den Unterricht stärker motiviert. Dies stellte sich in den Untersuchungen so jedoch nicht heraus. Eine erhöhte Motivierung wurde nur erreicht, wenn Lehrkräfte für die Mädchenproblematik sensibilisiert worden waren. (Offen bleibt, ob die Effekte auch bei traditionellem Curriculum erreicht worden wären.) Von einer Sensibilisierung der Lehrkräfte profitierten auch die Jungen, und zwar im Hinblick auf die Behaltensleistungen an Ende des Schuljahres, die Leistungen der Mädchen dagegen blieben von der Sensibilisierung unbeeinflusst.

Die zur Förderung der Mädchen entscheidende Maßnahme ist die Trennung der Mädchen und Jungen in geschlechtshomogene Halbklassen. Die Mädchen erzielten hier Leistungen, die über dem Niveau aller anderen Mädchen- und Jungengruppen lagen. Außerdem ist die Geschlechtertrennung die einzige Maßnahme, die den Interessenrückgang innerhalb des Schuljahres bei Jungen und Mädchen stoppen konnte. Die Trennung der Geschlechter hat jedoch wider Erwarten keinen wesentlichen Einfluss auf die Entwicklung des Selbstkonzeptes.

Die Untersuchung zeigt, dass eine Veränderung der Interessen und Leistungen der Mädchen weit schwieriger zu erreichen ist, als man dies auf den ersten Blick vermuten würde. Die Untersuchung belegt außerdem eindrucksvoll, dass von den Maßnahmen zur Förderung der Mädchen in hohem Maße auch die Jungen profitieren. Die Unterschiede zwischen Jungen und Mädchen bezüglich des Interesses konnten zwar durch die Maßnahmen nicht reduziert werden, aber die Ergebnisse des Unterrichts insgesamt wurden verbessert.

2.2.4   Die Schweizer Koedukationsstudie

Eine andere Interventionsstudie zur Förderung der Mädchen wurde unter dem Titel „Koedukation im Physikunterricht" in der Schweiz von Herzog, Labudde und Mitarbeitern durchgeführt (Herzog et al., 1997). Dazu wurden für die 11. und 12. Klassenstufe zwei Unterrichtseinheiten zur Geometrischen Optik und zur Kinematik konzipiert, die insgesamt 40 Lektionen umfassten. Der Unterrichtsgestaltung wurden folgende Kriterien eines mädchengerechten Unterrichts zugrunde gelegt (nach Herzog, 1996):

Vorerfahrungen

Kriterien eines mädchengerechten Unterrichts:

1. Vorerfahrungen: Der Unterricht ist so zu gestalten, dass auf die unterschiedlichen Vorerfahrungen von Schülerinnen und Schülern in den Bereichen Physik und Technik Rücksicht genommen wird. Die Vorkenntnisse der Mädchen und Jungen sind didaktisch zu reflektieren. Die Wahl von Beispielen und Veranschaulichungen soll sich an den unterschiedlichen außerschulischen Erfahrungen von Jungen und Mädchen gleichermaßen orientieren.

Sprache

2. Sprache: Der Unterricht ist sprachlich so zu gestalten, dass er für beide Geschlechter verständlich ist. Es ist darauf zu achten, dass nicht unreflektiert Ausdrücke verwendet werden, die nur dem einen Geschlecht geläufig sind. Termini, die auch im Alltag verwendet werden, sind sorgfältig zu klären. Die physikalische Fachsprache soll nur mäßig gebraucht werden. Es ist eine Unterrichtssprache zu verwenden, bei der der Übergang von der phänomenalen zur modellhaften Wirklichkeit nachvollziehbar wird.

Kontextbezug

3. Kontextbezug: Der Unterricht ist kontextuell zu gestalten. Themen und Inhalte werden nicht abstrakt dargeboten, sondern in bezug auf deren Bedeutung für den Alltag oder für andere Fächer. Die Stoffe werden in wissenschaftshistorische oder –theoretische Kontexte eingebettet oder im Hinblick auf aktuelle gesellschaftliche Probleme dargestellt. Durch Kontextualisierung der Themen kann gezeigt werden, dass die Physik nicht mit der Natur als einem abstrakten Gegenstand zu tun hat, sondern mit einem Verhältnis, das Menschen zu bestimmten Zwecken und aufgrund spezifischer Interessen mit der Natur eingehen.

4. *Lernstil*: Der Unterricht hat auf den besonderen Lern- und Arbeitsstil der Mädchen Rücksicht zu nehmen. Dieser ist eher kooperativ als kompetitiv. Den Mädchen ist ausreichend Zeit für das Lösen von Aufgaben einzuräumen. Es ist darauf zu achten, dass der expansive Umgang von Jungen mit technischen Geräten den aufgabenorientierten Lernstil der Mädchen nicht stört. Die Schülerinnen und Schüler sind möglichst aktiv am Unterricht zu beteiligen. Gruppenarbeiten sind geschlechtshomogen durchzuführen. **Lernstil**

5. *Kommunikation*: Der Unterricht ist kommunikativ und argumentativ zu gestalten. Die Sprache ist als Medium einzusetzen, um physikalische Alltagsvorstellungen aufzudecken und zur Diskussion zu stellen. Die Auseinandersetzung mit den Wissensinhalten soll diskursiv erfolgen. Idealerweise fungiert die Schulklasse als Ort der Wahrheitsfindung durch die experimentierende und argumentierende Auseinandersetzung mit dem Lerngegenstand. Dies kann mündlich wie auch schriftlich erfolgen. **Kommunikation**

6. *Attributionsstil*: Der Unterricht hat unvorteilhaften Leistungsattribuierungen entgegenzuwirken. Lehrkräfte dürfen nicht die bei den Mädchen verbreitete Neigung verstärken, Misserfolge auf fehlende Begabung und Erfolge auf günstige äußere Bedingungen zurückzuführen. Bei der Gestaltung des Unterrichts und bei Interaktionen mit Schülerinnen und Schülern ist darauf zu achten, dass beide Geschlechter in ihrem Leistungsselbstvertrauen gestärkt werden. **Attributionsstil**

7. *Geschlechtsidentität*: Im Unterricht ist der Eindruck zu vermeiden, die Physik sei eine Männerdomäne. Die aktive Teilnahme am Unterricht darf für die Mädchen nicht in Widerspruch zur Entwicklung ihrer weiblichen Geschlechtsidentität geraten. Es ist zu vermeiden, dass der Physikunterricht zum Antistereotyp des Weiblichen wird. **Geschlechtsidentität**

Nach den so ausgearbeiteten Unterrichtskonzepten wurden insgesamt 22 Klassen unterrichtet. Auch hier wurden Untergruppen gebildet, deren Lehrkräfte eine *zusätzliche Sensibilisierung* erhielten bzw. sich dadurch auszeichneten, dass sie an der *Ausarbeitung der Konzeption* selbst beteiligt waren. Dazu gehört auch die folgende Checkliste für mädchengerechtes Lehrerverhalten (nach Herzog et al., 1997). Als Kontrollgruppe dienten 9 traditionell unterrichtete Klassen.

Checkliste für mädchengerechtes Lehrerverhalten

1. Interaktionen; Rückmeldungen

- Ich bemühe mich darum, den Schülerinnen gleich viel Aufmerksamkeit zukommen zu lassen wie den Schülern.
- Ich mute den Mädchen ebensoviel physikalisch-technische Kompetenz zu wie den Jungen.
- Ich achte darauf, die Schülerinnen nicht nur für Anstrengung und gutes Benehmen zu loben, sondern auch für ihre physikalische Begabung.
- Ich gebe den Eltern guter Schülerinnen gezielt positive Rückmeldungen über die Leistungen ihrer Tochter und ermuntere sie, diese bei einer technisch- naturwissenschaftlichen Berufswahl zu unterstützen.

2. Fragen-Antworten; Zeit

- Ich bemühe mich darum, offene, nicht bereits von vornherein eindeutig zu beantwortende Fragen zu formulieren.
- Ich achte darauf, auf eine Frage mehrere Antworten zu sammeln.
- Ich bemühe mich darum, mich dem Lerntempo der Schülerinnen und Schüler anzupassen und den Schülerinnen etwas mehr Zeit (bei der Beantwortung einer Frage, beim Lösen von Aufgaben etc.) einzuräumen.
- Bei einer falschen Antwort eines Mädchens gebe ich nicht sofort die richtige Lösung, sondern unterstütze nachfragend, d.h. ich achte darauf, (auch) die Schülerinnen nochmals aufzufordern, die Lösung zu finden, wenn sie zunächst gescheitert sind.

3. Selbstkonzept

- Ich bemühe mich darum, physikalisches Wissen so zu vermitteln, dass nicht der Eindruck entsteht, Physik sei nur etwas für Hochbegabte.
- Ich versuche, den Jungen auf nicht-bloßstellende Weise zu verstehen zu geben, dass ihre Annahme, in physikalisch-technischen Belangen kompetenter zu sein als die Mädchen, oft auf einem oberflächlichen Wissen beruht.
- Ich signalisiere den Mädchen, dass sie als Frauen nicht unattraktiver („unweiblicher") sind, wenn sie sich für Physik interessieren und gute Leistungen in diesem Fach erbringen.
- Ich achte darauf, wie ich die Leistungen der Schülerinnen und Schüler erkläre: durch Begabung, durch Anstrengung, durch Glück/Pech, durch die Schwierigkeit der Aufgabe. Dabei bin ich mit bewusst, dass die Motivation der Schülerinnen (und der Schüler) dann am besten gefördert wird, wenn ihre schlechten Leistungen auf mangelnde Anstrengung oder Pech und ihre guten Leistungen auf Begabung zurückgeführt werden.
- Ich bemühe mich, (auch) den Schülerinnen Identifikationsmöglichkeiten mit Vorbildern in physikalisch-technischen Berufsfeldern zu geben (evtl. auf einer Exkursion).
- Ich setze mich mit meinen eigenen Geschlechtsstereotypen auseinander.
- Ich bemühe mich darum, mich meiner (unterschiedlichen) Erwartungen an die Schülerinnen und Schüler bewusst zu werden und sie (durch Abbau von Stereotypen) zu ändern.

4. Unterrichtsinhalte
- Ich achte auf die (unterschiedlichen) Vorerfahrungen, die die Schülerinnen und Schüler in den Unterricht mitbringen.
- Ich achte darauf, in meinem Unterricht Bezüge zu Menschen herzustellen.
- Ich bemühe mich darum, bei der Verwendung von Aufgaben, Darstellungen, Skizzen, Testfragen usw. sowohl in quantitativer wie in qualitativer Hinsicht ein ausgewogenes Geschlechterverhältnis zu wahren (Rollenklischees vermeiden).
- Ich bemühe mich darum, in meinem Unterricht Bezüge zu Tagesaktualitäten herzustellen.

5. Lernformen; Lernklima
- Ich achte darauf, in meinem Unterricht viele Gespräche zu führen, d.h. meinen Unterricht kommunikativ zu gestalten.
- Ich führe verstärkt Gruppenarbeit durch und arbeite weniger im Klassenverband.
- Bei Gruppenarbeit achte ich darauf, geschlechtshomogene Gruppen zu bilden.
- Ich räume dem assoziativen Denken genügend Platz ein.
- Ich bemühe mich darum, eine kooperative Lernumgebung zu schaffen und so wenig wie möglich offene Konkurrenzsituationen aufkommen zu lassen.
- Ich achte auf eine „angenehme" (auch die Mädchen ansprechende) Gestaltung des Unterrichtszimmers und bemühe mich darum, dass sich nicht nur die Jungen mit der Lernumgebung identifizieren können.

6. Allgemeines; Geschlecht; Berufsberatung
- Ich gebe mich nicht nur als Physiklehrer bzw. als Physiklehrerin zu erkennen, sondern auch als Mensch.
- Ich rede mit den Jugendlichen und ihren Eltern über die Vielfalt der Berufe und gebe den Mädchen Einblick in Berufe, bei denen physikalische Kenntnisse vorausgesetzt werden und die sie ansprechen könnten.
- Ich bemühe mich darum, das Thema Geschlecht/Geschlechterdifferenzen nicht zu forcieren. Ich greife das Thema dann auf, wenn ein manifester Anlass dazu besteht oder wenn die Schülerinnen und Schüler selbst dazu Anregungen geben.

Die Ergebnisse einer ersten Datenanalyse zeigen, dass die Maßnahmen nur zum Teil den erwarteten Erfolg gebracht haben.

Ergebnisse der ersten Analyse

- Die Schülerinnen und Schüler der Versuchsklassen schnitten zwar beim Optiktest besser ab als die der Kontrollklassen, nicht aber beim Kinematiktest.

- Die Schülerinnen und Schüler wurden mittels detaillierter Fragebögen befragt, inwieweit die didaktischen Kriterien eines mädchengerechten Unterrichts im Unterricht umgesetzt wurden. Demnach wurden einige dieser Kriterien in den Kontrollkassen besser eingelöst als in den Versuchsklassen.

- Die Erwartungen an den zukünftigen Physikunterricht sind bei allen Mädchen tendenziell gestiegen, insbesondere bei den Mädchen in der Kontrollgruppe. Die Erwartungen der Jungen sind nur in der Kontrollgruppe gestiegen. In den Versuchsgruppen sind sie entweder stabil geblieben oder sogar gesunken!

• Die Schülerinnen und Schüler der Kontrollklassen beurteilten die Lehrpersonen und ihre Art zu unterrichten positiver als in den Versuchsklassen. Die Kontrollklassen waren außerdem zufriedener mit der Lehrkraft und dem Unterricht!

Die Autoren führen diese unerwarteten Ergebnisse darauf zurück, „dass erstens die Maßnahmen von den Lehrkräften in den Experimentalgruppen nur zum Teil umgesetzt worden sind und zweitens die Lehrkräfte der Kontrollgruppen gewisse Maßnahmen ohne Kenntnis des Untersuchungsdesigns spontan umgesetzt haben" (Herzog et al., 1997, 205). Die Kompetenz, mädchengerecht zu unterrichten, konnte demnach offenbar durch die Vorgabe des Unterrichtskonzeptes und das Lehrertraining nicht vermittelt werden.

Die Daten wurden daraufhin einer zweiten Analyse unterzogen, die klären sollte, ob die zugrundegelegten Kriterien eines mädchengerechten Unterrichts überhaupt die angenommenen Wirkungen zeigen. Dazu wurden alle beteiligten Klassen danach gruppiert, in welchem Ausmaß der Unterricht aus Sicht der Schülerinnen und Schüler „mädchengerecht" durchgeführt wurde. Für diese Beurteilung war den Schülerinnen und Schülern ein Fragebogen mit 13 Items vorgelegt worden, die die eingangs genannten Kriterien wiederspiegeln. Auf der Grundlage dieser Ergebnisse wurden die Klassen in vier Gruppen eingeteilt, in denen unterschiedlich viele Kriterien erfüllt waren (Gruppe 1 = Erfüllung weniger Kriterien, Gruppe 4 = Erfüllung vieler Kriterien).

Ergebnisse der zweiten Analyse

Dabei zeigt sich:

• Die Gruppe, in der die meisten Kriterien eines mädchengerechten Unterrichts erfüllt waren (Gruppe 4), erzielte die besten Leistungen im Optiktest. Jungen erzielten insgesamt die besseren Leistungen. Die Mädchen in den Gruppen 3 und 4 erreichten aber im Optik- und im Kinematiktest Leistungen, die denen der Jungen in den Gruppen 1 und 2 entsprachen.

• In den Klassen, in denen viele Kriterien eines mädchengerechten Unterrichts erfüllt waren, stieg die Motivation (gemessen in Form der Erwartungen an den Physikunterricht) sowohl bei den Mädchen als auch bei den Jungen.

Die eingangs formulierten Kriterien eines mädchengerechteren Unterrichts führen demnach tatsächlich zu einer Steigerung von Motivation und Leistung bei den Mädchen. Wie im BLK-Modell gilt aber auch hier, dass ein an den Mädchen orientierter Unterricht Mädchen und Jungen gleichermaßen zugute kommt und damit der Vorsprung der Jungen vor den Mädchen bestehen bleibt.

Für die Motivierung der Schülerinnen und Schüler hat sich als besonders wichtig herausgestellt, *dass der Unterricht an das Vorwissen der Schülerinnen und Schüler anknüpft, schülerorientiert, alltags- und phänomenbezogen ist* und den Nutzen des Faches für andere Fächer aufzeigt. Ein solcher Unterricht ist ebenfalls, wenn auch etwas weniger ausgeprägt, förderlich für gute Leistungen. Demgegenüber haben ein deduktiver Einstieg, die Orientierung des Unterrichts an der Fachsystematik und ein hoher Mathematisierungsgrad negative Auswirkungen auf Interesse und Leistungen der Schülerinnen und Schüler.

Dass mädchengerechter Unterricht gleichzeitig besserer Unterricht ist, zeigen folgende weitere Ergebnisse der Untersuchung:

Mädchengerechter Unterricht ist besserer Unterricht

- Je mehr Kriterien eines mädchengerechten Unterrichts erfüllt waren, desto zufriedener waren die Schülerinnen und Schüler mit der Lehrperson und dem Unterricht und desto höher schätzten sie die Erklärungskompetenz der Lehrkraft und deren Fähigkeit zur Vermittlung von Lehrinhalten ein.

- In Klassen, in denen viele Kriterien eines mädchengerechten Unterrichts erfüllt waren, wurden die Lehrkräfte als am wenigsten autoritär eingeschätzt. Schülerinnen und Schüler gaben am seltensten an, dass einzelne Schülerinnen und Schüler benachteiligt werden.

2.2.5 Fehlende sinnstiftende Kontexte

Eine weitere Sicht auf die Problematik der Mädchen im Physikunterricht stellt Muckenfuß in seinem Buch „Lernen im sinnstiftenden Kontext" dar, in dem er sich mit dem geringen Interesse der Mädchen aus bildungstheoretischer Perspektive auseinandersetzt (Muckenfuß, 1995). (Eine Zusammenfassung findet sich bei Muckenfuß, 1996.) Er plädiert darin ebenfalls für eine Veränderung des Unterrichts gemäß den Bedürfnissen der Mädchen. Dabei geht es ihm jedoch nicht in erster Linie um die Förderung der Mädchen, sondern vielmehr um bildenden Unterricht überhaupt.

Demotivierende Wirkung fachsystematischen Unterrichts

In seiner Analyse bestehender Interessensuntersuchungen kommt er zu dem Schluss: „Das gesichertste und fachdidaktisch bedeutsamste Ergebnis der aktuellen Interessenforschung ist nicht der zweifellos vorhandene hohe Interessenunterschied zwischen Mädchen und Jungen, sondern die demotivierende Wirkung eines *nur* fachsystematischen Unterrichts auf Mädchen *und* Jungen, eines Unterrichts, dem es an Einbindung in einen sinnstiftenden Kontext mangelt" (Muckenfuß, 1995, 56).

Unterricht muss subjektiv bedeutsam sein

Der Schlüssel zur Steigerung des Interesses der Mädchen liegt seiner Ansicht nach nicht in einer stärkeren Betonung von Nützlichkeit, Alltagserfahrung, Gemüthaftigkeit und Sinnlichkeit. Vielmehr kommt es darauf an, den Physikunterricht so zu gestalten, dass er für die Schülerinnen und Schüler subjektiv bedeutsam wird und das Bedürfnis befriedigt, die Menschen, die Bedingungen ihrer Existenz und ihr Handeln besser zu verstehen.

Ein solcher Unterricht hat nicht vorrangig im Auge, möglicht viele Schülerinnen für naturwissenschaftlich-technische Berufsfelder zu gewinnen. Im Gegenteil: Muckenfuß kommt sogar zu dem Schluss, dass Unterricht, der zum Ziel hat, die Mädchen für naturwissenschaftlich-technische Berufe besser zu qualifizieren, gerade der falsche Weg ist, um die Mädchen stärker für die Physik zu interessieren. Seiner Ansicht nach geht dies nur, indem Physikunterricht sich wieder stärker darauf besinnt, einen Beitrag zur Lebensorientierung und Persönlichkeitsentwicklung zu leisten.

Zur genaueren Darstellung seiner Überlegungen führt Muckenfuß die Begriffe „Orientierungswissen" und „Verfügungswissen" ein, die sich auf die beiden grundlegenden Funktionen des Unterrichts, die Orientierungs- und die Qualifizierungsfunktion beziehen.

Orientierungswissen

Orientierungswissen umfasst dabei das Gefüge von Wissen, Fähigkeiten und Kompetenzen, das im weitesten Sinne zur Klärung des Verhältnisses von Mensch und Natur beiträgt. Auf der Ebene des Wissens sind dies z.B. Inhalte und Inhaltsaspekte, die die Bedeutung naturwissenschaftlicher Erkenntnisse für die Gesellschaft und den Einzelnen betreffen. Sinn und Wertfragen sind unmittelbar damit verknüpft. Auf der Ebene des Könnens sind in erster Linie kommunikative Fähigkeiten wie „an Auseinandersetzungen über naturwissenschaftliche Sachverhalte im Alltag teilnehmen können", „naturwissenschaftliche Texte verständig lesen können", etc. gemeint. Beispiele für Tugenden, die zum Orientierungswissen gehören, sind moralische Urteilsfähigkeit, Aufgeschlossenheit und politisches Engagement.

Das Verfügungswissen beinhaltet dem gegenüber instrumentelles Wissen über Fakten, Definitionen und Gesetze, fachliches Können z.B. das Beherrschen fachlicher Methoden und die in den naturwissenschaftlich-technischen Berufen geforderten Tugenden wie Sorgfältigkeit oder Teamfähigkeit.

Verfügungswissen

Auch wenn Lehrpläne in ihren Präambeln der Orientierungsfunktion eine große Bedeutung beimessen, ist Physikunterricht in der Praxis vorwiegend am Verfügungswissen ausgerichtet. Die Hoffnung, dass daraus Orientierungswissen erwächst, ist jedoch nur für diejenigen Schülerinnen und Schüler gegeben, *die einen Beruf im naturwissenschaftlich-technischen Bereich* anstreben. Denn nur für diese Gruppe ist das Verfügungswissen auch subjektiv bedeutsam. Für die anderen wirkt die Beschränkung auf das Verfügungswissen eher abschreckend.

Muckenfuß fordert deshalb, der Orientierungsfunktion im Unterricht Vorrang vor der Qualifizierungsfunktion einzuräumen, da das Orientierungswissen Verfügungswissen beinhaltet aber nicht umgekehrt. „Dies bedeutet, dass die Konsequenzen naturwissenschaftlicher Erkenntnis für die Gesellschaft und den Einzelnen zur Zieldimension des Unterrichts gehören. Erkenntnistheoretische, wissenschafts- und kulturhistorische sowie ethische und gesellschaftspolitische Zusammenhänge dürfen nicht ausgeklammert werden, sondern müssen Strukturelemente des Unterrichts sein. Dabei schließt diese Akzentuierung des Unterrichts die Qualifizierungsaufgabe (in veränderter Form) mit ein" (Muckenfuß, 1995, 72).

Orientierung vor Qualifizierung

Bestätigung für seine These, interessanter Unterricht für Jungen und Mädchen sei Unterricht, der die Orientierungsfunktion stärker betont, findet Muckenfuß in den Ergebnissen verschiedener Untersuchungen zum Interesse von Jungen und Mädchen an Physik, die er aus seiner Perspektive neu interpretiert. Er erklärt damit auch das Scheitern von Projekten zur Förderung von Mädchen, die die Qualifizierungsfunktion des Unterrichts in den Vordergrund stellen.

Muckenfuß führt seine Überlegungen in dem bereits zitierten Buch zu einem „Entwurf einer zeitgemäßen Didaktik des Physikunterrichts" weiter. Hier finden sich auch konkrete Beispiele für Unterricht, der die Orientierungsfunktion in den Mittelpunkt stellt.

2.3 Fazit

Die Frage, warum Mädchen sich für Physik im allgemeinen weniger interessieren als Jungen und warum sie geringere Erfolge in Physik erzielen, ist ausgesprochen vielschichtig und geht auf Ursachen zurück, die sich mit den bisher angewandten pädagogisch-didaktischen Maßnahmen offensichtlich nur wenig beeinflussen lassen.

Sowohl das BLK-Projekt als auch die Schweizer Studie haben gezeigt, dass die Maßnahmen zur Förderung der Mädchen zwar zu einer Verbesserung der Interessen und Leistungen der Mädchen beitragen, dass jedoch der *Vorsprung der Jungen* gegenüber den Mädchen bzgl. der Interessen und Leistungen *nahezu unverändert* bleibt. Das Ziel, die Ausgangsposition der Mädchen relativ zu den Jungen zu verbessern, kann mit den vorgeschlagenen Maßnahmen also in der Regel nicht erreicht werden. (Einzige Ausnahme ist die zeitweise Geschlechtertrennung in Kombination mit einem Lehrertraining und einem auf die Mädchen ausgerichteten Curriculum.)

Sensibilität auf Seiten der Lehrkräfte

Es ist deutlich geworden, an welchen Stellen von fachdidaktischer Seite angesetzt werden kann, um den Unterricht stärker an den Interessen und Bedürfnissen der Mädchen auszurichten. Man tut jedoch gut daran, die Erwartungen bezüglich der *Wirkungen solcher Maßnahmen nicht zu überschätzen.* Es scheint, als käme es bei der Förderung der Mädchen auf das Zusammenspiel verschiedener Faktoren gleichzeitig an: *eine genügende Sensibilität auf Seiten der Lehrkräfte, ein „mädchenfreundlicher" Unterrichtsstil und eine inhaltliche Aufbereitung, die den Interessen der Mädchen* entgegenkommt.

Unterrichtsstil: Mädchen freundlich

Inhaltliche Aufbereitung, nach den Interessen der Mädchen

Trotz dieser insgesamt eher ernüchternden Gesamtbilanz sollte man sich keinesfalls entmutigen lassen und sich immer wieder um eine stärkere Orientierung des Unterrichts an den Bedürfnissen der Mädchen bemühen. Auf lange Sicht werden vermutlich auch die kleinen Schritte zu einem erkennbaren Erfolg führen. Dass eine Orientierung an den Interessen der Mädchen letztlich zu besserem Unterricht für alle führt, darüber lassen die Untersuchungen jedenfalls keinen Zweifel!

3 Aktuelles aus Physik und Technik

Die Beiträge über aktuelle Forschungsergebnisse aus Physik und Technik sollen ein qualitatives Verständnis vermitteln und dazu anregen, sich mit diesen Themen weiter zu beschäftigen. Es wurden Bereiche ausgewählt, die nach unserer Einschätzung in Zukunft sowohl für die Physik als auch für den Physikunterricht relevant sein werden.

Die *Quantenphysik* (3.1) ist von den aktuellen Themen dasjenige, das bereits weitgehend in die Physiklehrpläne der Gymnasien aufgenommen worden ist. Es gibt allerdings dafür noch kein generell akzeptiertes Unterrichtskonzept. Der hier vorgeschlagene Zeigerformalismus als neuer Weg in die Quantenphysik kann nach unserer Meinung weiter helfen.

Die *Elementarteilchenphysik* (3.2) hat durch spektakuläre Experimente, die an Großforschungszentren wie DESY (Hamburg) oder CERN (Genf) in den letzten Jahren durchgeführt wurden, neue Erkenntnisse über den Aufbau der Nukleonen erzielt. Hiermit sind viele Grundfragen zum Aufbau der Materie einfacher zu beantworten; Elementarteilchenphysik wird damit auf einer qualitativen Ebene zumindest Schülern der Sekundarstufe II zugänglich.

In Großforschungszentren lassen sich experimentelle Situationen schaffen, die nah an die „Geburt" unseres Weltalls reichen. Diese Experimente stellen in Ergänzung zu den modernen astronomischen Beobachtungsmethoden eine enge Verbindungen zur *Kosmologie* dar, über die in 3.3 berichtet wird.

Die sogenannte klassische Physik liefert eine idealisierte Beschreibung einer sehr komplexen Welt. Aber Systeme wie etwa das Wetter lassen sich mit Methoden der klassischen Physik nicht mehr beschreiben. Bedingt durch die Entwicklung leistungsfähiger Computer, hat die Erforschung solcher komplexen Systeme in den letzten Jahren große Bedeutung erlangt und zu spektakulären Ergebnissen geführt. Im Artikel „*Elemente der nichtlinearen Physik in der Schule*" (3.4) wird anhand ausgewählter Beispiele gezeigt, wie man dieses aktuelle Thema in den Physikunterricht sinnvoll einbeziehen kann.

Die *Quanteninformationsverarbeitung* (3.5) ist ein neues Forschungsgebiet, das wesentlich auf Ergebnissen aktueller Experimente zu Grundfragen der Quantenmechanik aufbaut. Quantencomputer und Teleportation sind bekannte Schlagworte zu diesem Thema. Der Aufsatz skizziert die Grundideen und Perspektiven zur Quanteninformationsverarbeitung und gibt Anregungen für den Physikunterricht.

Neben solchen auch in den Medien diskutierten Bereichen der Physik wird die unser Leben am meisten beeinflussende *Festkörperphysik* oft vergessen. Im Physikunterricht sind zwar klassische Themen der Festkörperphysik an vielen Stellen des Lehrplans integriert, jedoch werden aktuelle Forschungsrichtungen und Technologien wie z.B. die Entwicklung neuer elektronischer Bauelemente im Unterricht wenig beachtet. Der Beitrag „*Jenseits von Silizium – neue Halbleitermaterialien*" (3.6) lenkt die Blickrichtung auf dieses Gebiet und beschreibt ein aktuelles in die Zukunft weisendes Forschungsgebiet, das auch dem Unterricht zugänglich ist.

Franz Bader

3.1   Quantenphysik in der Schule

3.1.1   Grundlagen aus der klassischen Physik

Die Quantenphysik bekommt in den Lehrplänen aus guten Gründen immer mehr Gewicht. Wer die Welt der Quanten erkunden will, sollte dies schon in der klassischen Optik vorbereiten. Denn die ideale Korrespondenz zwischen klassischer Beschreibung und Quantentheorie des Lichts zeigt, dass die Wellenphysik der Quantenphysik viel näher steht als die klassische Teilchen-Mechanik (Paul, 1995). Zudem hat es sich bei Schwingungen und Wellen schon lange bewährt, die später bei Quanten nötigen komplexen Zahlen mit rotierenden Zeigern zu veranschaulichen. Dabei genügt es in der Schule, sich auf die Addition zu beschränken, analog zu Kraftpfeilen. So umgeht man den Quantenformalismus (s. Feynman, 1988).

Zeigerformalismus

Dieser „Zeigerformalismus" wird am Huygens - Fresnel Prinzip in Abb. 3.1 demonstriert. Dort wird der Lauf einer Wasserwelle weg von der Quelle Q durch einen Beugungsspalt hin zum beliebig liegenden Zielpunkt Z verfolgt. Um die Amplitude in Z zu ermitteln, braucht man nicht längs jeder der hier angenommenen 14 Bahnen eine Welle zu zeichnen und deren Elongationen in Z zu addieren oder gar Wellengleichungen aufzustellen. Es genügt, jeder Bahn einen Zeiger zuzuordnen (in der oberen Reihe). Sobald die zugeordnete Welle auf der jeweiligen Bahn um λ weiterläuft, vollzieht der zugeordnete Zeiger eine Umdrehung. Jeder Zeiger stellt somit einen „λ-Zähler" dar. Erreichen die Wellen den Endpunkt Z, so geben die Endstellungen der Zeiger die Phasen φ_i der Wellen in Z an. Die resultierende Amplitude s_{res} in Z erhält man durch Vektoraddition $s_{res} = \sum s_i$ dieser Endstellungen. In Abb. 3.1 ist diese Addition rechts unten dargestellt (Cornu-Spirale). Das Quadrat s_{res}^2 ist die gesuchte Intensität in Z. Wird diese Darstellung auf Quantenphänomene übertragen, gibt sie die Antreffwahrscheinlichkeit von Quanten wieder.

Antreffwahrscheinlichkeit von Quanten

Die Addition der Zeiger erfolgt mittels einer „5-Zeilen-Rechenschleife" z. B. in einem Programm zur Tabellenkalkulation (Dorn & Bader, 2000). Die mühsame Addition der Elongationen vieler Sinuslinien ist durch die wesentlich einfachere Zeigeraddition ersetzt. Man erhält so die bekannten Beugungsbilder, auch für kompliziertere Beugungsstrukturen.

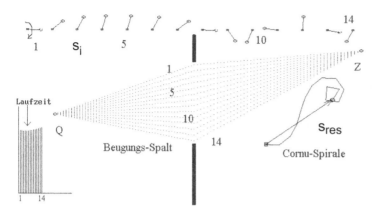

Abb. 3.1: Illustration des Huygens - Fresnel Prinzips mit Hilfe des Zeigerformalismus.

3.1.2 Übergang zur Quantenphysik

Nach diesen auch für die Wellenoptik nützlichen Vorbereitungen bietet sich der Weg in die Quantenwelt über den Photoeffekt an. Die Planck-Konstante h zeigt etwas Neues in den bislang kontinuierlich aufgefassten Lichtwellen, etwas Unteilbares, das Energiequant $W = h\,f$ (f: Frequenz des Lichts). Da diesem auch der Impuls $p = h/\lambda$ zukommt, bestimmt es den Austausch von Energie und Impuls zwischen Strahlung und Materie. Man erspart sich viel Zeit und Mühe, wenn man der Versuchung widersteht, anschauliche Modelle im Sinne des früher als bedeutsam erachteten Dualismus Welle-Teilchen hochzuspielen. Vielmehr bestätigt man mit Hilfe der Elektronenbeugungsröhre im Schulversuch die deBroglie-Beziehung $\lambda = h\,p$ für das Elektron. Damit ist auch dieses als Quantenobjekt erkannt wie das Photon.

Interferenzversuche gelingen nicht nur mit Neutronen und Atomen, sondern sogar auch noch mit Fullerenbällen. Diese bestehen aus 60 oder 70 C-Atomen (Arndt & Zeilinger, 2000), also aus 720 bzw. 840 Nukleonen und entsprechend vielen Elektronen. Sie gehen von der Quelle aus, durchsetzen ein optisches Gitter und kommen unversehrt am Schirm an. Dort bilden sich geordnete Interferenzstreifen gemäß der deBroglie-Wellenlänge $\lambda = h/p$. Ausgehend von diesem Ergebnis schlage vor, in einem mutigen Sprung eine tragfähige Plattform zu schaffen, von der aus das Neue der Quanten umgreifend erfasst und an Beispielen diskutiert wird – natürlich unter Beachtung der physikalischen Gesetzmäßigkeiten. Es gelte – frei nach Mephisto: „... *der*

Der Fullerenball (60 oder 70 C-Atome, ca. 1 nm Durchmesser) interferiert wie ein Quantenobjekt

Quanten ewig Weh und Ach, so tausendfach, aus einem Punkte zu kurieren...".

Superposition von Quanten-Möglichkeiten

Dieser eine „Punkt" ist nach Dirac (1947) die Superposition von Quanten-Möglichkeiten: "*The Superposition that occurs in quantum mechanics is of an essentially different nature from any in the classical theory*". Nicht nur die Superposition, auch die Deutung vieler der zunächst fremdartigen Quanteneigenschaften lässt sich am Huygens Fresnel Prinzip anschaulich entwickeln. Nicht umsonst legt es von Weizsäcker (1985) seinem Buch „Der Aufbau der Physik" zugrunde.

Wir deuten in Abb. 3.1 die „tatsächlichen Bahnen der Wellenerregung" von Q nach Z um und zwar „in mögliche Bahnen" des unteilbaren Quantenobjekts. Da die Zeigeraddition auch bei Quanten-Interferenzen gilt, werden die klassischen s-Zeiger in Ψ-Zeiger umbenannt. Die Regeln der Zeigeraddition dürfen dabei nicht geändert werden. Die gedankliche Umdeutung genügt: Als erstes wird die stetig verteilte, von $|s_{res}|^2$ bzw. $|E_{res}|^2$ abhängige Intensität des Beugungsbilds durch die Antreffwahrscheinlichkeit $|\Psi_{res}|^2$ der unteilbaren Quantenobjekte am Schirm ersetzt. Die sich „unterwegs" von der Quelle zum Schirm hin ergebenden Quantenprobleme sind so zahlreich und neuartig, dass wir sie in zwei Gruppen aufteilen (Abschnitte 3.1.3 und 3.1.4).

3.1.3 Ohne Messprozess – „Quanten pur"

klassischer Bahnbegriff ist für nichtklassische Teilchen hinfällig

Den Kontrast zum Neuen zeigt ein Vergleich mit klassischen Bällen: Diese können jeweils nur einen der Wege von Q nach Z beschreiben. Beim unteilbaren Quant dagegen darf man sich nicht vorstellen, es habe einen der möglichen Wege tatsächlich beschritten, nur wisse man nicht so genau welchen. Diese sogenannte „Ignoranz-Hypothese" führt in die Irre. Die Superposition $\Psi_{res} = \Sigma\Psi_i$ fordert viel mehr – auch für ein einzelnes Quant – alle Möglichkeiten, die ihm offen stehen. Alle Möglichkeiten sind als „zugleich" in die Rechung einzubeziehen. Man hat ihr „Zugleich" ernst zu nehmen. Wer das nicht tut wird durch das Experiment eines Besseren belehrt! Man darf also die Bahnen in Abb. 3.1 jedoch nicht als real ansehen. Sie dienen bei dieser Betrachtung als Rechenpfade für die Addition, d.h. die Superposition der Ψ_i. Der klassische Bahnbegriff ist damit für nichtklassische Teilchen hinfällig.

Die Interferenz der Quantenobjekte wird nicht mehr auf geheimnisvoll verborgene Wellen zurückgeführt; sie folgt direkt aus dem Superpositionsprinzip als „Interferenz der Möglichkeiten (der Quantenobjekte)". Nach Dirac interferiert jedes Quantenobjekt mit sich selbst. Beim schon 1909 ausgeführten Taylor-Experiment mit extrem „verdünntem" Licht zeigte sich erst nach monatelanger Belichtungszeit ein Interferenzbild in der Fotoschicht, obwohl sich selten mehr als ein Quant in der Anordnung befand. Dies gilt auch bei üblichen Interferenzversuchen. Die Superposition reicht gemäß obigem Dirac-Zitat weit über die Interferenzversuche hinaus in alle Bereiche in denen die Quantentheorie angewendet wird (s. z.B. 3.5).

Die Interferenz der Quantenobjekte folgt aus dem Superpositionsprinzip

Wenn wir beim Doppelspaltversuch von unteilbaren Quanten ausgehen wird aus den vertrauten „Entweder Spalt 1 oder Spalt 2" das völlig unbegreifbare „Zugleich Spalt 1 und Spalt 2". Wäre „Schrödingers Katze" (s.z.B. Baumann & Sexl, 1984) ein Bestandteil der Quantenwelt, so wäre sie „zugleich tot und lebendig". Die Diskussion solch philosophischer Probleme ist unumgänglich und jetzt an vielen Beispielen möglich. Da diese hier aus einem bekannten Prinzip entwickelt werden, gewinnen sie an Glaubwürdigkeit und Gewicht. Dies mag helfen, die Quantengesetze in ihrem Zusammenhang zu erfassen und ernst zu nehmen.

Da das Quantenobjekt keinen bestimmten Punkt in Abb. 3.1 tatsächlich durchfliegt, sind unterwegs nicht nur Bahnen, sondern auch Orte und Impulse unbestimmt. Man kann nicht mehr sagen, es „hat" einen bestimmten Ort. Die Unbestimmtheit wird missverstanden, wenn man die möglichen Wege mit realen verwechselt und fragt, welcher nun „tatsächlich" gewählt wird. Benutzt man den klassischen Begriff „Ort", so lässt er nur Unbestimmtheitsbereiche zu. Der klassische Teilchenbegriff ist aufgegeben. Diese Unbestimmtheit tritt nicht erst nach einer Messung auf, nicht – wie oft behauptet – als „unberechenbare Störung" des winzigen Quantenobjekts durch das „ungeschlachte" Messgerät, nicht als Messfehler. Die *Unbestimmtheitsrelation ist ein Fundament der ungestörten Quantenwelt* und der klassischen Physik völlig fremd. Sie lässt sich quantitativ an Ψ-Wellen-Paketen mit Hilfe der Zeigeraddition veranschaulichen, experimentell an der Beugung am Spalt oder z.B. an dem pohlschen Interferenzversuch (s. Dorn & Bader, 2000).

Unbestimmtheitsrelation ist ein Fundament der ungestörten Quanten

Trotz dieser Unbestimmtheit zeigt Abb. 3.1 die streng determinierte Addition der Ψ-Zeiger. Unbestimmtheit und Determinismus stehen nicht – wie man meinen könnte – im Gegensatz: Für Ψ-Funktionen selbst gibt es keine Unbestimmtheit; die Rechenpfade in Abb. 3.1

sind als solche klar definiert, auch ihr Ψ_i, nämlich die ihnen zuge-
ordneten Zeiger und deren Addition. Die Schrödingergleichung ist
eine deterministische Gleichung für Ψ. Quantengesetze sind an sich
keine Zufallsgesetze, wie oft behauptet wird. Der Zufall zeigt sich
erst beim Messprozess.

Die Superposition führt auch zur Nicht-Lokalität

Die Superposition führt auch zur Nicht-Lokalität: Schon am Doppel-
spalt verhält sich das Quantenobjekt so, als ob es trotz seiner Unteil-
barkeit beide Öffnungen, also räumlich Getrenntes als „zugleich"
wahrnehmen würde. Das Schockierende dieser Aussage fordert den
Hinweis auf spektakuläre Experimente (Dorn & Bader, 2000), etwa
zu dem viel diskutierten Einstein-Podolski-Rosen-Paradoxon (EPR)
(s. Abschnitt 3.5.3).

Im Quanten-bereich wird der Realitätsbegriff eingeschränkt

Man erkennt: Keiner der – klassisch gesehen – möglichen Wege
kommt dem Quantenobjekt objektiv und real zu, keiner der Durch-
flugpunkte in Abb. 3.1. Das Quantengeschehen ist nicht objektivierbar. Der von uns im Alltag erworbene Realitätsbegriff wird im
Quantenbereich erheblich eingeschränkt. Die „Un- und Nicht-
Wörter": *unbestimmt, nicht objektivierbar, nicht lokal* folgen aus
dem Superpositionsprinzip. Sie markieren „Warn- und Vorsichts-
schilder" zum Abgrenzen des Quantenverhaltens gegen klassische
Vorstellungen.

Warum fällt uns „Bewohnern der klassischen Alltagswelt" der Umgang mit der Quantenwelt so schwer? Nun, wir halten vernünftiger-
weise am sogenannten Realitätspostulat fest: Wir zweifeln nicht,
dass der Mond existiert, auch wenn gerade niemand nach ihm schaut.
Einstein z.B. spottete, nur Quantentheoretiker seien zu solchen Zweifeln fähig. Habe ich z.B. meinen Schlüssel verloren, so sage ich gemäß dieser Realitätsannahme: „Irgendwo muss er sein, auch wenn
ich nicht weiß wo; suchen lohnt sich". Der Schüssel könnte aber von
anderen gefunden und eingeschmolzen sein, d.h. als Schlüssel nicht
mehr existieren. Das Realitätspostulat versagt bisweilen schon im
täglichen Leben; bei Quanten führt es meistens in die Irre. Man
braucht dort weniger an vorphysikalischen Annahmen, die prinzipiell
nicht nachprüfbar sind. Die Quantentheorie gilt Mittelstaedt (2000)
logisch gesehen als „einfacher". Er führt weiter aus: „Die Sprache
darf nicht reicher sein als die Welt, die sie erfassen soll, und dadurch
Strukturen vortäuschen, die es in Wirklichkeit gar nicht gibt" (Mittelstaedt, 2000). Man soll also beim Umgang mit solchen Bereichen
der Welt widersprüchlichen Modellballast abwerfen.

Widersprüchli-chen Modell-ballast abwerfen

3.1.4   Zum Messprozess

Die zweite Gruppe an Folgerungen umkreist den Messprozess, den Übergang von der Quantenwelt zur klassischen Welt. Er ist in Abb. 3.2 durch den vertikalen Pfeil dargestellt. Bei einem Interferenzversuch mit Licht werden die Interferenzerscheinung fotografisch registriert. Wird ein Silberkorn geschwärzt, so hat sich am Ort dieses Silberkornes ein Quantenobjekt, z.B. ein Photon lokalisiert: Aus den zahlreichen Möglichkeiten, sich irgendwo auf dem Schirm zu lokalisieren, wurde vom puren Zufall eine ausgewählt und irreversibel in ein Faktum umgesetzt. Die Antreffwahrscheinlichkeit dazu ist für einen Punkt durch das dortige Amplitudenquadrat $|\Psi_{res}|^2$ der resultierenden Ψ-Welle bestimmt (analog zur Energiedichte $\rho_{elektr} \sim E_{res}^2$). Die bekannten Beugungsbilder zeigen wie sich $|\Psi_{res}|^2$ über den Schirm verteilt.

Man könnte auch versuchen, den Durchflugort im Beugungsspalt von Abb. 3.1 durch Anbringen eines Detektors in Erfahrung zu bringen. Nach dem empirisch hervorragend bestätigten Messpostulat (v. Neumann, 1932) wird beim Messen aus der Superposition der dortigen Möglichkeiten $\Psi_{res} = \sum \Psi_i$ zufallsbedingt ein Ψ_i ausgefiltert und als Messresultat fixiert. Es ist für den Experimentator ein Faktum. Die anderen Möglichkeiten sind irreversibel verschwunden. Ohne die Messung wäre aber kein Durchflugort existent. Ist die sofortige Wiederholung einer erfolgreichen Messung möglich, so liefert sie das gleiche Ergebnis. Dies macht deutlich, dass es sich bei einer Messung nicht um „zufällige Störungen", also nicht um „Messfehler" handelt.

Ohne die Messung wäre kein Durchflugort existent

Von Weizsäcker bezeichnet die Ψ-Funktion als „Wissenskatalog", der durch neues Wissen – etwa nach einer Messung – plötzlich geändert wird (v. Weizsäcker, 1985, 293). Bei den Experimenten zum Einstein-Podolski-Rosen-Paradoxon (EPR) geschieht dies momentan, auch bezüglich weit entfernter Orte; die endliche Lichtgeschwindigkeit ist für Änderungen des Wissens in meinem Kopf kein Hindernis!

Ψ-Funktion als „Wissenskatalog"

Die heutige Fassung des bohrschen Komplementaritäts-Prinzips fußt ebenfalls auf der Superposition: Hat man die Anordnung zu Abb. 3.1 so ausgestattet, dass man erfahren kann, welchen Weg das Quant tatsächlich nimmt, so verschwindet die Interferenz. Dann wäre es nämlich sinnlos, die Zeiger der nicht mehr relevanten Pfade zu addieren. Die „Welcher-Weg-Information" zerstört somit die Interferenz.

Quantengesetze prägen zunehmend die Technologie

Die „merkwürdigen" Quantengesetze stehen nicht nur auf dem Papier. Sie prägen zunehmend die Technologie: Klassische Computer arbeiten ihre Zahlen nacheinander ab, für manche zu langsam. Feynman schlug deshalb vor, nicht mehrere Zahlen nacheinander vom Computer abarbeiten zu lassen. Vielmehr superponiere man mehrere und rechne damit zugleich und mit den Quantengesetzen determiniert. Doch gibt es die erhofften, viel schnelleren Quantencomputer noch nicht. Einer der Gründe ist besonders bemerkenswert:

Die Superposition $\Psi_{res} = \sum \Psi_i$ von Quantenmöglichkeiten ist mit einer schwerwiegenden Bürde belastet: Sie ist in makroskopischen Bereichen fragil, sie „zerbricht" leicht. Dabei wird gemäß dem Messpostulat eine der vielen Möglichkeiten Ψ_i ausgefiltert und tritt in der uns vertrauten Welt der klassischen Gesetze als reales Faktum und

Quantenwelt trägt den Keim der Zerstörung in sich

zwar unumkehrbar auf. Die Quantenwelt trägt so den Keim der Zerstörung in sich. Die Evolution erzeugte keine fragilen, dauerhaften Superpositionszustände; diese bleiben uns fremdartig. Heutige Experimentierkunst schob die Grenze zwischen beiden Bereichen bis zu den Fullerenbällen vor – und gibt sich damit noch nicht zufrieden.

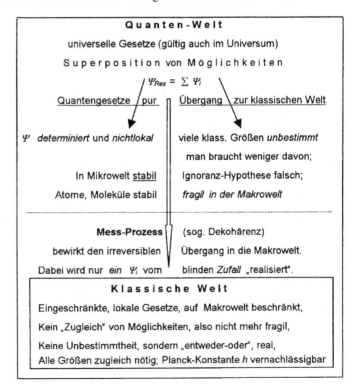

Abb. 3.2: Einbettung der klassischen Physik in die umfassendere Quantentheorie

Abb. 3.2 macht deutlich, dass die klassische Physik nicht für sich allein steht. Vielmehr ist sie nach heutiger Auffassung als Sonderfall eingebettet in den Geltungsbereich der Quantentheorie. Der dicke Pfeil deutet auf den Übergang, die Grenze. Diese wird von Messpostulaten beschrieben, deren restlose Klärung noch nicht abgeschlossen ist; sie wird zur Zeit intensiv erforscht.

Klassische Physik ist Sonderfall der Quantentheorie

Beim obigen Vorschlag für die Behandlung von Elementen der Quantenphysik im Unterricht ist der mathematische Formalismus umgangen. Erfahrungsgemäß trägt er wenig zu den im Vordergrund stehenden Deutungsfragen bei. Diese zeigen uns tiefe Einblicke, nicht nur in die Natur, sondern auch in unsere eigenen geistigen Fähigkeiten. Wir erkennen dabei Grenzen und zugleich grenzüberschreitende Möglichkeiten. Wer trotzdem versucht, Quantenphänomene mit gegenständlichen Bildern zu „verstehen", wird der Natur nicht gerecht. Er verschenkt viel von den weitreichenden logischen, mit abstrakten Symbolen arbeitenden Fähigkeiten des Menschen. Der Physikunterricht möge sie als einen wichtigen Teil menschlicher Kulturleistung herausstellen, deren Faszination sich kein denkender Mensch entziehen sollte. Als Formalsymbole dienen uns hier die rotierenden Zeiger. Sie sind nur eine besonders hilfreiche Modellvorstellung. Sie rotieren natürlich nur in unserer Vorstellung und – zur Veranschaulichung der komplexen Zahlen – auf dem Bildschirm. Dass die komplexen Zahlen in der Quantenphysik unabdingbar sind, zeigt sich bei der folgenden Frage nach der Stabilität der Atome.

3.1.5 Das Superpositionsprinzip und die Stabilität der Atome

Die Abbildung 3.3 zeigt einen sogenannten „Quantenpferch", wie er heute mit Hilfe der Nanotechnologie z.B. aus 48 Fe-Atomen mit 14 nm Radius aufgebaut und mit dem Rastertunnelmikroskop beobachtet und als Computerbild dargestellt werden kann. Das Bild zeigt innerhalb des Ringes, der die Randbedingungen festlegt, das stationäre, zeitunabhängige $|\Psi|^2$ der „Ein-Elektronen-Wellenfunktionen" der zahlreichen „eingesperrten" Elektronen auf der Kupferoberfläche. Dieses $|\Psi|^2$ entspricht dem eines einzigen Elektrons, das in der Mitte des Pferchs platziert ist (Eigler, 1993).

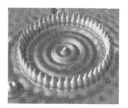

Abb. 3.3: $|\Psi|^2$ verläuft radial nach außen

Falsche Annahme:
$|\Psi|^2$ läuft tangential

Die nebenstehende Abbildung illustriert die nach dem Ergebnis von Eigler (1993) *falsche Annahme*, dass deBroglies „Materiewelle" auf einer „bohrschen Kreisbahn" mit dem Umfang $U = 2\,\pi\,r = n\,\lambda$ ($n=7$) verläuft.

Das bohrsche Atommodell führt zwar zu einem korrekten Wert der Energieterme des Wasserstoffatoms, versagt aber schon beim Helium. Zudem stehen die gezeichneten Elektronenbahnen im Widerspruch zu Quantengesetzen. Aufgrund der neuen Erkenntnisse stellt sich für den Lehrenden die Frage, *ob man das bohrsche Modell überhaupt noch verwenden soll.* Damit ergibt sich sofort die zweite Frage: *Kann man dieses Modell ersetzen und wodurch?* Stellen wir beide Bilder gegenüber und treffen dann die Entscheidung:

- Bohrs Modell ist tief verwurzelt, in Tradition und Gewohnheit. Wer den Medien Glauben schenkt – und seinen Schulkenntnissen – für den „ist" es das Atom schlechthin.

- Bohr kommt das große Verdienst zu, als erster gezeigt zu haben, dass die Planckkonstante h nicht nur beim Licht, sondern auch bei der Materie ernst zu nehmen ist.

- Ein „Ersatz" sollte ähnlich anschaulich bzw. bildhaft sein; dies kann man für den Quantenpferch bejahen.

- Kein Experiment kann zeigen, dass Elektronen im Grundzustand um den Kern kreisen, – sie tun es nicht. Dagegen ist der Quantenpferch das Ergebnis eines Experiments, das mit dem Rastertunnelmikroskop visualisiert wurde.

Gutes Atommodell entspricht den Quantenprinzipien und weckt keine falschen Vorstellungen

- Ein gutes Atommodell sollte den Quantenprinzipien entsprechen und keine falschen Vorstellungen wecken. Es sollte vor allem die Stabilität der Atome begründen, was mit Bohrs Modell nicht gelingt. Die Stabilität der Materie blieb und bleibt für die klassische Physik ein Rätsel!

Zur Erläuterung der Tragweite der Aufnahme von Eigler (1993) mit dem Rastertunnelmikroskop sei dieser selbst zitiert: „Wir bauten einen Pferch, setzten ein Elektron hinein und sahen, wie es die Schrödingergleichung in dieser Umgebung löst" (nach Collins, 1993). Diese zunächst unverständlich erscheinende Aussage lässt sich folgendermaßen begründen: Auf der Kupferoberfläche befinden sich im „Pferch" mit dem Durchmesser 14 nm natürlich viele, praktisch freie Elektronen, die sich wegen des Pauli-Prinzips nicht gegenseitig stören. Man „sieht" somit im $|\Psi|^2$ die gleiche Verteilung wie bei einer Einelektronen-Wellenfunktion. Die Periodizität entspricht der erwarteten deBroglie-Wellenlänge $\lambda = h/p$. Die Periodizität zeigt aber nicht längs des Umfangs der bohrschen Bahnen, sondern radial nach außen. Dieser experimentelle Befund steht im Widerspruch zu den üblichen, am bohrschen Modell kritiklos ausgeführten Rechnungen (Kreisumfang U = 2πr = n·λ); das muss bei einer Abwägung der Modelle berücksichtigt werden.

Weiterhin lässt sich mit dem Bild des Quantenpferchs das Modell des H-Atoms in mehreren Schritten erläutern:

Modell des H-Atoms in mehreren Schritten:

1. Schritt: Man ersetzt den begrenzenden Wall der Eisenatome durch den positiv geladenen Atomkern in der Mitte

2. Schritt: Begründung der Stabilität des Atoms: Ausgangspunkt ist die Frage: „Was schwingt in der hier gezeigten Materie- oder Wahrscheinlichkeits-Welle?" Durch die Aufnahme des Rastertunnelmikroskops (gerastert über einen längeren Zeitraum) erkennt man, dass es sich nicht um das Momentbild einer schwingenden, kontinuierlich verteilten und geladenen „Elektronen-Flüssigkeit" handelt. Eine solche müsste nämlich wie eine Antenne elektromagnetische Wellen abstrahlen und ihre Energie verlieren. Ein derart unserer klassischen Welt nachempfundenes Atom wäre in kürzester Zeit zusammengebrochen. Die Lösung fand Schrödinger (1926):

Begründung der Stabilität des Atoms

Er entwickelte aus seiner zeitabhängigen Gleichung die fortschreitende deBroglie-Welle mit der Energie $W = \frac{1}{2}mv^2$, der Frequenz $f = W/h$ und der Wellenlänge $\lambda = h/p = h/(m \cdot v)$. Dabei fand er die komplexwertige, unserer klassisch geprägten Welt fremde Wellenfunktion

$$\Psi(x,t) = \Psi_0 \cdot e^{2\pi \cdot i \,(x/\lambda \,-\, f \cdot t)} \,. \qquad (1)$$

In der imaginären Einheit „i" sah er am Schluss seiner 4. Mitteilung vom Juni 1926 „eine gewisse Härte ... zur Zeit noch". Doch gelang es ihm nicht, diese „etwas unsympathische Folgerung" zu beseitigen. Damit zog das Unanschauliche endgültig in die Quantenphysik ein. Wie kann man nun dieser Unanschaulichkeit im Unterricht gerecht werden?

Um deBroglie-Wellen für Elektronen mit scharfem Impuls p in einem Strahl zu beschreiben, knüpfen wir an Abb. 3.1 an. Wir reihen in Abb. 3.4a die rotierenden Zeiger so auf, dass sie in der Phase versetzt sind, mit der räumlichen Periode $\lambda = h/p$ (dies ist schon aus der Beschreibung klassischer Wellen mit Zeigern bekannt, doch werden diese dort bei Querwellen auf die Vertikale, bei Längswellen auf die Horizontale projiziert). Die komplexwertige Welle im Sinne Schrödingers nach Gl. (1) zeigt die erste

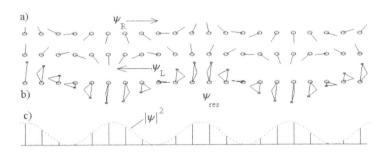

Abb. 3.4: Stehende Elektronenwelle (b und c) aus zwei in (a) gegenläufigen deBroglie-Wellen Ψ_R und Ψ_L superponiert. Die Zeiger in (b) rotieren zwar, behalten aber ihre Länge $|\Psi|$. Die Antreffwahrscheinlichkeit $-e|\Psi|^2$ für die Elektronenladung e ist zeitlich konstant, anders als in Antennen.

Zeile für nach rechts laufende Elektronen (Ψ_R), die zweite für nach links laufende (Ψ_L).

- Nun ist im Strahl die Antreffwahrscheinlichkeit $|\Psi(x)|^2$ konstant; er hat nicht die Perlschnurform klassischer Wellen. Wegen des scharfen Impulses $p = m\, v$ ist die Impulsunbestimmtheit $\Delta p = 0$, also nach $\Delta x \cdot \Delta p_x \approx h$ die Ortsunschärfe $\Delta x \approx h/\Delta p_x \to \infty$. Wir müssen in der Quantenphysik auf die mühsame Projektion der Zeiger verzichten und nur ihre konstante Länge $|\Psi(x)|$ beachten. In der Quantenphysik sind komplexe Größen (hier rotierende Zeiger) unabdingbar. Das " unsympathische i " in Gl. 1 macht zudem deutlich: Die deBroglie-Welle hat keine reale Bedeutung; es gibt keine Materie, die in dieser Materiewelle schwingt. Sie ist ein reines Gedankending; von Weizsäcker sagt, Ψ ist „Wissen".

3. Schritt: Nun sind im Quantenpferch die Elektronen eingesperrt wie im Atom. Klassisch gesehen würde ein eingesperrtes Elektron hin oder her laufen (nach der Unbestimmtheitsrelation kann es ja nicht in Ruhe sein). Folglich sind bei Quanten beide Möglichkeiten zu superponieren. Dabei entsteht in Abbildung 3.4 aus den beiden einander entgegenlaufenden deBroglie-Wellen Ψ_R und Ψ_L durch Addition übereinander stehender Zeiger eine stehende Ψ- Welle (s. Abb. 3.4b). Das Ergebnis wird von den Radialschnitten im Quantenpferch bestätigt. Wir betrachten es genauer:

- Die Länge $|\Psi(x)|$ der resultierenden Zeiger in Abb. 3.4b hängt sinusförmig von x ab, jedoch nicht von der Zeit t. Damit beschreibt man den stationären Zustand eingesperrter Elektronen korrekt.
- Dies gilt auch für $-e \cdot |\Psi(x)|^2$, also die Antreffwahrscheinlichkeit der Elektronenladung e (s. Abb. 3.4c): $|\Psi(x)|^2$ ist gewellt wie

„Wellblech" und ändert sich nicht mit der Zeit t; nichts schwingt auf und ab; der mit rotierenden Zeigern beschriebene stationäre Zustand strahlt genau so wenig wie der Quantenpferch, verhält sich also anders als die Elektronen einer Antenne. Dies erklärt die wohl wichtigste Eigenschaft der Quantenwelt, nämlich die Stabilität der Atome, was allen klassischen und halbklassischen Deutungen, auch dem bohrschen Modell nicht gelang.

4. Schritt: Die Aufnahme des Rastertunnelmikroskops zeigt das stetige $|\Psi(x,y)|^2$ der zahlreichen Oberflächenelektronen, die im Pferch eingesperrt sind (Abb. 3.3). Im H-Atom hingegen existiert nur ein Elektron. Das $|\Psi(x,y)|^2$ in Abb. 3.5 ist somit als Antreffwahrscheinlichkeit zu deuten, als Überlagerung der Lokalisationspunkte vieler Einzelmessungen.

$|\Psi(x,y)|^2$ des Quantenpferchs ist als Antreffwahrscheinlichkeit zu deuten

5. Schritt: Der Weg zu den „scharfen" Energiewerten erfolgt über Spektrallinien und den Franck-Hertz-Versuch. Beide machen deutlich, dass den Atomen scharfe Energieniveaus W_i zukommen. Es stehen im Physikunterricht zwei Wege offen, nach denen man diese berechnen kann:

• über den Spezialfall des unendlich hohen, linearen Potentialtopfes,

• über die Lösung der viel umfassenderen, zeitunabhängigen Schrödingergleichung

Da beides bereits in der Schulliteratur ausführlich behandelt wird, verweisen wir auf diese (Dorn & Bader, 2000).

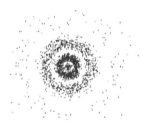

Abb. 3.5: 4s-Zustand des H-Atoms (n = 4) mit K, L, M, N-Schale nach Schrödinger. Sie hat n - 1 = 3 Knotenkugeln; die Punktdichte demonstrieren die Wahrscheinlichkeitsdeutung von $|\Psi(x,y)|^2$ (vgl. Abb. 6.4).

Gisela Anton

3.2 Elementarteilchenphysik

Das Interesse am Aufbau der Materie reicht weit ins Altertum zurück. Die von Demokrit aus philosophischen Überlegungen heraus geforderten Atome, die unteilbaren Bausteine der Materie, sind vor ca. zwei Jahrhunderten durch experimentelle Erkenntnisse zuerst der Chemie und dann der Physik bestätigt worden und sind heute fester Bestandteil des Wissens. Allerdings zeigte sich bald, dass die Atome ihrem Namen, unteilbar zu sein, nicht gerecht wurden.

Grundbausteine der Atome

In der 1. Hälfte des 20. Jahrhunderts entdeckte man, dass Atome aus drei Grundbausteinen, Proton, Neutron und Elektron aufgebaut sind. Es dauerte aber nicht lange, bis die Einführung noch elementarer Grundbausteine, der Quarks (Gell-Mann, 1964), den Kernphysikern als notwendig erschien. Damit war die große Aufgabe gestellt, die Existenz der Quarks experimentell zu bestätigen und ihre Eigenschaften zu untersuchen. Dies hat in den letzten 40 Jahren zu einem besonders erfolgreichen Forschungsgebiet, zur *Elementarteilchenphysik,* geführt.

Quarks sind gesicherter Bestandteil unseres Wissens

Die Quarks sind mittlerweile gesicherter Bestandteil unseres Wissens. Die erfolgreiche Suche nach immer elementareren Bausteinen hat die Wissenschaftler mutig gemacht, auch nach Teilchen jenseits der Quarks zu suchen. Hierbei stößt man jedoch auf prinzipielle Schwierigkeiten. Von den Quarks weiß man, dass sie kleiner als 10^{-18} m sind, also mindestens 1000 kleiner als Atomkerne, deren Größenordnung 10^{-15} m ist. Die Quarks müssen daher auf einen fast beliebig kleinen Raum konzentriert sein, also punktförmig wie die Elektronen. Wären die Elektronen und Quarks nicht punktförmig, sondern ausgedehnt, würde man weitere Unterbausteine erwarten.

Ein Problem, das mit der Frage nach den Grundbausteinen und der Ausgedehntheit einhergeht, ist die Struktur von Raum und Zeit. Die bisherigen Vorstellungen gehen davon aus, dass die elementaren Bausteine zwar eingebettet sind in Raum und Zeit, dass Raum und Zeit aber unabhängig von ihnen sind, so wie wir es auch aus der Alltagserfahrung kennen. Z.B. gilt für unsere Erfahrungswelt, dass der Raum die gleichen „Abmessungen" hat, unabhängig davon, ob sich ein Objekt darin befindet oder nicht.

Ein erster Schritt, um sich von dieser Vorstellung zu lösen, wird in der Quantenmechanik vollzogen: Während in der klassischen Mechanik die Bewegung eines Körpers durch eine, im Prinzip beliebig genau bestimmte Bahnkurve r(t) beschrieben wird und damit vorhersagbar ist, ist die Bewegung submikroskopischer Körper durch die Quantenmechanik zu beschreiben; dabei wird die Vorstellung von der Bahnkurve durch Wahrscheinlichkeitsamplituden ersetzt. Für ein solches Teilchen kann nur die Wahrscheinlichkeit angegeben werden, dass es sich zu einer Zeit t an einem Ort r befindet. Eine weitere Komplikation ergibt sich durch die Relativistik. Ein Teilchen ist nicht immer nur *ein* Teilchen, sondern durch Energiefluktuationen können kurzzeitig (kleiner 10^{-22} s) Teilchen-Antiteilchen-Paare erzeugt werden, also statt einem können vorübergehend auch drei, fünf oder mehr Teilchen vorliegen. Dabei kann man nicht vorhersagen, wann es z.B. eins, drei oder fünf sind.

Fluktuationen erzeugen Teilchen-Antiteilchen-Paare

Diese Tatsache verdeutlicht, wie wichtig es ist, mit Modellen gleichzeitig auch deren Grenzen anzugeben. Auf Raum und Zeit bezogen bedeutet das, dass deren Eigenschaften, die wir auf der uns zugänglichen Größenskala erfahren (der Raum ist dreidimensional und euklidisch, die Zeit ist an allen Orten gleich), nur einen sehr eingeschränkten Bereich der tatsächlichen Eigenschaften darstellen. Für sehr große Abmessungen bzw. für starke Gravitationsfelder wissen wir mittlerweile, dass der Raum nicht euklidisch, sondern gekrümmt ist. Auch bei sehr kleinen Abmessungen scheint die Raumzeit „neue" Eigenschaften zu besitzen. Entsprechend der sogenannten Stringtheorie könnte bei sehr kleinen Abständen die Raumzeit mehr als vier Dimensionen (also mehr als eine Zeit- und drei Raumdimensionen) enthalten, die z.T. aber „aufgewickelt" sind, so dass sie bei größeren Abständen nicht sichtbar werden.

Starke Gravitationsfelder

Nichteuklidischer Raum

Mehr als vier Dimensionen bei sehr kleinen Abständen

Diese kurze Zusammenstellung mit dem Ausblick auf neue Forschungsthemen lässt bereits erahnen, dass die Elementarteilchenphysik ein ungemein interessantes, aktuelles Forschungsgebiet darstellt, das im Physikunterricht berücksichtigt werden sollte. Ein Weg in die Grundideen dieses sowohl experimentell als auch wissenschaftstheoretisch faszinierenden Zweigs der Physik wird anhand qualitativer Argumente aufgezeigt.

3.2.1 Die elementaren Teilchen

Die Suche nach den fundamentalen Bausteinen der Materie hat zu den folgenden kleinsten Teilchen geführt, die nach dem heutigen Wissensstand die unterste Ebene von Struktur und Substruktur bilden (Abb. 3.6). In der oberen Zeile stehen die sogenannten „Leptonen" („leichte" Teilchen). Darunter sind die Quarks aufgeführt, aus denen

die „schweren" Teilchen (Hadronen) zusammengesetzt sind. Dazu
gehören z.B. die Neutronen und die Protonen. Entsprechend der
Theorie und in Übereinstimmung mit den bisherigen Experimenten
existieren Quarks nicht als freie Teilchen.

$$\begin{pmatrix} v_e \\ e^- \end{pmatrix} \qquad \begin{pmatrix} v_\mu \\ \mu^- \end{pmatrix} \qquad \begin{pmatrix} v_\tau \\ \tau^- \end{pmatrix} \quad \text{Leptonen}$$

$$\begin{pmatrix} u \\ d \end{pmatrix} \qquad \begin{pmatrix} c \\ s \end{pmatrix} \qquad \begin{pmatrix} t \\ b \end{pmatrix} \quad \text{Quarks}$$

$$1. \qquad\qquad 2. \qquad\qquad 3. \qquad \text{Generation}$$

Abb. 3.6: Klassifikation der elementaren Teilchen

**Teilchen und
Antiteilchen**

Die Teilchen sind nach „Generationen" angeordnet.. Zur ersten Ge-
neration gehören bei den Leptonen das Elektron-Neutrino v_e und das
Elektron e⁻, sowie die Quarks „up" u und „down" d. In der zweiten
Generation steht das Müon-Neutrino v_μ und das Müon μ^- sowie die
Quarks „charm" c und „strange" s, in der dritten Generation das Tau-
Neutrino v_τ und das Tau (oder Tauon) τ^- sowie das „top"-Quark t
und das „bottom"-Quark b. Die Neutrinos besitzen keine elektrische
Ladung, die Ladung der übrigen Leptonen ist –1, die der Quarks u, c,
t 2/3 und die der Quarks d, s, b –1/3, angegeben in Einheiten der
Elementarladung von 1,6 10⁻¹⁹ As. Zu jedem der genannten Teilchen
kann es ein entsprechendes Antiteilchen geben, z.B. Elektron-
Neutrino und Elektron-Antineutrino. Trifft beispielsweise ein Elektron auf ein (positiv geladenes) Positron, so löschen sich diese aus
(Paarvernichtung); es bleibt nur Energie in Form von energiereicher
elektromagnetischer Strahlung übrig.

$$\begin{pmatrix} m_{v_e} \leq 3 \text{ eV} \\ m_e = 0.511 \text{ MeV} \end{pmatrix} \quad \begin{pmatrix} m_{v_\mu} \leq 0.19 \text{ MeV} \\ m_\mu = 106 \text{ MeV} \end{pmatrix} \quad \begin{pmatrix} m_{v_\tau} \leq 18.2 \text{ MeV} \\ m_\tau = 1777 \text{ MeV} \end{pmatrix}$$

$$\begin{pmatrix} m_u \cong 1-5 \text{ MeV} \\ m_d = 3-9 \text{ MeV} \end{pmatrix} \quad \begin{pmatrix} m_c = 1.15-1.35 \text{ GeV} \\ m_s = 75-170 \text{ MeV} \end{pmatrix} \quad \begin{pmatrix} m_t \leq 174 \text{ GeV} \\ m_b = 4.0-4.4 \text{ GeV} \end{pmatrix}$$

Abb. 3.7: Die Massen der elementaren Teilchen. Die Masse der elementaren
Teilchen nimmt von der 1. bis zur 3. Generation zu (1 eV $\cong$ 10⁻³⁰ kg).

In der Elementarteilchenphysik ist es üblich, die Masse in der Ener-
gieeinheit eV anzugeben, die aber über die Beziehung E=mc² in die

übliche Masseneinheit g umgerechnet werden kann; 1eV entspricht dann 10^{-30} kg.

Die Massen der Quarks sind nicht genau bekannt, deshalb werden bei den Masseangaben die untere und die obere Grenze angegeben; z.B. liegt die Masse des u-Quarks zwischen 1 und 5 MeV.

Die uns umgebende Materie ist ausschließlich aus den Teilchen der ersten Generation aufgebaut. Zum Beispiel wird die elektrische Ladung des Protons folgendermaßen erklärt: Das Proton enthält die drei Quarks: uud. Die zwei u-Quarks tragen je +2/3 der Elementarladung das d-Quark mit −1/3, also: 2/3 +2/3 −1/3 = +1 . Das Neutron enthält die Quarks ddu und ist deshalb elektrisch neutral (-1/3 - 1/3 + 2/3). Die Atomkerne sind aus Protonen und Neutronen zusammengesetzt, die Atomhülle besteht aus Elektronen, dem geladenen Lepton der ersten Generation.

Uns umgebende Materie ist aus Teilchen der 1. Generation aufgebaut

Das Neutrino ist nicht am Aufbau der Materie beteiligt, es spielt vielmehr in Umwandlungsprozessen eine Rolle, auf die später noch eingegangen wird. Die Leptonen und Quarks der zweiten und dritten Generation könnten sich grundsätzlich ebenso wie die der ersten Generation zu gebundenen Zuständen wie Atomkernen und Atomen formieren. Allerdings zerfallen diese Teilchen sehr schnell und kommen deshalb gar nicht dazu, Bindungen langfristig einzugehen. Man geht davon aus, dass zum Zeitpunkt des Urknalls, also zu Beginn des Universums, von allen Teilchensorten gleich viele vorgelegen haben. Wegen der auch bei Zerfällen geltenden Energieerhaltung, können die schweren Teilchen nur in leichtere Teilchen zerfallen; am Ende eines Zerfalls oder einer Zerfallsreihe bleiben nur die Teilchen der ersten Generation übrig.

Zeitpunkt des Urknalls: gleich viele Teilchen von allen Sorten

3.2.2 Die vier fundamentalen Kräfte

Die Eigenschaften eines gebundenen Systems ergeben sich aus den Eigenschaften der Teilchen, aus denen es aufgebaut ist und aus den Kräften, die zwischen den Teilchen wirken. Wir kennen heute vier verschiedene Arten von Kräften: die Gravitationskraft, die „schwache" Kraft, die elektromagnetische Kraft und die „starke" Kraft. Die Gravitationskraft ist dabei die schwächste Kraft. Durch sie werden z.B. zwei Protonen, die einen Abstand von 10^{-15} m voneinander haben, mit etwa 10^{-34} N angezogen. Deutlich stärker ist die sogenannte „schwache" Wechselwirkung. Sie bewirkt zwischen Protonen eine Kraft von 10^{-3} N. Die elektromagnetische Kraft führt aufgrund der positiven Ladungen der Protonen zu einer Abstoßung mit der Kraft von 200 N. Dominierend für die Protonen im Kernverband ist schließlich die „starke" Kraft, die die elektrische Abstoßung mühelos überwindet und zu einer Anziehungskraft von ca. 10^4 N führt. Dieser Zahlenvergleich für die verschiedenen Wechselwirkungen macht die Bezeichnungen „schwach" und „stark" plausibel.

Die Gravitation

Wir wollen uns zunächst mit der Gravitation beschäftigen. Isaac Newton formulierte das Gravitationsgesetz, wonach auf zwei Massen m_1 und m_2, die sich im Abstand r befinden, die Kraft F_G wirkt:

Es gibt keine negative Masse

$$F_G = G \ \frac{m_1 m_2}{r^2}$$

In unsem Alltag ist sie allgegenwärtig. Begriffe wie „oben" und „unten", „schwer" und „fallen" gewinnen ihren Sinn aus der Gravitation. Obwohl die Gravitation die schwächste der bekannten Kräfte ist, dominiert sie im Alltag. Dies liegt daran, dass es – anders als z.B. bei den elektrischen Ladungen – keine negative Masse gibt. Während sich die Wirkungen positiver und negativer Ladungen aufheben können (z.B. ist ein Wasserstoffatom von außen elektrisch neutral), addiert sich die Wirkung aller Massen auf. Offensichtlich hat die Natur dafür gesorgt, dass es ebenso viele positiv wie negativ geladene Objekte gibt, so dass sich Ladungen üblicherweise auf relativ kleinem Raum kompensieren. Dies gilt nicht nur für die elektrische Ladung, sondern auch für die „Ladung" der schwachen Kraft und für die „Ladung" der starken Kraft. Jede Kraft hat ihre eigene „Ladung"

Die Gravitation ist die am schlechtesten verstandene Kraft

bzw. die Teilchen sind Träger dieser „Ladung" und spüren deshalb diese Kraft. Im Falle der Gravitation entspricht die Masse der Ladung. Gegenwärtig ist die Gravitation die am schlechtesten verstandene der vier Kräfte.

Im Kosmos ist die Gravitation aufgrund der Addition der Massen die alles dominierende Größe. Sie ist Ursache für „gebundene Systeme" wie etwa unser Planetensystem, das mittels der Schwerkraft auf elliptischen Bahnen um die Sonne gehalten wird, oder wie Doppelsterne, die umeinander kreisen, oder wie Galaxien, die Milliarden von Sternen auf z.T. sehr komplizierten Bahnen enthalten. Die Gravitation ist die „ultimative" Kraft, die zu so großen Materieanhäufungen führen kann, dass diese sich zu einem schwarzen Loch zusammenziehen. Die Kraft, die von einem solchen Gebilde ausgeht, ist so stark, dass nicht einmal Licht von ihm entweichen kann.

Die elektromagnetische Kraft

Es wäre naheliegend, nun die nächst-schwächere, also die schwache
Kraft zu diskutieren. Da sie aber gewissermaßen eine Erweiterung
der elektromagnetischen Kraft ist, wird letztere zuerst behandelt. Die
Kraft zwischen zwei elektrischen Ladungen q_1 und q_2 hängt gemäß
dem Coulombgesetz vom Abstand r ab:

$$F_C = \frac{1}{4\pi\varepsilon_0} \frac{q_1 q_2}{r^2}$$

**Austausch von
Photonen als
Wechselwirkungs-
teilchen**

Doch wie wird diese Kraft vermittelt werden ? Wie kann die eine
Ladung die Gegenwart der anderen über eine Entfernung hinweg
„wahrnehmen"? Im Rahmen der Quantenelektrodynamik wird diese
Kraft durch den Austausch von virtuellen Photonen erklärt. Dazu zu-
nächst ein makroskopisches Beispiel: Wir nehmen an, dass sich zwei
Schlittschuhläufer auf einer Eisfläche befinden (s. Abb. 3.8).

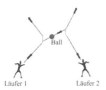
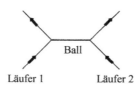

Abb. 3.8a: Illustration der
Wechselwirkung zwischen
Schlittschuhläufern

Abb. 3.8b: Feynman-Diagramm zur
Wechselwirkung in Abb. 3.8a

Wir nehmen an: Die Schlittschuhe haben keine scharfen Kufen, können sich die Läufer nicht selbst abstoßen oder abbremsen; sie sind
gewissermaßen „hilflos" auf der Eisfläche. Die Bewegung sei zudem
reibungsfrei. Das bedeutet, dass die vorhandene geradlinige Bewegung sich unendlich lange fortsetzten würde. Nun besitzt einer der
Läufer einen Ball, den er zu dem anderen Läufer hinüberwirft, der
ihn auffängt. Durch das Werfen des Balles wird die Bewegung des
ersten Läufers verändert (Impulsänderung Δp) und durch das Auf-
fangen des Balles wird auch die Bewegung des zweiten Läufers verändert (Impulsänderung Δp). Der Austausch eines Balles und die
damit verbundene Bewegungsänderung kann durch eine abstoßende
Kraft zwischen Schlittschuhläufern beschrieben werden. Wenn die
Massen und Anfangsimpulse der Läufer, sowie die Masse und der
Impuls des geworfenen Balles bekannt sind, kann der Bewegungsvorgang vollständig berechnet werden. Als abkürzende Beschreibung für den Bewegungsvorgang wurde deshalb das sogenannte

„Feynman-Diagramm" eingeführt, das die genannten Informationen enthält (s. Abb. 3.8 und 3.9).

Kraftübertragung zwischen zwei Ladungen: durch virtuelle Photonen

Kräfte zwischen elementaren Teilchen werden grundsätzlich durch den Austausch von „Wechselwirkungsquanten" vermittelt. Die Kraft zwischen zwei Ladungen wird durch virtuelle Photonen übertragen. Während reelle Photonen, die wir als Lichtquanten oder elektromagnetische Wellen kennen, sich, nachdem sie von einer Quelle emittiert wurden, unabhängig von der Quelle im Raum fortbewegen und unter Umständen beliebig große Entfernungen zurücklegen können, sind virtuelle Photonen an die beiden wechselwirkenden Ladungen gekoppelt: sie können nur von einem zum anderen hin ausgetauscht werden. Das Feynman-Diagramm für die Wechselwirkung zwischen zwei geladenen Teilchen, z.B. einem Elektron und einem Quark, hat die in Abbildung 3.9a gezeigte Form. Die Zeitachse verläuft bei Feynman-Diagrammen von unten nach oben.

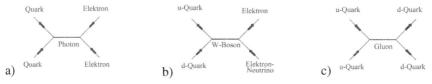

Abb. 3.9: Feynman-Diagramme der Wechselwirkungen:
a) elektromagnetische Wechselwirkung (Ursache: elektrische Ladung, Masse des Photons: 0)
b) schwache Wechselwirkung (Ursache: schwache Ladung, Masse des W-Bosons: 80 GeV)
c) starke Wechselwirkung (Ursache: starke Ladung, Masse des Gluons: 0)

Die Stärke der Wechselwirkung hängt von der Größe der beteiligten Ladungen (die Ladung wird beim Zusammentreffen mehrerer Linien, einem sogenannten „Vertex" wirksam) und vom sogenannten „Propagator" ab, der den relativistischen Viererimpuls p, die Lichtgeschwindigkeit c und die Masse m des Austauschteilchens enthält:

$$\text{Propagator} \quad \propto \quad \frac{1}{m^2 + p^2 c^2}$$

Im Falle der Photonen ist die Masse gleich null.

Die schwache Kraft

Wechselwirkung durch W-Bosonen

Analog zur elektromagnetischen Wechselwirkung (Theorie der Quantenelektrodynamik) werden auch die schwache und die starke Wechselwirkung durch den Austausch von Teilchen, die an spezifische Ladungen koppeln, beschrieben (s. Abb. 3.9). Ursache für die schwache Kraft ist die „schwache Ladung" der Teilchen. Alle elementaren Teilchen tragen „schwache Ladung" und spüren deshalb die „schwache" Kraft. Diese „Ladung" ist ähnlich groß wie die e-lektrische Ladung. Man könnte daher vermuten, dass eine ähnlich große Kraft entsteht. Allerdings hat das Austauschteilchen der schwachen Wechselwirkung, das sogenannte „W-Boson", die relativ große Masse von ca. 100 Protonenmassen. Diese Masse bewirkt, dass der Beitrag des Propagators klein ist und deshalb die schwache Wechselwirkung im Bereich kleiner Impulse deutlich schwächer als die elektromagnetische Wechselwirkung ist (wenn im Propagator der Impuls p klein gegen $m \cdot c$ ist, wie z.B. bei radioaktiven Zerfällen von Atomkernen). Wenn der Impuls des Austauschteilchens groß gegen die W-Boson-Masse ist, spielt die Masse im Nenner des Pro-pagators keine wesentliche Rolle mehr und dann sind die beiden Wechselwirkungen ähnlich stark. Dies kann z.B. durch Experimente an hochenergetischen Teilchenbeschleunigern gezeigt werden. Die-ser Zustand beschreibt auch den Zustand während der Frühphase des Universums. Tatsächlich kann man die beiden Kräfte auf eine ver-einheitlichte „elektro-schwache" Wechselwirkung zurückführen. Die Theorie der elektroschwachen Wechselwirkung wurde von Salam und Weinberg 1967 aufgestellt (s. Povh et al., 1999).

Schwache Wechselwirkung hat im makroskopischen Bereich keine Bedeutung...

Die schwache Wechselwirkung hat zwar im makroskopischen Be-reich auf der Erde keine Bedeutung, sie ist aber für uns lebensnot-wendig, denn sie ist im Grunde eine Ursache dafür, dass die Sonne scheint. Im Innern der Sonne findet die Fusion von Wasserstoff statt: Unter der schwachen Wechselwirkung, also durch Austausch eines W-Bosons, fusionieren zwei Protonen zu einem Deuterium-Kern und setzen ein Neutrino frei (ein Proton wird dabei in ein Neutron um-gewandelt). Die überschüssige Reaktionsenergie führt schließlich zum Leuchten der Sonne. Die Tatsache, dass die schwache Wech-selwirkung schwach ist und deshalb der Prozess relativ selten pas-siert, führt dazu, dass die Sonne lange brennen kann (mehrere Milli-arden Jahre) anstatt in kurzer Zeit in einer gewaltigen Explosion diese Energie freizusetzen.

...aber ist für die Fusion auf der Sonne notwendig

Die schwache Wechselwirkung führt auch dazu, dass Quarks umge-wandelt werden. Ein Quark kann durch Aussenden eines W-Bosons in ein anderes Quark übergehen, das W-Boson wiederum geht in ein Leptonpaar oder ein weiteres Quarkpaar über (s. Abb. 3.10a: „Zer-fall" eines c-Quarks in ein s-Quark, ein Positron und ein Elektron-Neutrino). Da dabei die Energie erhalten bleiben muss, können nur schwere Quarks in leichtere übergehen und nicht umgekehrt. Die schwache Wechselwirkung sorgt also dafür, dass die schweren Quarks, die zu Beginn des Universums gleichberechtigt existierten,

Schwache Wechselwirkung bedeutet Umwandlung von Quarks

nach einiger Zeit „ausgestorben" sind. Das gleiche passierte den schweren Leptonen, so dass im heutigen Universum die Teilchen der niedrigsten Generation übrig geblieben sind. Auch innerhalb der niedrigsten Generation findet noch dieser Übergang statt. Das Neutron hat eine größere Masse als das Proton und zerfällt deshalb in ein Proton, ein Elektron und ein Antineutrino (s. Abb. 3.10b: Betazerfall des Neutrons durch „Zerfall" eines d-Quarks).

Neutron zerfällt in ein Proton, ein Elektron und ein Antineutrino

Deshalb gibt es keine stabilen freien Neutronen. In einem Atomkern ist normalerweise der Zerfall des Neutrons durch die Bindung energetisch unterdrückt. In manchen Kernen ist diese Bindung allerdings so ungünstig, dass der Zerfall stattfindet. Diese Kerne sind dann radioaktiv.

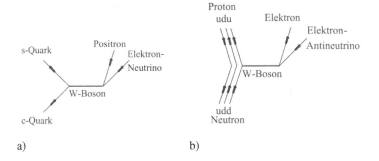

Abb 3.10: Feynman-Diagramme zur schwachen Wechselwirkung; a) Zerfall eines c-Quarks in ein s-Quark; b) Beta-Zerfall

Die starke Kraft

Quarks tragen Farbladungen

Austauschteilchen der starken Wechselwirkung sind die Gluonen

Die stärkste der bekannten Kräfte tritt bei der starken Wechselwirkung auf. Sie wirkt auf Quarks, aber nicht auf die anderen Teilchen. Nur Quarks haben eine starke Ladung, die auch „Farbladung" oder „Farbe" genannt wird. Diese „Farbe" hat aber nichts mit der optischen Farbe zu tun. Um die Quarks näher untersuchen zu können, hat man versucht, sie aus dem Proton oder Neutron herauszulösen. Diese Methode hatte sich bei der Untersuchung der Atome bewährt: man konnte Atome ionisieren, also die Elektronen herauslösen, z.B. durch Beschuss der Atome mit anderen Teilchen. Dies ist für Quarks nicht möglich. Wenn man versucht, ein Quark aus einem Proton zu entfernen, wird die Kraft zwischen dem Quark und dem Rest-Proton mit zunehmendem Abstand immer größer, als wären sie mit einem Gummiband aneinander gekoppelt. Aufgrund der Stärke dieser Kraft sind die Quarks auf das kleine Volumen der Atomkerne konzentriert. Das Austauschteilchen, das diese Kraft vermittelt, heißt „Gluon" oder Leim-Teilchen (aus dem Englischen „glue": Leim). Das Gluon ist masselos. Der Propagator hat deshalb ähnliche Form wie beim Photon. Aber die starke Ladung ist sehr viel größer als die elektrische Ladung und hat sogar die Eigenschaft, nicht konstant zu sein, sondern mit dem Abstand der Teilchen anzuwachsen. Das ergibt dann den besagten „Leim"effekt.

3.2.3 Zusammenfassung und Ausblick

Die Strukturen der Materie beruhen auf der Tatsache, dass Teilchen aufgrund von Kräften Bindungssysteme bilden: Quarks werden mittels Austausch von Gluonen zusammengehalten zu Protonen und Neutronen und diese werden zusammengehalten zum Atomkern. Die Gluon-Kräfte sind im Atomkern abgesättigt, sodass außerhalb des Kerns diese Kraft nicht mehr in Erscheinung tritt. Die Elektronen sind durch den Austausch von Photonen an die auch elektrisch geladenen Protonen gebunden; dadurch entstehen Atome Die elektrischen Kräfte im Atom sind im wesentlichen abgesättigt. Durch ungleiche Ladungsverteilung innerhalb benachbarter Atome können aber Kräfte entstehen, die zur Kristallbildung führen. Beispielsweise gibt es in einem NaCl-Kristall positiv geladene Natrium-Ionen und negativ geladene Chlor-Ionen. Weiterhin können durch Verschieben von Ladungen zwischen verschiedenen Atomen Moleküle gebunden werden. Z.B. sind im Wassermolekül die Elektronen der Wasserstoffatome zum Sauerstoffatom hin verschoben, dadurch entsteht eine elektrische Anziehung zwischen den H- und den O-Atomen.

Die Hierarchie der Kräfte führt zur Hierarchie der Strukturen: Die starke Kraft generiert die kleinsten Stukturen, die Nukleonen und Atomkerne. Die elektrische Kraft generiert die Atome, Moleküle und Festkörper. Die Gravitation generiert die Planeten, Planetensysteme, Sterne, Galaxien usw. Die schwache Wechselwirkung bildet hier eine Ausnahme, denn sie führt nicht zu Bindungssystemen.

Es bleibt abzuwarten, wie sich diese Vorstellungen von Elementarteilchen, Kräften und Strukturen weiterentwickeln werden und welches Bild der Welt sich in Zukunft in Richtung der kleinsten und der größten Abmessungen ergeben wird.

Die zur Zeit im Bau oder in der Planungsphase befindlichen Beschleuniger, die Energien im TeV-Bereich liefern sollen, können gegebenenfalls die notwendigen Antworten liefern. In den letzten Jahren hat sich neben der Weiterentwicklung der Teilchenbeschleuniger in der Elementarteilchenphysik auch großes Interesse an der Astrophysik herauskristallisiert. Denn mit der Entwicklung moderner

Hochleistungsteleskope wird das Labor „Weltall" auch für die Elementarteilchenphysiker immer interessanter. Damit ist es möglich, den Blick zurück bis nahe an die Geburt des Weltalls zu richten, einem Zeitpunkt, zu dem Elementarteilchenprozesse im wesentlichen die Entwicklung des Universums bestimmten. Die „Astroteilchenphysik" vereinigt diese beiden Teilgebiete der Physik zu einem zukunftsträchtigen, spannenden neuen Forschungsgebiet. Die Jagd nach neuen Teilchen (z.B. dem Higgs-Teilchen) und nach Erkenntnissen über den Aufbau der Welt und der Materie ist noch lange nicht zu Ende.

3.2.4   Literaturhinweise

Die folgenden drei Literaturangaben stellen eine Auswahl dar, durch die eine erste Begegnung mit Themen der Teilchenphysik angeregt werden kann. Dort findet man auch Angaben zur weiterführenden Literatur:

Berger, C. (2001). Elementarteilchenphysik. Berlin, Heidelberg, New York: Springer Verlag.

Hilscher, H.(1996). Elementare Teilchenphysik. Braunschweig: Vieweg Verlag.

Hacker, G. (2001). Grundlagen der Teilchenphysik – Ein Lernprogramm. Erlangen (http://www.physik.uni-erlangen.de/Didaktik/gdt/gdt.htm)

Physik in unserer Zeit (2001). Schwerpunkt Teilchenphysik, Heft 4.

Povh, B., Rith, K., Scholz, C. & Zetsche, F. (1999[5]). Teilchen und Kerne. Berlin, Heidelberg, New York: Springer Verlag.

Praxis der Naturwissenschaften- Physik (2002). Themenheft: Elementarteilchenphysik, 51, Heft 4.

Karl-Heinz Lotze

3.3 Kosmologie

Die Kosmologie ist als die Wissenschaft von der Struktur und der Entwicklung der Welt im Großen in rasanter Entwicklung begriffen. Das verdankt sie zum großen Teil dem wünschenswerten Zustand, dass neue astronomische Beobachtungen neue Herausforderung an die Astrophysik darstellen. Während noch in den fünfziger Jahren des vergangenen Jahrhunderts der „Urknall" als Art Spottname erfunden wurde, ist er heute ein respektabler, wohldefinierter wissenschaftlicher Begriff, der zum Ausdruck bringt, dass unsere Welt in der frühesten Phase ihrer Entwicklung wesentlich anders beschaffen war als heute. Mittlerweile hat die Kosmologie als eine Wissenschaft mit ganz eigener Methodik ein Entwicklungsstadium erreicht, das gelegentlich als „Präzisions-Kosmologie" bezeichnet wird. Kosmologie ist ihrem Wesen nach eine interdisziplinäre Wissenschaft, welche Ergebnisse aus den Relativitätstheorien, der (nichteuklidischen) Geometrie, der beobachtenden Astronomie und der Teilchenphysik zu einem Weltbild im wahrsten Sinne dieses Wortes synthetisiert.

Kosmologie als interdisziplinäre Wissenschaft

Von jeher haben besonders die „geometrischen Aspekte" der Kosmologie große Faszination ausgeübt und zu Fragen Anlass gegeben wie: Hat das Universum eine Mitte? Hat es Ränder und wenn ja, was sähe man, könnte man dorthin gelangen? Wie soll man sich einen endlichen, aber doch unbegrenzten Raum vorstellen? Wann und wo fand der Urknall statt? Dass diese Fragen häufig schon von Schülern gestellt werden, wirft in besonderem Maße die Frage nach der Lehrbarkeit dieser Wissenschaft auf.

Oft gestellte Fragen

Wir beantworten diese Frage positiv und werden dies im Folgenden auch begründen und an Beispielen erläutern. Damit Unterricht nicht zur Effekthascherei verkommt, werden wir nicht die jüngsten, zum Teil noch spekulativen Entwicklungen der Theorie präsentieren. Was *in der Schule* lehrbar sein soll, braucht Zeit, Zeit für die Etablierung in der Fachwissenschaft, Zeit für Gewöhnung an das Neue und schließlich auch Unterrichtszeit. Wohl wissend, dass wir letztere nicht ausreichend haben (auch dort nicht, wo Astronomie Unterrichtsfach ist), behandeln wir unseren Gegenstand doch in der Ausführlichkeit, mit der wir ihn seit mehreren Jahren in Lehrerfortbildungsveranstaltungen anbieten. An mathematischen Hilfsmitteln benutzen wir nur das, was ein Schüler der gymnasialen Oberstufe be-

Lehrbarkeit der Kosmologie

herrschen sollte. Wo mehr nötig wäre, verlassen wir uns auf Analogien und anschauliche Vergleiche.

Wir glauben, dass das nachfolgend zusammengestellte Material dem Lehrer ausreichend Hintergrundwissen vermittelt, damit er Fragen seiner Schüler zum Thema Kosmologie solide beantworten kann.

3.3.1   Die Kosmologie als Wissenschaft

Gegenstand der Kosmologie und Begriff „Universum"

Kosmologie ist die Wissenschaft vom Universum, seinen Eigenschaften, seinem Ursprung und seiner Entwicklung. Das *Universum* enthält alles, was durch kontrollierte Experimente und Beobachtungen untersucht und durch quantitative, vorhersagende und widerlegbare Theorien erklärt werden kann und nichts außerdem. Das bedeutet jedoch nicht, dass „Kosmologie" ein Synonym für Astronomie oder Astrophysik ist. Beispielsweise interessieren sich Astronomen für die Entstehung und Entwicklung von Sternen. Für Kosmologen ist dies insofern interessant, als bestimmte Sterntypen sich als Entfernungsindikatoren eignen, wenn es darum geht, die Struktur der Welt im Großen zu erforschen.

Das Universum existiert nicht in Raum und Zeit...

... sondern Raum und Zeit sind im Universum enthalten

Grundprinzip der Kosmo-chronologie

Das *Enthaltenseinsprinzip*, auf dem unsere Definition des „Universums" beruht, hat Konsequenzen: So existiert das Universum nicht in Raum und Zeit, sondern Raum und Zeit sind im Universum enthalten und beeinflussen aktiv dessen Geschichte. Man kann nicht sinnvoll fragen, wie das Universum von draußen aussieht. Gäbe es ein „Draußen", so wäre auch dies ein Teil des Universums. Wie immer man sich kosmische Ränder vorstellen mag, ob als Wand oder Klippe, es gibt sie nicht. Das Universum ist nicht in etwas Größeres eingebettet. Ebenso bedeutungslos ist die Frage, was in der Zeit geschah, bevor das Universum begann oder was geschehen wird, nachdem es aufgehört hat. Stattdessen gilt das *Grundprinzip der Kosmochronologie:* Alle Dinge im Universum haben eine Größe und ein Alter kleiner oder gleich der Größe und dem Alter des Universums. Im Unterschied zu den Experimenten der Physik kann man durch Beobachtung nicht herausfinden, wie sich verschiedene Universen unter verschiedenen Bedingungen entwickeln würden. Das Universum ist per definitionem einmalig; es gibt keine Vergleichskosmen. Aber wie ist dann Kosmologie überhaupt möglich?

Was ist ein kosmologisches Modell?

Wir *postulieren* die universelle Gültigkeit der uns bekannten physikalischen Gesetze, obwohl wir nur räumliche und zeitliche Ausschnitte des Universums kennen. Die Anfangsbedingungen für die Entwicklung „unseres" Universums wählen wir möglichst einfach, obwohl die Welt um uns herum außerordentlich komplex ist. So entstehen *kosmologische Modelle,* welche die Eigenschaften des Universums zwar stark vereinfacht, aber annähernd richtig widerspiegeln. Unter diesen Modellen gilt dasjenige als das beste, dessen Vorhersagen am meisten mit astronomischen Beobachtungen übereinstimmen. So wird die Kosmologie die Wissenschaft von den erfind- und veränderbaren Weltmodellen, welche unterschiedlich gut auf die Realität passen. Unter diesen spielt das *Urknall-Modell,* das auf dem Kosmologischen Prinzip beruht, eine bevorzugte Rolle.

3.3.2 Das Kosmologische Prinzip

Die Planeten des Sonnensystems halten sich stets in den Tierkreis-Sternbildern auf, was darauf hindeutet, dass das Sonnensystem die Gestalt einer flachen Scheibe hat, in der unsere Blickrichtung bei der Beobachtung der Planeten liegt. Wie uns das Band der Milchstraße und die relative Sternenleere senkrecht dazu verraten, sind auch die Sterne nicht nach allen Richtungen gleichmäßig verteilt. Sie sind ebenfalls in einer flachen Scheibe konzentriert (Abb. 3.11), welche einen Durchmesser von 100000 Lichtjahren hat.

Astronomisch gesehen nehmen wir durchaus eine spezielle Lage im Universum ein

Abb. 3.11: Fotografische Aufnahme der kompakten Galaxiengruppe HCG 87. Große Galaxienhaufen können einige tausend Galaxien enthalten. So wie eine dieser Spiralgalaxien könnte auch die Milchstraßengalaxie aus großer Ferne aussehen.

Die Sonne befindet sich mit ihrem Planetensystem eher am Rand dieser Scheibe, die wir Milchstraßengalaxie nennen wollen, als in deren Zentrum.

Auch die Galaxien sind nicht gleichmäßig, sondern in Haufen und Superhaufen angeordnet (Abb. 3.11). So hat die Lokale Gruppe, die von der Milchstraßen- und der Andromeda-Galaxie dominiert wird, einen Durchmesser von ungefähr vier Millionen Lichtjahren. Der etwa vierzig Mal größere lokale Superhaufen enthält außer der Lokalen Gruppe u.a. auch den Virgo-Galaxienhaufen. Auch die Superhaufen bilden großräumige Inhomogenitäten, indem sie sich zu filamen-

Verteilung der Galaxien

Die Welt im Großen

Computersimulation von filamentartigen Strukturen.

tartigen Strukturen formieren, die riesige Leerräume umschließen (siehe nebenstehende Abbildung).

Erst wenn wir in Gedanken die Welt in Würfel zerschneiden, deren Kantenlänge größer als etwa 450 Millionen Lichtjahre ist, sieht das optisch beobachtbare Universum isotrop, d.h. nach allen Richtungen gleich aus. Diese Dimensionen haben wir im Sinn, wenn wir vom „Universum im Großen" sprechen. Die Gleichverteilung nach allen Richtungen gilt nicht nur für Galaxien(-haufen), sondern auch für Radioquellen und die Röntgen-Hintergrundstrahlung. Die deutlichsten Indizien für Isotropie sind jedoch die Temperatur der 2,7 K-Hintergrundstrahlung, die nach verschiedenen Richtungen um weniger als zwanzig Millionstel Kelvin schwankt (Abb. 3.12), sowie der chemisch einheitliche Aufbau des Universums.

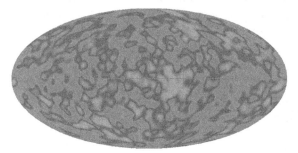

Abb. 3.12: Vom COBE-Satelliten aufgenommene Himmelskarte der Temperaturschwankungen der 2,7 K-Hintergrundstrahlung (im Millionstel-Kelvin-Bereich)

Die Isotropie des Universums ist auf großen Skalen festgestelt

Nachdem nach diesen Kriterien die *Isotropie* des Universums auf genügend großen Skalen durch Beobachtung festgestellt ist, entsteht die Frage nach seiner Homogenität: Bietet das Universum von allen Orten, welche sich in kosmologisch relevanter Entfernung voneinander befinden, den gleichen Anblick? Sind insbesondere Galaxien, Radioquellen, die 2,7 K-Strahlung usw. auch von diesen Orten aus gesehen isotrop verteilt? Die Antwort auf diese Frage lässt sich durch Beobachtung nicht finden, denn wir müssten unendlich schnell von Ort zu Ort gelangen, um zu sehen, ob das Universum zu einer bestimmten Zeit überall den gleichen Anblick bietet. Was wir beim Blick in die Tiefen des Raumes von unserem Beobachtungsort stattdessen feststellen können, ist das Universum in aufeinanderfolgenden Zuständen seiner Entwicklung. Das Licht als Überbringer der Information hat eine endliche Geschwindigkeit, weshalb wir desto weiter in die Vergangenheit zurückblicken, je größer die Entfernung der beobachteten Objekte ist.

Anstelle der nicht beobachtbaren Homogenität des Universums stützen wir uns auf das *Kopernikanische Prinzip*: Es ist unwahrscheinlich, dass wir, kosmologisch gesehen, eine spezielle Lage im Universum einnehmen. Dies ist die konsequenteste Formulierung der Kopernikanischen Idee, die übrigens erst nach 1952 möglich wurde, als W. Baade eine Korrektur der bis dahin bekannten extragalaktischen Entfernungen vornahm („Verdopplung der Welt"), in deren Folge die Milchstraßen-Galaxie nicht mehr die größte unter den Galaxien zu sein schien.

Ein Blick in den Raum ist ein Blick zurück in die Zeit

Kopernikaisches Prinzip

Mit der beobachteten Isotropie und dem Kopernikanischen Prinzip ist das Universum höchstwahrscheinlich auch *homogen*. Es gibt in ihm also keine geometrisch ausgezeichneten Punkte. Nachdem das Universum schon keinen Rand hat, besitzt es – anders als das Sonnensystem – nun auch keinen Mittelpunkt. Damit können wir unser stark vereinfachtes kosmologisches Modell auf das *Kosmologische Prinzip* gründen: *Abgesehen von lokalen Irregularitäten ist das Universum für jeden Beobachter in hinreichend großen Gebieten in allen seinen messbaren Eigenschaften und zu allen Zeiten isotrop und homogen.* „Zu allen Zeiten" bedeutet, dass das Universum zu verschiedenen Zeiten verschieden aufgebaut sein kann, dass jedoch zu jedem festgesetzten Zeitpunkt die Forderung nach Homogenität und Isotropie erfüllt ist. Das kosmologische Prinzip steht also nicht im Widerspruch zu einer zeitlichen Entwicklung des Universums.

Kosmologisches Prinzip

3.3.3 Kinematische Folgerungen aus dem Kosmologischen Prinzip. Der Hubble-Effekt

Das Kosmologische Prinzip ist eine einschneidende Symmetrieforderung an die geometrische Gestalt des Universums und dessen Veränderung im Laufe der Zeit. So verlangt das Homogenitätspostulat, dass an allen Orten die Uhren bezüglich der von ihnen angezeigten Zeitintervalle übereinstimmen. Es existiert eine einheitliche kosmische Zeit. Ist andererseits der Raum gekrümmt, muss es ein Raum konstanter Krümmung sein. Andernfalls wäre hinsichtlich der Raumkrümmung die Gleichberechtigung aller Raumpunkte verletzt. (Auch ein flacher Raum ist ein Raum konstanter Krümmung, nämlich der Krümmung Null.) Schließlich: Wenn sich ein homogenes und isotropes Universum im Laufe der Zeit so ändern soll, dass Homogenität und Isotropie dauernd erhalten bleiben, kann es nur expandieren oder kontrahieren.

Robertson-Walker-Gemometrie

Alle diese sich direkt aus dem Kosmologischen Prinzip ergebenden kinematischen Eigenschaften werden unter der Bezeichnung „Ro-

bertson-Walker-Geometrie" zusammengefasst: Die Raumzeit teilt sich in einen einheitlich gekrümmten, expandierenden oder kontrahierenden Raum und eine kosmische Zeit. Auch die Eigenschaften einer eventuellen Expansion des Universums ergeben sich als direkte Konsequenz aus dem Kosmologischen Prinzip. Eine Expansion des Universums bedeutet, dass sich die Abstände der Galaxien, die bis auf hier zu vernachlässigende Pekuliarbewegungen im Raum festsitzen, systematisch vergrößern. Heften wir – ausgehend von einer beliebigen Galaxie (Homogenität!) – jeder Galaxie eine sie ein für allemal kennzeichnende, sogenannte mitbewegte Koordinate χ an, so vergrößert sich der Abstand D der Galaxien nach Maßgabe eines universellen, zeitabhängigen Skalenfaktors $R(t)$ gemäß

Galaxienflucht und Hubble-Zahl

$$D(t) = R(t) \cdot \chi .$$

Diese Abstandsvergrößerung erfolgt mit einer Geschwindigkeit

$$v = \frac{dD}{dt} = \frac{dR}{dt} \cdot \chi = \frac{1}{R} \frac{dR}{dt} \cdot D(t) , \qquad (1)$$

Geschwindigkeits-Entfernungs-zusammenhang ist das Hubble-Gesetz

die proportional zu dem Abstand ist, den die Galaxien *zu einer bestimmten Zeit* voneinander haben. Der zeitabhängige Proportionalitätsfaktor $H \equiv \dot{R}/R$ ist die Hubble-Zahl und der lineare *Geschwindigkeits-Entfernungs-Zusammenhang* (1) das Hubble-Gesetz. Darin bedeuten wohlgemerkt die Entfernungen $D(t)$ Simultanentfernungen zwischen den Galaxien, welche wegen der endlichen Lichtgeschwindigkeit prinzipiell unbeobachtbar sind, denn wir sehen entfernte Objekte so, wie sie aussahen, als sie das Licht emittierten, das wir heute empfangen.

Rotverschiebung in den Spektren der Galaxien

E.P. Hubble und M. Humason haben nun 1929 in den Spektren von Galaxien, die Entfernungen von mehr als 15 Millionen Lichtjahren haben, eine systematische Rotverschiebung

$$z = \frac{\lambda_o - \lambda_e}{\lambda_e} \qquad (2)$$

gegenüber der Laborwellenlänge λ_e gefunden, welche sich als proportional zur Entfernung D_L herausstellte,

$$z \sim D_L . \qquad (3)$$

Linien der Galaxien   Linien der Erdatmosphäre

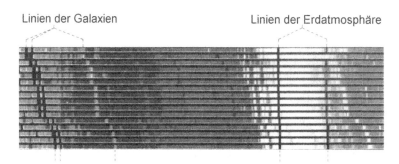

Abb. 3.13: Rotverschiebung der Spektrallinien in den Spektren von 16 Galaxien mit von oben nach unten zunehmender Entfernung. Zum Vergleich dienen Linien der Erdatmosphäre, welche keine Rotverschiebung erleiden.

Der Index „e" steht für Emission; λ_e ist also die Labor-Wellenlänge. Der Index „o" steht für Observation; λ_o ist also die beobachtete, verschobene Wellenlänge.

Leuchtkraft-Entfernung

Bei den Entfernungen D_L handelt es sich allerdings im Unterschied zu denen in (1) um *gemessene* Entfernungen. Ihre Messung beruht in der Regel auf dem Vergleich der scheinbaren mit der absoluten Helligkeit von sogenannten Standardkerzen. Deshalb nennt man sie auch *Leuchtkraftentfernung D_L*.

Der Begriff „Rotverschiebung" bedeutet, dass alle Spektrallinien zum langwelligen Ende des Spektrums verschoben werden, ohne dass sich dabei ihr gegenseitiger Abstand ändert (Abb. 3.13). Er bedeutet nicht, wie manchmal irrtümlich angenommen, eine Verschiebung der Spektrallinien nach rot im visuellen Spektralbereich.

Hubble-Effekt vs. Doppler-Effekt

Versuchte man eine Interpretation der Rotverschiebung (2) mit Hilfe des Doppler-Effektes, so würde eine Galaxie, die Licht der Wellenlänge λ_e aussendet und sich vom Beobachter mit der Geschwindigkeit v entfernt, eine rotverschobene Wellenlänge

$$\lambda_o = \lambda_e\left(1 + \frac{v}{c}\right)$$

in ihrem Spektrum aufweisen (c bedeutet die Vakuumlichtgeschwindigkeit). Dem entspräche eine Rotverschiebung $z = v/c$, was zusammen mit (3) auf einen Geschwindigkeits-Entfernungs-Zusammenhang

$$v \sim D_L \tag{4}$$

führt. Die Proportionalitätskonstante muss die Bedeutung der oben eingeführten Hubble-Zahl zum Zeitpunkt der Beobachtung haben. Sie wird als Hubble-Konstante H_0 bezeichnet, so dass aus (4)

$$v = H_0 D_L \qquad (5)$$

Hubble-Zahl ist praktisch konstant und wird daher Hubble-Konstante genannt

wird. Mit dem Index „₀" bezeichnen wir jeweils die heutigen Werte der entsprechenden Größen. Da sich die Hubble-Zahl $H(t)$ nur über kosmologisch bedeutsame Zeiten hinweg nennenswert ändert, bezeichnen wir ihren heutigen Wert H_0 als Hubble-Konstante.

Dieser Geschwindigkeits-Entfernungs-Zusammenhang ist jedoch auch dann nicht mit dem von (1) identisch, wenn wir letzteren für den Zeitpunkt der Beobachtung aufschreiben. Es bleibt der Unterschied zwischen den nicht messbaren Simultanentfernungen der Galaxien und den Leuchtkraft-Entfernungen. Diesen Unterschied kann man für Lichtlaufzeiten vernachlässigen, die so klein sind, dass die zeitabhängige Hubble-Zahl als Hubble-Konstante angesehen werden darf.

Der Hubble-Effekt ist kein Doppler-Effekt

Die Interpretation der Galaxienflucht als Doppler-Effekt gestattet zwar, aus gemessenen kleinen Rotverschiebungen ($z \leq 0,1$) näherungsweise vertretbare Galaxienentfernungen zu berechnen. Strenggenommen ist sie jedoch nicht nur formal nicht korrekt. Ihr liegt nämlich die Vorstellung zugrunde, dass sich die Milchstraßen-Galaxie im Zentrum einer Explosion befindet (Verletzung des Homogenitätspostulats!), welche die Galaxien wie Projektile durch den Raum schleudert, so dass die Rotverschiebung in deren Spektren davon abhängt, welche Geschwindigkeit die Galaxien *im Moment der Emission* des Lichtes haben. Auch die Verwendung der speziellrelativistischen Formel für den optischen Doppler-Effekt würde daran nichts ändern.

Die kosmologische Rotverschiebung akkumuliert aber *während* der Lichtausbreitung von der Sender- zur Empfängergalaxie und hängt vom Ausmaß der Expansion während dieser Zeit ab (Abb. 3.14).

Expansions-Rotverschiebungs-Zusammenhang

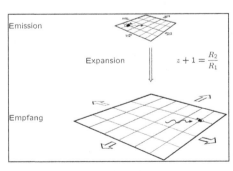

Emission

Expansion $\qquad z + 1 = \dfrac{R_2}{R_1}$

Empfang

Abb. 3.14: Die Akkumulation der Rotverschiebung während der Expansion des Universums. Dargestellt sind die Zeitpunkte der Emission und des Empfangs ($\lambda_e < \lambda_o$).

Es gilt der *Expansions-Rotverschiebungs-Zusammenhang*

$$\frac{\lambda_o}{\lambda_e} = 1 + z = \frac{R_o}{R_e}, \tag{6}$$

in dem nur das Verhältnis der Skalenfaktoren zu den Zeitpunkten der Lichtemission und des Empfangs auftritt, nicht aber deren absoluter Wert.

Die einzige Information, die eine gemessene Rotverschiebung z liefert, ist, um welchen Faktor sich das Universum in der Zeit zwischen Emission und Empfang des Lichtes ausgedehnt hat. Wird beispielsweise eine Rotverschiebung $z = 4,92$ gemessen (Abb. 3.15), so hat sich die Größe des Universums nach (6) fast versechsfacht, bis das Licht der Galaxie beim Beobachter angekommen ist.

Weitergehende Aussagen sind allein aufgrund der Rotverschiebung nicht möglich. Insbesondere dürfen der Expansions-Rotverschiebungs-Zusammenhang (6) und die Geschwindigkeits-Entfernungs-Zusammenhänge (1) oder (5) nicht ohne ein spezielles kosmologisches Modell zu einem Rotverschiebungs-Entfernungs-Gesetz kombiniert werden.

Abb. 3.15: Die durch die kombinierte Wirkung des Gravitationslinsen-Effekts und des Hubble-Weltraum-teleskops sichtbar gemachte Galaxie im umrahmten Feld der Abbildung. hat eine Rotverschiebung $z = 4,92$.

Innerhalb eines gedachten, kugelförmigen Hohlraumes mit der Lokalen Galaxien-Gruppe im Zentrum und etwa 9 Millionen Lichtjahren Radius dominieren lokale Schwerefelder, so dass Galaxien in diesem Volumen an der Expansion nicht teilnehmen. So nähern sich die Andromeda- und die Milchstraßen-Galaxie einander an. Die Astronomische Einheit, also die Entfernung der Erde von der Sonne, ist erst recht von der Expansion unberührt. Die Unveränderlichkeit von Maßstäben wie diesem ist eine Voraussetzung dafür, dass wir die Expansion des Universums überhaupt feststellen können.

Entfernungs-Maßstäbe nehmen an der Expansion nicht teil

Es ist instruktiv, den Expansions-Rotverschiebungs-Zusammenhang (6) für die Frequenzen anstelle der Wellenlängen aufzuschreiben. Mit $\lambda \cdot f = c$ erhalten wir

$$\frac{f_e}{f_o} = 1 + z = \frac{R_o}{R_e}. \tag{7}$$

Zeitdilatation in Supernova-Lichtkurven

Das ist eine Art „Zeitdilatation" ($v_o < v_e$ *für* $R_o > R_e$), die man durch den Vergleich der Lichtkurven zweier Supernovae vom Typ Ia sichtbar machen kann (Abb. 3.16).

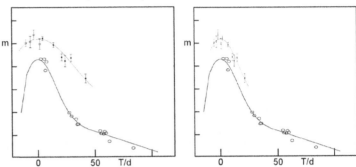

Abb. 3.16: Vergleich der Lichtkurven von zwei Supernovae vom Typ Ia. Linkes Bild: obere Kurve: Supernova 1997ck ($z = 0,97$), untere Kurve: Supernova 1960F ($z = 0,0039$). Rechtes Bild: Nach Stauchung mit dem jeweiligen Faktor $1/(1 + z)$ können beide Lichtkurven zur Deckung gebracht werden.

Unterstellt man, dass allen Supernovae dieses Typs der gleiche „Mechanismus" zugrunde liegt, muss uns das Abklingen der Lichtkurve nach dem Helligkeitsmaximum für die entferntere Supernova ($z \leq 1$) langsamer erscheinen (breitere Lichtkurve) als das für die nahe ($z \leq 0,1$). Staucht man jedoch die Lichtkurven mit dem jeweiligen Faktor $1/(1 + z)$, werden sie deckungsgleich.

Zum Abschluss dieses Kapitels erörtern wir noch das Konzept des *Teilchenhorizonts* und mit ihm die Frage nach dem beobachtbaren Teil des Universums. Wir befinden uns im Zentrum des für uns *beobachtbaren* Universums. Das bedeutet jedoch nicht, dass das Universum einen Mittelpunkt hat. Vielmehr verlangt das Homogenitätspostulat, dass Beobachter in anderen Galaxien sich im Zentrum ihres beobachtbaren Universums befinden. Insbesondere tritt für alle Beobachter das Hubble-Gesetz, also der Geschwindigkeits-Entfernungs-Zusammenhang, in gleicher Weise in Erscheinung (Abb. 3.17). Das beobachtbare Universum ist jedoch nur ein Teil des ganzen Universums. Es wird gebildet von einer gedachten Kugelfläche mit dem Beobachter in deren Zentrum, die zu einem bestimmten Zeitpunkt den Raum in zwei Gebiete teilt: die schon beobachtbaren Galaxien innen und die noch unbeobachtbaren Galaxien außen.

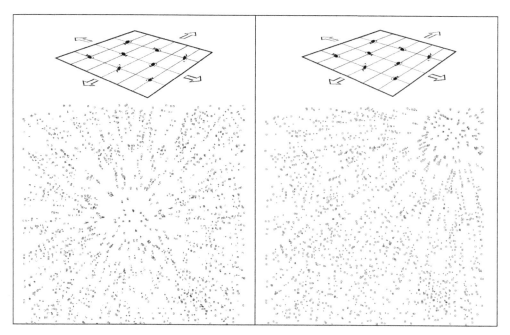

Abb. 3.17: Darstellung des Hubble-Gesetzes mit jeweils 1000 „Galaxien" in Gestalt der Kreuze (+).
Diesen überlagert sind die gleichen Galaxien, dargestellt als Quadrate (□), zu einem späteren
Zeitpunkt, wenn sich das Universum um den Faktor $R/R_0 = 1{,}05$ ausgedehnt hat.
links: Der Beobachter befindet sich in der Bildmitte,
rechts: Der Beobachter befindet sich in der rechten oberen Ecke

Wir nennen diese Kugelfläche den *Teilchenhorizont*. Seine Entfernung lässt sich für expandierende Kosmen durch den Hubble-Radius

$$D_H = \frac{c}{H_0}$$

abschätzen.

Nehmen wir der Einfachheit halber an, alle Galaxien hätten gleichzeitig zu leuchten begonnen. Dann weitet sich der Teilchenhorizont sogar in einem statischen Universum mit Lichtgeschwindigkeit aus, denn zu einem späteren Zeitpunkt kommen Galaxien ins Blickfeld des Beobachters, die so weit entfernt sind, dass zum früheren Zeitpunkt selbst ihr erstes Licht noch nicht beim Beobachter angekommen sein konnte. Aber auch in einem verzögert expandierenden Universum expandiert der Teilchenhorizont schneller als das Universum selbst, so dass zunehmend mehr vorher unsichtbare Galaxien sichtbar werden.

3.3.4 Dynamische Folgerungen aus dem Kosmologischen Prinzip. Die Friedmanschen Weltmodelle

Wie bestimmen Materie und Energie Raumkrümmung und Expansion des Universums?

Wir haben bisher die Konsequenzen abgeleitet, welche sich aus dem Kosmologischen Prinzip für die Kinematik des Universums ergeben. Die wesentliche Schlussfolgerung war, dass nur noch das Zeitverhalten des Skalenfaktors $R(t)$ (Expansion oder Kontraktion) und die konstante Krümmung k des Raumes festzulegen sind. Dadurch unterscheiden sich die verschiedenen kosmologischen Modelle.

Nun fragen wir, wie Materie und Energie im Universum (Galaxien, Strahlung usw.) Expansionsverhalten und Raumkrümmung bestimmen. Die Einsteinschen Feldgleichungen, welche diesen Zusammenhang herstellen, verlangen eine gleichförmige Verteilung von Materie und Energie, da andernfalls die Raumzeit nicht die Eigenschaften der Robertson-Walker-Geometrie haben könnte.

Friedmansche Staubkosmen

Galaxien als „Staub"

Zuerst betrachten wir ein Modelluniversum, in dem sich ausschließlich Galaxien befinden. Die Galaxien seien gleichförmig verteilt und wirken aufeinander ausschließlich durch ihre gegenseitige Massenanziehung. Stellt man sich ihre Fluchtbewegung (den „Hubble-Fluss") als Strömung einer idealen Flüssigkeit vor, so ist diese druckfrei, und die Materie wird allein durch ihre mittlere Massendichte μ beschrieben. In diesem Fall spricht man von „inkohärenter Materie" oder „Staub" und nennt die zugehörigen Weltmodelle Friedmansche *Staubkosmen*.

Im Einklang mit dem Kosmologischen Prinzip darf die mittlere Massendichte der Galaxien nicht von Ort zu Ort verschieden sein. Sie ist jedoch eine Funktion der Zeit, da bei Erhaltung der Masse der Galaxien die Dichte in einem expandierenden Universum abnimmt.

Massenerhaltung

Es ist nämlich

$$\mu R^3 = \mu_o R_0{}^3 \tag{8}$$

und dementsprechend $\mu_o < \mu$ für $R_0 > R$ (Expansion).

Hubble-Zahl und Verzögerungsparameter

Wenn die Galaxien durch Eigengravitation aufeinander wirken, verzögert diese die einmal in Gang gesetzte Expansion. Um diesen Einfluss zu quantifizieren, beschreiben wir den zeitlichen Verlauf des Skalenfaktors $R(t)$ durch zwei Parameter (Abb. 3.18): die Hubble-Zahl $H = \dot{R}/R$, welche als (auf R bezogener) Anstieg der Tangente zum Zeitpunkt t_0 die momentane Expansionsrate des Universums bestimmt, und den *Verzögerungsparameter* $q = -\dfrac{1}{H^2} \cdot \dfrac{\ddot{R}}{R}$, der ein

Maß für die Krümmung der Funktion *R(t)* zum jeweiligen Zeitpunkt darstellt. Im Falle einer verzögerten Expansion (eines konvexen Kurvenverlaufs) ist letzterer seiner Definition nach positiv.

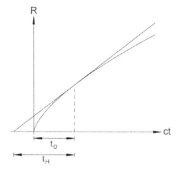

Abb. 3.18: In einem verzögert expandierenden Universum wird der zeitliche Verlauf des Skalenfaktors durch eine konvexe Funktion *R(t)* beschrieben. Die Hubble-Zahl ist ein Maß für den Anstieg der Tangente zu einer bestimmten Zeit.

Schreibt man die Einsteinschen Feldgleichungen mit diesen beiden Parametern auf, wird der Zusammenhang zwischen Materiedichte *μ(t)* und Raumkrümmung *k* durch

$$\frac{kc^2}{R^2} = H^2(2q - 1) \tag{9}$$

und

$$4\pi G \mu = 3H^2 q \tag{10}$$

beschrieben. Darin bedeutet G die Newtonsche Gravitationskonstante. Die erste dieser Gleichungen offenbart einen eineindeutigen Zusammenhang zwischen Verzögerungsparameter und Raumgeometrie, denn es ist $k = 0$ für $q = \frac{1}{2}$, $k = +1$ für $q > \frac{1}{2}$ und $k = -1$ für $q < \frac{1}{2}$.

Nach Elimination des Verzögerungsparameters *q* gehen beide Gleichungen in die *Friedman-Gleichung* für Staubkosmen

$$H^2 = \frac{8\pi}{3} G\mu - \frac{kc^2}{R^2} = \frac{8\pi}{3} G\mu_0 \left(\frac{R_0}{R}\right)^3 - \frac{kc^2}{R^2} \tag{11}$$

Friedman-Gleichung

über. (Um zu dem ersten Term nach dem zweiten Gleichheitszeichen zu gelangen, haben wir von der Massenerhaltung (8) Gebrauch gemacht.)

Die Friedman-Gleichung steht in perfekter Analogie zum Energiesatz der Newtonschen Mechanik (Tabelle 1): Ihre linke Seite entspricht der kinetischen Energie, der erste Term auf der rechten Seite der potentiellen, und die konstante Krümmung *k* der erhaltenen Gesamtenergie *E*.

Analogie zur Newtonschen Mechanik

Tabelle 1: Die strukturelle Analogie zwischen Friedmanscher Kosmologie und Newtonscher Mechanik.

Friedmansche Kosmologie		Newtonsche Mechanik			
k	Raumform	E	$\dfrac{v}{v_{\text{Flucht}}}$		Bahnform
+1	sphärisch, geschlossen	< 0	< 1	Ellipse, geschlossen
0	flach, offen	= 0	= 1	Parabel, offen
-1	hyperbolisch, offen	> 0	> 1	Hyperbel, offen

So wie in der Mechanik die Fluchtgeschwindigkeit als Kriterium für die Bahnform gewählt werden kann, gibt es in der Kosmologie einen entsprechenden Parameter, der u.a. die Raumform charakterisiert. Es ist dies die kritische Dichte μ_{krit}, welche wir aus (10) mit $q = \frac{1}{2}$ (entsprechend $k = 0$) zu

Kritische Dichte und Dichteparameter

$$\mu_{krit} = \frac{3H^2}{8\pi G} \qquad (12)$$

erhalten. Besonders in der beobachtenden Kosmologie verwendet man oft anstelle des Verzögerungsparameters den Dichte-Parameter

$$\Omega_M \equiv \frac{\mu}{\mu_{krit}} = \frac{\frac{8\pi}{3} G\mu}{H^2} . \qquad (13)$$

Dieser ist also das Verhältnis aus dem Potential- und dem kinetischen Term der Friedman-Gleichung für $k = 0$. Nach (10) gilt für Friedmansche Staubkosmen $\Omega_M = 2q$. Dividieren wir (11) durch H^2 und definieren

$$\Omega_k \equiv -\frac{kc^2}{R^2 H^2} ,$$

nimmt die Friedman-Gleichung die Gestalt

$$\Omega_M + \Omega_k = 1 \qquad (14)$$

an.

Bereits in der Form (11) lassen sich aus der Friedman-Gleichung erste Schlussfolgerungen über den Verlauf von $R(t)$ ziehen.

Der sphärische Raum muss rekontrahieren

- Für einen wachsenden Skalenfaktor R nimmt die Dichte μ wie $1/R^3$ ab, der Krümmungsterm jedoch nur wie $1/R^2$. Im Falle positiver Krümmung besteht die rechte Seite der Friedman-Gleichung aus der Differenz zweier Terme, von denen der erste rascher abnimmt als der zweite. Da jedoch die linke Seite nicht negativ werden kann, darf R(t) nicht über alle Grenzen expandieren, sondern muss nach Erreichen eines Maximalwertes, für den H = 0 ist, rekontrahieren.

- Für negative Krümmung hingegen ist die rechte Seite von (11) die Summe zweier positiver Terme, so dass für endliche Werte von R(t) die Expansionsrate stets von Null verschieden ist.

- Umgekehrt wird für R $\rightarrow$ 0 der Krümmungsterm gegen den Potentialterm in (11) immer unbedeutender, so dass in der Nähe von t = 0 alle drei Friedman-Modelle ein übereinstimmendes Expansionsverhalten aufweisen.

Vollständigen Aufschluss über den Verlauf von R(t) erhalten wir, wenn wir in (11) für die Hubble-Zahl deren ursprüngliche Definition $H = \dot{R}/R$ einsetzen. Dann entstehen je nachdem, ob $k = 0$ oder $k = \pm 1$ ist, drei Differentialgleichungen, deren Lösungen mit der Anfangsbedingung $R(0) = 0$ die gesuchten Funktionen $R(t)$ sind (siehe Abb. 3.19).

Im Falle $k = 0$ prüft man besonders leicht nach, dass $R(t) \sim t^{2/3}$ ist. Dieses Weltmodell ist der sogenannte *Einstein-De-Sitter-Kosmos*.

Einstein-De-Sitter-Kosmos

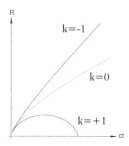

Abb. 1.19: Zeitverhalten des Skalenfaktors für Friedmansche Staubkosmen

Für $k = \pm 1$ verzichten wir auf die Angabe der viel komplizierteren analytischen Lösungen der Friedman-Gleichung und verweisen stattdessen auf Abb. 3.19.

Aus dieser können wir folgende Eigenschaften der Friedman-Modelle ablesen:

- Alle drei Modelle sind Urknall-Modelle. In zeitlicher Nähe des Urknalls ist das Verhalten der Skalenfaktoren übereinstimmend wie $R(t) \sim t^{2/3}$. Damit eröffnet sich die Möglichkeit, die Frühphase der kosmischen Entwicklung zu erörtern, ohne vorher entschieden haben zu müssen, welches der drei Weltmodelle der Realität am nächsten kommt.

Weltalter und
Hubble-Zeit

- Die seit dem Urknall bei $t = 0$ bis zu $t = t_0$ vergangene Zeit ist das Weltalter. Wie Abb. 3.18 zeigt, wird dieses durch die Hubble-Zeit

$$t_H = \frac{1}{H_0}$$

abgeschätzt. Diese Abschätzung fällt jedoch bei verzögerter Expansion systematisch zu groß aus, denn je stärker die Verzögerung, desto kleiner das Weltalter. Für den Einstein-De-Sitter-Kosmos ist $t_0 = 2/3\, t_H$

Tabelle 3.2: Charakteristika der Friedmanschen Staubkosmen

k	Raumform	q	Ω_M	Expansionsverhalten
+1	sphärisch, geschlossen	$> \frac{1}{2}$	> 1	Rekollaps
0	flach, offen	$= \frac{1}{2}$	$= 1$	ewige Expansion
-1	hyperbolisch, offen	$< \frac{1}{2}$	< 1	ewige Expansion

Der Zusammenhang zwischen Krümmungsparameter und Expansionsverhalten ist wiederum eineindeutig, so dass wir Tabelle 3.1 in Gestalt von Tabelle 3.2 fortsetzen können. Nur dann, wenn die Materiedichte im Universum überkritisch ist ($\Omega_M > 1$), ist der Raum geschlossen und die Funktion $R(t)$ ein Zykloidenbogen (Abb. 3.19), so dass auf eine Expansion eine Rekontraktion folgt. Bei gerade kritischer Dichte ($\Omega_M = 1$) expandiert der flache Raum ewig. Das bedeutet jedoch nicht, dass er ewig expandieren muss, um schließlich unendlich ausgedehnt zu sein. Für $k = 0$ ist der flache Raum zu *jeder* Zeit unendlich ausgedehnt. Auch der Urknall ist ein Zustand, der den ganzen unendlichen Raum ausgefüllt hat.

Strahlungskosmen

Nach einem Universum, das ausschließlich mit Galaxien erfüllt ist, wenden wir uns nun einem zu, welches nur Strahlung enthält. Deren Energiedichte sei $\varepsilon = \rho c^2$, so dass ρ das Massenäquivalent dieser Energiedichte bedeutet. Da auch die Strahlung das Universum homogen erfüllen muss, ist ρ eine Funktion allein der Zeit.

Expansion und
Photonenenergie

Bei einer Expansion des Raumes bleibt die Anzahl der Photonen dieser Strahlung erhalten, jedoch ändert sich deren Energie

$$E_\gamma = \frac{hc}{\lambda},$$

da sich ihre Wellenlänge λ gemäß (6) vergrößert.

Damit tritt für Strahlung an die Stelle von (8) die Beziehung

$$\rho R^4 = \rho_0 R_0^4. \tag{15}$$

Die Gleichungen (9), (10) und (11) werden ersetzt durch

$$\frac{kc^2}{R^2} = H^2 (q-1), \tag{16}$$

$$4\pi G\rho = \frac{3}{2} H^2 q \tag{17}$$

und

$$H^2 = \frac{8\pi}{3} G\rho_0 \left(\frac{R_0}{R}\right)^4 - \frac{kc^2}{R^2}. \tag{18}$$

Damit können wir im Vergleich mit den Staubkosmen feststellen:

- Für $\rho = \mu$ und den gleichen Wert der Hubble-Zahl geht (16) aus (9) und (17) aus (10) mit der Ersetzung q (Strahlung) = 2q (Staub) hervor. Auch die Energiedichte der Strahlung ist eine Quelle der Gravitation. Ist ihr Massenäquivalent gleich der mittleren Dichte der Staubmaterie, bewirkt sie eine doppelt so große Verzögerung und damit im Falle eines geschlossenen Raumes (k = +l) einen schnelleren Rekollaps.   **Strahlung ist Quelle der Gravitation**

- Strahlung („Licht") allein kann also den Kosmos schließen! Da der Energiedichte ε der Strahlung der Strahlungsdruck p = 1/3 ε entspricht, verstärkt der (zu jeder Zeit räumlich konstante) Strahlungsdruck die Verzögerung und verringert sie nicht etwa.

- Überhaupt verhalten sich Strahlungskosmen weitgehend wie Staubkosmen. Sie beginnen mit einem Urknall bei t = 0 und haben in dessen zeitlicher Nähe ein übereinstimmendes, von der Krümmung unabhängiges Expansionsverhalten. Wie man für k=0 und mit $H = \dot{R}/R$ in (18) leicht nachprüft, ist die Zeitabhängigkeit des Skalenfaktors durch   **Strahlungskosmen sind Urknallkosmen**

$$R(t) \sim t^{1/2} \tag{19}$$
gegeben.

Sollen in einem Weltmodell sowohl Staub als auch Strahlung berücksichtigt werden, ergeben die Gleichungen (11) und (18) zusammengenommen

$$H^2 = \frac{8\pi}{3} G\left[\mu_0 \left(\frac{R_0}{R}\right)^3 + \rho_0 \left(\frac{R_0}{R}\right)^4\right] - \frac{kc^2}{R^2}. \tag{20}$$

Die kosmologische Konstante

Motive zur Einführung einer Kosmologischen Konstante

Die Vorstellung vom Universum als dem Inbegriff von Ewigkeit und Unveränderlichkeit ist wohl die hartnäckigste in der Geschichte der Kosmologie. Selbst Einstein hat seine Feldgleichungen der Gravitation, die ein dynamisches Universum beschreiben, um einen sogenannten Λ-Term erweitert, damit sein Weltmodell statisch wird. Bald stellte sich jedoch heraus, dass der statische Einstein-Kosmos instabil ist.

Nachdem Hubble die Fluchtbewegung der Galaxien entdeckt hatte, gab es vorerst gar kein Motiv mehr, den Einstein-Gleichungen das Λ-Glied hinzuzufügen. Aber immer dann, wenn das Grundprinzip der Kosmochronologie verletzt schien, wenn also bestimmte Himmelskörper vermeintlich älter waren als das Universum, wurde der Λ-Term hervorgeholt, um das Weltalter expandierender Friedmanscher Staubkosmen zu vergrößern (Abb. 3.20).

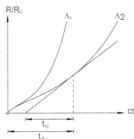

Abb. 3.20: Zeitlicher Verlauf des Skalenfaktors für zwei Friedman-Lemaîtresche Staubkosmen mit der Krümmung k = 0 und Λ2 > Λ1. In der Nähe des Urknalls ist dieser Verlauf wie der des Einstein-De-Sitter-Kosmos, für große Werte von t ist er exponentiell.

Weltmodelle, welche auf der Basis des Kosmologischen Prinzips und der kosmologischen Konstante expandierende (oder kontrahierende) Universen beschreiben, heißen Friedman-Lemaître-Kosmen.

Mit der kosmologischen Konstante Λ nimmt Gleichung (20) die Gestalt

Friedman-Lemaître-Gleichung.

$$H^2 = \frac{8\pi}{3} G\left[\mu_0 \left(\frac{R_0}{R}\right)^3 + \rho_0 \left(\frac{R_0}{R}\right)^4\right] - \frac{kc^2}{R^2} + \frac{1}{3}\Lambda c^2 \qquad (21)$$

an. Offensichtlich ist der Λ-Term für kleine Skalenfaktoren unwirksam, da die anderen Summanden in (21) für $R \to 0$ anwachsen, der Λ-Term jedoch konstant bleibt. Für genügend große Skalenfaktoren werden die ersten drei Glieder in (21) gegen das kosmologische vernachlässigbar klein. Mit der Definition des Hubble-Parameters wird aus (21) für $R \to \infty$ die einfache Differentialgleichung

Kosmologische Konstante und exponentielle Expansion

$$\dot{R} = c\sqrt{\frac{1}{3}\Lambda}\, R \,.$$

Wie man leicht nachprüft, beschreibt die Lösung dieser Gleichung ein exponentielles Anwachsen des Skalenfaktors mit der Anfangsbedingung $R(0) = \hat{R}$ also eine *beschleunigte* Expansion

$$R = \hat{R}e^{\sqrt{\frac{1}{3}\Lambda}ct}.$$

Das zeitliche Verhalten des Skalenfaktors $R(t)$, wenn in (21) lediglich der Strahlungsterm als vernachlässigbar klein angesehen wird und $k = 0$ ist, zeigt Abb. 11.

Mit der Definition

$$\Omega_\Lambda \equiv \frac{1}{3}\frac{\Lambda c^2}{H^2} \qquad (22)$$

nimmt (21) ohne Strahlungsterm die der Gleichung (14) entsprechende Gestalt

$$\Omega_M + \Omega_k + \Omega_\Lambda = 1 \qquad (23)$$

an.

3.3.5   Unsere Welt – ein Friedman-Kosmos?

Nachdem wir die Friedman- und die wichtigsten Friedman-artigen Weltmodelle besprochen haben, stellt sich die Frage nach ihrer Tauglichkeit zur Beschreibung des Universums, in dem wir leben. Da unser Universum ganz offensichtlich Staub (Galaxien) und Strahlung enthält, kann es, wenn überhaupt, nur durch (20) beschrieben werden, solange wir auf die kosmologische Konstante verzichten.

- Bei Annäherung an die Singularität ($R \to 0$) ist von den drei Summanden auf der rechten Seite von (20) der $1/R^4$-Strahlungsterm der entscheidende. Selbst wenn das heutige Universum im Vergleich zum Staub nur wenig Strahlung enthält, muss das sehr frühe Universum ein Strahlungskosmos gewesen sein und also ganz anders ausgesehen haben als heute.

Das frühe Universum war ein Strahlungskosmos

Nach dem Stefan-Boltzmann-Gesetz ist die Energiedichte der Strahlung mit der vierten Potenz der Temperatur verknüpft,

$$\varepsilon = \rho c^2 \sim T^4. \qquad (24)$$

Andererseits ist nach (15) und (19) auch $\rho \sim \dfrac{1}{R^4} \sim \dfrac{1}{t^2}$, was zusammen

$$T \sim \frac{1}{R} \sim \frac{1}{t^{1/2}} \qquad (25)$$

Die Vorhersage des heißen Urknalls

ergibt. Dies ist die Vorhersage eines *heißen Urknalls*, von dem aus die Expansion des Universums mit einer Erniedrigung der Strahlungstemperatur einhergeht.

Die Zukunft des Universums

- Für die Zukunft des Universums, also für große Werte des Skalenfaktors R ist der Strahlungsterm in (20) der unbedeutendste. Es dominiert der Krümmungsterm, so dass für die zukünftige Entwicklung des Universums alle drei Friedmanschen Staubkosmen als Möglichkeiten in Betracht gezogen werden müssen.

Welche dieser Möglichkeiten realisiert ist, hängt davon ab, wie groß die Materiedichte des Universums im Vergleich zur kritischen Dichte ist (Tab. 2), welche gemäß (12) wiederum von der Hubble-Zahl abhängt. Es kommt also darauf an, zwei Parameter durch Beobachtung zu bestimmen: die aktuelle Hubble-Konstante H_0 und die Materiedichte μ_0 bzw. direkt den Verzögerungsparameter q_0.

Die Hubble-Konstante H_0

Bedeutung und Größe der Hubble-Konstante

Gemäß ihrer Einführung als Proportionalitätsfaktor im Hubble-Gesetz (1) gibt die Hubble-Zahl an, um welchen Betrag die Fluchtgeschwindigkeit bei einem bestimmten Entfernungszuwachs zwischen den Galaxien wächst. Es ist daher üblich, ihre Maßeinheit als $[H] = \frac{km}{s \cdot Mpc}$ anzugeben (1 Mpc = $3,26 \cdot 10^6$ Lj = $3,1 \cdot 10^{19}$ km). Da in Zähler und Nenner Längeneinheiten stehen, ist die Dimension der Hubble-Zahl eigentlich eine reziproke Zeit, was damit im Einklang steht, dass der Kehrwert der Hubble-Konstante das heutige Weltalter abschätzt.

Um den Zahlenwert der Hubble-Konstante gab es eine, die ganze zweite Hälfte des 20. Jahrhunderts andauernde, Kontroverse, in der zum einen ein Wert um $H_0 = 50$ km/s·Mpc und zum anderen der doppelt so große Wert favorisiert wurde. In jüngster Zeit deutet sich eine Eingrenzung der Hubble-Konstante auf das Intervall

$$58 \frac{km}{s \cdot Mpc} \le H_0 \le 68 \frac{km}{s \cdot Mpc} \tag{26}$$

an.

Cepheiden und Supernovae als Standardkerzen

Das konventionelle *Messprinzip* beruht auf der Bestimmung der Leuchtkraft-Entfernung D_L von sogenannten Standardkerzen. Dies sind Objekte, deren Strahlungsleistung (absolute Helligkeit M) durch Anschluss an Vergleichsobjekte empirisch bekannt ist oder theoretisch vorhergesagt werden kann. Die wichtigsten Standardkerzen sind veränderliche Sterne vom Typ Delta Cephei sowie Supernovae vom Typ Ia.

Bei bekannter mittlerer bzw. maximaler absoluter Helligkeit hängt die Leuchtkraft-Entfernung mit der leicht messbaren scheinbaren Helligkeit m gemäß

$$m = M + 25 + 5\log\frac{D_L}{Mpc} \qquad (27)$$

zusammen. Die Differenz $m - M$ nennt man Entfernungsmodul. Für Rotverschiebungen $z \leq 0{,}1$ ist es erlaubt, den Unterschied zwischen Simultan- und Leuchtkraft-Entfernung zu vernachlässigen und einen linearen Rotverschiebungs-Entfernungs-Zusammenhang

Galaxie NGC 4526 mit der Typ-Ia-Supernova 1994D.

$$D_L = \frac{cz}{H_0}$$

anzunehmen. Dann erhalten wir aus (27)

$$m = 5\log\frac{cz}{\frac{km}{s}} + \left(M + 25 - 5\log\frac{H_0}{\frac{km}{s\cdot Mpc}} \right). \qquad (29)$$

Dies ist eine Geradengleichung in dem sogenannten Hubble-Diagramm, in welchem m über $\log\left(cz / \frac{km}{s}\right)$ aufgetragen wird (Abb. 3.21). Aus dem Ordinatenabschnitt (dem Klammerausdruck in (29)) lässt sich die Hubble-Konstante direkt bestimmen.

Hubble-Diagramm

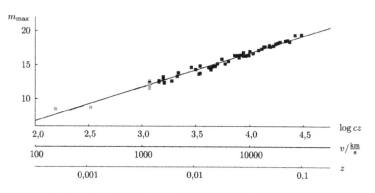

Abb. 3.21: Hubble-Diagramm für Supernovae vom Typ Ia.

Die Eignung von bestimmen Objekten als Standardkerzen und die damit verbundenen Unsicherheiten in der Entfernungsbestimmung sind die Hauptfehlerquelle bei der Festlegung der Hubble-Konstante. Für deren Wert in dem Intervall (26) sprechen jedoch auch unabhängige Methoden zu ihrer Bestimmung wie etwa die Auswertung der sich in Gravitationslinsen-Bildern zeitlich versetzt zeigenden Quasar-Variabilitäten (Abb. 3.22).

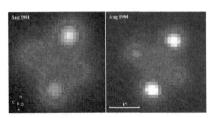

Abb. 3.22: Zwei Aufnahmen des durch den Gravitationslinsen-Effekt vierfach abgebildeten Quasars Q2237+0305 im Abstand von drei Jahren. Ganz offensichtlich hat sich die relative Helligkeit der Bilder verändert.

Kritische Dichte

Dem Intervall (26) entspricht eines für die kritische Dichte (12),

$$6,4 \cdot 10^{-30} \frac{g}{cm^3} \leq \mu_{krit} \leq 8,7 \cdot 10^{-30} \frac{g}{cm^3} \tag{30}$$

und eines für die Hubble-Zeit

1 Gyr = 10^9 Jahre

$$16,9 \text{ Gyr} \geq t_H \geq 14,4 \text{ Gyr} \tag{31}$$

oder den Hubble-Radius

$$1 \frac{km}{s \cdot Mpc} = \frac{1}{9,78 \cdot 10^{11} \, yr}$$

$$5,2 \text{ Gpc} \geq D_H \geq 4,4 \text{ Gpc} \ .$$

Für einen Einstein-De Sitter-Kosmos läge dementsprechend das Weltalter zwischen den Grenzen

$$11,3 \text{ Gyr} \geq t_n \geq 9,6 \text{ Gyr} \tag{32}$$

Weltalter und das Grundprinzip der Kosmochronologie

welche beide das Grundprinzip der Kosmochronologie verletzen, denn das Alter der Kugelsternhaufen liegt mit etwa 13 Gyr deutlich darüber. Wir kommen an späterer Stelle darauf zurück.

Der Dichte-Parameter Ω_{M0}

Dichte der leuchtenden Materie etwa ein Wasserstoffatom ja Kubikmeter

Die Bestimmung der Dichte μ_0 der Materie und ρ_0 der Strahlung ist eine vermeintlich leicht zu lösende Aufgabe. Man zähle die Galaxien und Galaxienhaufen in einem fiktiven Würfel von etwa 450 Millionen Lichtjahren Kantenlänge und berechne die Energiedichte der 2,7 K-Hintergrundstrahlung, welche den bei weitem größten Beitrag zu ρ_0 liefert. Das Resultat ist $\mu_0 \leq 10^{-30} \, g/cm^3$, was etwa einem Wasserstoffatom je Kubikmeter entspricht, und $\rho_0 \approx 4,5 \cdot 10^{-34} \, g \, / \, cm^3$.

Es ist also ρ_0 um etwa vier Größenordnungen kleiner als μ_0, so dass unser heutiges Universum im wesentlichen ein Staubkosmos ist.

Dunkelmaterie

Andererseits ist $\mu_0 \approx 0,1 \mu_{krit}$ (vgl. (30)), was zu dem Schluss führt, das Universum würde ewig expandieren und hätte eine hyperbolische Geometrie (Tab. 2). Dieser Schluss ist jedoch voreilig, denn die Zählung von Galaxien erfasst naturgemäß nur leuchtende Materie. Es gibt aber seit langem Hinweise auf die Existenz von *Dunkelmaterie*, die in die Bestimmung von Ω_{M0} einbezogen werden musste. Von diesen Hinweisen nennen wir zwei:

- Die Leuchtkraft von Spiralgalaxien nimmt vom Galaxienkern nach außen hin ab (nebenstehende Abb.).

Diese Galaxien sollten daher ein Keplersches Rotationsverhalten aufweisen, wie das Sonnensystem, d.h. die Rotationsgeschwindigkeit sollte mit wachsendem Abstand r vom Galaxienkern wie $1/\sqrt{r}$ abnehmen. In Wirklichkeit drehen sich aber die Außenregionen der Galaxien zu schnell, was mit der Newtonschen Mechanik nur so erklärt werden kann, dass es nichtleuchtende gravitierende Massen gibt.

- Auch der Gravitationslinsen-Effekt weist auf die Existenz von Dunkelmaterie hin (Abb. 3.23).

Die sogenannte Whirlpool-Galaxie.

Allein die leuchtende Materie in den als Gravitationslinsen wirkenden Galaxien könnte den Winkelabstand der Bilder von der Gravitationslinse nicht erklären. Beim Mikro-Gravitationslinsen-Effekt sorgen nicht leuchtende Himmelskörper als Gravitationslinsen für eine charakteristische Variabilität von Hintergrundsternen.

Gravitations-linsen-Effekt

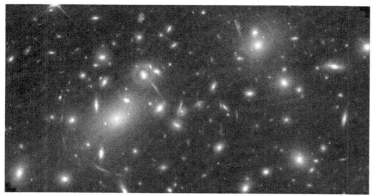

Abb. 3.23: Der Galaxienhaufen Abell 2218 wirkt als Gravitationslinse auf das Licht von weiter entfernten Galaxien ein und erzeugt so die zahlreichen sichelförmigen Bögen.

Demnach sollte die Dunkelmaterie (Braune Zwerge, Planeten, Schwarze Löcher, ruhemassebehaftete Neutrinos,...) sogar 90% bis 95% aller Materie ausmachen.

Dunkelmaterie kann mehr als 90% aller Materie ausmachen

Der Verzögerungsparameter q_0

Könnte man den Verzögerungsparameter q_0 direkt bestimmen, hätte dies zwei Vorteile. Zum einen entscheidet q allein gemäß (9) über das Vorzeichen der Krümmung des Raumes. Ist außerdem die Hubb

Abb. 3.24: Nichtlineares Hubble-Diagramm für Rotverschiebungen $z \leq 1$. Den Kurven entsprechen v.o.n.u. die Parameterkombinationen $(\Omega M0; \Omega \Lambda 0) =$ (0,3; 0,7), (0,2; 0,0), (1,0; 0,0). Zum Vergleich ist das bis $z \leq 0,1$ reichende lineare Hubble-Diagramm (Abb. 3.17) eingezeichnet.

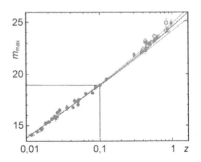

le-Konstante H_0 bekannt, kennen wir nach (10) auch die mittlere Massendichten μ_0, und zwar die aller gravitierenden Materie einschließlich der dunklen! Die Messung von q_0 beruht – wie auch die von H_0 – auf einer Auswertung des Hubble-Diagramms. Wie wir gesehen haben, geht für kleine Rotverschiebungen lediglich H_0 in den linearen Rotverschiebungs-Entfernungs-Zusammenhang (28) ein. Der Verzögerungsparameter q_0 kann aus Abweichungen des $(m, \log(cz / \frac{\text{km}}{\text{s}}))$-Verlaufes von der Linearität erschlossen werden, die im Hubble-Diagramm für große Rotverschiebungen ($z \leq 1$) auftreten (Abb. 3.24). Damit stehen wir erneut vor dem Problem, große kosmische Entfernungen möglichst präzise zu messen.

In jüngster Zeit wurden dafür Supernovae vom Typ Ia als Standardkerzen herangezogen. Das Ergebnis ist verblüffend: Statt der erwarteten verzögerten Expansion stellte sich heraus, dass wir in einem beschleunigt expandierenden Universum leben. Ein solches wird zwar durch eine kosmologische Konstante beschrieben, jedoch sind in unserem Universum unverkennbar Materie und Strahlung vorhanden, deren verzögernde Wirkung durch Ω_{M0} erfasst wird. Wir benötigen also beide Parameter, Ω_{M0} und $\Omega_{\Lambda 0}$, wobei der Λ-Term stärkeren Einfluss auf die Expansion zu haben scheint. Dem nichtlinearen $(m, \log(cz / \frac{\text{km}}{\text{s}}))$-Verlauf im Hubble-Diagramm wird am besten die Wahl $\Omega_{M0} = 0,3$ und $\Omega_{\Lambda 0} = 0,7$ gerecht.

Unsere Welt als Friedman-Lemaître-Kosmos

Wir haben nun alle Parameter, um dasjenige Weltmodell für „unser" Universum zu beschreiben, das aufgrund aktueller Messungen favorisiert wird.

Parameter für unsere Welt als Friedman-Lemaître-Kosmos

Demnach leben wir in einem Friedman-Lemaître-Staubkosmos. Es ist

$$\Omega_{M0} = 0,3 \quad \text{und} \quad \Omega_{\Lambda 0} = 0,7$$

und damit

$$\Omega_{M0} + \Omega_{\Lambda 0} = 1 .$$

Während Ω_{M0} im wesentlichen durch Galaxien verursacht wird, ist für $\Omega_{\Lambda0}$ keine Materieform bekannt, die, statt zu gravitieren, eine Beschleunigung der Expansion bewirkt. Man nennt diese unbekannte Materieform „dunkle Energie" (nicht zu verwechseln mit dunkler Materie). Dass die Summe der beiden Ω-Werte gleich eins ist, bedeutet nach (23), dass wir in einem ewig expandierenden, flachen Raum mit Euklidischer Geometrie leben, dass also mit $\Omega_k = 0$ auch

„**Dunkle Energie**"

$$k = 0$$

ist. Dass der Raum flach ist, wird auch von der Theorie des inflationär modifizierten Urknalls gefordert, auf die wir im Rahmen dieses Aufsatzes jedoch nicht eingehen können.

Als Wert für die Hubble-Konstante nehmen wir den Mittelwert aus dem Intervall (26), also

$$H_0 = 63 \frac{\text{km}}{\text{s} \cdot \text{Mpc}}.$$

Dem entspricht für Friedman-Lemaître-Kosmen ein Weltalter von 14,5 Gyr. Dies ist ein Wert, der mit den Ergebnissen der Altersbestimmung einzelner Himmelskörper verträglich ist. Der in (32) zum Ausdruck kommende Konflikt mit dem Grundprinzip der Kosmochronologie wird durch die kosmologische Konstante aufgehoben.

3.3.6 Die thermische Geschichte des frühen Universums

Wie in den Abschnitten 3.3.4 und 3.3.5 begründet wurde, begann unser Universum seine Entwicklung als Strahlungskosmos. Um diese Frühzeit zu beschreiben, ist weder die Kenntnis der Raumkrümmung k noch der kosmologischen Konstante Λ erforderlich. Aufgrund des Zusammenhangs (25) haben wir einen heißen Urknall vorhergesagt und dadurch einen ersten Hinweis auf die Temperatur als den entscheidenden Parameter für das frühe Universum gegeben.

Ein weiterer Hinweis ist das Spektrum der 2,7 K-Hintergrundstrahlung, welches das eines Schwarzen Körpers ist (Abb. 3.25).

Eigenschaften der kosmischen Hintergrund-Strahlung

Das bedeutet nämlich, dass trotz der raschen Expansion (für $R \sim t^{1/2}$ ist $H \sim \frac{1}{t}$) die Wechselwirkungsraten der Teilchen groß genug waren, damit sich ein thermisches Gleichgewicht einstellen konnte.

Abb. 3.25: Das vom COBE-Satelliten aufgenommene Spektrum der kosmischen Hintergrundstrahlung. Es ist in extrem guter Übereinstimmung mit dem Planckschen Spektrum eines Schwarzen Körpers bei einer Temperatur T = 2,735 K. Dem Maximum bei der Wellenzahl 5,26/cm entspricht die Wellenlänge λ = 0,19 cm.

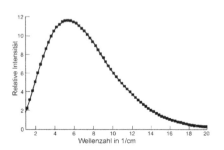

Das frühe Universum zwischen 10^{-8} s und 700000 Jahren nach dem Urknall

Wenn wir nachfolgend auf die wichtigsten physikalischen Prozesse eingehen, die sich in diesem Strahlungskosmos ereignet haben, beginnen wir bei einem Weltalter von 10^{-8} Sekunden und enden bei etwa 700 000 Jahren. Diese Zeitspanne umfasst ein Energieintervall von 100 GeV bis 1 eV und reicht damit von der Synthese von Atomkernen bis zur Bildung von Atomen. Energien von 100 GeV sind in Beschleunigern realisierbar, so dass Wirkungsquerschnitte und Zerfallsraten experimentell-physikalisch untermauert sind.

Auf Theorien, welche die noch früheren Entwicklungsphasen des Universums zu beschreiben versuchen, gehen wir nicht ein, so dass wir die Existenz von Photonen (γ), Neutrinos (ν), Protonen (p), Neutronen (n) und Elektronen (e^-) sowie deren Antiteilchen ($\bar{\nu}, \bar{p}, \bar{n}, e^+$) voraussetzen. Auch eine Darstellung der Theorien, welche die Bildung von Galaxien nach Ablauf der ersten 700 000 Jahre beschreiben, würde den Rahmen dieses Aufsatzes sprengen.

Die Abweichung vom thermischen Gleichgewicht als Entwicklungsprinzip

Paarerzeugung im thermischen Gleichgewicht

Damit im thermischen Gleichgewicht beim Zusammenstoß zweier Photonen ein Teilchen-Antiteilchen-Paar mit der Gesamtmasse $2m_0$ entstehen kann, muss die thermische Energie eines Photons mindestens gleich der Ruheenergie eines der Teilchen sein,

Schwellentemperatur

$$\frac{3}{2}k_B T \geq m_0 c^2 ,$$

worin k_B die Boltzmann-Konstante besdeutet. Daraus resultiert eine *Schwellentemperatur*

$$T_S = \frac{2}{3}\frac{m_0 c^2}{k_B} , \tag{33}$$

die mit der Teilchenmasse zunimmt (Tabelle 3.3).

Tabelle 3.3: Schwellentemperaturen für Neutron, Proton und Elektron

Teilchen	N	p	e⁻
$\dfrac{m_0 c^2}{MeV}$	939,55	938,26	0,511
$\dfrac{T_S}{10^9\,K}$	7269	7259	3,9

Bei Temperaturen weit *oberhalb* der Schwellentemperatur ist die Ruhmasse der Teilchen vernachlässigbar klein, und der weitaus größte Teil der Energie wird zur Beschleunigung verwendet. Solche Teilchen nennt man „ultrarelativistisch". Sie tragen wie die Photonen zur Dichte ρ der Strahlung bei.

Ultrarelativistische Teilchen

Infolge der Expansion des Universums nehmen Dichte und Temperatur ab. Fällt die Temperatur schließlich *unter* die Schwellentemperatur bestimmter Teilchen, vernichten diese und ihre Antiteilchen einander rascher als sie erzeugt werden. Schließlich hört sowohl die Teilchen-Antiteilchen-Paarerzeugung auf, weil die Photonen nicht mehr energiereich genug sind, als auch die Teilchen-Antiteilchen-Paarvernichtung, da nicht mehr jedes Teilchen einen Annihilationspartner findet. Man sagt, dass die Teilchen aus dem thermischen Gleichgewicht „ausfrieren", und zwar gemäß (33) umso eher, je größer ihre Ruhmasse ist.

Solange sich Teilchen und Antiteilchen in ständiger Wechselwirkung mit Photonen befinden, ist ihre *Anzahl N* mit der Anzahl N_γ der Photonen vergleichbar. Nachdem die Paarvernichtung zu Photonen aufgehört hat, ist die Anzahl der Teilchen und Antiteilchen jedoch sehr viel kleiner als die der Photonen.

Ausfrieren aus dem thermischen Gleichgewicht

Teilchen ohne Ruhmasse wie die Photonen oder Neutrinos (falls sich nicht bestätigen sollte, dass sie eine Ruhmasse haben), sind stets ultrarelativistisch. Sie verlassen das Gleichgewicht, wenn die Zeit zwischen aufeinanderfolgenden Stößen größer ist als das jeweilige Weltalter.

Dieses „Kochrezept" für das frühe Universum wenden wir nun auf die o.g. Teilchen der Reihe nach an. Dabei teilen wir die betrachtete Zeitspanne von 10^{-8} s bis 700 000 Jahre in verschiedene „Welt-Zeitalter" ein (Abb. 3.26) wie auch die Frühgeschichte unseres Planeten in verschiedene „Erd-Zeitalter" eingeteilt ist.

Einteilung des frühen Universums in Weltzeitalter

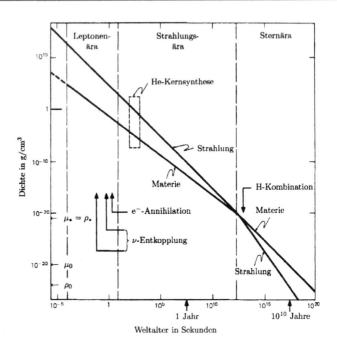

Abb. 3.26: Die Epochen des Strahlungskosmos in doppelt logarithmischer Darstellung

Die Hadronen-Ära

Zeit nach dem Urknall: $t < 10^{-4}$ s

Temperatur: $T > 10^{12}$ K

Dichte: $\rho > 10^{14}$ g cm^{-3}

Proton-Antiproton und Neutron-Antineutron-Paare verlassen das Gleichgewicht

Das Hauptereignis der Hadronen-Ära ist, dass Proton-Antiproton- und Neutron-Antineutron-Paare das thermische Gleichgewicht verlassen. Protonen und Neutronen sowie deren Antiteilchen gehören zu den Baryonen (den „schweren" Teilchen), welche mit den Mesonen zur Familie der Hadronen zusammengefasst werden. Protonen und Neutronen zusammengenommen heißen auch Nukleonen (Kernteilchen).

Wenn wir unser „Kochrezept" aus Abschnitt 3.3.6 auf Nukleonen (N) anwenden, sollten wir $N_{\mathrm{N}} = N_{\overline{\mathrm{N}}} \ll N_{\gamma}$ erwarten. Stattdessen beobachtet man keine Anti-Nukleonen, und das Verhältnis der Anzahl von Nukleonen zu der der Photonen ist

$$\frac{N_{\mathrm{N}}}{N_{\gamma}} \approx 10^{-9}. \tag{34}$$

Dieser Befund lässt sich „erklären", wenn wir annehmen, dass zur Zeit der Hadronen-Ära auf 10^9 Anti-Nukleonen 10^9+1 Nukleonen entfallen. Aus diesem Nukleonen-Überschuß wurden später Atome, Sterne und Galaxien. Eine wirkliche Erklärung wäre die theoretische Herleitung dieser Baryon-Antibaryon-Asymmetrie im Rahmen der „Großen vereinheitlichten Theorien (GUT)". Da wir uns aber entschieden haben, unsere Frühgeschichte des Universums bei einem Weltalter von 10^{-8} Sekunden beginnen zu lassen, nehmen wir das Verhältnis (34) als Anfangsbedingung.

Nukleon-Photon-Verhältnis als Anfangsbedingung

Die Leptonen-Ära

> Zeit nach dem Urknall: $10^{-4}\,\text{s} < t < 10\,\text{s}$
>
> Temperatur: $10^{12}\,\text{K} > T > 5\cdot10^9\,\text{K}$
>
> Dichte: $10^{14}\,\text{g cm}^{-3} > \rho > 10^4\,\text{g cm}^{-3}$

Das Hauptereignis der Leptonen-Ära besteht darin, dass Elektron-Positron-Paare und Neutrinos das thermische Gleichgewicht verlassen. Diese Teilchen gehören zur Familie der Leptonen (der „leichten" Teilchen).

Elektron-Positron-Paare und Neutrinos verlassen das Gleichgewicht

Zu Beginn der Leptonen-Ära liefen die Reaktionen

$$n + e^+ \leftrightarrow p + \overline{\nu}_e$$

$$n + \nu_e \leftrightarrow p + e^-$$

und

$$n \leftrightarrow p + e^- + \overline{\nu}_e \tag{35}$$

zwischen den aus der Hadronen-Ära verbliebenen Protonen und Neutronen sowie Elektronen, Positronen und Neutrinos als Gleichgewichts-Reaktionen ab. Solange dies der Fall ist, gilt für das Häufigkeits-Verhältnis von Protonen und Neutronen

$$\frac{N_n}{N_p} = \exp\left(\frac{(m_p - m_n)c^2}{k_B T}\right). \tag{36}$$

Das Neutron-Proton-Verhältnis

Bei einer Temperatur von $9\cdot10^9\,\text{K}$ scheren die Neutrinos aus dem thermischen Gleichgewicht aus, so dass das Anzahl-Verhältnis (36) der Neutronen und Protonen bei $N_n / N_p \approx 0,19$ eingefroren wird. Die Neutrinos sollten als kosmische Neutrino-Hintergrundstrahlung mit einer Temperatur von etwa 2 K beobachtbar sein.

Nach der Annihilation der Elektron-Positron-Paare tragen keine ultrarelativistischen Teilchen mit Ruhmasse mehr zur Dichte des Strahlungskosmos bei, sondern nur noch Strahlung im eigentlichen Sinne.

Die Strahlungs-Ära

Zeit nach dem Urknall: $10\,\text{s} < t < 700\,000\,\text{yr}$

Temperatur: $5\cdot10^{9}\,\text{K} > T > 3000\,\text{K}$

Dichte: $10^{4}\,\text{g cm}^{-3} > \rho > 10^{-21}\,\text{g cm}^{-3}$

Strahlungs-Ära und Strahlungs-Kosmos

Die Strahlungs-Ära umfasst zwar, zeitlich gesehen, den größten Teil des Strahlungskosmos, ist aber nicht mit diesem identisch. In ihr finden zwei Hauptereignisse statt: die Ur-Kernsynthese am Anfang und die Wasserstoff-Kombination am Ende.

Seit der Entkopplung der Neutrinos, bei der das Neutron-Proton-Häufigkeitsverhältnis $N_n / N_p \approx 0,19$ betrug, hat der freie Neutronenzerfall (die Reaktion (35), von links nach rechts) dieses Verhältnis bis zum Beginn der Strahlungs-Ära auf etwa 0,13 reduziert. Die so verbliebenen Neutronen kombinierten mit der gleichen Anzahl Protonen und mit Deuterium (D $\equiv$ ^{2}H) als Zwischenprodukt zu ^{4}He-Kernen:

Ur-Kernsynthese

$$n + p \rightarrow D + \gamma$$

$$D + D \rightarrow {}^{3}H + p$$

$$^{3}H + D \rightarrow {}^{4}H + n \,.$$

Deuterium

Oberhalb der oberen Grenze des Temperatur-Intervalls war die Strahlungstemperatur zu hoch, als dass Deuterium mit seiner Bindungsenergie von 2,2 MeV hätte bestehen können. Noch lange vor Erreichen der unteren Temperatur-Grenze war die Energie der Nukleonen schon so niedrig, dass sie die Coulomb-Barriere zur Bildung leichter Kerne nicht mehr überwinden konnten. Bereits nach Ablauf der ersten drei Minuten nach dem Urknall ist die Ur-Kernsynthese

Helium-4

mit der Bildung von ^{4}He (mit kleinen Beimengungen von Deuterium, ^{3}He und ^{7}Li) abgeschlossen. Alle schweren Elemente wurden und werden in Sternen synthetisiert. Da die Anzahl der Nukleonen (Neutronen und Protonen zusammengenommen) im ^{4}He-Kern doppelt so groß ist wie die der Neutronen allein, hat ^{4}He einen Anteil von

$$\frac{2N_n m_n}{N_n m_n + N_p m_p} \approx 2\frac{N_n}{N_p\left(1 + \dfrac{N_n}{N_p}\right)} \approx 0,23$$

Primordiale Heliumhäufigkeit

an der Masse des Universums. (Während es bei dem Häufigkeitsverhältnis (36) gerade auf den geringen Massenunterschied zwischen Neutronen und Protonen ankam, haben wir diesen hier vernachlässigt.) Das Universum stellt also in seiner Frühgeschichte – grob gesprochen – ein Viertel ^{4}He- und drei Viertel ^{1}H-*Kerne* (die „überzähligen" Protonen) als Ausgangsmaterial für die Stern- und Galaxienbildung bereit. Dieses theoretische Ergebnis befindet sich in guter Übereinstimmung mit der Beobachtung. Also gilt das Kosmologische Prinzip, auf dem die Vorhersage der Helium-Häufigkeit beruht, bereits zu Beginn der Strahlungs-Ära. Jede Theorie, welche das *sehr* frühe Universum beschreibt, muss sich an dieser Vorhersage messen lassen.

Erst nach 700 000 Jahren war die Temperatur der Strahlung mit etwa 3000 K niedrig genug, damit Protonen und Elektronen zu stabilen Wasserstoff-*Atomen* kombinieren konnten. Damit brach das thermische Gleichgewicht zwischen Strahlung und stofflicher Materie endgültig zusammen, welches bei höheren Temperaturen dadurch aufrechterhalten wurde, dass Photonen an den vielen freien Elektronen gestreut wurden. Durch die Bindung der Elektronen an die Protonen konnten sich die Photonen ungehindert ausbreiten. Man nennt dieses Ereignis daher auch den „Zeitpunkt der letzten Streuung".

Zeitpunkt der letzten Streuung

Seither erleidet die Strahlung eine Rotverschiebung im Verhältnis der Ausdehnung des Universums, denn nach (25) und (6) ist

$$\frac{T_e}{T_0} = \frac{R_0}{R_e} = 1 + z \ .$$

Rotverschiebung der kosmischen Hintergrund-Stahlung

Mit $T_e \approx 3000$ K und $T_0 \approx 3$ K ist $z \approx 1000$. Die 2,7 K-Hintergrundstrahlung ist damit das älteste elektromagnetische Signal, welches uns Informationen aus der Frühgeschichte des Universums übermittelt, als dieses 700 000 Jahre alt war. Seit dieser Zeit hat sich das Universum um den Faktor 1000 ausgedehnt. Heute beträgt die Anzahldichte der Photonen der 2,7 K-Hintergrundstrahlung 400 cm^{-3}.

Die Durchlässigkeit des Universums für Strahlung markiert das Ende der Strahlungs-Ära. Etwa gleichzeitig geht das Universum von einem Strahlungs-Kosmos in einen Staubkosmos über, d.h. $\rho > \mu$ schlägt um in $\mu > \rho$. Dichten und Temperaturen zu dem Zeitpunkt, zu dem die Strahlungsdichte gleich der Materiedichte war, kennzeichnen wir mit einem Stern (*) und erinnern so daran, dass auf die Strahlungs-Ära im Strahlungskosmos die Stern-Ära im Staubkosmos folgt. Zu diesem Zeitpunkt ist wegen (8) und (15)

Ende der Strahlungs-Ära und der Beginn des Staubkosmos

$$\mu_* = \rho_* = \frac{\mu_0^4}{\rho_0^3} \approx 10^{-21} \frac{\text{g}}{\text{cm}^3} \ ,$$

und die Temperatur beträgt

$$T_* = T_0 \frac{\mu_0}{\rho_0} \approx 4000\,\mathrm{K}\ .$$

Obwohl also das Ende der Strahlungs-Ära und das des Strahlungs-kosmos durch zwei getrennte Ereignisse herbeigeführt werden, finden sie bei ähnlichen Temperaturen und damit fast gleichzeitig statt.

3.3.7   Literaturhinweise

Hochschullehrbücher

D'Inverno, R. (1992). Introducing Einstein's Relativity. Oxford: Clarendon Press.

Sexl, R., Urbantke, H. (1995). Gravitation und Kosmologie – Eine Einführung in die Allgemeine Relativitätstheorie. Heidelberg, Berlin, Oxford: Spektrum Akademischer Verlag.

Stephani, H. (1990). Allgemeine Relativitätstheorie. Berlin: Deutscher Verlag der Wissenschaften.

Weinberg, S. (1972). Gravitation and Cosmology. New York: Wiley.

Gesamtdarstellungen

Ferris, T. (2000).Chaos und Notwendigkeit - Report zur Lage des Universums. , München: Verlag Droemer/Knaur.

Guth, A. (1999). Die Geburt des Universums aus dem Nichts – Die Theorie des inflationären Universums. München: Verlag Droemer/Knaur.

Hogan, C. Das kleine Buch vom Big Bang. Deutscher Taschenbuch-Verlag, München, 2000.

Kippenhahn, R. (1984). Licht vom Rande der Welt. Stuttgart: Deutsche Verlags-Anstalt.

Rees, M. (1998). Vor dem Anfang – Eine Geschichte des Universums. Frankfurt/M: S.-Fischer-Verlag,.

Silk, J. (1984). Der Urknall – Die Geburt des Universums. Basel: Birkhäuser-Verlag,.

Smolin, L. (1999). Warum gibt es die Welt? – Die Evolution des Kosmos. München: Verlag C.H. Beck.

Trefil, J. (1984). Im Augenblick der Schöpfung – Physik des Urknalls von der Planck-Zeit bis heute. Birkhäuser-Verlag, Basel,

Weinberg, S. (1979). Die ersten drei Minuten. München: Piper-Verlag.

Volkhard Nordmeier & Hans Joachim Schlichting

3.4 Elemente der nichtlinearen Physik in der Schule

Die nichtlineare Physik hat sich in wenigen Jahrzehnten zu einem etablierten Forschungsbereich der Physik und anderer naturwissenschaftlicher Disziplinen entwickelt. Sie trägt der Tatsache Rechnung, dass die Beschränkung auf lineare Zusammenhänge, wie sie für die klassische Physik aber auch für die Quantenmechanik typisch ist, zahlreichen Phänomenen und Problemen der modernen Welt nicht gerecht wird. Strukturbildung, Komplexität, Selbstorganisation, Chaos, Fraktale sind nur einige Schlagworte, mit denen die nichtlineare Physik wie kaum ein anderer Bereich der modernen Naturwissenschaften über Massenmedien und populärwissenschaftliche Beiträge an eine größere Öffentlichkeit herangetragen wurde.

Lorenz-Attraktor

Auch die Schulphysik ist davon nicht unberührt geblieben. Neuere Lehrpläne (NRW, 1999; SAN, 1999) und Schulbücher (z.B. Boysen et al., 1999 und 2000) schlagen – wenn auch noch vorsichtig – Zugänge zur nichtlinearen Physik vor. In entsprechenden Lernprozessstudien wurden unterschiedliche Ansätze für den Physikunterricht erprobt und evaluiert (vgl. z.B. Komorek, 1998; Korneck, 1998). Ohne eine tiefergehende Bewertung vornehmen zu wollen, sprechen für die Aufnahme von Elementen der nichtlinearen Physik in der Schule zumindest folgende Argumente:

Argumente für die Aufnahme von Elementen der nichtlinearen Physik in der Schule

- Durch die Auseinandersetzung mit Problemen der nichtlinearen Physik besteht die Möglichkeit, die Schulphysik näher an die aktuelle Forschung und an interessante Probleme der wissenschaftlich-technischen und natürlichen Welt heranzubringen.

- Bislang ausgeklammerte Fragen wie etwa:
  - Wie kommt es zur selbstorganisierten Entstehung, Aufrechterhaltung und Stabilisierung komplexer Systeme (Strukturen) in der belebten und unbelebten Natur?
  - Wie lassen sich solche Strukturbildungsvorgänge modellgemäß erfassen?
  - Welcher Zusammenhang besteht zwischen der Form und Funktion komplexer Systeme?
  - Inwieweit lässt sich das Verhalten komplexer Systeme vorhersagen?
  - können an einfachen Beispielen zugänglich gemacht werden.

Im Folgenden werden anhand bereits veröffentlichter Arbeiten Vorschläge skizziert, durch die grundlegende Phänomene, Themen und experimentelle Untersuchungen zur nichtlinearen Physik für den Physikunterricht aufbereitet werden.

3.4.1 Deterministisch und unvorhersagbar

Nichtlineare Physik und Chaos

Eine der größten Herausforderungen der nichtlinearen Physik ist sicherlich die Beschreibung von Systemen, bei denen aufgrund der nichtlinearen Dynamik die Vorhersagbarkeit des Verhaltens weitgehende Einschränkungen erfährt. Dabei spielt der Zufall eine entscheidende Rolle. Die Diskussion der historischen Entwicklung der Physik von den Anfängen bis in die Gegenwart bietet die Möglichkeit eines mehr wissenschaftstheoretisch orientierten Zugangs zu Fragen der Rolle von Kausalität, Gesetzmäßigkeit, Zufall und Notwendigkeit in der Physik (Schlichting, 1993a).

Fadenpendel

Dieser Zugang lässt sich mit einfachen Experimenten untermauern. Geht man beispielsweise vom Verhalten eines frei schwingenden Fadenpendels (kleine Amplitude) aus, so genügt es, die Dynamik des Pendels durch eine Bewegungsgleichung zu erfassen und die Anfangsbedingungen (Startpunkt und Startgeschwindigkeit) festzulegen, um durch bloße Rechnung Ort und Geschwindigkeit des Pendels zu jedem beliebigen anderen Zeitpunkt vorherzusagen.

Magnetpendel

Schematische Darstellung: Ein Pendelkörper aus Eisen schwingt über Dauermagneten

Nimmt man eine kleine Modifikation vor, indem man einen Pendelkörper aus Eisen beispielsweise über drei Dauermagneten schwingen lässt, so wird sein Verhalten unvorhersagbar. Das Pendel verhält sich dann ähnlich wie eine Kugel, die ein System dreier verschiedener Mulden vorfindet. Wenn sie am Rand einer dieser Mulden losgelassen wird, kommt sie an deren tiefsten Punkt zur Ruhe. Startet die Kugel jedoch von einer höheren Position, so scheitert die Vorhersage, in welcher der Mulden sie schließlich landet. Anschaulich kann man sich dieses Verhalten dadurch klarmachen, dass die Kugel über die „Wasserscheiden" zwischen den einzelnen Mulden hinwegrollt. Dabei kann es von winzigen Unterschieden in der Geschwindigkeit abhängen, ob die Kugel eine Scheide noch überwindet oder zurückrollt. Deshalb kann der Start aus der gleichen Position zu völlig verschiedenen Zielen führen. Denn wie genau man die Anfangsbedingungen auch zu reproduzieren versucht, es bleibt stets eine Unschärfe. Nur bei unendlicher Präzision, die in der Realität nicht zu verwirklichen ist, wäre das Endverhalten reproduzierbar. Man sagt von solchen Systemen, dass ihr *Verhalten sensitiv von den Anfangsbedingungen abhängt.*

Berechnet man mit Hilfe der newtonschen Bewegungsgleichungen für jeden möglichen Startpunkt, über welchem der (durch verschiedene Farben gekennzeichneten) Magneten das Pendel jeweils zur Ruhe kommt und färbt den Startpunkt jeweils mit der Farbe des Zielmagneten ein, so ergeben sich, entgegen der naiven Erwartung (drei farblich von einander getrennte Zonen), bunt gemischte *Einzugsbereiche*, in denen die drei Farben bis an die Grenze der Auflösung ineinander verwoben sind. Das bedeutet, dass kleinste Abweichungen in den Anfangsbedingungen völlig verschiedene *Trajektorien* (Bahnen) und Endpunkte zur Folge haben können. Beträgt zwischen zwei fast gleichen Bahnen der anfängliche Unterschied d, so wächst dieser nach einer für das jeweilige System charakteristischen Zeit t auf 10d an. Nach der doppelten Zeit 2t hat sich die Unschärfe schon auf 100d verstärkt, nach 3t auf 1000d usw. Bei einem anfänglichen Unterschied von nur einem Atomdurchmesser beträgt die Unschärfe nach 10t schon etwa 100 Meter. Je kleiner t ist, desto schneller macht sich die Abweichung bemerkbar. Bezüglich ihrer Anfangsbedingungen verhalten sich sensitive Systeme gewissermaßen wie Mikroverstärker, die mikroskopisch kleine Unterschiede exponentiell vergrößern und zu makroskopischen Unterschieden anwachsen lassen. Es ist also „völlig unnütz, die Genauigkeit (mit der die Anfangsbedingungen festgestellt werden) zu vergrößern oder sie sogar zum Unendlichen tendieren zu lassen. Es bleibt bei völliger Ungewissheit, sie verringert sich nicht in dem Maß, in dem die Genauigkeit zunimmt" (Prigogine et al., 1991, S.55).

Dass bestimmte Systeme in ihrem Verhalten nicht vorhersagbar sind, ist den Physikern schon lange bekannt. So bemerkt etwa Georg Christoph Lichtenberg, dass man die „Durchgänge der Venus voraus sagen (kann), aber nicht die Witterung und ob heute in Petersburg die Sonne scheinen wird" (Lichtenberg, 1980, S.281). Beunruhigt war man dadurch allerdings nicht. Denn man schrieb die faktische Unvorhersagbarkeit des Wetters und anderer komplexer Systeme der menschlichen Unzulänglichkeit zu, aufgrund der unüberschaubaren Zahl von Variablen die Anfangsbedingungen zu bestimmen. Pierre Simon Laplace glaubte, dass dies jedoch für einen *Dämon* mit einer genügend präzisen Beobachtungsgabe und übermenschlichen rechnerischen Fähigkeiten kein Problem und damit die Vorsage im Prinzip möglich sein sollte. Das Beispiel des obigen Pendels zeigt jedoch, dass es an der Komplexität nicht liegen kann. Auch extrem einfache Systeme können unvorhersagbar sein, weil sie aufgrund ihrer Nichtlinearität sensitiv bezüglich der Anfangsbedingungen sind.

Einzugsbereiche der einzelnen Magnete eines Magnetpendels, die Farbe ist über den Grauwert kodiert

Laplacescher Dämon

Im Folgenden werden einige Systeme beschrieben, an denen die nichtlinearen Eigenschaften mit einfachen Mitteln experimentell und/oder theoretisch untersucht werden können.

3.4.2 Chaotische Schwingungen

Chaotische Systeme

Bei der in einem „Potentialgebirge" rollenden Kugel und dem schwingenden Pendel ist der unvorhersagbare Bahnverlauf wie bei einem geworfenen Würfel nur eine kurze Episode im langfristigen Verhalten des Systems. Sobald sie zur Ruhe gekommen sind, ist ihr Verhalten so vorhersagbar wie nur möglich: Sie bleiben an derselben Stelle. Interessanter sind Systeme, deren Verhalten unvorhersagbar bleibt. Das ist nur dann möglich, wenn entweder keine Reibung auftritt oder das System angetrieben wird, so dass die durch Reibung dissipierte Energie immer wieder ersetzt wird. Reibungsfreie Systeme gibt es in der Realität kaum. Das Sonnensystem mit seinen die Sonne periodisch umkreisenden Planeten kann näherungsweise als reibungsfrei angesehen werden. Bereits Henri Poincaré konnte gegen Ende des 19. Jahrhunderts zeigen, dass sich ein System von nur drei Himmelskörpern chaotisch verhalten kann. Die entsprechenden Rechnungen können heute mit Hilfe eines einfachen Computerprogramms durchgeführt werden (siehe z.B. Köhler et al., 2001).

Chaotische Pendel und physikalisches Spielzeug

Für irdische Verhältnisse sind dissipative Systeme realistischer. Für die Belange des Physikunterrichts besonders geeignet sind zum einen zahlreiche Spielzeuge, an denen sich die wesentlichen Aspekte des nichtlinearen Verhaltens zumindest qualitativ erarbeiten lassen (Rodewald et al., 1986; Schlichting, 1988b, 1990, 1992a). Darüber hinaus gibt es eine ganze Reihe angetriebener Oszillatoren, die auch quantitative Untersuchungen gestatten (vgl. auch: Euler, 1995; Worg, R., 1993). Einige dieser nichtlinearen Oszillatoren werden im Folgenden kurz skizziert.

Das exzentrische Drehpendel

Chaotisches pohlsches Rad

Das exzentrische Drehpendel kann auf einfache Weise aus dem zur Untersuchung harmonischer Schwingungen bekannten pohlschen Rad hergestellt werden. Dazu muss der an einer Spiralfeder befestigte schwingende Stab mit einer Zusatzmasse versehen werden bis er kopflastig wird und sich im Gleichgewichtszustand zur einen oder anderen Seite neigt (Das Gravitationspotenzial spaltet sich auf). An dem auf diese Weise nichtlinear gemachten Drehpendel können auf einfache Weise die wesentlichen Grundlagen der nichtlinearen Physik erarbeitet werden.

Dieses System ist mehrfach in der fachdidaktischen Literatur beschrieben worden, nachdem es zunächst experimentell (Luchner et
al., 1986) und durch Aufstellung und numerische Lösung der nichtlinearen Differentialgleichung theoretisch (Backhaus et al., 1990) untersucht worden ist.

**Schematische
Darstellung des
exzentrischen
Drehpendels**

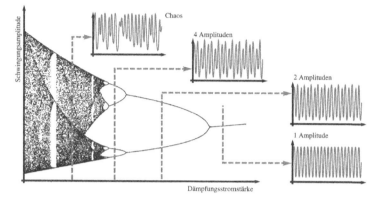

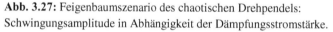

Abb. 3.27: Feigenbaumszenario des chaotischen Drehpendels:
Schwingungsamplitude in Abhängigkeit der Dämpfungsstromstärke.

Das Verhalten des Systems wird in Form eines Ordnungsparameters
beschrieben (hier: Winkelausschläge des Pendels aufgrund eines bei
passender Frequenz und Amplitude erfolgenden Antriebs). Als Kontrollparameter eignet sich besonders die (durch eine Wirbelstrom-
bremse definiert variierbare) Dämpfung des Systems.

Bei geeigneter Wahl der Parameter und Anfangsbedingungen erhält   **Feigenbaum-**
man zunächst eine reguläre Schwingung. Vermindert man die Dämp-   **Szenario**
fungsstromstärke, so tritt bei einem bestimmten Wert ein neues Verhalten auf. Die Symmetrie wird gebrochen, indem sich das Verhalten
nunmehr erst nach zwei Perioden wiederholt. Man spricht von Periodenverdopplung, die sich im Wechsel zweier Amplituden bemerkbar
macht. Bei weiterer Verminderung der Dämpfung kommt es abermals zu einer Periodenverdopplung: Es treten vier verschiedene
Amplituden auf, ehe sich das Verhalten wiederholt. Nach weiteren
Periodenverdopplungen stellt sich schließlich ein nichtperiodisches,
chaotisches Verhalten ein. Dieser, auch Feigenbaum-Szenario genannte, geordnete und reproduzierbare Übergang des Systems von
einem regulären zu einem völlig chaotischen Verhalten ist typisch
für dissipative Systeme. Daneben gibt es weitere Übergangsszena-
rien, die auch beim Drehpendel zu beobachten sind. Aus klassischer
Sicht erstaunlich ist die Tatsache, dass diese völlig verschiedenen

Verhaltensweisen durch ein und dieselbe allerdings nichtlineare Differentialgleichung beschrieben werden.

Zustandsraum

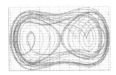

Zweidimensionale Projektion: Phasenraum mit Auslenkungswinkel und Winkelgeschwindigkeit

Betrachtet man die zeitliche Entwicklung des Pendels im Zustandsraum des Systems, einem abstrakten Parameterraum, der im Falle des Drehpendels durch den Auslenkungswinkel, die Winkelgeschwindigkeit und die Phase der Anregung (bzw. die Zeit) aufgespannt wird, so wickelt sich die Trajektorie des Systems zu einer gleichbleibenden Spirale auf. Der Periodizität der Anregung trägt man dadurch Rechnung, dass man die Phase zyklisch aufträgt. Dann läuft die Spiralbahn auf einem Torus um. Es ist üblich, die Komplexität dadurch zu reduzieren, dass man die Phase bzw. Zeit herausprojiziert und zu einer zweidimensionalen Darstellung kommt. Eine reguläre Schwingung wird dann durch eine geschlossene Kurve (Grenzzyklus) im zweidimensionalen Zustandsraum (Phasenraum) dargestellt. Den Torus oder Grenzzyklus bezeichnet man auch als Attraktor des Systems, weil diese Figur das Systemverhalten gewissermaßen anzieht, von welchen Anfangsbedingungen aus auch immer der Start erfolgt.

Grenzzyklus

Attraktor

Die Periodenverdopplung kommt im Attraktor durch zusätzliche Schleifen zum Ausdruck, ehe sich die Kurve wieder schließt. Interessanterweise kann auch das chaotische Verhalten durch einen chaotischen oder *seltsamen* Attraktor charakterisiert werden. Seltsamerweise verhalten sich die Trajektorien trotz ihrer Irregularität und Unvorhersagbarkeit nicht stochastisch, sondern ziehen sich auf einen kompakten Bereich im Zustandsraum zusammen. Da sich aufgrund der Eindeutigkeit der Lösung der Differentialgleichung die Trajektorien nicht schneiden dürfen, entstehen sehr feine „blätterteigartige" auch fraktal genannte Strukturen.

Das Überschlagspendel

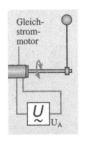

Schematische Darstellung des chaotischen Pendels

Eine mit einfachen Mitteln selbst zu bauende Alternative zum exzentrischen Drehpendel ist ein Überschlagspendel, das aus einem physikalischen Pendel besteht, das starr an der Achse eines schwachen, mit Wechselspannung betriebenen Gleichstrommotors befestigt ist (siehe Boysen et al., 2000). Der mit einer geeigneten Frequenz und Amplitude betriebene Motor versucht, dem zweiten Oszillator seine Schwingung aufzuprägen. Je nach dem Verhältnis der Frequenzen der Schwingung kommt es zu regulären oder chaotischen Bewegungen des Pendels. Auch für dieses System lassen sich ähnliche Untersuchungen durchführen wie beim Drehpendel.

Der chaotische Prellball

Ein auf dem Boden oder auf einem Tennisschläger hüpfender Ball kann durch Prellen beliebig lange in Bewegung gehalten werden. Man hat gelernt, dem Ball die Stöße nach Stärke und Frequenz phasenrichtig zu verabreichen, so dass die Schwingung nicht zum Erliegen kommt. Mit einer sinusförmig schwingenden Lautsprechermembran, auf der man einen Tischtennisball hüpfen lässt, kann man diese Schwingung mechanisieren. Je nachdem wie die antreibende Schwingung der Membran auf die von der Höhe des hüpfenden Balls abhängige Stoßfrequenz abgestimmt ist, kommt es wiederum zu regulären oder chaotischen Bewegungen (vgl. Buttkus et al., 1993). Die Bewegung des Balls kann mit Hilfe einer einfachen, allerdings nichtlinearen Differentialgleichung beschrieben und numerisch simuliert werden.

Chaotisch hüpfender Ball

Schematische Darstellung des Versuchsaufbaus

Als Ordnungsparameter bietet sich die Steighöhe des Balles an, die in Abhängigkeit der Schwingungsamplitude der Membran oder der Antriebsfrequenz als Kontrollparameter untersucht wird. Es stellt sich wiederum ein für chaotische Systeme typisches Bifurkationsszenario ein. Experimentell auf einfache Weise zugänglich sind die akustischen Signale beim Auftreffen des Balls auf der Membran. Diese Stöße werden mit Hilfe eines Mikrofons auf einen Kanal eines Zweikanal-Speicher-Oszilloskops übertragen. Auf dem anderen Kanal wird das Signal des Sinusgenerators aufgezeichnet, der die Membran in Bewegung hält. Dann können einerseits die beiden Signale über der Zeit getrennt und andererseits im XY-Modus beide Signale gegeneinander aufgetragen werden. Im ersten Fall hat man die für das reguläre und chaotische Verhalten typischen Zeitreihen.

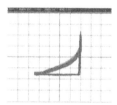

Reguläre Schwingung (Oszilloskopbild, XY-Modus)

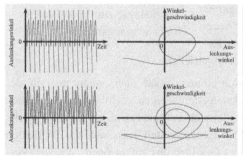

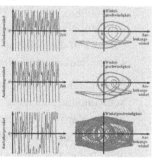

Abb. 3.28a: Überschlagspendel: Einer- und Zweierzyklus als Zeitreihe und im (zweidim.) Phasenraum.

Abb. 3.28b: Überschlagspendel: Übergang zum Chaos bei Erhöhung der Anregungsamplituden

Im zweiten Fall erhält man eine Art Attraktor, der im regulären Schwingungsbereich durch einfach oder mehrfach geschlossene Kurven und im chaotischen Fall durch ein entsprechend kompaktes irreguläres Gebilde gekennzeichnet ist.

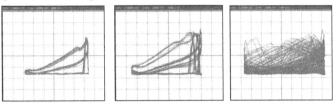

Abb. 3.29: Schwingungsmoden: Zweier- und Viererzyklus; chaotische Bewegung

Obwohl das Experiment nur sehr eingeschränkte Informationen über das Systemverhalten liefert (es wird nur jeweils der Punkt der Bahn des Balls registriert, bei dem er auf der schwingenden Membran auftrifft), lassen sich sehr weitreichende Aussagen über das komplexe Systemverhalten dieses nichtlinearen Systems gewinnen.

Elektromagnetische Schwinger

Chaotischer RCL-Schwingkreis

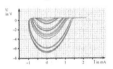

U(I)-Diagramm einer chaotischen Schwingung im RCL-Schwingkreis

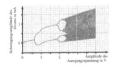

Feigenbaum des Schwingkreises

Als Beispiel eines einfach zu realisierenden elektrodynamischen chaotischen Oszillators dient ein RCL-Serienschwingkreis, in dem eine Kapazitätsdiode das nichtlineare Element bildet. Ihre Kapazität variiert nichtlinear mit der anliegenden Spannung. Der Schwingkreis wird mittels eines Frequenzgenerators in der Nähe seiner Resonanzfrequenz periodisch angetrieben.

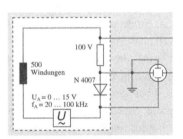

Schaltskizze zum chaotischen RCL-Schwingkreis

Eine mathematische Beschreibung erhält man, wenn man in der Schwingungsgleichung des Systems einen nichtlinearen Ausdruck für die Kapazität einsetzt, der sich aufgrund eines einfachen Modells ergibt (Wierzioch, 1988). Experimentell lässt sich das Verhalten unmittelbar mit Hilfe eines Oszilloskops aufzeichnen. Wie der Vergleich der berechneten und experimentell ermittelten Zeitreihen zeigt, ergibt sich eine frappierend gute Übereinstimmung von Experiment und Theorie. Auch dieses System zeigt die typischen Merkmale regulären und chaotischen Verhaltens, wie sie in den bisher beschriebenen Systemen bereits diskutiert wurden.

Chaotisches Wasserrad

Im Unterschied zu den bisher skizzierten Systemen besitzt das chaotische Wasserrad keinen periodischen, sondern einen kontinuierlichen Antrieb, so dass ihm von außen kein Zeitrhythmus aufgeprägt werden kann. Es muss seinen „Rhythmus" selbst finden, indem es die erzwungenen Bewegungen mit den Systemparametern und dem Energieangebot „autonom" in Einklang bringt.

Das System wird aus dem Laufrad eines Fahrrads hergestellt. Die Laufradachse ist horizontal gelagert. An der Felge sind Wasserbehälter so angebracht, dass deren Öffnung bei einer Drehung des Rades stets nach oben zeigt. Die Behälter besitzen ein kleines Loch im Boden, durch das Wasser abfließen kann. Wenn die Behälter von oben beregnet werden, wird das Rad aufgrund unterschiedlicher Wasserstände exzentrisch und kann sich in die eine oder andere Richtung drehen (vgl. Schlichting et al., 1991).

Das Wasserrad im Experiment

Erstaunlich ist nicht nur, dass sich das Rad bei gleichmäßiger Beregnung überhaupt in Bewegung setzt, sondern dass es je nach der Größe der Zuflussrate des Wassers völlig verschiedene Bewegungsfiguren annehmen kann. Betrachtet man die Drehgeschwindigkeit als Ordnungsparameter und die Wasserzuflussrate als Kontrollparameter, so ergibt sich durch Variation der Zuflussrate das folgende Szenario:

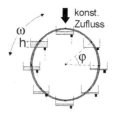

Schematischer Aufbau

- Beginnt man mit einer sehr kleinen Zuflussrate, so bleibt das Wasserrad zunächst in Ruhe. Selbst wenn das Rad kurz angestoßen wird, bildet sich die Störung sehr schnell wieder zurück.

Symmetriebruch

- Erst wenn die Zuflussrate einen ersten kritischen Wert erreicht, wird das Rad instabil und es kommt zum *Symmetriebruch*. Das vorher ruhende Rad beginnt, sich in der einen oder anderen Richtung zu drehen. Die Drehrichtung hängt vom Zufall ab.

- Bei weiterer Erhöhung der Zuflussrate kommt es bei einem zweiten kritischen Wert zu einem erneuten Symmetriebruch, der sich in einer Drehrichtungsumkehr äußert,

- Bei fortgesetzter Erhöhung der Zuflussrate tritt ein dritter Symmetriebruch auf. Das Rad dreht sich völlig ungeordnet und nimmt chaotisches Verhalten an.

- Erstaunlicherweise geht das System schließlich bei extrem hoher Zuflussrate infolge eines vierten Symmetriebruchs nach dem Chaos wieder in eine geordnete Bewegung, eine reguläre Schwingung, über.

Lorenz-gleichungen

$$\dot{x} = \sigma \cdot (y - x)$$
$$\dot{y} = R \cdot x - y - x \cdot y$$
$$\dot{z} = x \cdot y - b \cdot z$$

Sieht man die Behälter als kontinuierlich über die Radfelge verteil, lässt sich die Bewegungsgleichung des Systems mit Hilfe der newtonschen Bewegungsgleichungen der klassischen Mechanik herleiten. Es handelt sich um eine nichtlineare Differentialgleichung, die mit Hilfe einer linearen Koordinatentransformation in ein System dreier Differentialgleichungen überführt werden kann, das als Lorenz-System bekannt ist.

Der Meteorologe Edward Lorenz hat mit diesem System in den sechziger Jahren des 20. Jahrhunderts einen wesentlichen Anstoß für die anschließende stürmische Entwicklung der nichtlinearen Physik gegeben. Lorenz ging es dabei darum, das Wettergeschehen so einfach wie möglich zu beschreiben, indem er es auf die Konvektionsbewegung von erwärmten Luftmassen reduzierte.

Zeitreihe

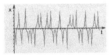

Drehgeschwindig keit einer Konvektionswalze des Lorenz-systems

Diese Rotationsbewegung von Fluiden ist schon seit längerem als Bénardkonvektion bekannt und lässt sich experimentell mit einfachen Mitteln in von unten geheizten Flüssigkeiten realisieren. Man erkennt die Ähnlichkeit zum Wasserrad, das so etwas wie eine mechanische Modellierung einer Konvektionswalze darstellt (siehe unten).

Das Verhalten des Wasserrades wird zunächst mit Hilfe einer numerischen Auswertung der Differentialgleichungen dargestellt. Die Zeitreihe der Variablen des Wasserrades zeigt je nach der Zuflussrate des Wassers neben regulären auch chaotische Muster. Im Zustandsraum, der durch die drei Variablen des Systems aufgespannt wird, erkennt man, dass auch die chaotische Bewegung zu einem kompakten Gebilde, dem für dieses System typischen *Lorenzattraktor* führt.

Lorenzattraktor

Simulierter Attraktor des Lorenzsystems

Bei der experimentellen Untersuchung des Wasserrades ergibt sich zunächst die Schwierigkeit, dass lediglich der Auslenkungswinkel oder die Winkelgeschwindigkeit auf einfache Weise gemessen werden können. Hieraus ergibt sich aber nur eine der drei generalisierten Koordinaten. Die beiden anderen Koordinaten müssen durch ein spezielles Rekonstruktionsverfahren ermittelt werden, das von der (nichtlinearen) Korrelation zwischen den Variablen Gebrauch macht (Nordmeier et al., 1996). Die chaotischen Verhaltensweisen machen natürlich aufgrund der nicht vorhersagbaren Trajektorien einen Vergleich im üblichen Verständnis zwischen Theorie und Experiment unmöglich. Man kann lediglich die Gestalt der simulierten mit den experimentell ermittelten Attraktoren vergleichen. Hier zeigt sich eine überraschend gute Übereinstimmung.

Das chaotische Wasserrad stellt eine ausgezeichnete Möglichkeit dar, ein nichtlineares System mit schulischen Mitteln sowohl theoretisch (Computersimulation) als auch experimentell (Messwerterfassung) zu untersuchen und damit einen Einblick in ein *autonomes dissipatives System* zu vermitteln. Indem es darüber hinaus als mechanisches Modell eines Vielteilchensystems (Bénard-Konvektion in Fluiden) angesehen werden kann, lässt sich mit seiner Hilfe eine unmittelbare Anschauung der drastischen Reduktion der Freiheitsgrade eines komplexen Systems gewinnen.

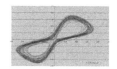

Rekonstruierter Attraktor aus dem Wasserrad-Experiment

Der tropfende Wasserhahn

Der „tropfende Wasserhahn" gehört zu den ersten Systemen, die als mögliche Realisationen chaotischer Systeme vorgeschlagen wurden (Rössler, 1977). Es zeigt sich nämlich, dass die Tropfenfolge eines

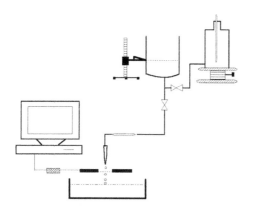

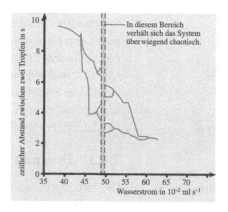

Abb. 3.30a: Schematischer Aufbau zur Untersuchung des tropfenden Wasserhahns

Abb. 3.30b: Bifurkationsdiagramm des chaotischen tropfenden Wasserhahns

nicht völlig zugedrehten Wasserhahns nicht nur regelmäßig, sondern auch völlig chaotisch erfolgen kann. Im Unterschied zu den bisher skizzierten Systemen ist dem tropfenden Wasserhahn die Dynamik, die zu diesem merkwürdigen Verhalten führt, nicht unmittelbar anzusehen. Erst eine nähere Betrachtung der Dynamik des Tropfvorgangs zeigt, dass es sich hier um die Kopplung zweier Schwingungsvorgänge handelt. Die eine Schwingung besteht aus dem Anschwellen und Ablösen des Tropfens, die zweite aus dem gedämpften Zurückschnellen des Resttropfens (Buttkus et al., 1995). Als Ordnungsparameter für das Tropfphänomen bietet sich der Abstand zweier aufeinanderfolgender Tropfen an, der sich mit Hilfe zweier Lichtschranken messen lässt. Als Kontrollparameter kommt die

Fließrate des nachströmenden Wassers in Frage, die proportional zur Wasserhöhe in einem Behälter ist, aus dem das Wasser heraustropft. Das Experiment läuft auf die Messung der Tropfabstände bei verschiedenen Wasserhöhen hinaus. Je nach der Fließrate erhält man eine reguläre oder chaotische Tropffolge, die bei genauerer Untersuchung durch ein Feigenbaumszenario ineinander übergehen.

Der tropfende Wasserhahn ist ein eindrucksvolles Beispiel eines nichtlinearen Systems, dem man die Reichhaltigkeit des Verhaltens aufgrund der nichtlinearen Schwingungen an der kleinen Öffnung des Wasserhahns bzw. der Pipette nicht ansieht. Durch Zählen der Tropfen können nicht nur einzelne reguläre und chaotische Bereiche ausgemacht, sondern darüber hinaus kann ein relativ detaillierter Überblick über das Gesamtverhalten in Form zweier gegenläufiger „Feigenbäume" gewonnen werden.

Indem das System im Unterschied zu vielen anderen dynamischen Systemen bei einem naiven Zugang sein wahres Verhalten hinter einem Gespinst von transienten Strukturen „versteckt", wird man gezwungen, den Versuchsaufbau schrittweise zu optimieren, Störquellen zu vermeiden und zunächst unzugänglich erscheinende Bereiche indirekt zu erschließen. Dabei lernt man eine Menge über das merkwürdige nichtlineare System, aber auch eine Menge an experimenteller klassischer Physik.

3.4.3   Dissipative Strukturen

Nichtlineare Physik und dissipative Strukturbildung

Die bisherigen Ausführungen beziehen sich auf nichtlineare Oszillatoren, die im Physikunterricht im Rahmen der mechanischen und elektrischen Schwingungen als Ergänzung zu den harmonischen Schwingungen diskutiert werden können. Auf diese Weise besteht die Möglichkeit, die eingeschränkte Aussagekraft linearer Systeme sichtbar zu machen und wesentliche Aspekte nichtlinearer Systeme im Unterricht aufzunehmen. Der Unterricht könnte somit zumindest ansatzweise Themen der aktuellen Forschung zur Sprache bringen.

Die eigentliche Bedeutung der nichtlinearen Physik besteht jedoch darin, dass sie wesentliche Aspekte der Realität zu beschreiben vermag, die in der bisherigen Physik und vor allem in der Schulphysik nicht thematisiert wurden. Will man beispielsweise wenigstens im Prinzip verstehen, wie es zu den regelmäßigen Dünen und Sandrippeln in Wüstengebieten oder an Sandstränden kommt, wie die baumartigen Einzugsbereiche von Flüssen entstehen, wie sich Muster von Konvektionszellen in Flüssigkeiten und Gasen stabilisieren, dann kommt man um ein Studium einfacher nichtlinearer Zusammenhänge nicht herum. Eine modellmäßige Erfassung nichtlinearer Vorgänge bietet ihrerseits die Grundlage für einen zumindest qualitativen Zugang zu Strukturbildungsvorgängen in der belebten Natur.

Um die Gemeinsamkeiten der in den unterschiedlichsten Substraten und Kontexten der belebten und unbelebten Natur auftretenden Strukturbildungsvorgänge auf einheitlicher Grundlage diskutieren zu können, schlagen wir einen *thermodynamischen Zugang* vor, der auf den Konzepten *Energie* und *Entropie* basiert (Schlichting, 2000b). **Energie und Entropie**

Die thermodynamischen Größen der Energie und Entropie sind auf keine spezielle Disziplin der Physik und Naturwissenschaft beschränkt. Indem sie die Aufmerksamkeit auf Systeme und ihre Wechselwirkungen lenken, ermöglichen sie es, mechanische, elektrodynamische, thermodynamische etc. Vorgänge unter einem einheitlichen Gesichtspunkt zu erfassen und darauf aufbauend komplexe Verhaltensweisen zu beschreiben.

Ausgangspunkt ist die Erfahrung im alltäglichen Umgang mit der Energie, dass sie „verbraucht" wird wie Wasser im Haushalt. Trotz quantitativer Erhaltung tritt eine qualitative Veränderung auf. Diese Erfahrung lässt sich durch das Konzept der Energieentwertung erfassen, wonach *jeder von selbst ablaufende Vorgang mit einer Entwertung von Energie einhergeht, die darin besteht, dass der Vorgang nicht von selbst in umgekehrter Richtung ablaufen kann.* **Energieentwertung**

Dahinter steckt die Irreversibilität realer Vorgänge, wonach physikalische Systeme dazu tendieren, ins thermodynamische Gleichgewicht überzugehen. In umgekehrter Richtung kann ein Vorgang demnach nur dann ablaufen, wenn gleichzeitig ein irreversibler Vorgang (in natürlicher Richtung) abläuft, so dass die mit der Umkehr verbundene „Energieaufwertung" mindestens ausgeglichen wird. **Irreversibilität**

Aus diesem als 2. Hauptsatz der Thermodynamik bekannten Prinzip ergibt sich, dass mit Energieentwertung einhergehende irreversible Vorgänge insofern als „Antrieb" genutzt werden können, als damit stets andere *Vorgänge zurückgespult und damit in die Lage versetzt werden, erneut abzulaufen.* Mit anderen Worten: Ein ins thermodynamische Gleichgewicht übergehendes System, z.B. unter Druck stehender Dampf, der aus einem Kessel ausströmt, kann ein anderes System aus dem thermodynamischen Gleichgewicht heraustreiben, z.B. eine Turbine, die in diesen Dampfstrahl gestellt wird **Zweiter Hauptsatz der Thermodynamik**

Bénardkonvektion als dissipative Struktur

**Bénard-
konvektion**

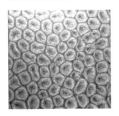

**In einer von unten
beheizten
Flüssigkeit
entstehen
Konvektionszellen**

Eine brennende Kerze stellt ein System dar, das durch Dissipation von hochwertiger chemischer Energie ins thermodynamische Gleichgewicht übergeht. Lässt man die Kerzenflamme unter einer Schale mit Öl brennen, so wird das Öl (dem man als Marker etwas Kupferpulver beigemischt hat) erwärmt und auf diese Weise aus dem thermodynamischen Gleichgewicht herausgetrieben. Das zeigt sich äußerlich darin, dass die Flüssigkeitsschicht ein zellenartiges Muster ausbildet. Obwohl dieses Muster – nachdem es einmal entstanden ist – auch bei (nicht zu großen) Störungen sein Aussehen beibehält, befindet es sich mikroskopisch gesehen in ständiger Bewegung. Im Zentrum einer jeden Zelle quillt Flüssigkeit empor und an den Grenzen zu den Nachbarzellen sinkt sie wieder ab.

**Konvektionszellen
in Wolken**

Obwohl diese Konvektionsbewegung durch innere Reibung in der Flüssigkeit dazu tendiert, wieder zur Ruhe zu kommen, wird diese Tendenz durch die thermisch zugeführte Energie immer wieder rückgängig gemacht, so dass das System in einem Zustand fernab vom thermodynamischen Gleichgewicht gehalten wird. Da die Energie des Systems im zeitlichen Mittel konstant bleibt, muss die dem System ständig zugeführte Energie in gleichem Maße wieder abgegeben werden. Das geschieht an der Flüssigkeitsoberfläche, an der die Flüssigkeitswalzen abgekühlt werden. Die einzige Veränderung, die im Gesamtsystem (Kerze, Flüssigkeit und Umgebung) zurückbleibt, ist die Entwertung bzw. Dissipation von thermischer Energie, die bei hoher Temperatur zugeführt und bei Umgebungstemperatur abgegeben wird.

**dissipative
Strukturen**

Strukturen, die wie dieses Zellenmuster durch Dissipation von Energie geschaffen und aufrecht erhalten werden, nennt man auch ***dissipative Strukturen***.

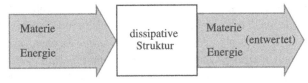

Abb. 3.31: Schematische Darstellung der Energiedissipation

Selbstorganisation

Ein wesentliches Merkmal dissipativer Strukturen ist die *Selbstorganisation*, die u.a. darin zum Ausdruck kommt, dass das System zufallsbedingte Störungen zu ‚erkennen' und abzubauen vermag. Diese Fähigkeit lässt sich auf der Ebene der physikalischen Beschreibung auf die Nichtlinearität der dem Systemverhalten zugrunde liegenden Differentialgleichungen zurückführen.

Auch der *Symmetriebruch*, der mit der Entstehung der Struktur ein-   **Symmetriebruch**
hergeht, ist ein typisch nichtlinearer Effekt. Solange der auf die Flüssigkeit übertragene Energiestrom ein kritisches Maß nicht über-
schreitet, bleibt die Flüssigkeit in der Nähe des thermodynamischen
Gleichgewichts. Die Energie durchströmt das System durch Wärmeleitung. Am kritischen Punkt wird die Flüssigkeitsschicht instabil,
zufällige Fluktuationen werden verstärkt und führen schließlich zum
Zellenmuster. Der dem Symmetriebruch zugrunde liegende phasen-
übergangsähnliche Übergang lässt sich an zahlreichen Beispielen
modellmäßig erfassen (Schlichting, 1988a; Boysen et al., 2000, S.
96).

Bei nochmaliger Steigerung des Energiestroms kommt es bei einem
weiteren kritischen Punkt abermals zu einem Symmetriebruch. Die
Zellen verlieren ihre Individualität, indem sie in irregulärem Wechsel vergehen und wieder entstehen. Das System verhält sich chaotisch.

Wie bereits oben erwähnt, wird die Bénardkonvektion durch das als   **Vielteilchen-**
Lorenzsystem bekannte Differentialgleichungssystem beschrieben,   **systeme**
das auch dem chaotischen Wasserrad zugrunde liegt. Die regulären
und irregulären Bewegungen des Wasserrades können daher als einfaches mechanisches Modell der einzelnen Konvektionszellen dienen. Dieser Zusammenhang beruht auf der für dissipative Strukturen
typischen Reduktion der Freiheitsgrade. Indem sich die zahllosen
Elemente des Vielteilchensystems in ein einheitliches kollektives
Verhalten einfinden, wird das System (abgesehen von Fluktuationen)
so einfach wie ein mechanisches System.

Die Bénardkonvektion kann als *Paradigma zur Erschließung zahl-
reicher Vorgänge in der Realität* dienen. Von der Strukturierung von
Wolkensystemen über geologische Vorgänge im flüssigen Erdinnern
bis hin zur Granulation der Sonne reichen die Beispiele, in denen
ähnliche Strukturbildungsprozesse stattfinden.

Sand als dissipative Struktur

Sand und andere Granulate, die in der Schlichtheit ihrer Gestalt und   **Strukturbildung**
Wechselwirkungen untereinander kaum zu unterbieten sind, können   **bei Granulaten**
durch relativ unspezifische Zufuhr von mechanischer Energie zu einem kollektiven Verhalten angeregt werden, das in äußerst reichhal-
tigen und ästhetisch ansprechenden dissipativen Strukturen zum
Ausdruck kommt (Schlichting et al., 1996).

Sandrippel: durch Wind strukturierter Sand

Strukturierte Bärlappsporen auf einer schwingenden Platte

Flussnetzwerke

Muster im Sand, die durch abfließendes Wasser hervorgerufen werden

Von den zahlreichen auch mit schulischen Mitteln zu verwirklichenden Möglichkeiten sei hier nur das Beispiel der Strukturbildung von Bärlappsporen genannt, die mit Hilfe einer Lautsprechermembran in Schwingung versetzt werden. Die Entstehung und Aufrechterhaltung der Struktur in diesem trockenen Substrat kann in unmittelbarem Zusammenhang mit der Strukturbildung in der geheizten Ölschicht diskutiert werden. Es lassen sich vergleichbare Symmetriebrüche und andere Effekte der Selbstorganisation beobachten.

Die körnigen Elemente der Granulate erlaubt es darüber hinaus, auf der Grundlage eines einfachen mechanischen Modells des schiefen Wurfes ein Simulationsprogramm zu erstellen, das wesentliche Aspekte der Strukturbildung zum Ausdruck zu bringen und ein anschauliches Verständnis der zugrunde liegenden nichtlinearen „Mechanismen" zu vermitteln vermag.

Auch das Selbstorganisationsverhalten von granularer Materie, dessen Untersuchung sich zu einem eigenständigen Forschungsgebiet im Rahmen der nichtlinearen Physik ausgewachsen hat, ist nicht nur für das Verständnis dieses zwischen Flüssigkeit und Festkörper angesiedelten Substrats von Bedeutung, sondern kann aufgrund der leichten experimentellen und theoretischen Zugänglichkeit als Modell für zahlreiche Strukturbildungsvorgänge in der Umwelt dienen.

Dissipative Strukturbildung bei der Entstehung von Flussnetzwerken

Wenn nach einem Regenguss oder bei Ebbe im Watt Wasser zur tiefsten Stelle fließt, entstehen vielfältig (fraktal, siehe unten) verzweigte hierarchisch geordnete Systeme, die in ihrer Form an Adern, Bäume, Wurzelwerk oder Netzwerke von Flüssen erinnern. Ein physikalischer Zugang mit schulischen Mitteln erscheint angesichts der Komplexität dieser Strukturen zunächst aussichtslos. Im Rahmen der an den obigen Beispielen skizzierten thermodynamischen Argumente lassen sich die Entstehung und Aufrechterhaltung dieser Strukturen auf einem für die Schulphysik angemessenen Niveau erschließen (Schlichting et al., 2000a).

Dazu betrachten wir als System eine gleichmäßig beregnete Fläche, die an einer bestimmten Stelle einen Abfluss besitzt. Im stationären Gleichgewicht fließt dem System im Mittel genauso viel Wasser zu, wie durch den Abfluss wieder abfließt. Dabei wird die potenzielle Energie des Wassers vor allem durch Reibung mit dem Untergrund dissipiert. Durch das abfließende Wasser versucht das System ins thermodynamische Gleichgewicht überzugehen. Durch den Wasserzufluss wird es daran gehindert, dass das Gleichgewicht tatsächlich erreicht wird. Das System kommt aber dem Gleichgewicht so nahe wie möglich. Für derartige *Fließgleichgewicht*e hat Ilya Prigogine einen Satz bewiesen, wonach die Energiedissipationsrate minimal ist (Prinzip der minimalen Entropieproduktionsrate).

Fließgleich-gewichte

Man kann dieses Minimalprinzip benutzen, um im Rahmen einer Computersimulation das Muster zu ermitteln, das das System ausbilden wird, wenn es sich auf das stationäre Fließgleichgewicht zu entwickelt (Sun et al., 1993 und 1994). Dazu konstruiert man zunächst ein zufälliges Flussnetzwerk, wie es sich vielleicht zu Beginn ausbildet, wenn die ersten Tropfen gefallen sind und sich zu kleinsten Flussabschnitten vereinigen. Dann verfolgt man, wie unter der Bedingung der minimalen Energiedissipationsrate das Netzwerk sich auf eine optimale Struktur hin entwickelt. Wie die Simulation eines derartigen Flussnetzwerkes zeigt, weist das Muster dieser Struktur erstaunliche Ähnlichkeit mit realen natürlichen Flussläufen auf.

Simulation eines Flussnetzwerkes

3.4.4   Fraktale

In kindlichen Darstellungen werden Menschen als Strichmännchen, Häuser als Rechtecke mit dreieckigen Dächern und Baumkronen als kugelartige Gebilde dargestellt. Diese ersten zeichnerischen Annäherungen an die reale Welt spiegeln sich in dem Versuch der euklidischen Geometrie wider, die uns vertraute Welt in ein-, zwei- oder dreidimensionale Objekte einzuteilen und diese mit Hilfe von Punkten, Strecken, Rechtecken und den anderen uns seit unserer frühesten Schulzeit bekannten geometrischen Grundgebilden zusammenzusetzen. Die menschliche Anschauung ist auf vielfache Weise durch diese euklidische Perspektive geprägt. Wir sind es gewohnt, unsere Umwelt euklidisch-geometrisch zu gestalten. Straßen und Eisenbahntrassen werden gemäß dem Ideal der Geraden entworfen, gleichermaßen wurden auch lange Zeit Flussläufe begradigt. Häuser wie Schuhkartons entspringen der Idee des euklidischen Quaders.

Nichtlineare Physik und fraktale Geometrie

Beispiel eines Real-Flussnetzwerkes: der Amazonas und seine Zuflüsse.

Obwohl diese Sehweise insbesondere im Bereich technischer und naturwissenschaftlicher Errungenschaften über Jahrhunderte hinweg sehr erfolgreich war, stößt sie doch bei der Modellierung komplexer Systeme an ihre Grenzen. Viele Strukturen lassen sich mit den Grundelementen der euklidischen Geometrie nur sehr unzureichend beschreiben und genügen insbesondere nicht mehr den in den letzten Jahrzehnten gewachsenen mathematisch-geometrischen Anforderungen im Bereich der nichtlinearen Physik. Die trivial erscheinende

Euklidische und fraktale Geometrie

Aussage Benoit B. Mandelbrots „Wolken sind keine Kugeln, Berge keine Kegel, Küstenlinien keine Kreise. Die Rinde ist nicht glatt – und auch der Blitz bahnt sich seinen Weg nicht gerade." (Mandelbrot, 1987) wird erstmalig „ernst" genommen und unter dem Namen *fraktale Geometrie* der Natur zum mathematisch- wissenschaftlichen Programm. Insbesondere in der Mathematik und der Physik etablierte sich die *Theorie der Fraktale* als ein effizientes und wirkungsvolles Instrument zur naturwissenschaftlichen Beschreibung komplexer Strukturbildungsphänomene aus der belebten oder unbelebten Natur bzw. nichtlinearer dynamischer Systeme. Der Begriff des *Fraktals* ist heute sogar integraler Bestandteil der Alltagssprache geworden.

Physikalisches Wachstumsfraktal

Indem das Konzept des Fraktals die äußere Struktur komplexer Systeme nicht nur als wesentliches Merkmal zur Kenntnis nimmt, sondern Zusammenhänge zwischen (äußerer) Struktur und (innerer) Funktion zu erfassen versucht, werden neue wissenschaftliche Problemstellungen und alternative Zugänge zu den Gegenständen insbesondere auch der belebten Natur eröffnet.

Der Physikunterricht kann davon zumindest auf zweierlei Weise profitieren. Zum einen wird ein unmittelbarerer Zugang zu den Gegenständen der natürlichen Umwelt ermöglicht, als es über die linearisierten Idealgestalten der klassischen Physik möglich war. Zum anderen werden aktuelle Problembereiche und neue Fragestellungen aus der Perspektive des Physikunterrichts thematisiert, die dem Interesse der Lernenden entgegenkommen.

Elemente der fraktalen Geometrie

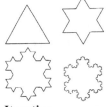

Iterative Konstruktion der Koch-Kurve

Obwohl sich die fraktale Geometrie auf unmittelbar wahrnehmbare reale Strukturen (wie Adersysteme, Wolken, Pflanzen, Landschaftsformen) oder zumindest durch numerische Verfahren visualisierbare abstrakte Strukturen (Koch- Kurve, Mandelbrotmenge, chaotische Attraktoren) bezieht, wird der Zugang oft durch die euklidisch geprägte Anschauung erschwert. Hinzu kommt, dass die Aspekte, die durch Fraktale erfasst werden, bislang entweder überhaupt nicht wahrgenommen wurden oder als wissenschaftlich irrelevant galten. Insofern muss das Problembewusstsein für die Fraktale überhaupt erst ausgebildet werden und das betrifft mathematisch-naturwissenschaftlich vorgebildete Menschen in stärkerem Maße als wissenschaftliche Laien.

Fraktale Dimension und Selbstähnlichkeit

Was sind Fraktale? Rein anschaulich gesprochen versucht man mit dem Konzept des Fraktals die Strukturiertheit, Zerklüftung, Unebenheit etc. von realen und abstrakten Gegenständen zu erfassen. Mathematisch geschieht das dadurch, dass man die Eigenschaften von Fraktalen mit Hilfe von mengen- und maßtheoretischen Konzepten beschreibt. Demnach handelt es sich um Objekte, die neben der topologischen Dimension D^T eine fraktale Dimension D, d.h. eine *positive reelle Maßzahl* mit $D > D^T$ besitzen, die gewissermaßen zwischen den topologischen Dimensionen interpoliert und auf diese Weise eine quantitative Unterscheidung beispielsweise zwischen einer „Zick-Zack-Kurve" und einer Geraden, also Objekten derselben topologischen Dimension, erlaubt. Hinzu kommt, dass Fraktale in den meisten Fällen skaleninvariante bzw. selbstähnliche Gebilde darstellen.

Fraktale Dimension: positive reelle Maßzahl

Es existieren mehrere Ansätze, fraktalen Mengen eine fraktale Dimension zuzuordnen (vgl. Nordmeier, 1999). Neben dem *Grad an Rauhigkeit, Kompliziertheit oder Irregularität* beschreibt die fraktale Dimension auch den *Raumbedarf* des betrachteten Fraktals. Zugleich stellt die fraktale Dimension aber auch ein Maß für die Massenverteilung oder die Inhomogenität der Substanz dieser Gebilde dar. Für Fraktale, die zudem Selbstähnlichkeiten aufweisen, beschreibt die fraktale Dimension den Grad an inneren Korrelationen. Im geometrischen Sinne gibt sie beispielsweise im Bereich $1 < D < 2$ an, wie flächig sich eine Kurve gestalt et. Gilt z.B. $D \approx D^T = 1$, so besitzt die Kurve kaum Struktur, sie ähnelt einer Strecke. Je größer nun D mit $D > D^T$ wird, desto strukturierter wird die Form der Kurve, eine mögliche Approximation durch Streckenzüge wird immer schwieriger. Erreicht D schließlich fast den Wert $D \approx D^T + 1 = 2$, so besitzt die Kurve eine so flächig strukturierte Form, dass sie als ein Objekt mit der topologischen Dimension „zwei" verstanden werden kann, die Kurve wird fast zur Fläche.

Selbstähnlichkeiten

Die fraktale Dimension vermittelt also zwischen den uns bekannten ganzzahligen topologischen Dimensionen und kann rationale oder auch irrationale Zahlenwerte annehmen. Im Folgenden sollen exemplarisch zwei einfache Bestimmungsmethoden der fraktalen Dimension – die *Zirkel-* und die *Box-Dimension* – skizziert werden, mit deren Hilfe die äußere Struktur von Fraktalen analysiert werden kann (vgl. auch Nordmeier, 1999; Peitgen et al., 1992, Schlichting, 1992b). Zur Untersuchung fraktaler Attraktoren bedarf es andersartiger Analysemethoden, wie z.B. der *Korrelations-* oder der *punktweisen-Dimension* (vgl. Nordmeier et al., 1996).

Zirkel- und Box-Dimension

Die Fraktale Zirkel-Dimension

Zirkel-Dimension

Schematische Darstellung

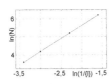

Bestimmung der Zirkel-Dimension. Hier ergibt sich:
$D \approx 1.4$

Fraktale Box-Dimension

Wie berechnet sich nun die „Zerklüftung" eines Fraktals? Eine mögliche Methode – die sog. *Zirkelmethode* – basiert auf einem einfachen Phänomen: Will man den Umfang eines fraktalen Objektes messen, so stellt man fest, dass dieser in Abhängigkeit des verwendeten Maßstabes variiert: je kleiner der Maßstab, desto größer der Umfang – und umgekehrt. Das Verhältnis dieser beiden Größen offenbart dabei die Fraktalität der Struktur: In Analogie zur Entfernungsmessung auf einer Landkarte lässt sich auch der Umfang eines Fraktals mit Hilfe eines Stechzirkels approximieren: Man stellt den Zirkel auf eine bestimmte Weite ein, wählt einen beliebigen (aber festen) Startpunkt auf dem Rand der Figur und beginnt nun, die Umrandung polygonartig abzutasten. Zählt man die Anzahl der notwendigen „Einstiche" N, die in Abhängigkeit der Zirkelweite ℓ notwendig sind, um das Objekt vollständig zu umfahren, so ergibt sich bei doppeltlogarithmischer Auftragung des reziproken Wertes der Zirkelweite und der Anzahl der Stiche ein linearer Zusammenhang: $N(\ell) \sim \ell^{-D}$. Dieser Zusammenhang lässt sich also durch ein Potenzgesetz beschreiben. Trägt man die Zirkelweite ℓ und den entsprechenden Umfang $L = \ell \cdot N(\ell)$ doppeltlogarithmisch auf, kann man auch aus diesem Diagramm die fraktale Dimension anhand der Steigung des Graphen bestimmen: $L \sim \ell^{1-D}$.

Die Fraktale Box-Dimension

Methode zur Bestimmung der fraktalen Box-Dimension: Ein Fraktal wird mittels unterschiedlicher Gitter überdeckt, aus der Steigung des Graphen lässt sich bei doppeltlogarithmische Auftragung von Gitterweite und Anzahl überdeckter Anteile die fraktale Dimension ablesen.

Überdeckt man ein fraktales Muster mit quadratischen Gittern und bestimmt die Anzahl N der durch das Objekt belegten oder berührten Gitterplätze in Abhängigkeit der Maschenweite ε, so ergibt sich auch hier ein Potenzgesetz: $N(\varepsilon) \sim \varepsilon^{-D}$. Auch diese sog. *Box-Dimension* ist ein Maß für die Rauhigkeit oder Zerklüftetheit des untersuchten Gebildes.

Im mathematischen Sinne liefern die beschriebenen Methoden gleichwertige Ergebnisse. Die äußere Umrandung der analysierten Figur besitzt eine fraktale Dimension von $D \approx 1{,}4$.

Fraktale als physikalische Objekte

Im Gegensatz zu den mathematischen Fraktalen, die oftmals als statische Objekte klassifiziert werden, bezieht sich ein physikalisches

Fraktal eher auf den prozesshaften, dynamischen Charakter eines Systems: Das im tatsächlichen (z.B. bei den *Wachstumsfraktalen*) wie im mathematischen Sinne (z.B. bei der Struktur eines chaotischen Attraktors) sichtbare fraktale Muster offenbart sich gleichsam als physikalisch deutbare Verhaltensweise des Systems. Das Fraktal als gerade wahrgenommener Systemzustand oder „Momentaufnahme" eines fortwährenden Entstehungsprozesses lässt sich also als eine Art Abbildung physikalischer Gesetzmäßigkeiten interpretieren, die z.B. das für nichtlineare Strukturbildungsphänomene charakteristische Verhältnis von *Zufall und Notwendigkeit* widerspiegelt. In Analogie dazu macht bei den mathematischen Gebilden nicht die momentane Erscheinung oder Darstellung, sondern der bis ins Unendliche fortgesetzt gedachte Konstruktionsprozess den wesentlichen Aspekt eines Fraktals aus

Beispiele für physikalische Fraktale, die mit einfachen Mitteln experimentell erzeugt werden können, sind die spontanen Strukturbildungen bei schnellen elektrischen Entladungen (beim Blitz oder den sogenannten *Lichtenberg-Figuren*), die feingliederigen Aggregationen bei der *elektrolytischen Anlagerung*, die verzweigten Muster beim *viskosen Verästeln* oder die *Fettbäumchen* (vgl. Nordmeier, 1993 und 1999; Schlichting, 1992b; Komorek et al., 1998).   **Experimente**

Wird zwischen zwei Plexiglasplatten eine stark viskose Flüssigkeit (z.B. Glyzerin oder flüssige Seife) eingeschlossen, so „wachsen" beim Auseinanderziehen der beiden Scheiben fraktale *Fettbäumchen* in Form verzweigter Luftkanäle in das zurückweichende Fluid hinein. Für dieses einfache Experiment benötigt man lediglich zwei dünne Glas- oder Plexiglasplatten (ca. 10cm x 8cm), die aufeinandergelegt und an einem Rand mit Klebeband verbunden werden; die Klebekante fungiert als „Scharnier". Ähnliche Muster entstehen beim *Foliendruck:* Wird auf eine mit Farbe (z.B. Abtönfarbe) betropfte Folie ein Blatt Papier gedrückt und wieder abgezogen, so ergeben sich je nach verwendeter Farbe und Drucktechnik unterschiedlich fein verästelte, fraktale Strukturen. Mit Hilfe einer mit einem Farbklecks versehenen Plexiglasscheibe lassen sich auch „fraktale Stempel" erzeugen (vgl. Nordmeier, 1999).   **Fettbäumchen**

Viskoses Verästeln

Schematische Darstellung einer Hele-Shaw-Zelle

Elektrolytische Anlagerung

Durchdringt oder verdrängt eine wenig viskose Flüssigkeit (z.B. zur Sichtbarmachung eingefärbtes Wasser) eine Flüssigkeit mit höherer Voskosität (z.B. flüssige Seife oder Glyzerin), so entstehen fraktal verzweigte Kanalnetzwerke, das *viskose Verästeln*. Ein einfacher Versuchsaufbau – die sog. *Hele-Shaw-Zelle* – besteht aus zwei Plexiglasscheiben, zwischen die mit Hilfe von Einwegspritzen nacheinander verschieden viskose Flüssigkeiten gepresst werden (vgl. Nordmeier, 1999; Schlichting, 1992b).

Die Ausbildung fraktaler Strukturen kann auch dort beobachtet werden, wo sich Metalle bei der Elektrolyse von Salzlösungen an der Kathode niederschlagen, der sog. *elektrolytischen Anlagerung*. In einem einfachen radialsymmetrischen Aufbau wird dazu eine am Innenrand mit einer Elektrode (z.B. Drahtschlaufe, Anode) versehene Petrischale mit einer ionischen Lösung befüllt (z.B. Kupfer- oder Zinksulfat) und in der Mitte der Flüssigkeit eine Metallspitze als Kathode positioniert. Durch Anlegen einer Gleichspannung von einigen Volt (5V bis 15V, je nach Größe der Petrischale) lassen sich bereits nach kurzer Zeit kleinste Anlagerungen an der Kathode beobachten: die Kationen (z.B. Zn^{2+}) wandern zur Kathode und lagern sich dort an (vgl. Nordmeier, 1993 und 1999).

Im Rahmen der *Chaosforschung* kommt der geometrischen Betrachtung und Analyse von Zeitreihen komplexer Phänomene im sogenannten *Zustandsraum* eine wesentliche Bedeutung zu, da insbesondere die bei der Existenz *fraktaler Attraktoren* berechenbaren topologischen Maßzahlen elementare Eigenschaften und Charakteristika der Dynamik solcher Systeme erkennen lassen (Nordmeier, 1996).

Die Verwendung des Konzepts *Fraktal* geht also insofern über die reine Beschreibung einer geometrischen Struktur hinaus, als aus den strukturellen Eigenschaften bereits detaillierte Aussagen über das zugrundeliegende *Systemverhalten* gewonnen werden können.

Fraktale als nichtlineare Systeme

Die Idee einer Beschreibung komplexer naturwissenschaftlicher Phänomene als Fraktale steht in unmittelbarem Zusammenhang mit den Prinzipien und Gesetzmäßigkeiten, die im Rahmen der Erforschung dynamischer Systeme im Bereich der *Chaostheorie* oder der *Synergetik* zu einer neuen Sehweise in den Naturwissenschaften und insbesondere in der Physik – der *nichtlinearen Physik* – geführt haben: Das Verhalten komplexer Systeme ist weder kalkulierbar noch vorhersagbar, es ist nicht linear – es ist *nichtlinear*.

Mit Hilfe des Begriffs "Fraktal" lassen sich raum-zeitliche Phänomene erfassen, deren Strukturen oder sichtbare (geometrische) Muster als „ausgefranst", „nicht gerade" oder als „Strukturen mit „unendlich" feinen Details" (vgl. Schroeder, 1994) beschrieben werden. Die
Unterscheidung „linear/nichtlinear" lässt sich also um den Gegensatz
„geradlinig, glatt/fraktal" erweitern.

Dazu schreiben Peitgen et al.: „Gemeinsam ist Chaostheorie und
fraktaler Geometrie, dass sie der Welt des *Nichtlinearen* Geltung
verschaffen. Lineare Modelle kennen kein Chaos und deshalb greift
das lineare Denken oft zu kurz, wenn es um die Annäherung an na-
türliche Komplexität geht" (Peitgen et al., 1992, S.viii).

Fraktale als Thema des Physikunterrichts

Im Kontext eines generischen Fraktal-Konzeptes (Nordmeier 1999)
lassen sich (Wachstums-) Fraktale als dynamische, synergetische
Strukturbildungsprozesse verstehen und unter morphologischen Gesichtspunkten beschreiben. Dieser Ansatz ermöglicht es, im Sinne
einer ganzheitlichen naturwissenschaftlichen Sichtweise *elementare
Zusammenhänge zwischen Struktur* (fraktale Geometrie), *Funktion*
(Wachstums- und Transportprozess) und *Morphologie* (Gattung)
herzustellen. Als Ergebnis resultiert ein Zugang zu fraktalen Wachs-
tumsphänomenen, der mathematisch-geometrische, phänomenologi-
sche, physikalisch-theoretische, morphologische und systemtheoretische Bedeutungsebenen fraktaler Strukturbildung konzeptuell verknüpft.

Ein generisches Fraktal-Konzept

Mathematisch-geometrische Aspekte

Die äußere Form von Wachstumsfraktalen lässt sich mit Hilfe der
fraktalen Geometrie analysieren. Die fraktale Dimension stellt ein
universelles Maß dar: Fraktale, die sich global ähneln (bzgl. ihrer
geometrischen Musterung), besitzen in etwa auch die gleiche fraktale
Dimension. Die lokalen Eigenschaften, wie z.B. die exakte Ausprägung eines Teilausschnittes, können dagegen Unterschiede aufweisen. Wachstumsfraktale, die in vielfältiger Weise und in vielen Größenordnungen ähnlich hierarchisch verzweigte Verästelungen aus-
prägen, sind im statistischen Sinne selbstähnlich bzw. skaleninvari-
ant.

Fraktale als geometrische Muster

Phänomenologische Aspekte

Wachstumsfraktale lassen sich anhand einfacher Anschauungsobjek-
te und vielfältiger Experimente untersuchen. Viele Experimente eignen sich für eine erste qualitative Erforschung der Bedeutung der

Fraktale als reale Phänomene und im Experiment

Fraktalität und zum Auffinden relevanter physikalischer Größen sowie deren Wirkungszusammenhänge (vgl. Nordmeier 1999).

Physikalisch-theoretische Aspekte

Fraktale modelliert als physikalische Prozesse

Verschiedene Wachstumsstadien eines simulierten _Hele-Shaw_-Fraktals.

Modelliert man Wachstumsfraktale als dynamische Systeme, so kann die jeweilige Strukturbildung als Transportprozess in einem Gradientenfeld beschrieben werden. Die Dynamik an der Grenzfront genügt dann der Laplace-Gleichung (vgl. Tabelle 3.4). Es findet eine raumzeitliche Strukturbildung statt, die kennzeichnend ist für das Zusammenwirken von _Gesetz und Zufall_: Nach deterministischen Gesetzmäßigkeiten fortschreitende Grenzfronten werden nach statistischen Gesetzmäßigkeiten instabil. Zufällige Fluktuationen oder kleinste Störungen an der Grenzfront verstärken sich selbst, und der weitere Verlauf des Wachstums findet bevorzugt an diesen Stellen statt. Die numerische Simulation der Strukturbildung stützt sich dabei stark auf statistische Elemente (s.u.).

Die in Tabelle 3.4 skizzierten Zusammenhänge lassen sich weitergehend elementarisieren und die Strukturbildung anhand einfacher numerischer Simulationen visualisieren.

Im Vergleich sind die grundlegenden physikalischen Gesetzmäßigkeiten zur Modellierung fraktaler Wachstumsphänomene wie z.B. der _elektrolytischen Anlagerung_, des _viskosen Verästelns_ oder der _schnellen elektrischen Entladungen_ dargestellt.

Tabelle 3.4:
Modellierung von Strukturbildungsprozessen

Elektrolytische Anlagerung	Viskoses Verästeln	Elektrische Entladungen
Konzentration: c elektrisches Potential: U	Druck: p	elektrostatisches Potential: U
Anlagerungsrate: $v \sim -\mathrm{grad}\, c$ $v \sim E \sim -\mathrm{grad}\, U$	Strömungsgeschwindigkeit: $v \sim -\mathrm{grad}\, p$	Ausbreitungsgeschwindigkeit: $v \sim \lvert E \rvert^{n} \sim \lvert -\mathrm{grad}\, U \rvert^{n}$
Kontinuität, Inkompressibilität und Stationarität: $\mathrm{div}\, v = 0$		
Laplace-Gleichung:		
$\nabla^2 c = 0$ u. $\nabla^2 U = 0$	$\nabla^2 p = 0$	$\nabla^2 U = 0$

Morphologische Aspekte

Die Verknüpfung der mathematisch-geometrischen und der physikalischen Aspekte gelingt generisch: Fraktale Muster als gattungshafte Morphologien offenbaren funktionale Zusammenhänge zwischen der Gestalt bzw. der äußeren Form und dem physikalischen Entstehungsprozess. Die äußere Erscheinungsform eines Fraktals, insbesondere auch die zeitliche Aufrechterhaltung seiner Struktur, spiegelt die zugrundeliegenden selbstorganisierten Strukturbildungsmechanismen wider.

Fraktale als universelle Strukturen

Die nebenstehende Abbildung zeigt Wachstumsfraktale unterschiedlicher Herkunft mit nahezu gleich hohen fraktalen Dimensionen. Oben: Eisen-Mangan-Abscheidung auf einem Solnhofener Plattenkalk; Mitte: Hele-Shaw-Fraktal; unten: *Bacillus subtilis*-Kolonie.

So verschieden die jeweiligen (mikroskopischen) physikalischen Bedingungen bei der Entstehung fraktaler Muster auch sein mögen, die gewählte und makroskopisch sichtbare *Morphologie* deutet unabhängig vom betrachteten System auf *universelle* und *allgemeingültige Prinzipien* bei der *dissipativen* Strukturbildung hin. Darüber hinaus wird die Universalität morphologischer Aspekte im Rahmen einer interdisziplinären Betrachtung fraktaler Strukturen deutlich: Überall bilden sich unter prinzipiell ähnlichen Randbedingungen auch ähnliche Morphologien aus. So lässt sich die oftmals beobachtete *Selbstähnlichkeit* von Wachstumsfraktalen gleichsam als ein makroskopisch manifestierter Ausdruck der gewählten Morphologie verstehen.

Systemtheoretische Aspekte

Wachstumsfraktale als Inbegriff des Nichtlinearen können im Rahmen einer synergetischen Betrachtungsweise als selbstorganisierte (irreversible) Strukturbildungsprozesse in offenen, energiedurchflossenen dissipativen Systemen interpretiert werden. Im Fließgleichgewicht folgen sie dem *prigogineschen* Ökonomieprinzip, fernab des thermodynamischen Gleichgewichtes sind sie transient chaotisch. Bezüglich des Energie- bzw. des Materietransportes verhalten sich fraktale Wachstumsstrukturen in beiden Fällen „optimal": Die jeweils ausgeprägte Morphologie repräsentiert die vom System unter den gegebenen Randbedingungen realisierte optimale Struktur. Dies wird besonders deutlich im Bereich der belebten Natur: Die fraktal strukturierten Organe wie beispielsweise Lunge, Leber, Aderngeflecht oder auch pflanzliche Wurzel- oder Geästnetzwerke stellen Optimierungen dar, die sich im Laufe der evolutionären Entwicklung

Fraktale als nichtlineare komplexe Systeme

herausgebildet haben (Sernetz, 2000). Die Organe lassen sich im Sinne fraktaler Grenzflächen als stark „zerklüftete" Oberflächen deuten, diese Eigenschaft wirkt sich insbesondere auf die Bedingungen und Möglichkeiten des metabolischen Austausches mit der Umgebung aus (vgl. Schlichting et al., 1993b).

Diese unterschiedlichen Aspekte eröffnen differenzierte und vielschichtige Zugänge zu Wachstumsfraktalen als komplexe physikalische Phänomene, die über den Ansatz der *fraktalen Geometrie* hinausgehen. Als Teilgebiet der nichtlinearen Physik können Wachstumsfraktale so auch im Physikunterricht thematisiert und bereits mit einfachen schulischen Mitteln experimentell erforscht werden.

Christine Silberhorn

3.5 Quanteninformationsverarbeitung

Die Quantenphysik brach am Anfang des letzten Jahrhunderts mit dem deterministischen Weltbild der Physik. Die neuartige, erfolgreiche Quantentheorie zwang die Wissenschaftler zu einem grundlegenden Umdenken ihrer bisherigen Vorstellungen. Die Interpretation der Quantenphysik war daher seit ihren Anfängen umstritten; sie wurde oft als rein mathematisches Hilfskonstrukt, als vorläufige Theorie für noch unverstandene Phänomene angesehen. Einstein und Schrödinger, - Mitbegründer der Quantentheorie - , konnten sich nie mit der Vollständigkeit einer indeterministischen Beschreibung der Naturvorgänge abfinden. Mit der Entwicklung moderner Technologien ist man jedoch in den letzten zwei Jahrzehnten in der Lage, die Richtigkeit wichtiger quantenmechanischer Vorhersagen, die der klassischen Physik entgegen stehen, experimentell nachzuweisen.

In der Physik versucht man durch kreative Ideen und durch Beobachtung der Natur immer allgemeiner gültige Modelle zu entwickeln, die Vorgänge in der Natur und im Labor erklären, systematisieren und darüber hinaus neue Vorhersagen erlauben. In der technischen Anwendung entstehen daraus Werkzeuge, die wiederum die experimentellen Möglichkeiten erweitern. Nachdem sich die Quantentheorie in der modernen Physik inzwischen für die Erklärung verschiedenster Erscheinungen hervorragend bewährt hat, erforscht man nun im Rahmen der *Quanteninformationsverarbeitung* neue Technologien, die auf quantenmechanischen Effekten beruhen. Die Einsetzbarkeit und der praktische Nutzen im Alltag sind allerdings nach heutigen Wissensstand noch nicht abschätzbar.

Ideen aus der Quantenmechanik haben neuerdings in anderen Bereichen ebenfalls Interesse gefunden, sind aufgegriffen und in einen neuen Kontext gestellt worden, - vor allem in Informatik und Mathematik. So entstand eine interdisziplinäre Zusammenarbeit, in der fachübergreifende Zusammenhänge erkannt und innovative Konzepte entwickelt werden. Als Beispiel hierfür ist ein erweitertes Verständnis des Informationsbegriffs selbst zu nennen.

Neue Technologien durch Quanteninformationsverarbeitung

Die Quanteninformationsverarbeitung ist ein junges Forschungsgebiet, dessen Anfänge in die frühen achtziger Jahre zurückreichen. Seitdem ist es stark gewachsen und es existiert inzwischen eine Vielzahl von Gruppen, die sich sowohl theoretisch als auch experimentell

Quantenteleportation

Quantencomputer

mit diesem Forschungsgebiet auseinandersetzen Im Zentrum des Interesses steht die gezielte *Herstellung und Manipulation von Quantenzuständen*. In der Öffentlichkeit erregen Schlagworte wie „Quantenteleportation" oder „Quantencomputer" Aufmerksamkeit. Die diesen Schlagworten zugrunde liegenden Konzepte beruhen unmittelbar auf altbekannten Grundbegriffen der Quantenmechanik, die jedoch hier oftmals im neuen Licht erscheinen.

3.5.1 Einige Grundbegriffe der Quantenmechanik

Für die weitere Diskussion ist es wichtig, einige Grundbegriffe der Quantenmechanik ins Gedächtnis zu rufen.

Quantenzustände

Ein reiner Quantenzustand eines Teilchens, wie beispielsweise dessen Polarisation oder Spin, wird in der Quantenmechanik allgemein durch einen Zustandsvektor $|a_i>$ beschrieben. Sind $|a_1>$ und $|a_2>$ zwei mögliche Zustände für ein gegebenes Teilchen, so besagt das Superpositionsprinzip in der Quantenmechanik, dass auch die Linearkombination $|a_1> + |a_2>$ als weiterer Zustand des Teilchens erlaubt ist. Die Zustandsvektoren selbst werden dabei über die Messungen definiert, die man an einem vorgegebenen physikalischen System durchführt. Im Bereich der Optik ist das Superpositionsprinzip in vielen Interferenzexperimenten bestätigt. Fällt Licht auf einen Doppelspalt, so lässt sich nach Young (1773-1829) die Wellenausbreitung nach dem Spalt und damit der resultierende E-Feldvektor $\underline{E}$ als Superposition zweier Kugelwellen, die von den beiden Spalten ausgehen, mit Hilfe der Feldvektoren E_1, E_2 beschreiben: $E = E_1 + E_2$. Beobachtet man nun die Intensitätsverteilung auf einem Schirm $I = |E_1 + E_2|^2$ so erhält man ein charakteristisches Interferenzmuster, dessen Minima und Maxima durch das gemischte Glied von $|E_1 + E_2|^2$ bestimmt werden.

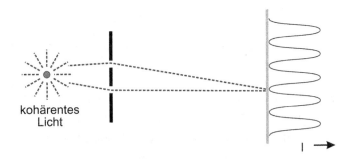

kohärentes Licht

Abb. 3.32: Youngsches Doppelspaltexperiment

Beim youngschen Experiment (Abb. 3.32) wird ein Doppelspalt mit kohärentem Licht beleuchtet. Das resultierende Feld $\underline{E}$ nach den Spalten lässt sich als Superposition der von den Spalten ausgehenden Kugelwellen mit Feldvektoren E_1, E_2 beschreiben als: $E = E_1 + E_2$. Nachweisen lässt sich nur die Intensität $I = |E_1 + E_2|^2$.

In der Quantenmechanik existieren für eine Messgröße (z.B. Polarisation, Spinzustand) der Observablen A, für alle auftretenden Messresultate α_i, zugehörige Zustandsvektoren $|a_i>$. Diese Vektoren stellen für alle weiteren Zustände eine Basis dar, d. h jeder beliebige Zustand des Teilchens $|u>$ kann durch eine Linearkombination der $|a_i>$ ausgedrückt werden $|u> = c_1|a_1> + c_2|a_2> + \ldots + c_n|a_n>$. Diese Darstellung ist eindeutig. Es folgt insbesondere, dass die einzelnen $|a_i>$ selbst nicht durch eine Kombination der anderen ersetzt werden können. Physikalisch bedeutet dies, dass bei einer Messung nicht gleichzeitig zwei verschiedene Ergebnisse angenommen werden können.

An einem speziellen Quantenzustand $|u> = c_1|a_1> + c_2|a_3> + \ldots + c_n|a_n>$ werde eine Messung durchgeführt. Es können alle α_i, deren Zustandsvektoren $|a_z>$ in der Linearkombination von $|u>$ vorhanden sind, als Ergebnisse der Messung auftreten. Die Wahrscheinlichkeit jedoch, dass bei einer solchen Messung von $|u>$ ein bestimmtes Ergebnis α_k eintritt ist durch das Koeffizientenquadrat c_k^2 gegeben. Wichtig ist, dass wiederum das Ergebnis der Messung eindeutig bleibt, d.h. eines und nur eines der vorher bekannten a_i kann man als Messresultat erhalten. Nach der Messung kennt man den neuen Zustand des Systems, der durch den Zustandsvektor $|a_k>$ wird. Nachfolgende Messungen der gleichen Messgröße werden dann immer dasselbe Resultat α_k liefern.

Messung von Quantenzuständen

Für ein klassisches System lassen sich im Prinzip die Werte aller Messgrößen gleichzeitig aufnehmen, so dass es dadurch vollständig beschrieben ist. Dieses gilt im allgemeinen nicht für Quantensysteme. Jede Messung an dem Quantensystem ändert in der Regel dessen Zustand. Insbesondere existieren inkompatible Observablen mit zugehörigen, konjugierten Variablen, wie beispielsweise Ort und Impuls oder die Spinzustände eines Photons. Diese konjugierte Variablen lassen sich nach dem heisenbergschen Unbestimmtheitsrelation niemals gleichzeitig scharf bestimmen. Die minimale Unbestimmtheit legt die Untergrenze fest, mit welcher Genauigkeit zwei konjugierte Variablen gleichzeitig höchstens vorliegen können. Die Information, die ein Quantenzustand trägt, kann deshalb niemals vollständig ausgelesen werden. Im Kontext der Quanteninformationsverarbeitung kennzeichnet sie die Quanteninformation des Systems.

Heisenbergsche Unbestimmtheitsrelation

Man betrachtet nun ein System, das aus zwei Teilsystemen zusammengesetzt ist, z.B. ein Zwei-Teilchensystem. Das Gesamtsystem wird dann mit Hilfe der Zustände der beiden einzelnen Teilchen $|a_i>$ bzw. $|b_j>$ beschrieben. Die auftretenden Zustände des Gesamtsystems befinden sich damit aber im höherdimensionalen Produktraum

$$|a_i> \otimes |b_j> = |a_i>|b_j>.$$

Analog zu einem Ein-Teilchensystem ist auch in diesem Fall das Superpositionsprinzip anwendbar. Zu zwei gegebenen Zuständen $|a_1>|b_1>$, $|a_2>|b_2>$ existiert demnach auch stets der Zustand

$$|a_1>|b_1> + |a_2>|b_2>.$$

3.5.2   Einstein-Podolsky-Rosen- (EPR-) Paradoxon

Das EPR-Paradoxon beleuchtet einen der merkwürdigsten Aspekte der Quantentheorie. Es zeigt, dass jede „lokalrealistische" Beschreibung einiger Naturphänomene im Widerspruch zu den Vorhersagen der Quantentheorie stehen. Lokale Realität entspricht dabei einem deterministischen Verständnis der Physik, bei dem zusätzlich räumlich begrenzte Konsequenzen von Messungen angenommen werden. Dazu werden Messungen an den Teilsystemen eines quantenmechanischen Zwei-Teilchensystems in einem „verschränkten" Zustand durchgeführt Ein reiner Zustand heißt verschränkt, wenn er kein Produktzustand ist, d.h. nicht von der einfachen Form $|v> = |a_1>|b_1>$ ist. Diese Zustände können dann nur als Superpositionszustand durch die Summe $|a_1>|b_1> + |a_2>|b_2>$ dargestellt werden.

Verschränkte Zustände

Über den räumlichen Abstand der beiden Teilchensysteme werden keine Annahmen gemacht. Daher ist es insbesondere erlaubt, die Teilsysteme soweit voneinander zu trennen, dass diese während der Messung nicht miteinander wechselwirken können. Setzt man die Relativitätstheorie als gültig voraus, so bedeutet dies, dass der Abstand der Teilsysteme so groß gewählt wird, dass Licht, das von einem Teilchen zum anderen geschickt wird, während der Messzeit nicht dort ankommt. Diese Teilchen haben dann einen „raumartigen" Abstand voneinander .

In der Quanteninformationsverarbeitung ist es üblich, die Teilsysteme A und B mit dem Namen Alice und Bob zu bezeichnen. Mit dieser Bezeichnung lässt sich einfacher argumentieren. In Abb. 3.33 teilen sich Alice und Bob einen verschränkten Zustand, der z. B. aus einem verschränkten Photonenpaar bestehen kann. Sowohl Alice als auch Bob können an ihrem Teilchen Messungen durchführen, wobei sie in ihrer Wahl der Observablen nicht eingeschränkt sind.

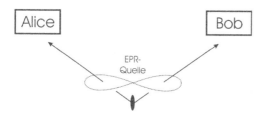

Abb. 3.33: Veranschaulichung das EPR-Paradoxons

Der Abstand zwischen Alice und Bob wird als raumartig angenommen. Die Resultate der Messungen bei Alice und Bob sollen sich als einfachst möglicher Fall auf „0" oder „1" beschränken, allerdings messen Alice und Bob zwei inkompatible Observablen, deren konjugierte Variablen x und y niemals gleichzeitig scharf bestimmt sind. Der verschränkte Zustand des Gesamtsystems kann durch die Zustandsvektoren beider inkompatibler Observablen dargestellt werden, wobei die Struktur des verschränkten Zustands identisch ist:

Teilsysteme: „Alice" und „Bob"

$$|v> = (1/2)^{1/2} \, (|0_x>_{\text{Alice}} \, |1_x>_{\text{Bob}} + |1_x>_{\text{Alice}} \, |0_x>_{\text{Bob}})$$
$$= (1/2)^{1/2} \, (|0_y>_{\text{Alice}} \, |1_y>_{\text{Bob}} + |1_y>_{\text{Alice}} \, |0_y>_{\text{Bob}}) \, .$$

Der Zustand des Teilchens bei Alice ist durch die beiden Komponenten mit Index Alice gegeben, analog gehören die Komponenten mit Index Bob zu dem Zustand des Teilchens bei Bob. Aufgrund der Struktur des verschränkten Zustands des Gesamtsystems treten bei Messungen an den raumartig entfernten Teilchen strenge Korrelationen auf, falls Alice und Bob dieselbe Observable detektieren. Diese Korrelationen für zwei konjugierte Variablen x und y charakterisieren im Experiment die verschränkten Zustände:

Alice beginnt mit einer Messung der Variablen x an ihrem Teil des verschränkten Zustands. Sie erhält als Ergebnis die „0". Dieses Ergebnis ist eindeutig, das heißt, sie weiß nach der Messung mit Sicherheit, dass ihr Teilchen den Zustand $|0_x>_{\text{Alice}}$ angenommen hat. Betrachtet man das Gesamtsystem der beiden Teilchen, so kann Alice nach der Messung, den Zustand

$$|1_x>_{\text{Alice}} \, |0_x>_{\text{Bob}}$$

zur Beschreibung der beiden Teilchen ausschließen, denn dies würde ja bedeuten, dass sie für ihr Teilchen „1" detektiert. Es bleibt nur der Zustand

$$|0_x>_{\text{Alice}} \, |1_x>_{\text{Bob}}$$

Nach Alice Messung ist Bobs Messung strikt korreliert

übrig, wodurch Alice nun in der Lage ist, Aussagen über Bobs Zustand zu treffen. Entscheidet sich Bob ebenfalls für eine Messung der x Variablen, so wird mit Sicherheit eine „1" als Messergebnis erhalten. Bobs Messung ist dann strikt korreliert mit der von Alice.

Die Messung der Variablen x und das Ergebnis „0" auf Alice Seite ist in keiner Weise ausgezeichnet. Als Resultat erhält Alice für ihr Teilchen mit gleicher Wahrscheinlichkeit auch eine „1", wobei dann jeder analogen Argumentation der Zustand für Bobs Teilchen auf „0" festgelegt wird.

Als Besonderheit der verschränkten Zustände erkennt man, dass die Struktur der Beschreibung des verschränkten Zustands für die konjugierten Variablen x und y die gleiche ist, d.h. auch für Messungen der Variablen y werden die Ergebnisse von Alice und Bob strikte Korrelationen aufweisen.

Der Abstand zwischen Alice und Bob wurde raumartig angenommen. Damit ist es nicht möglich, dass Informationen über die Messung bei Alice zu Bob übertragen wird. Dennoch ist in der obigen Beschreibung der Zustand von Bob für Alice nicht unabhängig von ihrer Messung. Nach Alices Messung ist je nach Wahl der Messgröße Bobs Zustand in einer der beiden konjugierten Variablen x oder y scharf bestimmt. Da die konjugierten Variablen nach der heisenbergschen Unbestimmtheitsrelation jedoch niemals gleichzeitig scharf vorliegen können, scheint Alice Entscheidung für eine der beiden Messgröße x oder y tatsächlich Einfluss auf Bobs Teilsystem zu nehmen. Die „Realität" für Bob wird von Alices Handlungen abhängig, wobei keine Informationen von Alice zu dem Zeitpunkt der Messung zu Bob gelangen kann.

Verborgene Parameter

Die Auswirkung von Alices Messungen auf Bobs Teilsystem ohne Informationsübertrag erscheint widersprüchlich. Einstein, Podolsky und Rosen (1935) schließen daher auf die Unvollständigkeit der Quantenmechanik. Er schlägt zur Lösung die Einführung von „verborgenen Parametern" vor. Demnach existieren nach seiner Meinung für jedes Quantensystem Parameter, die zwar nicht – noch nicht – bekannt sind, jedoch den Ausgang der Messungen bestimmen.

Bellsche Ungleichung

Die Idee der verborgenen Parameter fand lange Zeit Anhänger unter den Quantenphysikern. Dies änderte sich, als 1964 Bell Ungleichungen aufstellte (s. Bouwmeester et al.,1 1997), mit welchen ein experimentell überprüfbares Kriterium zur Gültigkeit der Annahme der verborgenen Parameter gefunden war. Im Fall der Bellschen Ungleichungen werden Messungen an Teilsystemen verschränkter Zustände ausgewertet, die an nicht-orthogonalen Basissystemen – wie beispielsweise für die Polarisationsrichtungen: „horizontal", „vertikal" oder „+45°" bzw. „-45°" durchgeführt werden. Dadurch ist es möglich die Annahme verborgener Parameter gegen die bestehende Quantenmechanik experimentell zu testen. In solchen Experimenten wurde inzwischen die Annahme verborgenen Parameter weitgehend widerlegt (Aspect, 1997).

3.5.3 Kein Klonen von Quantenzuständen

Ein wichtiges Prinzip der Quantenmechanik ist die *„Unklonbarkeit"* *von Quantenzuständen* (Wooters & Zurek, 1982). Dieses Prinzip steht in enger Verbindung mit anderen Grundprinzipien der Quantenmechanik und definiert einen wesentlichen Unterschied zwischen Quanteninformation und klassischer Information.

Nach dem Heisenbergschen Unbestimmtheitsprinzip kann ein Quantenzustand durch Messungen niemals vollständig charakterisiert werden. Die *Quanteninformation*, die durch Zustände getragen wird, ist damit im Gegensatz zu klassischen Informationen *niemals vollständig auslesbar*.

Quanteninformation ist niemals vollständig auslesbar

Durch einen einfachen indirekten Schluss kann damit die Unklonbarkeit von Quantenzuständen aus den genannten Grundsätzen der Quantenmechanik abgeleitet werden. Dazu wird zunächst die perfekte Klonbarkeit eines Quantenzustands angenommen.

Gegeben sei ein einzelner Quantenzustand, dessen Quanteninformation vollständig bestimmt werden soll. Dazu fertigt man zunächst einen perfekten Klon des Zustands an und entkoppelt diesen vom ursprünglichen. Nun würden zwei identisch präparierte Zustände existieren, die dem Anfangszustand entsprächen. An diesen beiden Zuständen könnte man nun jeweils eine von zwei konjugierten Variablen mit beliebiger Genauigkeit vermessen. Dadurch würde es nun möglich, den ursprünglichen Zustand mit einer Genauigkeit zu charakterisieren, die die Heisenbergsche Unbestimmtheit übertrifft. Dies jedoch ist *quantenmechanisch nicht erlaubt*. Daher kann im Umkehrschluss ein perfektes Klonen von Zuständen nicht möglich sein.

3.5.4 Quantenteleportation

In der klassischen Physik können prinzipiell alle Kenngrößen eines einzelnen Systems bestimmt werden. Hat man daher einmal alle relevanten Daten erfasst, so kann das ursprüngliche System zu einem späteren Zeitpunkt an einem beliebigen Ort wieder rekonstruiert werden.

Im Gegensatz dazu verbietet die Quantenmechanik das vollständige Auslesen der Quanteninformation eines Zustandes (siehe 3.5.4), so dass kein „Konstruktionsbauplan" erstellt werden kann. Es ist daher erstaunlich, dass ein Quantenzustand dennoch an einem Ort A (Alice) zerstört und anschließend an einem anderen Ort B (Bob) wieder hergestellt werden kann. Da bei diesem Vorgang zwischen Alice und Bob keine direkte Übertragung von Materie oder Licht stattfindet, benannte man diese Zustandsrekonstruktion als Quantenteleportation. Sie wurde von Bennet *et al.* (1993) vorgeschlagen und konnte 1997 auch erstmals experimentell nachgewiesen werden (Bouwmeester et al., 1997).

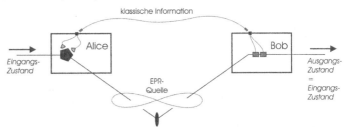

Abb. 3.34: Schema zur Quantenteleportation.

Nach dem heisenbergschen Unbestimmtheitsrelation kann die Quanteninformation eines Zustands niemals vollständig bestimmt werden. Mit Hilfe verschränkter Zustände ist es dennoch möglich, durch geschickte Messungen und klassischer Informationsübertragung einen Quantenzustand bei Alice zu zerstören und ihn exakt gleich bei Bob wieder zu rekonstruieren.

In Abbildung 3.34 ist der schematische Aufbau dargestellt, mit dem die Quantenteleportation realisiert werden soll. Alice und Bob teilen sich ein Paar verschränkter Zustände. Messungen an diesen verschränkten Zuständen erzeugen nicht-klassische Korrelationen zwischen Alice und Bob (s. 3.5.3).

Ein unbekannter Eingangszustand bei Alice soll nun allein durch die Übermittlung von Daten von Alice zu Bob „teleportiert" werden. Dazu mischt Alice den Eingangszustand mit ihrem Teil des verschränkten Paares und führt dann Messungen an dem erzeugten Mischzustand durch. Die Unschärfe, die die Vermessung eines Zustands begrenzt, wird dadurch mit der Unschärfe von Bobs verschränktem Zustand verknüpft. Über einen klassischen Kanal, beispielsweise ein Telefon, übermittelt Alice die Messergebnisse an Bob.

Aus den erhaltenen Messergebnissen ist Alice selbst nicht in der Lage den ursprünglichen Quantenzustand zu rekonstruieren. Bob jedoch besitzt zusätzlich zu den klassischen Messresultaten von Alice seinen Teil des verschränkten Zustands. Auf diesen kann er die klassische Information über den Mischzustand übertragen. Der Zustand, auf den Bob dann die Messergebnisse aufprägt, ist aufgrund der Verschränkung bereits mit der Unschärfe von Alices Messungen korreliert. Dadurch wird der Eingangszustand von Alice bei Bob als Ausgangszustand wieder hergestellt.

Rekonstruktion des Ausgangszustandes

Das Protokoll der Quantenteleportation erfordert es, klassische Information von Alice nach Bob zu übermitteln. Damit ist unmittelbar klar, dass die *Übertragung von Information mit Überlichtgeschwindigkeit* mittels Quantenteleportation *unmöglich* ist. Die Relativitätstheorie bleibt somit unverletzt. Ebenso muss der Eingangszustand bei Alice stets zuerst vernichtet werden, bevor der teleportierte Zustand bei Bob erscheint. Es entstehen daher auch keine Widersprüche mit dem Prinzip der Unklonbarkeit.

Übertragung von Information mit Überlichtgeschwindigkeit unmöglich

3.5.5 Ideen zur Realisierung von Quantencomputern

Um 1980 stellte Richard Feynman fest, dass für gewisse quantenmechanische Phänomene die Simulation auf binären Rechnern unzulänglich ist (Feynman, 1982). Diese Beobachtung führte dazu, dass in der Folgezeit nach neuen, nichtklassischen Algorithmen gesucht wurde, die unter Ausnutzung quantenmechanischer Gesetze bislang unlösbare Aufgaben erledigen können. Auf dieser Suche gelang dem Informatiker Peter Shor ein wichtiger Durchbruch. Er stellte einen Quantenalgorithmus vor, mit dem es möglich ist, sehr große ganze Zahlen in bewältigbarer Rechenzeit zu faktorisieren (Shor, 1994). Die Lösung dieses Problems erregte große Aufmerksamkeit, da die bis heute verwendete Technik zur Datenverschlüsselung (z. B. im Internetverkehr) gerade auf dem Prinzip der Unmöglichkeit der Faktorisierung großer ganzer Zahlen beruht.

Diese Entdeckung Shors wirkte als der Startschuss für das Forschungsprogramm „Quantencomputer". Während seitens der Informatik und Mathematik Quantenalgorithmen untersucht werden, testen Physiker verschiedenste physikalische Systeme auf ihre Brauchbarkeit zur Realisierung des Quantencomputers. Dabei ist es bis heute noch nicht klar, ob letztendlich ein Quantencomputer tatsächlich verwirklicht werden kann und wie dieser aussehen könnte:

Quantenbits

Für einen Quantenrechner basierend auf Ionenzuständen werden die benötigten Quantenbits, kurz QuBits, durch die internen Anregungszustände einzelner Ionen repräsentiert. Dazu ist es notwendig, eine kontrollierte Anzahl gleichartiger Ionen in einer Falle, die aus einer geschickten Anordnung elektrischer und magnetischer Felder besteht, einzufangen. Aufgrund der Coulombabstoßung bleibt innerhalb der Falle jedes einzelne Ion durch Laserstrahlen separat adressierbar. Ein Rechenschritt des Quantencomputers wird mathematisch durch eine unitäre Transformation der QuBits beschrieben. Diese unitären Transformation wird durch die kollektive, gequantelte Bewegung aller Ionen verwirklicht. Diese Bewegung wird durch das Potential der Falle kontrolliert

In einem konzeptionell ähnlichen System wird das gequantelte Lichtfeld eines Resonators hoher Güte im Zusammenspiel mit neutralen Atomen genutzt. Hierbei können, wie bei den Ionenfallen, entweder die internen Zustände der Atome als QuBits dienen oder man verwendet hierfür die Quantenzustände des Lichts, d. h. die einzelnen Photonen im Resonator dienen als QuBits. Im ersten Fall werden die Wechselwirkungen, die zur Implementierung der logischen, für die Rechnung notwendigen Operationen benötigt werden, über das Lichtfeld vermittelt, im zweiten Falle ermöglichen die Atome die Koppelung zweier Photonen.

Dies sind nur zwei Beispiele wie derzeit versucht wird, experimentell einen Quantenrechner umzusetzen. Es existieren jedoch zum Bau eines Quantencomputers noch eine Vielzahl anderer Ideen, wie z.B. die Anwendung der Kernspinresonanz (NMR). Alle Systeme müssen dabei mindestens folgende Voraussetzungen erfüllen:

Voraussetzungen für Quantencomputer

- QuBits müssen jeweils getrennt ein- und ausgelesen werden können.

- Unitäre Operationen auf beliebigen QuBits zur Erzeugung beliebiger Kombinationszustände der QuBits und zur Realisierung von Quantengattern für logische Operationen müssen durchführbar sein.

- Das Quantensystem muss von der Umgebung für eine hinreichend lange Zeit isolierbar sein (Wechselwirkung mit der Umgebung führen zu Dekohärenz, d.h. es geht Quanteninformation an die Umgebung verloren)

- Das Quantensystem muss skalierbar sein, d.h. es muss prinzipiell möglich sein, eine sehr große Anzahl von QuBits in das System einzubinden.

Bislang ist es nur mit der NMR – Technik gelungen, die Spinzustände von Molekülen als QuBits zu nutzen und unitäre Transformationen der Quantenzustände tatsächlich zu implementieren. Allerdings fehlen in diesem System die Quantenzustände, auf denen vermutlich die Überlegenheit des Quantenrechners im Vergleich zu klassischen Rechenwerken beruht.

Ein zweiter Zweig der Quanteninformationsverarbeitung beschäftigt sich mit den Möglichkeiten, mittels Quantenzuständen Nachrichten zu übermitteln. Die *Quantenkommunikation* untersucht daher Systeme, die die Übertragung von Quanteninformation über Quantenkanäle zwischen zwei oder mehreren Parteien nutzen. Es können damit Kommunikationsprotokolle verwirklicht werden, die kein klassisches Analogon besitzen. Der Quantencharakter der Information zeigt sich dabei einerseits durch die Superponierbarkeit von möglichen Messergebnissen, die klassisch einander ausschließen würden, andererseits durch nicht-klassische Korrelationen zwischen entfernten Teilsystemen. Die Quantenkryptographie ist in der Quanteninformationsverarbeitung die am weitesten entwickelte Technologie. Erste Testsysteme werden hier bereits erfolgreich betrieben und demonstrieren die prinzipielle Möglichkeit, Information durch Quantenkanäle abhörsicher zu übertragen (siehe Bennet et al., 1993).

**Quanten-
kommunikation**

Ein wesentlicher Baustein aller Systeme der Quanteninformationsverarbeitung sind *verschränkte Zustände*. Diese Zustände tauchen bereits in den ersten Diskussionen zur Interpretation der Quantentheorie auf und ziehen sich wie ein roter Faden durch die Quanteninformationsverarbeitung. Im Artikel von Einstein, Podolsky, Rosen (1935) werden die verschränkten Zustände in einem Gedankenexperiment herangezogen, das die Unvollständigkeit der Quantentheorie belegen sollte.

**Verschränkte
Zustände**

3.5.6 Literaturhinweise

Die hier dargestellten Zusammenhänge sind auf den ersten Blick nicht einfach zu verstehen. Es bedarf einer intensiven Auseinandersetzung mit der Thematik. Zur Vertiefung eignet sich als umfassende Einführung in das Thema Quanteninformationsverarbeitung das Buch: Nielsen, M. A. & Chuang, I. L. (2000). *Quantum Computation and Quantum Information*. Cambridge University Press.

Im Internet sind unter der Adresse

http://www.theory.caltech.edu/~preskill/ph229/#lecture

Vorlesungsskripte von Preskill zu diesem Thema verfügbar.

Das Buch: Braunstein, S. (ed) (1992). *Quantum Computing, Where do we want to go tomorrow?*. Weinheim: WILEY-VCH ,gibt speziell in die Theorie des in Kapitel 1 vorgestellten Quantenrechners einen tieferen Einblick.

Die Quantenkommunikation ist der in der Quanteninformationsver-arbeitung experimentell am weitesten fortgeschrittene Bereich. Aus diesem Grund existiert dazu auch bereits einführende Literatur mit experimentellem Hintergrund. Einen schönen Überblick für Systeme einzelner Photonen gibt das Buch: Bouwmeester, D. et al., (2000) *The Physics of Quantum Information.* Berlin: Springer.

Die neuere Forschung auf diesem Gebiet beschäftigt sich auch mit quantenmechanischen Viel-Photonen-Zuständen, die mit kontinuier-lichen Variablen beschrieben werden. Das Buch von Braunstein, S.L. & Pati, A. K. (eds.), (2002).Quantum Information Theory with Con-tinuous Variables. Dordrecht: Kluwer Academic Publishers, führt in dieses Thema ein und beschreibt auch bereits durchgeführte Experi-mente.

Konrad Schneider & Reinhard Helbig

3.6 Jenseits von Silizium – die neuen Halbleitermaterialien

Mit der Verleihung des Nobelpreises im Jahr 2000 an Kroemer, Alferov und Kilby für die Entwicklung von Halbleiterheterostrukturen für Hochgeschwindigkeits- und Optoelektronik bzw. die Entwicklung der integrierten Schaltkreise hat das Nobelkomitee wieder einmal Entwicklungen auf dem Gebiet der Halbleiterphysik – wie für die Entwicklung des Transistors (Brattain, Bardeen und Shockley, 1956) und der Tunneldiode (an Esaki, Giaever und Josephson, 1972) – gewürdigt. Die integrierten Schaltkreise sind die Grundlage für unsere Rechner und die Halbleiterheterostrukturen die Grundlage für die Optoelektronik, die u.a. das schnelle Datenmanagement in unseren Informationssystemen ermöglicht.

In beiden Fällen war die technologische Beherrschung der verwendeten Halbleitermaterialien Voraussetzung. Eine dominierende Stellung nimmt dabei das Halbleitermaterial Silizium ein. Eine mögliche Anwendung wird in Abbildung 3.35 demonstriert. Sie zeigt die Struktur von Leiterbahnen auf einem 256 kB Speichermodul. Diese Speichergeneration wurde bereits 1983 entwickelt. Wir haben diese Struktur deswegen ausgewählt, weil ihre Dimension noch den Vergleich zu „natürlichen", im Alltag als sehr klein empfundenen Objekten ermöglicht. Die aktuellen Speicherstrukturen sind mit 0,18µm um einen Faktor 10(!) kleiner. Der Übergang zu Strukturen mit Abmessungen von 0,13µm ist bereits realisiert, 0,10µm sind geplant.

Trotz der beherrschenden Stellung des Siliziums, oft zusammengefasst in dem etwas übertriebenen Spruch „es gibt kein anderes Halbleitermaterial als Silizium", wurden und werden andere Halbleitermaterialien intensiv untersucht und teilweise kommerziell genutzt. Man denke hier u.a. an Galliumarsenid (GaAs), welches sowohl in der Optoelektronik als Basismaterial roter Leuchtdioden als auch in der Mikroelektronik z.B. in Form von Transistoren für Anwendungen bei hohen Frequenzen verwendet wird. Ein wichtiger Teil dieser Entwicklung soll im Folgenden am Beispiel der Halbleitermaterialien mit großem Energiebandabstand dargestellt werden.

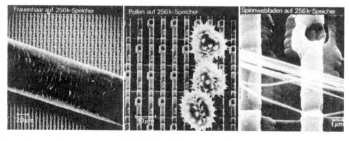

Abb. 3.35: Leiterbahnstrukturen eines 256 kB Speicherbausteins.
von links nach rechts: 256 k-Speicher und menschliches Haar; 256 k-Speicher und Blütenpollen; 256 k-Speicher und Spinnweben. (Fotos: Siemens AG)

3.6.1   Elektronen im periodischen Potential eines Halbleiterkristalls

Bevor die Anwendungsmöglichkeiten dieser Halbleiter gezeigt werden, wird für das Verständnis zunächst auf die physikalischen Grundlagen eingegangen. Diese werden hier in einer vereinfachten Form dargestellt. Für eine detailliertere Ausführung wird auf die Fachliteratur (z.B. Kittel, 1999) verwiesen.

Da es für die meisten Anwendungen von Halbleitern erforderlich ist, dass das Halbleitermaterial als Kristall vorliegt, sich die Bausteine also auf festgelegten, periodischen Plätzen eines Kristallgitters befinden. In den folgenden Beispielen wird daher ausschließlich dieser Fall betrachtet.

Vom freien Elektron zur Energiebandlücke

Verhalten der Elektronen im Kristall

Potentialkasten

Das Verhalten von Elektronen in einem Kristall wird in einem sehr einfachen aber auch sehr erfolgreichen Modell wie folgt beschrieben: die Elektronen verhalten sich wie freie Teilchen, sie dürfen allerdings den Kristall nicht verlassen. Dafür sorgen hohe Potentialwände. Die in dem Potentialkasten eingesperrten Elektronen haben nur kinetische Energie E_0.

Nach den Gesetzen der Quantenmechanik kann das Elektron nicht nur als Teilchen, sondern auch als Welle beschrieben werden. Der Impuls p des Elektrons und die Wellenlänge λ der zugehörigen Welle (de Broglie-Wellenlänge) sind über die Relation

$$p = h / \lambda \qquad (h: \text{Plancksche Konstante})$$

verknüpft. Mathematisch werden die freien Elektronen als ebene Welle mit einer Wellenfunktion $\Psi_k(\vec{r}) = \Psi_0 e^{i(\vec{k}\cdot\vec{r})}$ beschrieben. $\left|\Psi_k(r)\right|^2$ ist die zugehörige Ladungsdichte der Elektronenwelle, $\vec{k}$ der Wellenvektor mit dem Betrag $k = 2\pi/\lambda$. Daraus ergibt sich als Zusammenhang zwischen Wellenzahl k und Impuls p

$$p = \hbar k \qquad (\text{mit } \hbar = h / 2\pi)$$

und somit für die Energie

$$E = \frac{p^2}{2m} = \frac{\hbar^2}{2m} k^2 \qquad (m: \text{Masse des Elektrons}).$$

Diese Beziehung ist in Abb.3.36a dargestellt. Nach dem Pauli-Prinzip darf jedes Energieniveau nur von einem Elektron besetzt werden. Die beiden möglichen Spinstellungen des Elektrons ergeben zwei verschiedene Energieniveaus. Die Energieniveaus werden daher entsprechend der Anzahl der Elektronen beginnend beim energetisch niedrigsten besetzt. Die Energie des höchsten, bei der Temperatur T=0 K besetzten Zustandes, nennt man Fermienergie E_F.

Dieses Modell beschreibt näherungsweise die elektrische Leitfähigkeit und die Wärmeleitung von Metallen (Wiedemann-Franz-Gesetz). Um das Verhalten von Elektronen in Halbleitern und Isolatoren zu beschreiben, muss das Modell der freien Elektronen allerdings abgeändert werden: man muss die potentielle Energie berücksichtigen, die die Elektronen im Coulomb-Potential der atomaren Bausteine des Kristalls erhalten (s. Abb. 3.36b unten).

Modell der freien Elektronen beschreibt näherungsweise Leitfähigkeit und Wärmeleitung der Metalle

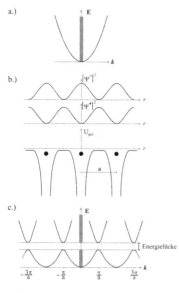

Abb. 3.36: Elektronen im periodischen Potential:

a)   Darstellung des Zusammenhangs von Energie E und Impuls $p = \hbar k$ für freie Elektronen

b)   Ladungsdichte einer Elektronenwelle mit der Wellenlänge λ=a (a: Gitterkonstante) relativ zu den Gitterbausteinen

c)   Zusammenhang von Energie E und Impuls $p = \hbar k$ für Elektronen im periodischen Potential

Für eine Elektronenwelle (z.B. mit der Wellenlänge $a=\lambda=2\pi/k$; a: Gitterkonstante) – und damit für die Ladungsdichte – ergeben sich zwei Möglichkeiten über den Potentialtöpfen der Gitterbausteine angeordnet zu werden: die Ladungsdichte der Elektronenwelle kann mit dem Maximum genau über den Potentialtöpfen der Gitterbausteine liegen ($\left|\Psi^-\right|^2$ in Abb. 3.36b) oder um eine halbe Periode verschoben (aber bei gleicher Wellenlänge) mit dem Minimum ($\left|\Psi^+\right|^2$ in Abb. 3.36b). Die beiden Anordnungen entsprechen zwei Zuständen der Elektronen im Kristall. Dies führt dazu, dass für *eine* Wellenlänge zwei verschiedene Energien für das Elektron vorhanden sind. Es ergibt sich eine Energielücke in der Energieparabel für freie Elektronen: im periodischen Kristall sind also nicht alle Energien für Elektronen erlaubt. Diese Verhältnisse sind in Abb. 3.36c graphisch dargestellt. Auf der Existenz und der Größe dieser Energielücke be-

Für die Ladungsdichte der Elektronenwelle über dem Potential des Gitters gibt es zwei Möglichkeiten

Energielücke bestimmt die Eigenschaften des Halbleiters

ruhen fast alle elektronischen Eigenschaften der Halbleiter und Isolatoren. Erlaubte Bereiche werden als Energiebänder bezeichnet. Das auf der Energieskala höchste, bei T=0 K vollständig mit Elektronen besetzte Band, heißt Valenzband, das darüberliegende unbesetzte Band heißt Leitungsband.

Die in Abb.3.36c dargestellte, einfache Energie-Impuls-Beziehung der Kristallelektronen kann im Dreidimensionalen und mit realen Potentialen der Gitterbausteine sehr viel komplizierter werden.

Für die Wechselwirkung des Halbleiterkristalls mit Licht im sichtbaren und nahen UV-Bereich muss man zwischen zwei grundsätzlich verschiedenen Situationen unterscheiden: liegt im Impulsraum (k-Raum) das Maximum des Valenzbandes an derselben Stelle wie das Minimum des Leitungsbandes, so spricht man von einem direkten Halbleiter (Abb. 3.37a). Liegt das Leitungsbandminimum allerdings bei einem anderen Impuls, so spricht man von einem indirekten Halbleiter (Abb. 3.37b).

Beim direkten Halbleiter erfolgen Elektronenübergänge direkt unter Abgabe von Photonen

Bei einem direkten Halbleiter können die Übergänge von Elektronen vom Maximum des Valenzbandes zum Minimum des Leitungsbandes direkt mit Hilfe von genügend energiereichem Licht erfolgen, da der Impuls sichtbaren bzw. UV-Lichtes verglichen mit dem Impuls der Elektronen sehr klein ist und damit senkrechte Übergänge, wie in Abb. 3.37a, angedeutet möglich sind. Dies führt zu großen Wahrscheinlichkeiten für diese Übergänge. Solche Halbleitermaterialien (z.B. GaAs, ZnSe, GaN) eignen sich vor allem für optische Anwendungen (Lumineszenzdioden, Halbleiterlaser).

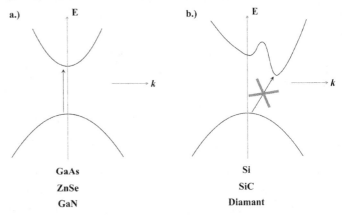

Abb. 3.37: Energie-Impuls-Beziehung für Kristallelektronen in einem Halbleiter
a.) direkter Halbleiter (GaAs, ZnSe, GaN,..)
b.) indirekter Halbleiter (Si, SiC, ...)

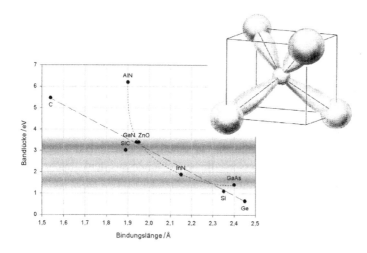

Abb. 3.38: Energiebandlücke verschiedener tetraedrisch koordinierter Halbleitermaterialien in Abhängigkeit von der Bindungslänge. Hervorgehoben ist der Energiebereich sichtbaren Lichtes

Im Fall des indirekten Halbleiters (Abb.3.37b) können Übergänge von Elektronen zwischen dem Maximum des Valenzbandes und dem Minimum des Leitungsbandes nicht direkt, sondern nur mit Hilfe einer Gitterschwingung, die die Impulsbilanz in Ordnung bringen muss, stattfinden. Die Wahrscheinlichkeit für diese Übergänge ist daher relativ klein. Andererseits können Elektronen, wenn sie einmal ins Leitungsband gelangt sind, sich dort viel länger aufhalten. Solche Halbleiter sind daher für Aufgaben, bei denen es um Ladungstransport geht (z.B. bipolare Bauelemente wie p-n-Dioden, Thyristoren), besonders geeignet.

Beim indirekten Halbleiter ist zusätzlich die Wechselwirkung mit dem Gitter notwendig

Überblick über die Energiebandlücken von Halbleitermaterialien

Fast alle kommerziell genutzten Halbleitermaterialen besitzen eine Kristallstruktur, bei der die nächsten Nachbarn eines Atoms tetraedrisch angeordnet sind. Allerdings ist die Dichte der Valenzelektronen für chemisch unterschiedliche Atome verschieden, was im Insert von Abb. 3.38 angedeutet ist. Ebenso ist der Abstand zwischen Nachbarn im Tetraeder (Bindungslänge) verschieden groß. Beide Merkmale (Bindungslänge und Asymmetrie der Ladungsdichte) haben bestimmenden Einfluss auf die Größe der Energiebandlücke. Die Abhängigkeit der Energiebandlücke von der Bindungslänge ist für verschiedene Halbleitermaterialien in Abb. 3.38 gezeigt, der Energiebereich des sichtbaren Lichts ist hervorgehoben. Hingewiesen sei auf Galliumnitrid (GaN), dessen Energiebandlücke im blauen Spektralbereich liegt und damit die Realisierung blauer Lumineszenzdioden (LED) und entsprechender Laser gestattet.

3.6.2 Elektronenprozesse in Halbleitern und ihre Anwendung

Halbleiterbauelemente bestehen aus unterschiedlich dotierten Bereichen

Im Folgenden wollen wir uns auf die Diskussion von bipolaren Halbleiterstrukturen beschränken. In einem bipolaren Halbleiterbauelement gibt es zwei unterschiedliche Regionen aus dem gleichen Halbleitermaterial, die unmittelbar aneinander stoßen aber verschieden dotiert sind. In dem einen Bereich sind Fremdatome eingebaut, die „leicht" (d.h. bei Raumtemperatur) Elektronen abgeben. Diese Elektronen können sich dann im Leitungsband bewegen und somit zum Ladungstransport beitragen (n-Typ-Bereich). In dem anderen Bereich sind andere Fremdatome eingebaut, die „leicht" (d.h. bei Raumtemperatur) Elektronen aufnehmen können, so dass im Valenzband von Elektronen unbesetzte Zustände (sog. Löcher) erzeugt werden (p-Typ-Bereich). In der näheren Umgebung der Grenzfläche zwischen dem n- und dem p- Bereich können Elektronen und Löcher rekombinieren (d.h. ein Elektron setzt sich auf einen unbesetzten Platz), so dass eine ladungsträgerarme Schicht entsteht, die Raumladungszone. Durch Anlegen einer äußeren Spannung an einen solchen p-n-Übergang kann diese Raumladungszone je nach Polung vergrößert bzw. verkleinert werden, was zu einer Erhöhung bzw. einer Erniedrigung des elektrischen Widerstandes und damit einem erniedrigten bzw. erhöhten Strom führt. Man spricht dabei von der Sperr- bzw. der Durchgangsrichtung des p-n-Übergangs. In Durchlassrichtung (Minuspol am n-Bereich, Pluspol am p-Bereich) werden also Elektronen im Leitungsband und unbesetzte Zustände (Löcher) im Valenzband aufeinander zugetrieben und können miteinander rekombinieren, z.B. unter der Aussendung von Licht.

Lichtemittierende Dioden (LED=Light-Emitting-Diodes)

Blaue Leuchtdioden

Möchte man z.B. eine Diode herstellen, die blaues Licht emittiert, so muss es einem gelingen, ein Halbleitermaterial mit entsprechend großem Bandabstand so zu präparieren, dass ein n-leitender und ein p-leitender Bereich aneinander stoßen. Dieses ist in den letzten Jahren mit dem Halbleitermaterial Galliumnitrid (GaN) gelungen, wobei der Weg dorthin nicht gerade einfach war. Da sich bisher keine größeren (cm-Bereich) GaN-Kristalle züchten lassen, wird GaN epitaktisch aus der Gasphase auf einkristallinen Substraten anderer Materials (Saphir oder Siliziumkarbid) abgeschieden. Die Dotierung wird dabei während des Abscheidens in gewünschter Weise eingestellt.

Aber natürlich möchte man nicht nur blaues Licht emittierende Dioden haben, sondern auch Dioden, die Licht anderer Farben oder sogar „weißes" Licht emittieren. Bisher führen zwei Wege zu diesem Ziel: man benutzt als Halbleitermaterial eine Legierung aus In_XGa_XN bei der der Bandabstand je nach Indium (In)-Gehalt variiert und so Dioden hergestellt werden können, die entsprechend dem Bandabstand Licht anderer Farbe emittieren. Weißes Licht erhält man dann durch Parallelschaltung solcher Dioden, die in der gleichen Plastikkapsel angeordnet sind. Der andere Weg benutzt eine Diode, die blaues (oder ultraviolettes) Licht emittiert und umgibt sie mit einem Plastikmaterial, in dem ein in entsprechender Wellenlänge lumineszierendes Material (z.B. Atome von seltenen Erden in Granatkörnchen) enthalten ist. Das Lumineszenzmaterial wird durch das Diodenlicht angeregt, so dass die Gesamtanordnung in der gewünschten Farbe leuchtet. Weißes Licht erhält man dann durch geeignete Mischung dreier lumineszierender Materialien in der Plastikmasse des Gehäuses. Abb. 3.39 zeigt solche Dioden, die Licht verschiedener Farbe emittieren. Diese Dioden (Bezeichnung LUCOLED= LUminescence COnversion LED) wurden am Fraunhofer Institut in Freiburg/Br. entwickelt.

Leuchtdioden aller Spektralfarben

weißes Licht durch Parallelschaltung mehrerer LED's verschiedener Farben ...

... oder durch Lumineszenz

Da für die Lichterzeugung in den Dioden (im Gegensatz zu Glühlampen) keine Temperaturerhöhung und „Verzettelung" des emittierten Lichtes auf ein großes Spektrum (im Infraroten) erfolgt, ist die Lichtausbeute (pro investierter elektrischer Leistung) hoch. Es gibt große Energieeinsparmöglichkeiten z.B. bei Verkehrsampeln (die es in USA, Japan, Frankreich, Deutschland schon gibt). Für die gesamte Beleuchtungstechnik ergeben sich dadurch neue Perspektiven, wenn man u.a. an die Designmöglichkeiten denkt.

Auf der Grundlage von Halbleitern mit großem Bandabstand wurden auch bei Raumtemperatur arbeitende „blaue Laser" entwickelt, über deren Aufbau, Funktionsweise und großes Anwendungspotential extra berichtet werden sollte.

Abb. 3.39: Lumineszenzdioden (LUCOLED) für verschiedene Farben (blau, grün,rot, weiß (von links)).

Eine farbige Darstellung kann im Internet unter http://www.didaktik.physik.uni-erlangen.de heruntergeladen werden

Bauelemente für hohe Spannungen

Wird an ein Halbleitermaterial von außen eine elektrische Spannung angelegt, baut sich im Inneren des Halbleitermaterials eine elektrische Feldstärke auf, die die beweglichen Ladungsträger beschleunigt. Die von ihnen dabei aufgenommene Energie wird bei kleinen Feldstärken durch Stöße an die Gitterbausteine vollständig abgegeben. Sie besitzen nur im Mittel eine Vorzugsgeschwindigkeit (Driftgeschwindigkeit), die proportional zur Feldstärke ist und zum Ohmschen Gesetz $j = \sigma E$ (j: Stromdichte, σ: elektrische Leitfähigkeit, E: elektrische Feldstärke) führt. Bei hohen elektrischen Feldstärken wird die von einzelnen Ladungsträgern aufgenommene Energie allerdings so groß, dass sie durch Stöße Ladungsträger aus dem besetzten Valenzband in das Leitungsband „befreien" können. Auf diese Weise vermehren sich die Ladungsträger lawinenartig, der elektrische Durchbruch setzt ein und kann den Halbleiter zerstören. Dadurch ist die maximal im Halbleitermaterial zulässige Feldstärke (Durchbruchfeldstärke) begrenzt. Es ist einsichtig, dass Halbleitermaterialien mit größerer Energiebandlücke eine höhere elektrische Durchbruchfeldstärke besitzen, da für die „Befreiung" der Elektronen im Valenzband eine größere Energie der Elektronen notwendig ist, die nur bei höheren elektrischen Feldstärken aufgenommen werden kann. So besitzt das Halbleitermaterial Siliziumkarbid (6H-Kristallstruktur) mit einer Energiebandlücke von ca. 3 eV eine Durchbruchfeldstärke, die 10-mal größer ist als die von Silizium (6H-SiC: $2{,}4 \cdot 10^6$ V/cm).

Halbleitermaterialien mit großer Bandlücke besitzen eine große Durchbruchfeldstärke

Welche Folgen hat nun eine größere elektrische Durchbruchfeldstärke für die Eigenschaften eines bipolaren elektrischen Bauelements? Betrachten wir z.B. eine Diode, bei der der n-leitende und der p-leitende Bereich (siehe oben) durch eine sehr schwach dotierte i-Schicht getrennt sind (p-i-n-Diode). In Sperrrichtung (Pluspol am n-Bereich, Minuspol am p-Bereich) wird die i-Schicht von Ladungsträgern entvölkert, die gesamte von außen angelegte Spannung fällt an der i-Schicht ab. Damit dort die elektrische Durchbruchfeldstärke nicht überschritten wird, muss die i-Schichtdicke für eine Diode, die eine Spannung von 1000V sperren können soll, im Silizium 100 μm, im Fall von Siliziumkarbid nur 10 μm betragen (s. Abb. 3.40).

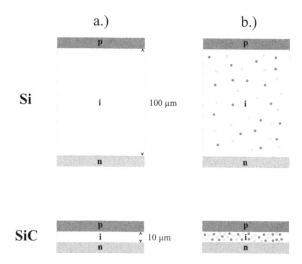

Abb. 3.40: Schema einer p-i-n-Diode aus Silizium und Siliziumkarbid
a.) in Sperrrichtung, b.) in Flussrichtung

Beim Umpolen der von außen angelegten Spannung (Flussrichtung) passiert folgendes: das i-Gebiet ist durch die äußere Spannung „zugeweht", Elektronen und Löcher können rekombinieren und machen das i-Gebiet niederohmig. Wird nun die äußere Spannung wiederum umgepolt, werden die Ladungsträger aus dem i-Gebiet „abgesaugt", was mit einem Energieaufwand (Energieverlust im Bauelement → Schaltverlust) verbunden ist. Wegen des kleinen Volumens des i-Gebietes im Siliziumkarbid sind dort die Schaltverluste entsprechend kleiner. Da für technische Anwendungen die Schaltfrequenzen (z.B. Schaltnetzteile) immer größer werden (s. Abb. 3.41) wird es zu einer beträchtlichen Energieeinsparung führen, wenn für die im Schalter verwendeten Leistungsbauelemente Halbleiter mit großem Bandabstand verwendet werden. Schätzt man diese Energieeinsparung auf 1-5 % der genutzten elektrischen Energie (wobei davon auszugehen ist, dass wir gegenwärtig die elektrische Energie fast vollständig zentral erzeugen und entsprechend dezentral verteilen müssen), so wäre diese Energieeinsparung größer als diejenige Energie, die wir derzeit durch regenerative Energien (Photovoltaik u.a.) erzeugen.

Elektronen und Löcher rekombinieren und machen das i-Gebiet niederohmig

Schaltverluste

Schaltfrequenzen

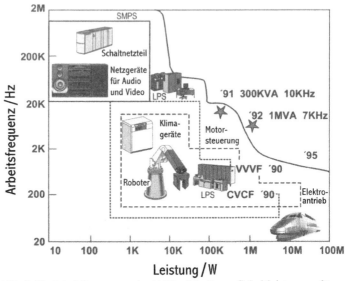

Abb.3.41: Schaltfrequenzen in Abhängigkeit von Schaltleistungen für verschiedene Anwendungen

3.6.3   Zusammenfassung und Ausblick

Halbleiter in ihrer Anwendung als Halbleiterbauelemente sind aus unserer heutigen Zeit nicht mehr wegzudenken. Silizium ist dabei das dominierende Halbleitermaterial, seine technologische Beherrschung bestimmt fast ausschließlich die Leistungsfähigkeit unserer PCs und damit wesentlich die Struktur unserer modernen Industriegesellschaft. Trotzdem erledigt Silizium nicht alle Aufgaben, die gestellt sind, es wurde gezeigt, dass vor allem im Bereich der Beleuchtung und Energieverteilung andere Halbleitermaterialien wesentlich effektiver eingesetzt werden können.

Die Entwicklung neuer Halbleitermaterialien ist wichtiges Forschungsziel

Dabei gibt es allerdings das Problem, dass andere Halbleitermaterialien oft ihre Chance zunächst nur in „ökologischen Nischen" bekommen. Das Aufbrechen der monolithischen Siliziumlandschaft ist Aufgabe von Halbleiterphysikern, die sich über die dominierende Stellung des Siliziums hinwegsetzen; es ist Ziel einer weitsichtigen Forschungsförderung.

4 Aktuelle Methoden I – Projekte

Projekte haben sich im Physikunterricht in Deutschland insbesondere in Lehrplänen und in Lehrerfortbildungsveranstaltungen etabliert als eine Ergänzung zum Frontalunterricht. In der Schulpraxis werden insbesondere an Gymnasien „Projekttage" veranstaltet, – im Allgemeinen am Ende des Schuljahrs. Allerdings sind in der 1. und 2. Phase der Lehrerbildung noch Defizite bezüglich der theoretischen und praktischen Aus- und Aufarbeitung der Projektidee zu vermuten. Auch angesichts der zweifellos weiterhin bestehenden Dominanz des Frontalunterrichts (s. z.B. Meyer & Meyer, 1999) erscheint es notwendig, die *Projektidee* nicht nur zu beschreiben sondern auch *durch Beispiele* zu erläutern.

Die ursprüngliche pädagogische Begründung von Unterrichtsprojekten hängt mit der Lösung von Problemen mit *gesellschaftlicher Relevanz* zusammen. Dabei erwerben die Lernenden Sachkompetenz, arbeitsmethodische und soziale Kompetenzen (Schröder & Schröder 1999). Heutzutage ist die gesellschaftliche Relevanz der Thematik keine notwendige Bedingung; *Relevanz für die Schülerinnen und Schüler* ist ein hinreichender Grund: Projekte, die die Schüler interessieren und für die Physik und/ oder die physikalische Technik motivieren können. Auch solche Projekte implizieren allgemeine Ziele wie Kommunikationsfähigkeit, Kooperationsfähigkeit, Problemlösefähigkeiten, das Verknüpfen fachspezifischer mit fachüberschreitenden Kontexten. Andererseits sollte die Gelegenheit genutzt werden, gesellschaftliche Probleme, die mit Physik zusammenhängen vor allem durch Projekte und projektorientierten Unterricht zu erschließen und modellhaft zu lösen.

Die folgenden Beispiele, „Die Sonne schickt uns keine Rechnung", „Wir fotografieren mit einer selbstgebauten Kamera" und „Induktionsmotore", sind in der Primarstufe, der Sekundarstufe I und der Sekundarstufe II erprobt. Sie illustrieren die *Spannweite des Projektbegriffs*. Die idealtypischen Darstellungen Freys (1996[7]) sind dabei in keinem der Beispiele realisiert. Denn um ein *Scheitern der Projekts möglichst zu vermeiden,* treffen die Lehrkräfte Vorentscheidungen für die Projekte, nicht die Schüler. Als Folge dieser Auffassung versteht es sich auch, dass jüngere Schüler stärker unterstützt werden als ältere. Das bedeutet anderseits nicht, alle Schwierigkeiten aus den Lernwegen der Schülergruppen zu räumen, sondern dass Lehrer in „Notfällen" helfend eingreifen.

Wie kann sich eine Lehrkraft auf solche Situationen vorbereiten?

Wie bekannt (Kircher, Girwidz & Häußler, 2001[2]), kommt man durch eine *didaktische Analyse* zu einem Überblick über mögliche Ziele und zu den in einem Thema steckenden unterrichtlichen Möglichkeiten. Eine *fachliche Analyse* und notwendige Elementarisierungen grenzen diese Möglichkeiten unter Umständen wieder ein und gibt außerdem Lehranfängern die notwendige Sicherheit und Souveränität vor den Lernenden. Eine *pragmatische Analyse* beschäftigt sich mit den Randbedingungen eines Projekts wie Zeitaufwand, Material-, Geräte-, Literaturbeschaffung und den damit verbundenen Kosten. Abhängig von der Komplexität und der Schwierigkeit der Thematik können auch Schülerinnen und Schüler an diesen Analysen beteiligt werden, - spätestens in der Sekundarstufe II.

Johannes Günther & Ellen Stockhausen

4.1 „Die Sonne schickt uns keine Rechnung" – eine Projektwoche in der Grundschule

Sonnenenergie als Alternative zu konventionellen Energieträgern

„Die Sonne schickt uns keine Rechnung" ist ein Projekt, das im Rahmen einer Zulassungsarbeit von der Autorin entwickelt wurde (Stockhausen, 1999). Es bringt den Schülern zum Teil spielerisch die Möglichkeiten der Nutzung von Sonnenenergie nahe. Dabei wird zum einen auf physikalische Grundlagen der Sonnenenergie eingegangen, zum anderen wird die Energienutzung konkretisiert und diskutiert. Es wird vor allem die Bedeutung der Sonne als regenerative Alternative zu den fossilen und nuklearen Energieträgern thematisiert.

Naturwissenschaftliche Arbeitsweisen

Des weiteren bietet der projektorientierte Unterricht die Möglichkeit, dass die Schüler in sozialer Zusammenarbeit gemeinsam naturwissenschaftliche Arbeitsweisen kennen lernen und erlerntes Wissen aktiv den Mitschülern weitervermitteln. So gelingt es, dass die gemeinsame Arbeit das Interesse am Thema „Naturwissenschaften" weckt. Schülerinnen und Schüler erfahren, dass Naturwissenschaft bedeuten kann, mit Freude und Engagement gemeinsam die Geheimnisse der Natur zu entdecken.

Physik als soziales Erlebnis

4.1.1 Physikalische und technische Grundlagen

Um den hohen Lebensstandard unser mobilen Mediengesellschaft garantieren zu können, brauchen wir Energie. Alleine in der Bundesrepublik werden jährlich 14000 Petajoule (10^{15} J) verbraucht, damit wir Auto fahren, Wasser und Wohnung heizen und unzählige elektrische Geräte betreiben können. All diese Energie beziehen wir aus sogenannten Primär- oder Rohenergieträgern. Damit bezeichnet man die Energieträger, wie sie in der Natur zur Verfügung stehen (Kohle, Uran, Wind, Sonnenstrahlung, ...). Diese Primärenergie wird dann in sekundäre Energieträger (Strom, Benzin, ...) umgewandelt, um letzt-

Abb. 4.1: Primärenergieverbrauch in Deutschland

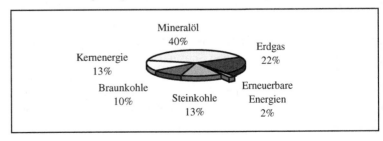

endlich als End- oder Nutzenergie (Licht, Bewegung, Wärme, ...)
dem Verbraucher zur Verfügung zu stehen.

Den überwiegenden Anteil der Primärenergie stellen die fossilen
Brennstoffe wie Kohle und Erdöl dar (siehe Abb. 4.1). Vorteil dieser
Energieträger ist die hohe Energiedichte, welche die Stoffe in Jahr-
millionen angesammelt haben. Nachteil ist die begrenzte Menge dieser Stoffe. Nach Schätzungen sind die weltweiten Erdölvorräte in
rund 50 Jahren verbraucht, Kohle steht uns bei gleichbleibendem
Verbrauch noch maximal 200 Jahre zur Verfügung.

**Von der Primär-
zur Endenergie**

Die Alternative bilden die regenerativen Energiequellen. Damit bezeichnet man jene Energieträger, die im Rahmen der Menschheitsge-
schichte nicht oder nur unwesentlich aufgebraucht werden. Abgesehen von den Gezeiten und der Erdwärme ist die Sonne der einzige
regenerative Primärenergielieferant. Letztendlich sind ja auch Kohle
und Öl gespeicherte Sonnenenergie, die von Pflanzen durch Photo-
synthese umgesetzt und eingelagert wurde. Und auch Wind- und
Wasserkraft beruht auf Sonnenwärme als Antrieb für das Wettergeschehen auf unserem Planeten.

**Alternative
Energiequellen**

Zur Nutzung der Sonnenenergie bestehen eine Vielzahl von Möglichkeiten, Abbildung 4.2 gibt einen Überblick (nach BMWi, 1996).
Dabei kann die Sonne einerseits direkt als Wärme- oder Stromquelle
dienen. Andererseits gibt es Konversionsprozesse in der Natur, welche die Sonnenenergie in andere nutzbare Energieformen umwandeln.

Im Projekt geht im Wesentlichen um die direkte Nutzung der Sonnenenergie durch Photovoltaik und Wärmekollektoren. Dazu sollen
im Folgenden die notwendigen physikalischen Grundlagen besprochen werden.

Die Sonne als Energiequelle

Im Sonneninneren werden durch Kernfusion Wasserstoff- zu Heli-
umkernen verschmolzen. Die dabei frei werdende Energie wird, abgesehen vom Eigenverbrauch der Sonne ins Weltall abgestrahlt. Die
emittierte Leistung beträgt 10^{24} kW, wovon rund 1,4 kW/m² die der
Sonne zugewande Erdoberfläche erreichen und über das Sonnen-
spektrum verteilt sind. Das Maximum liegt im sichtbaren Licht und
kann die wolkenlose Atmosphäre passieren. Ebenso erreichen die
benachbarten Bereiche im UV und Infrarot den Erdboden. Um nun
die eingestrahlte Energie direkt nutzen zu können, benötigen wir
Konversionsprozesse, welche die elektromagnetische Strahlung in

**10^{24} kW emittierte
Strahlungs-
leistung der Sonne**

Nutzenergie umwandeln können. Dabei gibt es, wie schon erwähnt, zwei Möglichkeiten.

Photovoltaik

150 W/m²
elektrische
Leistung

Die Solarzelle ermöglicht es, die Sonnenstrahlung direkt in elektrische Spannung umzusetzen. Dabei werden die Photonen in geeigneten Halbleitermaterialien (Si, GaAs) absorbiert. Dort kommt es nach Anregung von Elektronen zur Ladungstrennung, so dass eine Spannung abgreifbar wird. Da der Wirkungsgrad der Solarzellen noch immer recht gering ist, können derzeit bei handelsüblichen Solarpanelen rund 150 W/m² an einem sonnenklaren Tag erzeugt werden. Somit ist es möglich, elektrische Geräte, wie Parkscheinautomaten im *Inselbetrieb* zu versorgen.

Abb. 4.2: Von der Primärenergiequelle zu Nutzenergien (nach BMWi 1996)

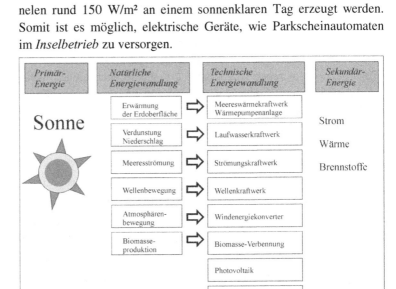

Auch in der privaten Energieversorgung gewinnt die Photovoltaik immer mehr Zuspruch. Betrachtet man eine Dachfläche von 50 m², so kommt eine Spitzenleistung von rund 5 kW zusammen. Problem dabei ist, dass die Sonne nicht immer und nur tagsüber scheint, so dass man im Jahr nur auf 10% der Maximalleistung im Mittel kommt. Des Weiteren werden aufwendige und teure Stromspeicher- und Konvertierungssysteme benötigt, so dass sich die Kosten für eine solche Anlage erst nach Jahrzehnten amortisieren.

Dennoch bleibt die Tatsache, dass Solarstrom mit Abstand eine der umweltfreundlichsten Stromquellen darstellt (vorausgesetzt, auch die energiereiche Herstellung der Solarzellen erfolgt mit Solarstrom), so dass die Photovoltaik mit Sicherheit neben Wind- und Wasserkraft eine entscheidende Alternative für die Zukunft bietet.

Sonnenwärme

Neben der Möglichkeit der Stromerzeugung kann die Sonnenstrahlung auch direkt dazu genutzt werden, Dinge zu erwärmen, wobei die Strahlung von diesen absorbiert wird. Der Gegenstand heizt sich auf, bis sich Einstrahlung und Abstrahlung die Waage halten.

Bei der Nutzung von Sonnenwärme lassen sich grundsätzlich zwei **Passive Nutzung**
Bereiche unterscheiden. Bei der *passiven Nutzung* wird die Sonnenenergie sozusagen nebenbei, ohne spezielle technische Anlagen verwendet. Wichtigster Vertreter ist die Solar-Architektur. Bei der Planung von Häusern sollten diese möglichst mit großen Glasflächen nach Süden orientiert sein, um so den Treibhauseffekt zur Raumheizung ausnutzen zu können, da die Heizung der Räume rund drei Viertel des Energieverbrauchs privater Haushalte ausmacht. Des Weiteren tragen eine gute Wärmeisolierung und eine durchdachte Lüftung des Hauses zur sinnvollen Nutzung der Sonnenwärme bei. Die Heizungskosten solcher *Passivhäuser* liegen dann bis zur Hälfte unter denen herkömmlicher Altbauten.

Werden technische Anlagen zur Aufbereitung der Sonnenwärme verwendet, spricht man von *aktiver Nutzung*. Dabei wird zwischen **Aktive Nutzung**
Niedertemperatur- und Hochtemperatur- Solarthermie unterschieden.

Im *Niedertemperaturbereich* wird mit der Sonnenstrahlung Wasser **Niedertemperatur**
oder ein anderer Wärmeträger in Sonnenkollektoren erwärmt. Dabei **bereich**
können Temperaturen bis zu 200 °C zu erreicht werden. Eine Glasscheibe ermöglicht die Sonneneinstrahlung auf einen schwarzen Absorber in einem wärmegedämmten Kasten. Der Absorber wird von Kühlschläuchen durchzogen, welche die Wärme über ein Kühlmittel an ein Reservoir abführen. Aus diesem kann dann die Erwärmung von Brauchwasser oder die Raumheizung erfolgen.

Im *Hochtemperaturbereich* wird die Sonnenstrahlung mit Linsen- oder Spiegelsystemen gebündelt auf einen Absorber gelenkt. Je nach **Hochtemperatur-**
Apparatur können dabei Temperaturen von einigen hundert bis eini- **bereich**
gen tausend Grad erreicht werden. Nachteil ist, dass die Sonne wandert und so die bündelnde Optik stets dem Sonnenstand nachgeführt werden muss. Für die großtechnische Anwendung bringen die hohen Betriebstemperaturen sogar die Möglichkeit des Betriebs von Wärme-Kraft-Maschinen zur Stromerzeugung. Voraussetzung hierfür ist allerdings eine kontinuierliche Sonneneinstrahlung, so dass sich diese Anlagen nur in entsprechend trockenen und warmen Klimazonen rentieren. Dort sind dann durchaus Anlagen im Megawattbereich realisierbar.

4.1.2 Überblick über das Unterrichtsprojekt

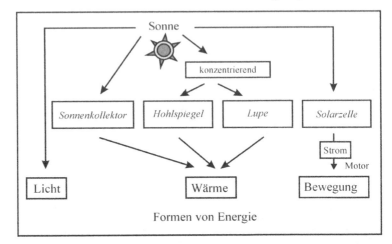

Abb.4.3:
Sachstruktur-
diagramm

Lernziele und Sachstrukturdiagramme

Physikalische und technische Begriffe als Lernziel

Die wichtigsten physikalischen Begriffe sind in dem Sachstrukturdiagramm (Abb. 4.3) dargestellt. Ausgehend von dem als bekannt vorausgesetzten Begriff „Sonne" untersuchen und experimentieren die Schüler mit Sonnenkollektor, Hohlspiegel, Lupe und Solarzelle. Dabei sollen sie mit diesen Gegenständen vertraut werden und verstehen, wie die Sonnenenergie in weitere Energieformen umgewandelt wird.

Weiterhin lernen die Schüler die Sonne als regenerative Energiequelle im Rahmen der gesamten Energieversorgung kennen. Dies wird durch das Sachstrukturdiagramm in Abb. 4.4 verdeutlicht. Die Sonne wird neben Wind und Wasser als Energiequelle eingeordnet und den fossilen und Kernbrennstoffen gegenübergestellt. Um die Bedeutung der regenerativen Energieträger im Rahmen der Umweltpolitik und der Energieproblematik zu erkennen, werden auch Vorzüge und Nachteile der einzelnen Energiequellen diskutiert.

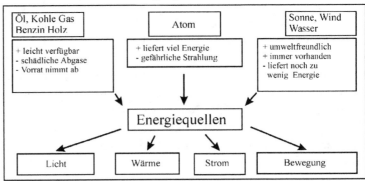

Abb. 4.4:
Sachstruktur-
diagramm

Grobgliederung des Projektes

Tag	Grobziele	Inhalt	Material
Montag Projekt- initiative	Das Interesse der Schüler soll geweckt werden.	Hinführung zum Projektthema und Vorstellung der einzelnen Gruppenthemen durch den Lehrer.	Schildbürgerbild, Wortkarten für Projektthema, Wahlkärtchen
Dienstag Projektaktivität	Die Schüler sollen die Nutzungsmöglichkeiten der Sonnenenergie experimentell kennen lernen.	Projektdurchführung: Die Gruppen führen ihre Versuche mit der Sonne durch.	Forscherausweise, Versuchsmaterial für jede Gruppe, Arbeitsblätter
Mittwoch Dokumentation	Jede Gruppe soll ein Plakat mit ihren Ergebnissen erstellen.	Fortsetzung des Versuchstages. Jede Gruppe gestaltet ein Plakat mit ihren Versuchen und Ergebnissen.	Material vom Vortag, Tonpapierbögen für Plakate, dicke Stifte
Donnerstag Vorbereitung der Präsentation	Die Schüler sollen weitere Nutzungsmöglichkeiten der Sonne kennen lernen. Die Schüler sollen die Energieproblematik erkennen.	Informationsaustausch zwischen den Gruppen: Jede Gruppe stellt ihr Plakat und die Versuche vor. Erarbeitung des Energiebegriffs und der Umweltproblematik.	Schülerplakate, Tafelmagnete. Wortkarten zum Energiebegriff und zum Umweltproblem
Freitag Präsentation (Teil 1) und Reflexion	Den Schülern soll die Energieproblematik bewusst werden und sie sollen Lösungsmöglichkeiten kennen lernen.	Wiederholung des Energiebegriffes und der Umweltproblematik Abschluss (1) des Projektes: Vorbereitung der Präsentation und Reflexion über die Projektwoche.	Wortkarten vom Vortag
Samstag Präsentation (Teil 2)	Schüler sollen ihre eigenen Arbeiten präsentieren können und mit der Ausstellung die Projektwoche sinnvoll beschließen.	Abschluss (2) des Projekts: Präsentation Ausstellung der Plakate, der ausgewählten Versuche und gemalten Bilder am Schulfest.	Ausstellungstische, Stellwand, Schülerarbeiten

4.1.3   Projektverlauf

Projektinitiative

Projektinitiative

Montag – 2 Stunden: Am Anfang eines Projektes steht die Projekt-initiative. Wir beginnen die Stunde im Sitzkreis. Den Schülern ist bekannt, dass das Thema etwas mit der Sonne zu tun hat. Ausgangs-punkt ist die vorher im Unterricht behandelte Geschichte des fenster-losen Rathauses der Schildbürger. Dabei stellt sich die Frage, wie das Sonnenlicht in das Rathaus transportiert werden kann. Nach ei-niger Diskussion kommt der Vorschlag, dass man das Sonnenlicht mit Solarzellen „einfangen" und mit dem Strom das Rathaus be-leuchten könnte. Nachdem ein Schüler erwähnt, dass der Strom für Zimmerbeleuchtung normalerweise Geld kostet, ist schnell das The-ma des Projektes gefunden („Die Sonne schickt uns keine Rech-nung") und die Planungsphase beginnt.

Projektplanung

4 Gruppen:
- Sonnenkollektor
- Brennglas
- Hohlspiegel
- Solarzelle

Zuerst wird mit den Schülern besprochen, welche Experimente zum Thema „Sonnenenergie" mit den vorhandenen Geräten zur Energie-umwandlung durchführbar sind. Anschließend werden thematische Gruppen gebildet, aus denen die Schüler zwei Wunschgruppen an-geben, in denen sie gerne arbeiten würden. Die Gruppeneinteilung wird vom Lehrer übernommen, wobei alle Kinder nach Möglichkeit in ihre Wunschgruppen eingeteilt werden. Da das Interesse am Son-nenkollektor-Bau besonders groß ist, werden zwei Kollektor-Gruppen gebildet.

Projektaktivitäten

Erarbeitungs-phase

Dienstag – 4 Stunden: Der zweite Tag beginnt mit dem Austeilen der Forscherausweise, kleinen Ansteckkärtchen mit gruppenspezifi-schen Symbolen (nebenstehende Abbildung). Darauf schreibt jedes Kind seinen Namen und die Forschergruppe, der es angehört. An-schließend werden Experimentierkarten und das für die Versuche notwendige Experimentiermaterial verteilt, wobei jede Gruppe vier bis fünf Versuche (siehe 4.1.4) durchführen soll. Anschlie-ßend werden nochmals die wichtigsten Regeln und Arbeitsweisen für die freie Gruppenarbeit an der Tafel zusammengefasst, bevor sich die Schüler zur Durchführung auf den Pausenhof begeben.

Hohlspiegel-Gruppe

Dort arbeiten die Schüler weitgehend selbstständig nach den Versuchsanleitungen. Die Experimente sind durchnummeriert und ermöglichen es, ausgehend von einfachen Beobachtungen schrittweise zu den komplexen Experimenten wie Sonnenkollektor oder Sonnenofen zu kommen. Dabei notierten die Schüler Versuchsaufbau, Durchführung und Ergebnisse, um diese am nächsten Tag zusammenzufassen und für die Präsentation vorzubereiten.

Selbstständige Versuchsdurchführung

Mittwoch – 4 Stunden: Da nicht alle Gruppen am Vortag ihre Versuche beenden konnten, bekommen die Schüler nochmals die Möglichkeit, auf dem Pausenhof zu experimentieren.

Nach Beendigung der Experimentierphase fasst jeder Schüler einen Versuch aus seiner Gruppe zusammen und dokumentiert ihn. Anschließend gestaltet jede Gruppe aus diesen Aufzeichnungen ein gemeinsames Plakat, wobei folgende *Regeln* vorgegeben werden:

Dokumentation und Reflexion

- Alle Ergebnisse werden gesammelt und aufgeschrieben.
- Rechtschreibfehler werden korrigiert.
- Aufteilung: Jeder in der Gruppe erhält einen Versuch.
- Der Versuch wird ordentlich auf ein kariertes Blatt geschrieben und etwas dazu gemalt.
- Jede Gruppe erhält einen farbigen Plakat-Karton, auf das die Blockblätter geklebt werden.
- Gemeinsam wird eine Überschrift und die Anordnung der Versuche überlegt.

So ist es einerseits jedem Schüler möglich, sich tiefer mit einem bestimmten Versuch auseinander zu setzen und diesen nachzubereiten. Andererseits werden gemeinsam die Experimente in der Gruppe reflektiert und die Präsentation der Erkenntnisse vorbereitet. Letztendlich kann jede Gruppe ein schön gestaltetes Plakat präsentieren und so auch schon die Neugierde für gemeinsame Besprechung und Präsentation vor den Mitschülern wecken

Präsentation

Donnerstag – 2 Stunden: Die Stunde beginnt mit der Feststellung, dass bis jetzt jede Gruppe nur ihre eigenen Ergebnisse kennt und dass es doch schön wäre, auch die Ergebnisse der anderen Gruppen zu erfahren. Dabei wird den Schülern schnell bewusst, dass es nicht sinnvoll ist, die Plakate kommentarlos zum Betrachten an die Tafel zu hängen. Und so kommt Caro auf eine Idee:

Präsentation

Caro: „Das gibt doch das totale Gedränge vor der Tafel."

L: „Jede Gruppe ist doch Experte auf ihrem Gebiet ...."

Caro: „Wir können es ja so machen, dass jede Gruppe den anderen ihr Plakat vorstellt."

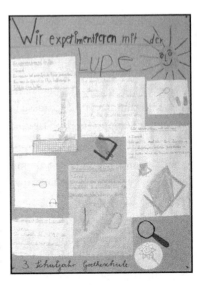

Plakate für die Präsentation vor der Klasse

Diesem Vorschlag stimmt die Klasse zu. So kann jede Gruppe ihre Erfahrungen und Ergebnisse den Anderen der Reihe nach vorstellen. Sie erzählen, wie sie bei den Experimenten vorgegangen sind und welche Resultate sie erzielt haben.

Auf diese Weise ist es möglich, die in Gruppen erarbeiteten Erkenntnisse im Klassenverband zu besprechen und zu reflektieren, so dass jedes Kind Zugang zum gesamten erworbenen Wissen bekommt.

Vertiefung im Klassengespräch

Der zweite Teil der Stunde dient der Vertiefung der Energieproblematik. Ziel ist es, das Sachstrukturdiagramm (Abb. 4.4) gemeinsam an der Tafel zu entwickeln. Dazu heftet die Lehrerin eine Wortkarte mit dem Begriff „Energie" an und stellt ihn zur Diskussion:

L: „Überlegt einmal, wo ihr heute schon Energie gebraucht habt."
Isabella: „Wenn man mit dem Auto in die Schule fährt."
L: „Für was braucht denn das Auto die Energie?"
Caro: „Damit es sich bewegt."

So können nach und nach die verschiedenen Energieformen (Strom, Bewegung, Licht, Wärme) gefunden und erörtert werden, bevor das Klassengespräch dann auf die verschiedenen Energiequellen gelenkt wird. Dabei steht vor allem die Frage im Mittelpunkt, wo der „Strom" herkommt, wobei die Schüler eine reichhaltiges Spektrum an Vorwissen aufzeigen:

Relevantes Vorwissen

Isabella: „Kohle, In einer Fabrik wird Kohle umgewandelt in Strom."
Max: „In Kraftwerken wird Strom erzeugt, da werden Atome gespalten und so Energie erzeugt."
Jonathan: „Wasser, Wasserkraftwerke. In schnellen reißenden Flüssen, da sitzt dann ein Dynamo drinne, wie beim Fahrrad und das Wasser treibt ihn an."

Nachdem die wichtigsten Energiequellen an der Tafel stehen und in die drei Gruppen (fossile Energie, alternative Energie und Kernenergie, siehe Abb. 4.4) eingeteilt sind, äußern sich die Schüler zu dieser Anordnung. Es werden Probleme und Vorteile der verschiedenen Energieträger thematisiert. In der weiteren Diskussion wird nun die Energieproblematik verallgemeinert und das Gespräch von Problemen und Gefahren hin zur Verfügbarkeit der Energieträger gelenkt. So wird der Bogen von Energieverbrauch und Energiebewusstsein zurück zum Thema der Unterrichtseinheit (Die Sonne schickt uns keine Rechnung) geschlagen.

Praxisnahe Diskussion

Dabei wird mit Grundschülern die gesellschaftliche und persönliche Bedeutungen der Energieproblematik angesprochen und basierend auf den im und außerhalb des Unterrichts gemachten Erfahrungen das Thema konkretisiert und lebensnah ins Bewusstsein der Schüler gerufen.

Gesellschaftlicher und persönlicher Bezug des Projektthemas

Projektabschluss

Freitag – 2 Sunden: Der letzte Tag der Schulwoche bildet einen ersten Abschluss des Projektes. An Hand des am Vortag entstandenen Tafelbildes (vgl. Abb. 4.4) wird noch einmal die Energiethematik aufgegriffen und reflektiert. Gemeinsam wiederholen Schülerinnen und Schüler, woraus man Energie gewinnen kann und in welchen Formen uns Energie im täglichen Leben begegnet. Natürlich diskutieren wir nochmals ausführlich die Problematik unseres hohen Energieverbrauchs und die Probleme der Energiegewinnung, um abschließend festzustellen, wie wichtig dieses Thema und Lösungsmöglichkeiten für die Zukunft sind. Zum Schluss sammeln die Kinder Beispiele, wie man die Sonne im Alltag nutzen könnte: „Im Sommer Kühlung im Auto durch Solarventilator" oder „Sonnen-Dusche" sind nur zwei von vielen Vorschlägen der Kinder.

Projektabschluss

Präsentation auf dem Schulfest

Am Wochenende findet dann die Präsentation auf dem Schulfest statt. Bereits am Vormittag treffen wir uns im Klassenzimmer und beginnen mit den Vorbereitungen. Die *Gruppenplakate* werden in die Mitte der Tafel unter die Überschrift „Die Sonne schickt uns keine Rechnung" geheftet. Der linke Tafelflügel ist für die Wortkarten zur Energieproblematik vorgesehen und auf der rechten Seite ist Platz für *Schülerzeichnungen*. Der *selbstgebaute Sonnenkollektor*, der *Sonnentrichter*, der alte *Autoscheinwerfer mit Reagenzglas* und der *Sonnenventilator* und weitere Versuche werden auf den Tischen vor der Tafel aufgebaut.

Präsentation in der Öffentlichkeit

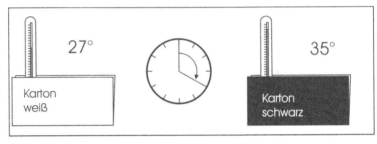

Abb 4.5.:
Schwarzer Karton
wird schneller
warm als weißer

**Interesse und
Anerkennung der
Besucher**

Eifrig erklären die Schüler den Eltern und Besuchern ihre Versuche und Plakate. Die Erwachsenen sind selber überrascht, was man mit der Sonne alles machen kann, und die Schüler präsentieren voller Stolz ihre Ergebnisse. Das Interesse und die Anerkennung der Besucher zeigt den Schülern den Ernstcharakter ihrer Arbeit und bildet einen gelungenen Abschluss der Projektwoche.

4.1.4   Schülerexperimente

Ein wichtiger Bestandteil der Projektwoche sind die Schülerversuche. Sie sollen den Schülern die Möglichkeit geben, sich selbstständig mit dem Thema auseinander zu setzen, um so spielerisch eigene Erfahrungen zu sammeln. Im Folgenden werden einige der vier bis fünf Versuche der einzelnen Gruppen kurz dargestellt, die auf den Experimentierkarten angegeben waren.

Die Kollektor-Gruppen

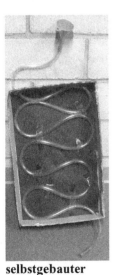

**selbstgebauter
Sonnenkollektor**

Das Ziel der „Kollektorgruppe" ist es, die wärmenden Wirkung der Sonnenstrahlung durch spezielle Versuche zu erfahren und so zum Bau eines Sonnenkollektors und zur Wassererwärmung auszunutzen. Der erste Versuch ist recht einfach. Die Schüler legen je ein Thermometer in ein weißes und ein schwarzes, gefaltetes Blatt (siehe Abb. 4.5) und stellen fest, dass im schwarzen Papiers eine höhere Temperatur erreicht wird. Im nächsten Versuch wird der Treibhauseffekt untersucht. Dazu messen die Schüler die Temperatur in zwei offenen, schwarz ausgelegten Schuhkartons, von denen einer mit einer Glasscheibe überdeckt ist. Sie stellen dabei fest, dass die Temperatur im inneren des glasbedeckten Kartons deutlich größer wird.

Nach diesen Vorarbeiten fertigen die Schüler einen einfachen Sonnenkollektor an. Sie legen in den Karton mit Glasdeckel zusätzlich einen gewundenen Schlauch und befestigten diesen mit Klebeband. Das untere Ende wird mit einer Schlauchklemme verschlossen. Durch einen Trichter kann Wasser eingefüllt und nach einiger Zeit wieder abgelassen werden. Es werden durchaus „Badewannentemperaturen" von über 30° erreicht.

Abb.4.6.:
Autoscheinwerfer
und Linse eines
Arbeitsprojektors
erwärmen Wasser

Die Brennglas- Gruppe

Diese Gruppe untersucht die Wirkung von Lupen. Die Kinder beobachten, dass das „Sammeln" der Sonnenstrahlung im Brennpunkt zu deutlich höheren Temperaturen führt. Für die meisten Schüler ist es am interessantesten, mit Hilfe der Lupe ein Blatt Papier oder Streichhölzer zu entzünden.

Auch diese Gruppe entwickelt ein Experiment zur Wassererwärmung. Mit einem Holzgestell wird ein Reagenzglas im Brennpunkt einer alten Arbeitsprojektorplatte (Fresnel-Linse) positioniert (s. Abb. 4.6). Durch die Fokussierung gelingt es, Wasser bis auf 60° zu erwärmen.

Die Hohlspiegel-Gruppe

Die Kinder der Hohlspiegelgruppe sammeln Erfahrung zur Reflexion von Licht. Dazu untersuchen sie, wie man die Sonnenstrahlen mit einem Spiegel auch in schattige Ecken lenken kann. Das mit Taschenspiegeln reflektierte Licht kann nur einen kleinen Fleck erhellen. Daher basteln die Kinder als nächstes einen großen Spiegel aus Karton und Alufolie. Dieser liefert zwar kein gutes Spiegelbild, kann aber durchaus zum Umlenken des Sonnenlichts benutzt werden.

Durch ihre Experimentierkarte werden die Schüler dazu angeregt, den Kartonspiegel zu einem Trichter zu rollen und ihn mit der großen Öffnung in Richtung Sonne zu halten. Die fokussierende Wirkung am engen Ende kann mit der Fingerspitze überprüft werden und es wird auch „*richtig heiß*".

Sonnentrichter

**Reflektor eines
Autoschein-
werfers**

Dann baut die Gruppe aus einer Styroporhalbkugel einen richtigen Hohlspiegel und auch hier wird, wie in der Lupen-Gruppe, der Brennpunkt untersucht. Außerdem wird mit dem Reflektor eines Autoscheinwerfers vom Schrottplatz oder Autorecycling experimentiert (s. Abb. 4.6). Auch dieser ist, wie die Fresnel-Linse in einem Holzgestell montiert und im Brennpunkt ist ein Reagenzglas angebracht. Wieder kann Wasser erwärmt und Papier entzündet werden. Dies geht noch schneller als bei dem Versuch mit der Arbeitsprojektorplatte.

Die Solarzellen-Gruppe

Die Schüler dieser Gruppe überlegen sich, welche Versuche sie mit Solarzellen durchführen können. Zuerst wird ein *Motor mit Solarzellen* betrieben. An der Motorwelle ist eine Scheibe angebracht, auf der verschiedene Dinge aufgeklebt oder angeheftet werden (z.B. gemalte Blüten oder Spiralen). Als erstes sollen die Schüler herausfinden, wann sich der Motor am schnellsten dreht. Dazu untersuchen sie, wie gut sich der Motor im direkten Sonnenlicht oder im Klassenzimmer betreiben lässt. Außerdem probieren sie, was passiert, wenn die Sonnenstrahlen unter verschiedenen Winkeln auf die Solarzellen treffen.

Weiterhin können zum Beispiel Akkus für einen Walkman in einem von *Solarzellen betriebenen Ladegerät* geladen werden oder es kann ein Ventilator an den Motor gebaut werden. Die Experimente dieser Gruppe sind recht einfach durchzuführen und eigenen sich daher besonders für schwächere Schüler. Andererseits können die Kinder hier selbst viele eigene Ideen verwirklichen.

4.1.5 Zusammenfassung

**Thema gut als
Projektwoche
durchführbar**

„Die Sonne schickt uns keine Rechnung" ist als Projektwoche gedacht und lässt sich auch erfolgreich im dafür vorgesehenen Zeitrahmen durchführen. Dabei lässt sich der Ablauf des Projektes von der Initiative über Planungs- und Handlungsphase hin zur Diskussion und Präsentation der Ergebnisse sehr gut in die Praxis umsetzen.

Am Experimentiertag ist gutes Wetter sehr wichtig, da Wolken und mangelnde Sonneneinstrahlung zu unzureichenden Ergebnissen führen und sich somit negativ auf die Motivation der Schüler auswirken können. Besonders die eindrucksvollen Versuche verlieren an Faszinationskraft, wenn die Sonnenstrahlung nicht reicht, um Wasser zum Sieden oder Holz zum Schwelen zu bringen.

Die Experimentieraufgaben werden ohne größere Probleme selbstständig bearbeitet, wobei gute Schüler den Schwächeren helfen und der Lehrer im Hintergrund bleiben kann. Sie bilden eine solide Wissens- und Erfahrungsgrundlage, auf welche die Schüler in den nachfolgenden Projekttagen gut aufbauen können.

Durch den hohen Anteil an Eigenverantwortung und selbständiger Arbeit ist die Motivation und Aufmerksamkeit der Schüler besonders hoch. Sie arbeiten aktiv mit, bringen viele eigene Ideen ein und vermitteln diese auch ihren Mitschülern. Schon bei den Experimenten beobachten die Schüler aufmerksam die anderen Gruppen und tauschen Aufgabenstellungen und Beobachtungen untereinander aus. Die Vorstellung der Ergebnisse und Präsentation der Plakate wird mit Begeisterung durchgeführt und mit großem Interesse von dem Mitschülern verfolgt. Es gab sogar „gruppenfremde" Schüler, die sich an der Erklärung von Experimenten beteiligten und ihre Beobachtungen einbrachten, um so zur Klärung der Probleme beizutragen.

Erhöhte Motivation und Aufmerksamkeit durch Selbstverantwortung

Dies alles schlägt sich positiv im Lernerfolg der Schüler nieder. Ein fünf Tage nach dem Projekt durchgeführter Wissenstest zeigte, dass fast alle Schüler Versuche und Ergebnisse der anderen Gruppen gut wiedergeben konnten. Defizite bei leistungsschwachen Schülern waren meist gruppen- und themenunabhängig.

Positive Lernerfolge

Abschließend lässt sich sagen, dass die Durchführung des Projekts Schülern, Lehrern und Eltern (auf dem Schulfest) viel Spaß macht. Neben den thematischen Schwerpunkten Umwelterziehung und E-nergieproblematik nehmen die Kinder spielerisch Kontakt mit den Arbeitsweisen der Naturwissenschaften auf. Die Experimentieraufgaben werden nicht einfach abgearbeitet. Die Schüler planen ihre Experimente, entwickeln selbstständig Versuchsaufbauten und dokumentieren ihre Ergebnisse. Die Gruppenarbeit führt zum engen sozialen Kontakt und so zu einer gemeinsamen Verantwortung für die Durchführung und Auswertung der Experimente. Die anschließende Diskussion kann als Forum einer kleinen „wissenschaftlichen Gemeinschaft" gesehen werden.

Mit diesem Projckt gelingt es, neben den sachlichen Inhalten auch wissenschaftstheoretische Grundbegriffe zu thematisieren. Somit ist es nicht nur eine empfehlenswerte Einführung in die Projektarbeit, sondern vermittelt den Grundschülern und Grundschülerinnen zusätzlich erste Grundlagen für das Verständnis der Natur der Naturwissenschaften.

Gelungene Einführung in wissenschaftliche Arbeits- und Denkweisen

Klaus Mie, Klaus Bielfeldt & Erika Thiessen

4.2 Rückblick auf das Projekt: Wir fotografieren mit einer selbstgebauten Kamera

„Geometrische Optik" ist ein klassisches Lehrplanthema für den Physikunterricht der Realschule der 8. oder 9. Klasse. Dabei wird die Lichtbrechung als Grundphänomen behandelt und es werden die Abbildungseigenschaften einer Linse und die Wirkungsweise einfacher optischer Geräte untersucht. Die Themen „Licht und Schatten", „Sehen", „Modell Lichtstrahl", „Reflexion" werden in Schleswig – Holstein in Klasse 7 unterrichtet.

Der Teilbereich „Wirkungsweise einfacher optischer Geräte" bot sich uns, Lehrerinnen und Lehrern des Arbeitskreises „Offener Unterricht in der Realschule" als Projektthema an. Es lässt Wahlmöglichkeiten zu, belohnt zielgerichtetes Handeln und verbindet praktisches Arbeit mit theoretischer Reflexion.

Der vertiefenden Projektarbeit vorausgehen sollte ein gemeinsames Auffrischen des Lernstoff aus Klasse 7, ein Demonstrationsunterricht zum Thema Lichtbrechung und experimentelle Schüler-Gruppenarbeit über die Abbildungseigenschaften von Linsen mit Ergebnissicherung.

Der Unterrichtsplan sah also folgendermaßen aus:

Wiederholung:
  „Licht und Schatten" bzw. „Sehen und gesehen werden"
Demonstrationsunterricht:
  Lichtbrechung – Lichtstrahl durch eine Linse
Themengleiche Gruppenarbeit:
  Abbildungseigenschaften von Linsen

Projektarbeit zu den Themen
  1.   Fernrohre
  2.   Mikroskop
  3.   Arbeitsprojektor
  4.   Diaprojektor
  5.   Fotoapparat

Projektpräsentation

4.2.1   Projektvorbereitung: Abbildungen mit Linsen

Die Vorbereitung sollte die Schülerinnen und Schüler in die Lage versetzen, über einen längeren Zeitraum hinweg ihr Projekt weitgehend selbständig zu planen, durchzuführen und zu dokumentieren. Die themengleiche Gruppenarbeit (oder das Lernen an Stationen) über Abbildungen mit Linsen hatte eine Doppelfunktion. Sie war einerseits ein methodisches Vorspiel für das kommende Projekt: Man musste (wieder) lernen, Texte zu lesen und zu verstehen, Aufgaben untereinander zu verteilen, mit der Zeit haushälterisch umzugehen, Ordnung und Übersicht zu behalten usw.. Andererseits diente sie der inhaltlichen Vorbereitung. Die Schülerinnen und Schüler lernten die physikalischen Grundlagen, die später sie in die Lage versetzten, die gestellte Aufgabe zu bewältigen. Die Stoffauswahl zur geometrischen Optik diente in erster Linie diesem Ziel. Spielte z.B. der Wölbspiegel im Projekt keine Rolle, dann wurde er weggelassen. Kam es auf die Blende an, wurde sie zum Thema gemacht.

Die Schülerinnen und Schüler erhielten vom Lehrer eine Anleitung „Wir machen einen Themenhefter", sowie fünf Arbeitsbögen zu den Themen Brennweite und Brennpunkt, Kerzenbilder, Bildkonstruktion, Linsensysteme und Blende. Als Experimentiermaterialien hatten sie Teelichte, Knetgummi (als Stativ für Kerze, Linse und Auffangschirm), eine Sammlung ungefasster, unbeschrifteter Linsen (große, kleine, dünne, dicke; Sammel- und Streulinsen), weiße und schwarze Pappe, Bastelscheren und Metermaße („Zollstöcke") zur Verfügung.

„Wir machen einen Themenhefter"

Die fünf Arbeitsbögen hatten folgenden Vorspann:

„In den nächsten vier Doppelstunden sollt ihr – möglichst selbständig – die folgenden Aufgaben bearbeiten. Helft euch bei der Arbeit gegenseitig und seht in den Physikbüchern nach, wenn ihr einmal nicht weiterkommt. Jeder von euch soll die Aufgaben und Messungen für sich in seinem Heft (Themenhefter) notieren."

Der Hinweis „möglichst selbständig" bedeutet für die Schüler: Wenn es geht, ohne den Lehrer bzw. die Lehrerin zu fragen. Für die Lehrkraft bedeutet es, Zurückhaltung zu üben bei der Beantwortung von solchen Schülerfragen, die diese selbst oder andere Schüler beantworten können. Das Prinzip „vormachen (Lehrer) und nachmachen (Schüler)" ist eher kontraproduktiv, wenn man bei den Schülerinnen und Schülern mehr Selbständigkeit bewirken möchte. Sie bleiben dabei immer vom Lehrer abhängig.

Aufgabe 1: Brennweite und Brennpunkt einer Sammellinse

Jeder Mensch weiß, dass Glas durchsichtig ist. Trotzdem kann man mit Glas Schatten erzeugen!

a) Eine brennende Kerze stehe auf eurem Tisch möglichst weit vor einer Sammellinse entfernt. Beobachtet und beschreibt genau die Verteilung von Licht und Schatten in verschiedenen Abständen *hinter* der Linse.

b) In wie viel cm Abstand hinter der Linse ist der Lichtfleck am kleinsten und hellsten?

c) Stellt nun die Kerze noch weiter von der Linse entfernt auf (z.B. auf dem Nachbartisch), so dass man den Lichtfleck gerade noch erkennen kann. Wie groß ist der Abstand des Lichtfleckes von der Linse jetzt?

d) Wenn man mit der Lichtquelle 1 km oder 1 Million km weiterginge, würde sich der Lichtfleckabstand kaum noch verändern. Diesen Abstand nennt man die Brennweite der Linse, den leuchtenden Punkt den Brennpunkt. Woher mögen diese Bezeichnungen kommen? (Denkt dabei an die Sonne als Lichtquelle.)

e) Notiert euch im Heft, was man unter Brennpunkt und Brennweite einer Sammellinse versteht. Ihr könnt dabei natürlich Physikbücher zu Hilfe nehmen.

Vorspann für die Arbeitsbögen

Beschreibt mit eigenen Worten, wie ihr die Brennweite eurer Linse bestimmt habt. Um einen Eindruck über Art und Umfang der Arbeitsbögen zu vermitteln, wird der erste und der fünfte vollständig wiedergegeben.

Die relativ enge Führung in der Aufgabenstellung sollte den Einstieg in die Gruppenarbeit erleichtern. Der Nachteil wurde bald deutlich: Die Schüler arbeiteten die Punkte ab, ohne den intendierten Zusammenhang wahrzunehmen. Das musste in einer späteren Phase nachgearbeitet werden.

Versuch und Irrtum

Als Linsen standen zur Verfügung: f = + 10 cm; f = + 30 cm; f = - 60 cm (genauer: -1,75 Dioptrien, vom Optiker), jeweils etwa 20 Stück. Dass es unterschiedliche Linsen gab, wurde von den Schülern zunächst nicht bemerkt. Es sprach sich aber bald herum, dass es mit einigen ging (am besten mit der dicksten), mit anderen nicht. Erste Aufregung entstand, als eine Schülerin bemerkte, dass es sich nicht um irgendeinen Lichtfleck auf dem Schirm handelte, sondern dass da ein kleine Kerze zu sehen war. „Sogar in Farbe!" „Die Kerze spiegelt sich auf dem Schirm." „Aber falsch rum." Die Kerze stand auf dem Kopf, was alle störte. Als erstes wurde die Pappe (der Auffangschirm) gedreht, als ob das Bild darauf haftet, danach wurde die Linse gedreht, dann die Kerze – letzteres half ein wenig. „Man müsste die Kerze durch ein Dia ersetzen. Das kann man drehen." Es blieb die Erkenntnis: Die Bilder sind winzig und die Linse dreht das Bild.

Sobald in der Aufgabe Texte verlangt wurden, nahmen die Schülerinnen und Schüler Bücher zu Hilfe. Eigene Texte zu schreiben ist offensichtlich von allem das schwierigste. Die Merksätze wurden abgeschrieben ohne den Versuch, sie zu verstehen. „Ist das richtig?", fragten sie dann den Lehrer, und „Sollen wir das Ergebnis unterstreichen?" Lehrerantwort: „Was für euch wichtig ist, hebt hervor und was ihr nicht verstanden habt, das schreibt auch nicht rein." Der Lehrer teilte der Klasse mit, dass es über die Themen der Arbeitsbögen eine Klassenarbeit gibt und dass jede Gruppe zwei Aufgaben bei ihm einreichen kann.

Nach der ersten Doppelstunde ist der erste Arbeitsbogen fertig bearbeitet und die Schülerinnen und Schüler haben sich auf die Gruppenarbeit eingestellt.

Systematisches physikalisches Arbeiten

Im zweiten Arbeitsbogen wird die Gegenstandsweite systematisch variiert und die Bildweite und -größe gemessen. Danach werden – im dritten Bogen – zwei Linsen kombiniert. Arbeitsbogen 4 ist theoretisch: Mit *einer* Sammellinse werden Bilder konstruiert: Von einem leuchtenden Punkt geht Licht in alle Richtungen. Ein Teil des Lichtes fällt auf die Linse und wird von ihr in einem Punkt gesammelt. Einer der Lichtstrahlen ist ein „Parallelstrahl", einer ein „Brennpunktstrahl". Von beiden kann man den weiteren Verlauf vorhersagen. Wo sie sich treffen, treffen sie mit allen anderen zusammen und ergeben den Bildpunkt. Viel mehr Theorie gab es dazu nicht.

Seit der dritten Doppelstunde arbeiteten die Schülerinnen und Schüler phantastisch. Sie hielten auch Misserfolge aus. Natürlich vermuteten alle, dass eine halbe Linse nur halbe Bilder liefert. Das ist nicht enttäuschend, sondern normal – beinahe vernünftig! Das Experiment wird sie darüber belehren, dass das Bild lediglich dunkler wird. Wird das Experiment sie wirklich belehren? Diese typische Expertenhypothese erwies sich als falsch. Die Schüler und Schülerinnen notierten:

Typische Alltagsvorstellungen über Linsen

„Die halbe Abdeckung der Linse hat keinen Einfluss auf das Bild." So ging es mit allen weiteren Abdeckungen. Sie sahen die Verdunkelung nicht, weil sie sie nicht vermuteten. Der Lehrer half: „Was wird passieren, wenn man die Blende ganz klein macht?" Die Schüler probieren es aus und notieren glücklich, was sie schon vorher ahnten: „Bei kleinen Blenden wird das Bild kleiner." Erst wenn man Schüler experimentieren lässt wird klar, wie suggestiv unser Demonstrationsunterricht oft ist. Die Schülerinnen und Schüler sehen gar nicht, was sie nach Lehrermeinung sehen sollen und ein Lehrer (Experte) sieht, was er sehen will. Bei kleiner Blende wird das Bild

Schüler sehen gar nicht, was sie nach Lehrermeinung sehen sollen

Aufgabe 5: Die Blende

a) Sucht eine möglichst große Sammellinse heraus stellt ein etwas vergrößertes, scharfes Bild einer Kerze auf einem Schirm her.

b) Bevor ihr nun weiter experimentiert, notiert bitte im Heft folgendes: Was würde eurer Meinung nach mit dem Bild der Kerze passieren, wenn man die Linse halb abdeckt, z.B. die obere Hälfte mit schwarzer Pappe verdeckt, so dass dort kein Licht hindurchgeht?

c) Jetzt führt das Experiment durch, notiert eure Beobachtung und versucht sie zu erklären.

Anmerkung: In manchen Physikbüchern sind Fotoapparate erklärt. Was dort unter dem Stichwort „Blende" steht, hilft euch bestimmt weiter.

d) Deckt nun mit einer runden Pappscheibe die Mitte der Linse ab, so dass das Licht nur am Rand hindurchgelassen wird. Wie verändert sich das Bild der Kerze?

e) Stellt drei Pappen mit verschieden großen runden Löchern her. Was verändert sich am Bild der Kerze, wenn man die Pappen mit den verschiedenen Löchern vor (oder hinter) die Linse hält?

f) Notiert: Was ist und was bewirkt eine „Blende"?

g) Wird der Auffangschirm durch lichtempfindliches Papier (Fotopapier) ersetzt, habt ihr fast schon einen Fotoapparat vor euch: Wo viel Licht auftrifft, wird das Fotopapier schwarz und wo weniger Licht auftrifft, wird es grau (wenn es später in der Dunkelkammer „entwickelt" und „fixiert" wird). Es fehlt noch ein Kameraverschluss (z.B. eine Klappe vor der Linse), damit auf das Papier nicht dauernd immer mehr Licht fällt, und es fehlt vor allem ein lichtdichter Kasten drum herum, damit nur das durch die Linse kommende Licht aufs Papier trifft.

h) Stellt euch nun vor, ihr hättet von der Kerze ein Foto gemacht und auf dem Bild ist alles schwarz, also nichts zu erkennen. Was würdet ihr beim nächsten Foto anders machen? Wie müsste man z.B. die Belichtungszeit und die Blende verändern?

so dunkel, dass die Randbereiche nicht mehr zu erkennen sind, das Bild also tatsächlich kleiner erscheint.

Jetzt erzählte eine Gruppe, dass sie beim Thema „Brennpunkt" versucht hatte, mit dem erzeugten *Bild einer Kerzenflamme* eine zweite Kerze anzuzünden! Das hatten sie ohne Erfolg und ohne Erklärung abgebrochen. Bei der „Blende" wurde ihnen klar warum. Den Vorschlag, das gesamte emittierte Licht einer Kerze in einem Punkt zu sammeln, konnten wir natürlich nicht realisieren.

Zusammenfassung des Lehrers

Der Lehrer fasste das wichtigste aus der Gruppenarbeit in einem 45-Minuten-Unterrichtsgespräch zusammen. Die Klasse folgte ihm mit hoher Aufmerksamkeit. Das waren auf der rationalen Ebene die ergiebigsten Minuten des bisherigen Unterrichts. Nach der Gruppenarbeit waren die Schülerinnen und Schüler bereit dem Lehrer zuzuhören. Wer als Lehrerin oder Lehrer auf die Gruppenarbeit verzichtet, kommt nicht in diesen Genuss. Wer auf die *Reflexion der Gruppenarbeit im lehrergelenkten Unterricht* verzichtet, bringt sich um den Lernerfolg.

Hierin liegt möglicherweise die Lösung eines Rätsels der empirischen Unterrichtsforschung: Obwohl psychologisch gut begründet, hat sich i. Allg. kein positiver Zusammenhang zwischen Dauer und Zahl von Schülerexperimenten einerseits und der Lernleistung andererseits gezeigt. *Experiment und Reflexion* gehören offensichtlich zusammen, sonst verpufft ihre Wirkung.

Das Ergebnis der anschließenden Klassenarbeit ließ den Schluss zu, dass die Schülerinnen und Schüler gut auf die anschließende Projektarbeit vorbereitet worden waren.

4.2.2 Gemeinsamer Start zu fünf Projekten

„Ihr habt jetzt die Grundkenntnisse, um die Wirkungsweise optischer Geräte zu verstehen." Jetzt sollte das Projekt starten und die Schülerinnen und Schüler waren gespannt. Sie durften etwas selbst ausprobieren und selbst machen. Die speziellen Themen Fotoapparat, Fernglas, Tageslichtprojektor, Mikroskop und Diaprojektor waren für sie weitgehend untereinander austauschbar, so dass es nicht schwer war, für jedes Thema interessierte Schülerinnen und Schüler zu finden. Es bildeten sich insgesamt 8 Gruppen mit je zwei oder drei Personen: Drei Gruppen Fotoapparat, zwei Gruppen Ferngläser, je eine Gruppe zu den anderen drei Themen. Obwohl die Jungen und Mädchen in der Klasse viel miteinander umgingen und reden, bildete sich keine einzige gemischte Gruppe. Man hatte den Eindruck, sie hielten sich gegenseitig für etwas unberechenbar. Für das „Abenteuer" Projekt schlossen sich vertraute Freundesgruppen zusammen.

Das Programm für die nächste Zeit war – auf einer allgemeinen Ebene – für alle Gruppen gleich. Der Lehrer schrieb es an die Tafel.

Vielfältige Geräte und Materialien

Das Programm für alle Gruppen:

1. Beschreibung: Wozu ist das Gerät gut? Welche Aufgabe soll es erfüllen?

2. Bau eines funktionsfähigen Modells.

3. Erklärung der Funktionsweise (Anordnung und Funktion der Teile).

4. Erstellen eines Posters mit Bildern und Erläuterungen.

Etwas detailliertere Anforderungen erhielten die Gruppen auf einer DIN A4-Seite ausgehändigt. Während des Unterrichts standen die Schränke mit den Schülergeräten offen und für alle zur Verfügung. Weitere Gerätewünsche wurden beim Lehrer schriftlich angemeldet. Als Originalgeräte standen bereit: Ein Mikroskop, ein einfaches (einäugiges) Fernrohr, ein demontierbarer Tageslichtprojektor und ein einfacher, alter Diaprojektor. Die selbstgebaute Kamera des Lehrers stand als Anschauungsobjekt auf dem Lehrertisch. Einiges Bastelmaterial (Pappe, Klebstreifen, Tacker, Scheren) lag bereit, anderes musste von zu Hause mitgebracht werden. Es gab weiterhin einen Klassensatz Physikbücher, fünf verschiedene Nachschlagwerke und zu jedem Thema kopierte Aufsätze aus verschiedenen Quellen (je 8 bis 12 Seiten).

Die Geräte nahmen zunächst die gesamte Aufmerksamkeit in Anspruch. Die Schülerinnen und Schüler begannen, als wollten sie noch in derselben Stunde fertig werden. Das Arbeiten auf längere Sicht hin waren sie nicht gewohnt. Sie montierten Linsen auf optische Bänke, schnitten Pappen zurecht, hielten verschiedene Linsen in die Luft usw.. Da sie nicht wussten, wie ihr Apparat funktioniert, nahm die Arbeitslust rasch ab. Der Lehrer intervenierte zum ersten mal. Er wies die Schülerinnen und Schüler auf die Literatur hin und forderte sie auf, Skizzen und Pläne anzufertigen aus denen hervorgehen sollte, womit sie anfangen wollten und wie es dann weitergeht. Jetzt begannen alle zu lesen und zu blättern, allerdings machte sich niemand Notizen.

4.2.3 Selbstbau von Fernglas, Arbeitsprojektor, Mikroskop und Diaprojektor

Die Verläufe der Projektarbeiten zu diesen vier Themen hatten untereinander viele Ähnlichkeiten. Die Schülerinnen und Schüler gingen – weitgehend frei und selbstbestimmt – mit Geräten aus der Physiksammlung um und erarbeiten sich die Kenntnisse dazu aus schriftlichem Material. Ihr Verhältnis zu den untersuchten Geräten blieb bis zum Schluss eher distanziert. *Es war uns Lehrerinnen und Lehrern also noch nicht gelungen, die Schüler auch emotional anzusprechen.* Die erstellten Modelle ähnelten den nüchternen Demonstrationsexperimenten und hatten wenig persönliche Note. Nach Ende der Projekte wanderten die Einzelteile wieder in die Sammlung und es blieb von der Anstrengung außer den Berichtsheften keine materielle Spur zurück. Über diese vier Projekte wird im folgenden summarisch berichtet. Das Projekt Fotoapparat bzw. „Fotos mit selbstgebauter Kamera" war von ganz anderer Art. Deshalb erhält es einen eigenen Abschnitt.

Die Gruppen mit den „nüchternen" Geräten fanden recht bald in ihren Unterlagen die passenden Strahlengänge und Bilder und begannen auf optischen Bänken ihr Modell nachzustellen. Die Wahl der Linsen und ihre Abstände voneinander waren noch wenig durchdacht. Die Gruppe „Arbeitsprojektor" hatte den ersten Teilerfolg: Sie erhielten ein scharfes Bild, aber nur einen Ausschnitt. Das stachelte sie an. Die Gruppe Diaprojektor sah ein erstes Bild an der Wand, konnte aber nicht sagen, wie sie das geschafft hatten. Es war plötzlich da. Alle anderen Gruppen riefen nun nach dem Lehrer, weil sie nicht wussten, wie es weitergehen sollte. Der Lehrer ging von Gruppe zu Gruppe und er forderte die wartenden Gruppen auf, schon jetzt in die Berichtshefte zu schreiben, wozu ihr Gerät gut ist, wozu man es braucht.

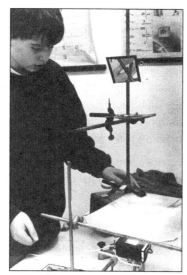

Abb. 4.7: Gruppe „Arbeitsprojektor"

In den Gruppengesprächen wurde deutlich, dass die Schülerinnen und Schüler das Bauen ihres Modells nicht im Zusammenhang mit dem vorangegangenen Unterricht sahen. Sie wünschen sich ein Rezept, eine Montageanleitung. Am besten: „Man nehme die Linse mit dem roten Punkt, stecke sie in den Linsenhalter H usw. usw.." So kennen und schätzen sie es aus vielen Bastel- und Selbstbauanleitungen. Der Lehrer hatte andere Vorstellungen von Projektarbeit und erklärte das physikalische Prinzip des Gerätes mit Verweisen auf die vorausgegangene Gruppenarbeit. Von jetzt an arbeiteten vor allem

Wünschen Schüler Rezepte?

diejenigen Gruppen konstruktiv, mit denen der Lehrer die weiteren Arbeiten geplant hatte. Insgesamt war diese Gruppenarbeit jedoch weniger befriedigend als die vorherige. Was tun?

Lehrer: „Ihr seid im Moment nicht so glücklich. Ich auch nicht." Er erklärte ihnen, worauf es ihm beim Projekt ankommt. „Ich möchte, dass ihr lernt, euch selbst zu helfen und einen eigenen Weg zu finden. Wenn ihr es aber möchtet, dann stelle ich den Unterricht wieder um und erzähle euch alles." Die anschließende Diskussion ist nicht gerade lebhaft, macht aber deutlich, dass die Schülerinnen und Schüler den Unterricht so eigentlich besser finden, sich aber mehr Hilfe wünschen. „Wir müssen das alles aufschreiben und das ist so schwer." Das Schreiben an sich fällt einigen sicher schwer, aber das ist offensichtlich nicht der entscheidende Punkt. Sie haben das zu lösende Problem noch nicht durchdacht und deshalb können sie ihren Texten keine Struktur und Gliederung geben. Die gelernte Physik stand ihnen in der unübersichtlichen Projektsituation nicht hinreichend zur Verfügung.

Planungs- und Schreibhilfen

Zwischenergebnis: Die Projekte werden fortgeführt, aber es gibt Hilfen beim Planen (d.h. vor allem erklären des physikalischen Zusammenhangs) und Hilfe beim Schreiben. Dieses Gespräch war nötig und gut. Die Arbeit begann nun ruhig und konzentriert. Die Gruppen mussten am Ende einer Doppelstunde mitteilen, was sie beim nächsten Mal tun wollen.

Jetzt stellten sich experimentelle Erfolge rasch ein. Die Schülerinnen und Schüler konzentrierten sich auf die Vervollständigung ihrer Themenhefte. Sie nahmen dazu die Bücher in Anspruch und fragten nach den dort verwendeten Begriffen. Das war eine wahre Flut von Fragen. Schulbücher sind – für Experten kaum wahrnehmbar – eine komprimierte Sammlung von Fremdwörtern.

Der Unterricht war für den Lehrer anstrengend. Aber er sah nicht unglücklich aus: Wann war er zuletzt von den Schülern so intensiv nach physikalischen Dingen gefragt worden und wann hatten sie ihm so aufmerksam zugehört? Die Schülerinnen und Schüler wollten etwas von ihm und er konnte ihnen tatsächlich helfen.

Poster für die Projektpräsentation

Für die Poster standen große Bögen Papier bereit. Die Bilder und Konstruktionen sahen auf den ersten Blick richtig aus. Der zweite Blick zeigte, dass die Bilder häufig gar nicht konstruiert wurden: Der Ort von Gegenstand und Bild richtete sich mehr nach den Wünschen der Zeichner und Zeichnerinnen. Die Zeichnungen waren nur so ähnlich wie diejenigen in den Büchern. Und manchmal waren sie sogar in den Büchern falsch, also nicht zu verstehen. Die Schülerinnen und Schüler waren darüber fassungslos.

Die Posterzeichnungen sind wie eine Prüfung. Die Misserfolge treffen die Schülerinnen und Schüler unvorbereitet. Für den Unterricht spielen sie die Rolle einer Wiederholung und Ergebnissicherung.

Das Verschönern und Ausmalen der Poster tat den Schülerinnen und Schülern nach der geistigen Anstrengung richtig gut. Einige sagten, sie möchten jetzt auch so etwas mit Pappe bauen und anstreichen wie die Fotogruppe.

4.2.3 Die Referate

Die Referate zu den Postern sind ein Thema für sich. Für denjenigen, der schon weiß, was die Schülerinnen und Schüler mitteilen wollen, sind sie nicht schlecht. Aber was das Allgemeine im Speziellen ist, das wird nicht deutlich. Deshalb haben die anderen Schüler nicht viel davon. Sie sind häufig schon froh, wenn sie ihr eigenes Gerät verstanden zu haben und entwickeln wenig Ehrgeiz, den anderen bei ihren Erklärungen zu folgen. Der Lehrer fordert die Schülerinnen und Schüler zu Fragen auf, falls sie etwas nicht verstanden haben. Davon machen sie praktisch keinen Gebrauch. So reiht sich Referat an Referat.

Was sind diese Referate für eine Art Veranstaltung? Der Lehrer fragt Dinge, die er schon weiß. Die einen Schüler fragen, die anderen antworten, beide haben fast nichts davon. Die Kommunikation ist gestört. Dass die Referate in die Zensuren eingehen, macht die Situation erst richtig verfahren. Vor dem Lehrer sollte sicher kein Schüler einen anderen in Schwierigkeiten bringen.

Sollte man also ganz auf die Referate verzichten?

Sicher nicht, solange es keine bessere Alternative gibt. Ohne Referate wäre auch die produktive Vorbereitung auf die Referate als Projektabschluss verloren. Das skeptische Urteil über die Referate wird überdies nicht von allen Lehrerinnen und Lehrern geteilt und schwankt von Projekt zu Projekt. Die Erfahrung zeigt jedoch, dass Schülerreferate besonderer Pflege bedürfen und nicht ohne weiteres Gewinn bringen. Das gilt verstärkt dann, wenn die Schülerinnen und Schüler nicht eigene Erlebnisse schildern, sondern statt des Lehrers Physik vermitteln sollen..

Auf die Referate verzichten?

4.2.5   Fotos mit selbstgebauter Kamera

Für das Kameraprojekt hatte sich zunächst eine 4-er und eine 3-er
Gruppe entschieden. In der zweiten Doppelstunde hatte sich die 4-
er-Gruppe in zwei 2-er-Gruppen geteilt. Die große Gruppe kam ü-
berhaupt nicht in Gang, zeigte wenig Lust und hatte keinen Plan.
Höchstens einer hatte eine Idee und alle anderen liefen hinterher.
Der Lehrer schlug vor, die Gruppe zu teilen, was sofort akzeptiert
wurde. Die mitgebrachte Kamera erregte bei allen ein wenig aber
nicht viel Aufmerksamkeit. Es handelte sich dabei um zwei ineinander schiebbare Röhren aus aufgerollter und zusammengeklebter
schwarzer Pappe:

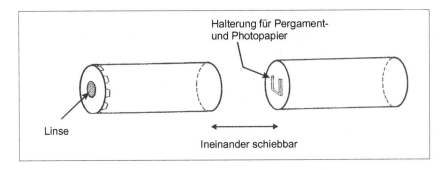

Abb. 4.8: Bauplan der selbstgebauten Kamera

Die Linse hat eine Brennweite von 10cm. Sie kann mit Blenden versehen und mit einem Pappdeckel als verschlossen werden. Auf dem
Rohr B werden Markierungen für die Scharfeinstellung bei verschiedenen Gegenstandsweiten angebracht. Dazu wird eine Lampe
in 1m, 2m, bis 10m Abstand von der Linse scharf auf das Pergamentpapier abgebildet. Wenn man nun (in der Dunkelkammer) Fotopapier in der Halterung für das Pergamentpapier befestigt, das
Rohr B rechts mit einem Tuch lichtdicht verstopft und die Linse mit
Pappe abdeckt, hat man eine aufnahmebereite Kamera. Das alles
hätte ihnen der Lehrer erklärt, wenn die Schülerinnen und Schüler
danach gefragt hätten.

Aber alle Schülerinnen und Schüler wollten sofort mit dem Basteln
beginnen. Die gestellte Aufgabe erschien ihnen machbar. Die Lehrerkamera war ihnen rein äußerlich wohl zu primitiv. Sie nehmen sie
kaum in die Hand und achten nicht auf Einzelheiten. Es sollte gleich
eine bessere werden.

Der Lehrer hatte selbst eigene Erfahrungen mit dem Kamerabau gemacht und ahnte Böses. Er forderte die Schülerinnen und Schüler

auf, einen Plan anzufertigen: Welches Material und welches Werkzeug wird benötigt? Wer bringt was zum nächsten Mal mit und wie werden die Kosten verteilt? Die Pläne wurden von ihm kontrolliert. Danach ging er nur noch dann zu den Gruppen, wenn er gerufen wurde. Die Arbeit begann sehr konzentriert. Ein Schüler der 3-er-Gruppe hatte allerdings relativ wenig zu tun. Das blieb auch so.

Die Bastelmaterialien nahmen die ganze Konzentration der Schülerinnen und Schüler in Anspruch. Ausgangspunkt der Arbeiten waren die mitgebrachten Kartons, z.B. Waschmittelkartons. Sie schnitten ein Loch hinein und suchten danach Linsen der passenden Größe heraus. So gesehen war die wichtigste Eigenschaft einer Linse ihr Durchmesser, nicht etwa die Brennweite. Wie sollte man die Linse befestigen, ohne dass ein Teil der Linse abgedeckt wurde. Kam da die Vermutung „halbe Linse bedeutet halbes Bild" wieder zum Vorschein? Die technisch-handwerklichen Probleme waren erdrückend und die Lust nahm rapide ab. Der Lehrer wurde gerufen. Er antwortete auf konkrete Fragen („Welche von den Linsen macht das beste Bild?") möglichst allgemein und versuchte, die Aufmerksamkeit der Schülerinnen und Schüler auf das physikalische Prinzip (siehe: Aufgabe 5 f „Die Blende") der Kamera zu lenken. Die Schüler reagierten schroff ablehnend: „Wir wollen was bauen und nicht Physik machen." Es war offensichtlich, dass sie keinen Zusammenhang zur vorangegangenen Gruppenarbeit zur geometrischen Optik sahen oder sehen wollten. Die Klassenarbeit war ja recht gut ausgefallen, aber das war die Welt der Theorie und die schien unberührt neben der konstruktiv-praktischen Welt zu existieren.

Abb. 4.9: Schüler mit selbst gebauter Kamera. Das Produkt: ein „Negativ"

Die Schülerinnen und Schüler suchten den kürzesten Weg zur ersten Aufnahme und zur Dunkelkammer (einem umfunktionierten fensterlosen Sammlungsraum). Diesen Raum hatte einer der Schüler bereits unerlaubt inspiziert und dabei das Fotopapier entdeckt. Damit erschien er stolz bei den Mitschülern, zog ein Papier heraus und zeigte es ihnen. Niemand hatte vorher Fotopapier gesehen. Es sah nach nichts aus. Ein bisschen steif war es vielleicht, mehr nicht. Die Lehrerreaktion ist heftig und trifft sie wie ein Blitz aus heiterem Himmel. Die gesamte Packung Fotopapier ist belichtet und unbrauchbar geworden. Man spricht über Preise, sammelt Geld ein, zwei gehen neues Fotopapier kaufen und man verabredet, es in kleine Portionen aufzuteilen und immer nur eine der kleinen Packungen zu öffnen.

Der erste Versuch: ein Fiasko

Das Ergebnis des ersten Versuchs einer fotografischen Aufnahme erschien den Schülerinnen und Schülern ein Fiasko. Sie hatten sich völlig darauf konzentriert, was sie als erstes fotografieren wollten: Die Freundinnen hatten sich kunstvoll aufgestellt, die Schule sollte am besten bei Sonne geknipst werden usw.. Jetzt hielten alle Gruppen ein vollständig geschwärztes Fotopapier in den Händen. Nichts war darauf zu erkennen. Dabei waren sie fest davon überzeugt, schon am Ziel zu sein.

Jetzt ging es nicht ohne Lehrer weiter. Die Schülerinnen und Schüler hörten ihm unglaublich konzentriert zu. Fehler Nummer 1: Sie waren davon ausgegangen, dass das Bild genau dort liegt, wo es ihrem Wunsch nach hin sollte – an den Ort des Fotopapiers. Sie hatten nicht in Erwägung gezogen, dass dies von der Brennweite der Linse und von der Gegenstandsweite abhängt. Eine Gruppe hatte z.B. eine Kamera gebaut, die einer üblichen Kleinbildkamera äußerlich täuschend ähnlich sah. Eine Gruppe hatte eine Streulinse als Objektiv verwendet. Keine Gruppe hatte berücksichtigt, dass die Bildweite variabel einstellbar sein muss, wenn man verschieden weit entfernte Objekte fotografieren will.

Es half alles nichts, sie mussten einen ganz neuen Plan für die Kamera entwerfen und nahezu von vorn beginnen. Der Lehrer tröstete die Schülerinnen und Schüler damit, dass bei ihm auch das erste Bild völlig schwarz war. Das tröstete wirklich.

Weitere Schwierigkeiten

Die größte technische Schwierigkeit ist der Mechanismus für die bewegliche Brennweite. Es gab dazu raffinierte Leistenkonstruktionen, Analogien zur Lehrerkamera mit den ineinander verschiebbaren Röhren und die Variante, eine Kamera für nur eine feste Gegenstandsweite („für Portaits") zu bauen. Wieder sind die Erwartungen groß und wieder waren alle Aufnahmen schwarz! Die Lösung lag für den Lehrer auf der Hand: Sie hatten alle ohne Blende belichtet, Linsen mit 40 mm Durchmesser verwendet und deshalb viel zu lange belichtet. Es folgte also eine Belehrung (eigentlich: Wiederholung) über die Funktion einer Blende. Er schlug vor, dass sich die Gruppen bei der Erprobung der richtigen Belichtungszeit absprechen.

Die Korrekturen an den Kameras sind schnell angebracht. Die Gruppen überbieten sich im Arbeitstempo. Eine nach der anderen verschwindet in der Dunkelkammer und kommt tief enttäuscht wieder heraus: Alle Bilder sind schwarz.

Der Lehrer hat den Verdacht, dass die Kästen nicht lichtdicht sind, also Ritzen haben. Das Fotopapier ist also schon vor der Aufnahme diffus belichtet. Er fordert alle Schüler und Schülerinnen auf, alle Ritzen mit Klebstreifen zu überkleben (zum Leidwesen der Ästheten) und die Apparate von innen schwarz zu streichen. Interessanterweise hatten zwei Gruppen die Kamera von außen geschwärzt. Als Grund sagten sie, schwarz sei „irgendwie professionell".

Das Schwärzen innen war der springende Punkt. Das erste Bild zeigt einen schwarzen Strich auf grauem Grund. Das wird als Neonröhre an der Decke identifiziert. Das zweite Bild zeigt die Andeutung eines Fensterrahmens. Was sich jetzt in der Klasse abspielte ist unglaublich. Die Schüler und Schülerinnen der Kameragruppe waren völlig aus dem Häuschen. Ihre Aktivitäten überschlugen sich. Die anderen Gruppen verstanden die Euphorie angesichts der ihrer Meinung nach mäßigen Bilder nicht, ließen sich aber dann mitreißen. Die Bilder wurden immer besser und in gleichem Maße wuchs der Stolz der Schülerinnen und Schüler auf die vollbrachte Tat. Allerdings wuchsen auch die Ansprüche: Schade, dass die Bilder Negative sind: Was in der Wirklichkeit hell ist, ist auf den Bildern Dunkel, und umgekehrt. Weil das Fotopapier etwas durchscheinend ist, konnte auch dieses Problem noch gelöst werden.

Erste Erfolge

Für die Herstellung von Postern reichte die Zeit nicht. Die anderen Gruppen waren damit schon fertig. Poster waren auch nicht nötig um das wichtigste zu berichten. Die Präsentation brauchte keine besondere Vorbereitung. Ein Schüler bzw. eine Schülerin aus jeder Gruppe erzählte chronologisch mit Skizzen an der Tafel wie sie zu ihrem Bild gekommen waren und warum das alles so lange gedauert hat. Die Kameras und die Bilder waren schon vorher von den anderen Gruppen begutachtet worden.

4.2.4   Ein Projekt im Unterricht?

Der Unterricht zur geometrischen Optik dauerte in diesem Jahr drei Monate. Im Lehrplan waren als Richtwert 2 Monate vorgesehen. Dieser eine zusätzliche Monat ging für die Bearbeitung der anderen Lehrplanthemen verloren. War das zu rechtfertigen?

Die Frage ist nicht leicht zu beantworten, schon gar nicht für eine einzelne Lehrkraft. Ob die Schülerinnen und Schüler Erfahrungen mit der Projektarbeit sammeln sollen oder nicht, ist eine Entscheidung des Kollegiums und eine Frage des pädagogischen Profils einer Schule. Sie wird mit den allgemeinen Zielen von Unterricht und Erziehung in den Lehrplan-Präambeln begründet und nicht primär aus den einzelnen Fächern heraus.

Die Projektliteratur beschreibt ein Projekt idealtypisch in Form von Kriterien, Komponenten oder Aspekten. Kein reales Projekt erfüllt alle diese Anforderungen. Unabdingbar ist jedoch eine offene Ausgangssituation, die verschiedenartige Betätigungen herausfordert und die ernsthafte Anforderung an die Schülerinnen und Schüler, ihr Arbeitsgebiet selbst zu strukturieren.

Bau einer Kamera hat sich bewährt

Wir Lehrerinnen und Lehrer im Arbeitskreis entschieden uns, als offene Ausgangssituation ein Spektrum an optischen Geräten zur Bearbeitung anzubieten, aus dem sich die Schülerinnen und Schüler das für sie interessanteste aussuchen konnten. Der Bau eines Modells sollte ihre Aufmerksamkeit auf ein konkretes Ziel richten und sie so zu durchdachtem, planvollem Handeln anregen. Inzwischen sind einige Jahren vergangen und das Projekt hat in unserer Unterrichtspraxis einige Abwandlungen erfahren. Für uns alle gehört das Projekt „Kamerabau" seither zum festen Unterrichtsrepertoire. Die Begeisterung der Schülerinnen und Schüler ist immer noch mitreißend. Einige besonders zeitraubende Fehler sollen sie heute nicht mehr machen. So erhalten sie z.B. den „gutgemeinten Rat", die Kästen innen zu schwärzen. Und oft steht nur ein einziger Linsentyp (Brennweite 10cm) zur Verfügung.

Von den anderen optischen Geräten ist nicht viel geblieben. Manchmal bildet sich dazu eine Expertengruppe in der Klasse. Alle Änderungen gegenüber dem beschriebenen Projekt zielten darauf, die Unterrichtszeit im Rahmen zu halten, die Lehrkraft zu entlasten und zu erreichen, dass die Schülerinnen und Schüler einander helfen und beraten. Die Wahl zwischen den optischen Geräten erscheint uns heute weniger wichtig, weil sie Freiraum für die Schülerinnen und Schüler eher vortäuscht als gestattet. Die *konstruktiven Freiheiten und Handlungsmöglichkeiten* beim Kamerabau haben eine höhere Qualität. Und vor allem: Wir spüren noch heute bei diesem Projekt einen inneren Antrieb bei den Schülerinnen und Schülern, der uns Lehrerinnen und Lehrern das köstliche Gefühl vermittelt, dass wir gebraucht werden und helfen können.

Thomas Wilhelm

4.3 Projekt „Induktionsmotore"

In diesem Projekt geht es um die vielen technischen Anwendungen des thematischen Bereichs „Kraft auf einen stromdurchflossenen Leiter/Induktion/lenzsche Regel". Aus der Fülle der möglichen Anwendungen können die Schüler frei auswählen. Viele Anwendungen beruhen darauf, dass durch ein räumlich veränderliches Magnetfeld eine Bewegung aufgrund von elektromagnetischer Induktion entsteht. Deshalb wurde das Projekt "Induktionsmotore" benannt. Da Induktionsmotore einen sehr einfachen Aufbau haben, eignen sie sich besonders gut zum Nachbau durch die Schüler. Motivierend ist dabei nicht nur der Bezug zur realen Welt, sondern wohl auch die Tatsache, dass es sich z.T. um selbstentwickelte „Geräte" und Experimente handelt, die üblicherweise im Physikunterricht nicht vorkommen. Das Projekt wurde in einer 10. Klasse des Gymnasiums erprobt; aufgrund der fachlichen Komplexität bietet diese Thematik auch Schülern der gymnasialen Oberstufe noch genügend intellektuelle Herausforderung.

Das Projektthema

4.3.1 Fachliches – Ideen für Schüleraktivitäten

In den Schulbüchern für den Physikunterricht der S I werden i.Allg. nur Elektromotore mit einem räumlich konstanten Magnetfeld im Ständer behandelt, nämlich der Gleichstrommotor (als Außenpolmotor mit Dauermagneten) und evtl. der Wechselstrommotor als Hauptschlussmotor (Universalmotor), wobei stets Schleifkontakte und Polwender verwendet werden. Untersucht man aber Elektrogeräte, wie sie in jedem Haushalt verwendet werden, findet man u.a. Motore ohne Schleifkontakte und Polwender, die ein räumlich veränderliches Magnetfeld im Ständer haben. Das Magnetfeld im Läufer wird entweder durch Dauermagnete (Synchronmotor) oder induktiv (Asynchronmotor = Induktionsmotor) erzeugt. Gerade bei den Induktionsmotoren (Drehstrommotor, Spaltpolmotor, Linearmotor etc.) finden wir viele verschiedenartige Anwendungen des Themengebietes „Elektromotor".

Es gibt verschiedene Elektromotore

1. Schüler können im Projekt einen einfachen Drehstrommotor improvisieren, bei dem ein *Aluminiumdöschen eines Teelichtes als Kurzschlussläufer* verwendet wird (s. 4.3.2). Das rotierende Magnetfeld induziert im Aluminiumdöschen einen Strom, der wiederum eine Kraft bzw. Bewegung hervorruft, so dass das Döschen dem Mag-

Drehstrommotor

netfeld nach der lenzschen Regel folgt. In einem Projekt können die Schüler selbst ähnliche Induktionsmotore (=Asynchronmotore) bauen. Anstatt den Spulen der Schulsammlung zu verwenden, können auch selbst Spulen gewickelt werden, statt dem Aluminiumdöschen kann ein Käfiganker gebaut werden, der effektiver ist.

einphasige Induktionsmotore

felderzeugende   hier sitzt der
Spule   Rotor/Läufer

geblätteter
Eisenkern   jeweils 2 Kupfer-
                  wicklungen

Laugenpumpen-motor einer Waschmaschine als Spaltpolmotor

2. Auch einen Spaltpolmotor kann man als ein Funktionsmodell im Unterricht vorführen. Bei ihm wird eine Phasenverschiebung zwischen zwei Magnetfeldern dadurch erreicht, dass um den halben Eisenkern einer Spule einige Metallwicklungen gewickelt werden, in denen ein Strom induziert wird. Dieser erzeugt ein Magnetfeld, das dem ursprünglichen entgegengerichtet ist, so dass dessen Auf- und Abbau verzögert wird. Das Gesamtmagnetfeld auf dieser Seite des Eisenkerns hinkt dann der anderen Seite hinterher, und nach der lenzschen Regel folgt der „Läufer" diesem elliptisch rotierenden Magnetfeld. Hierzu können von den Schülern leicht Varianten realisiert werden, bei denen man auch mit einphasiger Wechselspannung auskommt. Man kann z.B. vor die Hälfte des Eisenkerns einer Spule eine Aluminiumplatte bringen, in der dann auch Wirbelströme induziert werden. Dadurch wird genauso eine Phasenverschiebung der Teilmagnetfelder erzeugt, um damit ein Aludöschen eines Teelichtes rotieren zu lassen. Schließlich kann man auch zwei Spulen an die gleiche Wechselspannung anschließen und vor die eine der beiden Spule noch eine weitere, kurzgeschlossene Spule zum Induzieren eines phasenverschobenen Stromes stellen. Führt man das Projekt in der 12. Jahrgangsstufe durch, ist es auch möglich, eine Phasenverschiebung des Magnetfeldes zwischen zwei Spulen statt durch Drehstrom auch mit einer Wechselspannung zu erzeugen, unter Verwendung eines Kondensators.

Bastelmotore

3. In einem Projekt kann eine Schülergruppe auch einen Elektro-Bastelmotor auf einer Pappschachtel bauen lassen (erhältlich beim Hersteller Leopold Eschke, München oder in der Stark Physik-Boutique München). Da hier Stator und Rotor Elektromagnete sind, die in Reihe vom gleichen Strom durchflossen werden (Hauptschlussmotor), kann der Motor mit Gleich- und Wechselspannung betrieben werden (Universalmotor). Erfahrungsgemäß macht der Bau den Schülern viel Spaß. Fast genauso einfach können Schüler einen Schrittmotor bauen (Wimber, 1988).

Lexikon erstellen

4. Eine weitere einfache Projektaktivität ist die Erläuterung der vielen Fachbegriffe, die es zu Elektromotoren gibt, um so eine Art Lexikon zu erstellen (s. 4.3.1). Interessant ist auch, die Vor- und Nachteile oder die Anwendungsgebiete verschiedener Elektromotore

zusammenzustellen. Ein interessierter Lehrer findet einen kurzen Überblick über Aufbau und Wirkungsweise der verschiedenen Elektromotore und weiterführende Literaturangaben bei Berge (1988).

5. Eine weitere nicht-experimentelle Aufgabe: Woher kommt die elektrische Energie des Schulortes bzw. Heimatortes? Wie wird sie erzeugt? Denn kein Haushalt kommt heute ohne elektrische Energie aus, die wir zum Kochen, Kühlen, Beleuchten, im Beruf und in der Freizeit benötigen. Schüler und Schülerinnen berechnen, was eine kWh bei verschiedenen Anbietern kostet, und unterscheiden, was Kleinverbraucher und was Großverbraucher zahlen müssen.

Woher kommt die elektrische Energie?

6. Den Schülern ist natürlich bekannt, dass Energie"verbrauch" Geld kostet. Deshalb befindet sich in jedem Haus ein Messgerät, das umgangssprachlich "Stromzähler" genannt wird. Dieser Wechselstromzähler ist auch eine Art Induktionsmotor. Hier entsteht die Bewegung des Kurzschlussläufers dadurch, dass die Stromspule und die Spannungsspule einen phasenverschobenen Strom und damit ein phasenverschobenes Magnetfeld haben. Insgesamt ergibt das ein elliptisch rotierendes Gesamtmagnetfeld, dem der Läufer folgt. Wie in 4.3.2 gezeigt wird, können die Schüler ein solches Zählermodell mit dem Aludöschen eines Teelichtes aufbauen und damit nachweisen, dass die Anzahl der Umdrehungen pro Minute proportional zur "verbrauchten" Leistung ist. Dieser Proportionalitätsfaktor ist die sogenannte Zählerkonstante des Zählers und kann genutzt werden, um damit den Energiebedarf unbekannter Glühbirnen zu messen.

Bau eines Wechselstromzählers

7. Mit einem professionellen Zähler, den man billig kaufen oder bei Stadtwerken ausleihen kann, lässt sich sogar der Energiebedarf vieler verschiedener Elektrogeräte im Haushalt messen und vergleichen. Als nicht-experimentelle Aufgabe kann der jeweils vom Hersteller angegebenen Energiebedarf bzw. die angegebene Leistung verschiedener Elektrogeräte verglichen werden. Interessant ist auch festzustellen, an welchen Geräten sich in den letzten zehn Jahren (oder letzten Jahrzehnten) etwas geändert hat. Schließlich ist es auch sinnvoll, wenn sich die Schüler überlegen, wo man im Haushalt Energie sparen kann, da Umweltschutz und Energiesparen heute immer wichtiger wird.

Fächerübergreifend: Energiebedarf

8. Ein ganz besonderer Induktionsmotor, der auch leicht zu verstehen ist, ist der asynchrone Linearmotor. Hier gibt es prinzipiell zwei experimentelle Realisierungen:

Asynchrone Linearmotore

• Schüler verwenden einen Fahrweg aus Aluminium und setzen in das Fahrzeug die mit Drehstrom versorgten Elektromagnete.

- Sie bauen die Elektromagnete in den Fahrweg und das Fahrzeug besteht im wesentlichen aus einer Aluminiumschiene.

Die erste Variante wird gelegentlich als Facharbeitsthema in Leistungskursen vergeben, wobei die Spulen selbst hergestellt werden. Diese experimentelle Aufgabe ist auch in einem Projekt sinnvoll.

Fächerübergreifend: Transrapid

9. Fächerübergreifende nicht-experimentelle Aufgaben sind eine ökologische Bewertung des Transrapidsystems (wozu die Aspekte Energieverbrauch, Schadstoffemission, Lärm und Landschaftszerschneidung gehören), eine wirtschaftliche Bewertung und eine Betrachtung unter verkehrstechnischen und städtebaulichen Gesichtspunkten (s. Lukner, 1995). Schüler und Schülerinnen können in diesem Zusammenhang verschiedene Antriebstechnologien wie Verbrennungsmotor (PKW), elektromagnetischer Antrieb (Transrapid oder Eisenbahn) und Flugzeuge vergleichen. Interessante Aspekte sind hier die Geschichte, die Geschwindigkeit, die Reichweite, der Energieverbrauch, der Wirkungsgrad, die Schadstoffemission, die Lärmbelästigung und insbesondere die Umweltbelastung. Der Transrapid steht immer wieder einmal in der politischen Diskussion, von der die Medien berichten. Dies spricht dafür, ihn auch im Unterricht zu behandeln, und dies erklärt vielleicht die hohe Motivation auf Seiten der Schüler.

Viele interessante Schüleraktivitäten

Für dieses Projekt spricht insbesondere, dass es sehr viele verschiedene Möglichkeiten für Schüleraktivitäten und Durchführungsvarianten gibt. Je nach Interesse und Vorliebe der Schüler können sie unterschiedliche Aspekte wählen. Es gibt bei dieser Thematik viele experimentelle und nicht-experimentelle Aufgaben mit qualitativen und quantitativen Ergebnissen.

4.3.2 Lernvoraussetzungen für das Projekts

Rahmenbedingungen

Die Projektklasse des 10. Schuljahres des mathematisch-naturwissenschaftlichen Zweigs eines Gymnasiums mit 5 Mädchen und 17 Jungen galt als eher leistungsschwach.

Im Folgenden werden die vorausgehenden zwei Stunden lehrerzentrierten Unterrichts skizziert, in denen die lenzsche Regel eingeführt wird; dabei wird auf viele Anwendungen hingewiesen. Durch diesen Überblick konnten die Schüler die anspruchsvolle, nicht schultypische Physik des Projektes schon in der 10. Jahrgangsstufe qualitativ verstehen und dann ein sie interessierendes Teilthema des Projektes auswählen.

1. Als erstes wurden physikalische Grundlagen wiederholt. Eine Bewegung eines Leiters im Magnetfeld durch Induktion erzeugt einen Strom in diesem Leiter. Außerdem wirkt auf einen solchen stromdurchflossenen Leiter im Magnetfeld eine Kraft, die wiederum eine Bewegung verursacht. Wenn der Lehrer behauptet, dass mit dieser Rückkopplung sehr schnelle Bewegungen und große Ströme erreicht werden können, sollten die Schüler dagegen heftig protestierten: ein solches perpetuum mobile ist nicht möglich. Erst eine genaue physikalische Untersuchung mit Hilfe der „Drei-Finger-Regel" ergibt, dass die Kraft die ursprüngliche Bewegung nicht verstärkt, sondern bremst. Damit ist eine elementare Form der lenzschen Regel gefunden.

Einführung der lenzschen Regel

2. Eine Anwendung der lenzschen Regel ist das Waltenhofensche Pendel. Bei diesem typischen Gerät der Lehrmittelfirmen schwingt eine Metallplatte zwischen den Polen eines starken Elektromagneten. Diese wird durch entstehende Wirbelströme abgebremst. Genutzt wird dieser Effekt z.B. bei Wirbelstrombremsen in Straßenbahnen oder um Schwingungen von Zeigerinstrumenten zu dämpfen. Verhindert werden solche Wirbelströme durch Unterteilung von Metallstücken in viele Lamellen, z.B. bei Transformatoren.

Waltenhofensches Pendel

Schon bei der Einführung der "Induktion im bewegten Leiter" wird darauf Wert gelegt, dass es nicht auf die Bewegung vom Leiter oder Magneten ankommt, sondern auf deren Relativbewegung zueinander. Dies wird im folgenden Versuch demonstriert: ein Stabmagneten wird durch einen aufgehängten Metallring bewegt, von dem man zeigen kann, dass er *nicht magnetisch* ist. Der Ring bewegt sich in die Bewegungsrichtung des Stabmagneten. Der Induktionsstrom fließt also so, dass die dadurch entstehende Kraft die Relativgeschwindigkeit verkleinert. Es ist dabei nicht nötig, sich die Stromrichtung im Metallring zu überlegen. Das Phänomen genügt.

Stabmagnet wird durch Metallring bewegt, der sich mitbewegt.

Wirbelstrom und Magnetfeld

3. Beim nächsten Experiment wird ein drehbar gelagerter Stabmagnet neben ein leeres Teelicht-Aluminiumdöschen gestellt, das umgekehrt auf einer Nadel liegt (s. Marhenke, 1996a, 33). Versetzt man den Stabmagneten in Drehung, dreht sich das Aluminiumdöschen mit. Man kann es auch so interpretieren: Bewegt sich wie im vorhergehenden Versuch ein Magnet am Döschen vorbei, bewegt es sich mit, so dass sich auch hier eine Relativbewegung verkleinert. Durch ein zwischen Magnet und Döschen gestelltes Stück Pappe wird gezeigt, dass es nicht der Luftzug ist, der das Döschen mitnimmt (siehe Abb.). Die Anwendung der lenzschen Regel erspart Überlegungen, wie der Induktionsstrom fließt und wie die Kraft wirkt.

Aluminiumdose folgt Magnetfeld

Teelicht   Stabmagnet

Prinzip des Linearmotors

Dieses Experiment demonstriert schon das Prinzip des Linearmotors, wie es bei manchen Schienenfahrzeugen verwendet wird und es weist auf die Magnetschwebebahn Transrapid hin (die aber durch einen synchronen Linearmotor betrieben wird). Für den älteren Bautyp stellt man sich eine lange Schiene vor, die sich bei Rotation des Magneten verschiebt. Hält man nun die Schiene fest und baut stattdessen unter das Stativ des rotierenden Magneten Räder, fährt dieser als Fahrzeug an der Schiene entlang. Außerdem wird der rotierende Dauermagnet durch drei hintereinander stehende Elektromagnete ersetzt, die mit Drehstrom betrieben werden..

Teelichtdose folgt rotierendem Magnetfeld

4. Eine Variation des letzten Versuches ist, nun über das Aluminiumdöschen einen Hufeisenmagneten an eine Schnur zu hängen, die man verdrillt, so dass sich der Hufeisenmagnet zu drehen beginnt. Auch hier das Döschen mit dem Magneten mitbewegt. (Dies ist die Umkehrung des Aragoschen Experimentes (s. Wilke, 1995, 35 ff.). Das ist schon ein Modell für einen Drehstrommotor. Während es ohne experimentelle Veranschaulichung schwierig ist, sich ein drehendes Magnetfeld vorzustellen, ist dies hier offensichtlich. Anwendung findet dieser Aufbau im Auto beim Tachometer, bei dem sich ein Magnet in einer Aluminiumhülse dreht, an der wiederum ein Zeiger befestigt ist, wobei allerdings die Aluminiumhülse von einer Feder gebremst wird (s. Schuldt, 1988, 40).

Um es nicht nur bei diesem einfachen Modell eines Drehstrom-Asynchronmotors zu belassen, baute man ein Modell eines Drehstrommotors. Das Aluminiumdöschen des Teelichtes wird wieder als Kurzschlussläufer verwendet und der rotierende Hufeisenmagnet durch drei Elektromagnete (Spulen mit 600 oder 1200 Windungen) ersetzt, an die eine im Physikraum vorhandene regelbare Drehstromquelle mit geringen Spannungen (z.B. 22 V) angeschlossen werden. Dem mit 50 Hz rotierenden, zweipoligen Magnetfeld folgt der Kurzschlussläufer mit geringerer Winkelgeschwindigkeit.

Modell eines Drehstrommotors

Ein weiterer qualitativer Demonstrationsversuch illustriert das rotierende äußere Magnetfeld, indem man als Läufer statt dem Aludöschen eine Magnetnadel verwendet. Diese bewegt sich dann synchron mit 50 Hz mit dem äußeren Magnetfeld.

Im Aufbau ist dieser Motor sicher einfacher als die Gleich- und Wechselstrommotore, die vorher behandelt wurden. Technisch wichtig ist, dass es hier keinen Verschleiß von Schleifkontakten gibt und die Motore geräuscharm und ohne Funkstörung laufen.

5. Schließlich kann man bei diesem Überblick über verschiedenartige Elektromotore auch noch noch das Modell eines Spaltpolmotors besprechen. Hier wird nur eine Spule mit zwei halben "Eisenkernen" (bestehend aus etlichen Stahlnägeln) verwendet, wobei sich über einer Hälfte des "Eisenkerns" noch ein Metallring (bestehend aus Kupferband und/oder Kupferdraht) befindet, der durch Induktion eine Phasenverschiebung des Magnetfeldes bewirkt (s. Marhenke, 1996a, 32). Auch bei diesen zwei Spulenhälften läuft ein Magnetfeld am Aluminiumdöschen vorbei, so dass letzteres sich nach der lenzschen Regel mitbewegt.

Modell eines Spaltpolmotors

Schülerinnen und Schüler lernten in den zwei hier skizzierten Stunden die lenzsche Regel in einer elementaren Form kennen: ein elektrischer Leiter wie Aluminium läuft einem sich bewegenden Magnetfeld aufgrund eines entstehenden Induktionsstromes und der daraus folgenden Kraft nach bzw. wird von dem Magnetfeld mitgenommen. Dieses Wissen brauchten die Schüler zum Verständnis und zur Konzeption von Asynchronmotoren, von Wechselstromzählern und von Linearmotoren. Hilfreich dafür war sicherlich auch, dass sie wichtige Bauteile und Geräte in experimentellen Anordnungen eingebunden sahen und typische Handlungen mit diesen beobachten konnten.

4.3.3 Schüleraktivitäten in den Gruppen

Nach dem fachlichen Überblick folgte eine kurze Einführung über Projekte: Was ist ein Projekt?" „Wie wird ein Projekt durchgeführt?". Die Schüler bekamen völlige Freiheit, welches Thema zur Induktion sie intensiver behandeln wollen. Nach einiger Diskussion kristallisierten sich die Themen und die Gruppen heraus. Die einzelnen Gruppen hatten dann sechs Schulstunden zur Projektarbeit und eine zur Vorbereitung der Präsentation zur Verfügung. Eine letzte Schulstunde diente der Präsentation vor der Klasse und der „Manöverkritik".

Ablaufplan und Zeitbedarf

Die fünf Schülerinnen der Klasse erklärten gleich am Anfang definitiv, dass sie nichts bauen und nichts Experimentelles machen werden, sondern etwas Theoretisches bearbeiten wollen. Die Jungen wollten alle unbedingt etwas bauen, d. h. ein experimentelles Teilthema des Projektes durchführen. Dabei waren sie in der Vorbesprechung sehr optimistisch, was alles durchführbar ist. Sehr bald kam der Vorschlag, eine Magnetschwebebahn zu bauen, die gerade auch wieder in der politischen Diskussion stand. Dies stieß auf Skepsis bei mir und große Begeisterung der Schüler. Schließlich bildeten sich folgende fünf Gruppen: „Lexikon für Elektromotore", Bau eines

Die Gruppeneinteilung

Wechselstromzählers, zwei Gruppen „ Linearmotor" und Darstellung des Projektes auf der Homepage der Schule. Bei der Gruppe "Linearmotor 1" sollten die Magnetspulen im Fahrweg, bei der Gruppe "Linearmotor 2" im Fahrzeug sein.

Grobstruktur des Projektes:

1. und 2. Std.	Vertrautwerden mit dem Themengebiet: Behandlung der lenzschen Regel mit Ausblick auf viele Anwendungen, Projektinitiative
3. Std.	Auseinandersetzung mit der Projektinitiative und Erstellung eines Projektplanes
4. bis 9. Std.	Projektdurchführung
10. Std.	Vorbereitung der Projektpräsentation
11. Std.	Projektpräsentation und Reflexion

Die Gruppe "Lexikon über Elektromotore"

Arbeitsauftrag der ersten Projektgruppe

Den Schülerinnen wurden dazu verschiedene Vorschläge gemacht, wobei sie den Vorschlag, Erklärungen für Fachbegriffe zum Elektromotor zu schreiben, gerne aufnahmen. Es wurden einige Begriffe vorgegeben und viele weitere Begriffe fanden auf der Suche nach Erklärungen. Eine Schülerin schrieb in ihrem Bericht: "Unsere Gruppe hatte die Aufgabe, Informationen über Begriffe zum Elektromotor zu sammeln. Diese bezogen wir aus dem Internet, Fachliteratur und Lexikas. In einigen Fachbüchern war es schwer, geeignete Definitionen zu finden, da diese so kompliziert waren, dass sie wahrscheinlich nur der Physiklehrer verstanden hätte. Wir haben alle Begriffe verständlich definiert, alphabetisch geordnet und katalogisiert. Einige Begriffe wurden noch mit Bildern ergänzt."

Probleme der Projektgruppe

Die Schülerinnen arbeiteten bei diesem Projekt sehr selbstständig. Sie schätzten es, dass sie ohne die Jungen allein in der Schülerbibliothek arbeiten konnten. Da sie allerdings in der Schülerbibliothek der Schule kaum etwas fanden, suchten sie in ihrer Freizeit im Internet und in der Stadtbücherei. Von mir als Lehrkraft brauchten sie nur zweimal Hilfe: Einmal wollten sie nochmals in der Schule ins Internet, was zufällig nicht möglich war. Auch verwirrte es die Schülerinnen, dass statt "-motor" überall "-maschine" stand. Da zum Zeitpunkt des Projektes der Generator noch nicht behandelt war, konnten die Schülerinnen nicht wissen, dass "Maschine" der Oberbegriff für "Motor" und "Generator" ist. Für sie reichte es zu wissen, dass sie für "-maschine" einfach "-motor" setzen konnten. Die Schülerinnen waren insgesamt sehr bemüht. Doch war es für sie sehr schwer, verständliche Erläuterungen für die Fachbegriffe zu schreiben.

Schließlich waren die Schülerinnen mit ihrer Aufgabe etwas früher fertig als die anderen Gruppen. Daher machten sie noch einen Preisvergleich verschiedener Stromanbieter bei verschiedenen Tarifen.

Preisvergleich verschiedener Stromanbieter

Die Gruppe "Wechselstromzähler"

Die sechs Schüler dieser Gruppe bekamen nur eine Schaltskizze. Als Ziel wurde festgelegt nachzuprüfen, ob in einer bestimmten Zeitspanne die Anzahl der Umdrehungen proportional zur Leistung der angeschlossenen Glühlampen ist (s. Marhenke, 1996b, 14). Die Schüler gingen mit Begeisterung ans Werk und genossen es, mit Hammer und Nägeln die Versuchsteile auf einer Holzplatte zu fixieren. Dann jedoch frustrierte sie, dass der „Wechselstromzähler" nicht sofort funktionierte. Ein Grund war das Problem, eine sehr kleine Delle in das Aluminiumdöschen des Teelichtes zu drücken als Auflagepunkt für die Nadel, ohne dass ein Loch entstand. Dies gelang erst nach mehreren Versuchen. Einige Schüler zeigten im Projekt überraschend große Probleme mit der Feinmotorik, so dass das Aluminiumdöschen zunächst immer völlig zerdellt war. Ein anderes Problem war, dass die einzelnen elektrischen Elemente immer wieder falsch geschaltet wurden.

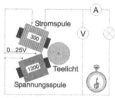

Schließlich musste man durch Probieren den richtigen Winkel zwischen den zwei Spulen und den richtigen Abstand von Aluminiumdöschen und Spulen herausfinden. Letztlich wurden die Probleme gelöst und es konnten Messungen durchgeführt werden. Hier erinnerten sich die Schüler nur noch nach einigen Hilfestellungen daran, wie man elektrische Leistung berechnet. Dann machten sie den Fehler, jeweils die Anzahl der Umdrehungen in nur zehn Sekunden zu zählen und dies auf eine Minute hochzurechnen, wodurch sich ein viel größerer Messfehler ergibt. Außerdem wurden auch Messwerte verschlampt, so dass Messungen wiederholt werden mussten.

1 bis 3 Glühlampen 6 V / 2,4 W

Modellversuch: „Wechselstromzähler"

Endlich konnte ein Diagramm "Leistung – Anzahl der Umdrehungen" gezeichnet werden. Dabei zogen die Schüler die Kurve durch jeden Messpunkt bzw. weiteten die Kurve zur breiteren Fläche auf, so dass alle Messpunkte noch auf der Kurve lagen. In Anbetracht der Messungenauigkeit ist es erstaunlich, dass hier tatsächlich ungefähr eine Proportionalität herauskam. Die Schüler widersprachen energisch, da sie eine perfekte Nullpunktsgerade erwartet hatten.

Diamgramm „Leistung – Anzahl der Umdrehungen"

Nur in dieser Gruppe gab es das Problem, dass sich einige Schüler vor der Projektarbeit drücken wollten. Vielleicht lag es daran, dass das Experiment nicht so spektakulär ist wie die Experimente mit selbstgebautem Linearmotor.

Die Gruppe "Linearmotor 1"

Problem: Kein Versuchsaufbau für einen asynchronen transversalen Linearmotor bekannt

Die Projektgruppe 3 wollte einen Linearmotor wie beim Transrapid bauen, bei dem das Magnetfeld durch Spulen in dem Fahrweg erzeugt wird. Wegen des übergeordneten Themas „Induktion" soll ein asynchroner statt synchroner Linearmotor aufgebaut werden. Ich war hier sehr skeptisch, ob dies möglich ist, da ich aus der Literatur keinen Versuchsaufbau mit einem realistischen Asynchronmotor für die Schule kenne. Die Gleichstromlinearmotore von Sperber (1976, 57) sind wenig praktikabel, da ein schwieriges Umpolen des Stromes (manuell oder automatisch) nötig ist. Die asynchronen Linearmotore von Sperber (1976, 58), Berge (1976, 94f.), Zeuner (1976, 231) und Wilke (1994, 375) sind aufwendig und benötigen 380 V Drehstrom. Bei dem gut funktionierenden Versuchsaufbau eines Polysolenoid-Motors von Berge (1976, 93 f.; 1973, 12f.) bzw. bei Helms (1977, E 8.3.4) oder ähnlich von Hagner (1989, 33) bzw. bei Bader (2000, 93) wird ein ferromagnetischer Eisenkern in den Spulen gezogen, so dass das Magnetfeld parallel zur Wanderrichtung des Feldes wirkt. Ein solcher longitudinaler Linearmotor ist zum Antrieb eines Verkehrsmittels nicht verwendbar. Deshalb kam diese Versuchsanordnung für das Projekt nicht in Frage. Bei technisch realisierten Linearmotoren liegt das Magnetfeld senkrecht zur Wanderrichtung des Feldes. Man nennt dies einen transversalen Linearmotor. Erst nach Abschluss des Projektes erschien ein Vorschlag in einer Zeitschrift (s. Uhlenbrock, 2000) wie man einen transversalen synchronen Linearmotor bauen kann, der also auch ohne Induktion funktioniert, aber wahrscheinlich häufig an ungenügenden Lehrmittelausstattungen der meisten Schulen scheitern dürfte.

Mir erschien das Scheitern dieser Projektgruppe aus diesen Gründen als wahrscheinlich, aber die Schüler wollten den Bau eines asynchronen transversalen Linearmotors trotzdem probieren. Die Schüler waren gerade dadurch sehr motiviert, einen Versuch zum Laufen zu bringen, von dem der Lehrer nicht wusste, wie er aufzubauen ist, bzw. an dessen Gelingen der Lehrer zweifelte.

Zuerst stellten sie neun Spulen mit je 600 Windungen und je einem Eisenkern nebeneinander, so dass die Eisenkerne nach oben weisen. Die Spulen werden an die Spannungen R, S und T eines regelbaren Drehstromnetzgerätes in Sternschaltung (bis 230 V) angeschlossen. Obwohl die Bezeichnungen R, S und T schon lange abgeschafft sind und durch L1, L2 und L3 ersetzt wurden, wurde im Unterricht R, S und T verwendet, da dies auf den Geräten der Schulphysiksammlung und im verwendeten Schulbuch auch so dargestellt wird. Die schwer verständliche Dreiecksschaltung wurde vermieden, da man hier erst mathematisch begründen müsste, dass es sich auch um phasenverschobene Sinuskurven handelt. Um eine ebene Fläche zu erhalten, wurde eine Glasplatte über die Eisenkerne gelegt. Ein Fahrzeug wurde aus vielen Aluminiumplatten gebaut und dann festgestellt, dass beim Einschalten der Spannung nichts passierte! Offensichtlich war das Fahrzeug zu schwer, die Reibung zu hoch und der Abstand der Platten von den Eisenkernen zu groß. Die Schüler verwendeten dann ein Stück Alufolie und experimentierten mit Länge und Dicke, wobei zwar eine Kraft erkennbar war, aber sie reichte durch die Reibung noch nicht zum "Fahren" aus. Bei höherer Spannung flog die Sicherung heraus. Die Schüler erkannten, dass sie bisher je drei Spulen parallel geschaltet hatten, so dass der Strom in den Zuleitungen dreimal so hoch war wie der genutzte Strom in einer Spule. Durch eine Reihenschaltung waren höhere Ströme in den einzelnen Spulen möglich, so dass die Alufolie dem Fahrweg entlang fuhr. Nun wurde die Folienlänge noch optimiert und der Übergang von einer Glasplatte zur nächsten ohne Stufe eingerichtet. Somit war das Ziel der Projektgruppe erreicht.

Die Schüler waren damit aber nicht zufrieden. Sie wollten einen längeren Fahrweg und das "Fahrzeug" sollte wie der Transrapid schweben. Der längere Fahrweg wurde erreicht, indem statt mit neun mit 12 oder 15 Spulen und mit Abständen zwischen den Spulen experimentiert wurde. Am besten ist, man verwendet statt einer dünnen Alufolie eine höchstens 10cm breite Aluminiumplatte und legt noch Lineale als Führungsschienen auf die Glasplatten. Bei 12 Spulen und 230 V Spannung und einer Stromstärke von 2,3 A Strom schoss die Aluplatte über das Ende des Fahrweges hinaus.

Die Schüler waren zwar mit ihrer Bahn zufrieden, aber unschön bei diesem Aufbau ist, dass durch die große Reibung zwischen Aluplatte und Glasplatte eine sehr hohe Spannung von 230 V nötig war. Dies hat den Nachteil, dass nur die Lehrkraft die Spannung einschalten darf und auf die Sicherheit achten muss. Außerdem kann dieses Ex-

Vorgehensweise der Schüler

Bahn der Gruppe „Linearmotor 1"

Optimierung des Versuchsaufbaus

Nachteile des Versuchsaufbaus

periment nur aufgebaut werden kann, wo eine entsprechende Spannungsquelle zur Verfügung seht. Die Arbeitsgruppe „Linearmotor 2" zeigte, dass man auch mit 22 V auskommen kann.

Versuchsaufbau

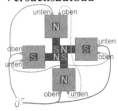

Der Wunsch, etwas schweben zu lassen, war bei den Schülern aber immer noch da. Wegen der knappen Projektzeit wurde ein Versuchsaufbau von mir vorgegeben. Verwendet wurden vier Spulen mit 600 Windungen, Netzspannung und ein dünner Führungsstab in der Mitte. Die Schüler waren vom Schweben sehr begeistert. Einen anderen Aufbau mit magnetischem Schweben durch Induktion zeigt Miericke (2000, 63).

Experimente der Schüler

Ich stellte den Schülern dann die Aufgabe herauszufinden, wann die Aluplatte höher schwebt, ob kleine oder große Platten besser sind und ob man ein, zwei, drei oder vier Platten (je 4 mm dick) übereinander legen soll. Die Schüler fanden heraus, dass große Aluplatten besser sind und überraschenderweise zwei Platten übereinander höher schweben als nur eine Platte und auch drei noch gute Ergebnisse liefern. In einer doppelten, also dickeren Platte kann nämlich ein größerer Induktionsstrom fließen. Die Schüler merkten außerdem, dass die Platten heiß werden und konnten es mit der Wärmewirkung des Induktionsstromes erklären. Ein Schüler hatte sogar die Idee, ob man nicht auf diese Weise kochen könnte. Ich griff diese Idee auf und berichtete über Induktionskochstellen (s. Marhenke, 1996c), die heutzutage in manchen Küchen zu finden sind.

Schwebende und rotierende Aluplatten

Ein spezieller Induktionsmotor

Des weiteren entdeckten die Schüler selbst, was passiert, wenn man die schwebenden Aluminiumplatten andreht: In einer Richtung kommen die Platten wieder zur Ruhe, aber in der anderen Richtung beschleunigen sie bis zu großen Geschwindigkeiten. Die Erklärung des Beschleunigens konnten die Schüler nach dem bisher Gelernten auch verstehen: Es handelt sich hier um ein vierpoliges Magnetfeld und die Spulen polen wie die Netzspannung um. Vom Bezugssystem der rotierenden Platte aus rotiert auch das Magnetfeld und nimmt die Platte mit. Eine ruhende Platte "sieht" kein rotierendes Magnetfeld und bleibt in Ruhe; ein solcher Induktionsmotor (=Asynchronmotor) muss also angeworfen werden. Der Motor kann dabei die Drehgeschwindigkeit des Magnetfeldes nicht erreichen, die bei der Netzfrequenz f und n Magnetpolpaaren f/n ist, also hier 25 Hz = 1500 min^{-1} (die Differenz heißt „Schlupf"). Damit war noch ein schönes Beispiel eines einphasigen Asynchronmotors gefunden, also eines Induktionsmotors, der mit einphasiger Netzspannung betrieben wird.

Die Gruppe "Linearmotor 2"

Die zweite Gruppe befasste sich mit der Aufgabe, das im Rahmen einer Facharbeit gebaute Modell, das sich in der Physiksammlung befand, zum Laufen zu bringen. Vorhanden waren nur die Geräte, eine Aluschiene und zwei Fahrzeuge mit Spulen. Mit diesem Arbeitsauftrag war vor allem mit der Fragestellung verknüpft, ob der Linearmotor mit dem 22V-Drehstrom-Netzgerät funktioniert. Außerdem hoffte ich, dass wir mit dem fertigen Versuchsaufbau der Facharbeit wenigstens einen funktionierenden Versuch zum Linearmotor haben, falls die Gruppe "Linearmotor 1" scheitert.

Arbeitsauftrag für die Gruppe

Nachdem das erste Fahrzeug aufgebaut war, flog beim Einschalten sofort die Sicherung der Spannungsquelle rausflog, was aufgrund der wenigen Wicklungen in der Spule nicht verwunderlich war. Auch das zweite Fahrzeug funktionierte nicht, da das Fahrzeug zu schwer war und zu viel Reibung hatte.

Probleme der Projektgruppe

Die Schüler überlegten nun, was man hätte anders bauen müssen und hatten einige gute Ideen. Zwei Schüler beschlossen, ein besseres Fahzeug zu Hause zu bauen, wenn sie drei Spulen gestellt bekommen. Leider übernahm ich die Bestellung bei der Firma Conrad nicht selbst, so dass die Spulen statt nach einer Woche erst nach vier Monaten am Ende des Schuljahres zur Verfügung standen. So ist festzuhalten, dass die Projektgruppe zunächst gescheitert ist.

Vorläufiges Scheitern der Projektgruppe

Nachdem aber die Projektgruppe "Linearmotor 1" ihre Spulen und ihre Drehstromquelle nicht mehr brauchte und gezeigt hatte, dass dicke Aluplatten besser sind als dünne Alufolie, ergab sich eine neue Chance für die Gruppe "Linearmotor 2". Auf Anregung eines Kollegen stellten die Schüler die Aluschiene der Facharbeit auf zwei (Phywe) Experimentierwägelchen und kippten die Spulen so, dass die Eisenkerne horizontal lagen (s. Abb.4.10). Wurde das Fahrzeug, das aus der langen Aluschiene bestand, neben die Spulen gestellt, so rollte es an ihnen vorbei und rollte am Ende der Spulen noch weiter. Dies war mit Abstand der schönste Versuch des Projektes, der alle faszinierte. So war die Gruppe "Linearmotor 2" doch noch erfolgreich.

Neue Chance

Abb. 4.10: Versuchsaufbau der Gruppe „Linearmotor 2"

**Alternative
Lösung mit 22 V
Drehspannung**

Zwar reichten bei diesem Aufbau schon 50 V Spannung aus, aber das bedeutete noch immer, dass nur die Lehrkraft die Spannung einschalten durfte. Es bestand zwar nicht die Notwendigkeit dazu, aber es wäre auch möglich gewesen, mit nur 22 V Drehstrom auszukommen (s. Wilhelm, 2002). Dazu muss man statt der langen Aluminiumplatte von 1 m mit zwei Wägelchen nur eine kurze Aluminiumplatte von 10 cm auf ein Wägelchen stellen, um somit eine geringere Masse und eine geringere Reibung zu haben. Außerdem sollte man statt den Spulen mit 600 Windungen nun Spulen mit 300 Windungen verwenden und maximal zweimal drei Spulen hintereinander stellen. Dieser Aufbau hat nicht nur den Vorteil, dass er auch in Schulen durchgeführt werden könnte, in denen keine bis 230 V regelbare Spannungsquelle für Drehstrom sondern nur ein Netzgerät für 22 V Drehspannung zur Verfügung steht. Diese Anordnung hat vor allem den Vorteil, dass die Schüler noch selbstständiger mit der geringeren Spannung ohne ständige Aufsicht experimentieren können.

Die Gruppe "Homepage"

**Ausschnitt aus
einer interaktiven
Animation zum
Drehstrommotor**

Die Projektgruppe "Homepage" hatte die Aufgabe, die Ergebnisse der anderen vier Gruppen auf der Homepage der Schule darzustellen. Außerdem wurde ihnen vorgeschlagen, noch weitere Fakten bzw. physikalische Grundlagen zum Thema darzustellen. Es stellte sich heraus, dass die Gruppe aus zwei Computerfreaks und einem Zuschauer bestand. Die ersten Beiden zeigten ein sehr großes Engagement, wobei sie die meiste Arbeit zu Hause erledigten. Sie entwarfen zu Hause Bilder und sogar eine Animation und formatierten zu Hause die Texte. In der Schule wurden die Ergebnisse dann von mitgebrachten CD-ROMs auf dem Computer gespielt und eingebunden. Dabei konnte festgestellt werden, dass die Schüler hauptsächlich vom Drehstrommotor begeistert waren, dem sie viel Zeit opferten. Das Ergebnis der Gruppe kann unter http://www.gymnasium-marktbreit.de/projekte/physik_10a betrachtet werden.

Insgesamt waren die Mitschüler sehr beeindruckt von dem, was sie da sahen: Zwei Schüler geben unverständliche html-Kürzel in den Computer ein und es kommt eine schöne Homepage dabei heraus. Positiv war außerdem, dass einige Schüler ihre Berichte bzw. geschriebenen Texte sofort als Diskette an die Homepage-Gruppe gaben. Ein Schüler konnte sogar gewonnen werden, weiterhin mit an der Homepage der Schule mitzuarbeiten.

Computergrafik zum Versuchsaufbau der Gruppe „Linearmotor 1"

4.3.4 Abschließende Bemerkungen

Die Präsentation

Eine Präsentation der Ergebnisse war bei diesem Projekt nur im Rahmen der Klasse geplant. Schon während der Projektdurchführung waren die Schüler angehalten, Ergebnisse und Versuchsaufbauten schriftlich festzuhalten. Zusätzlich wurde eine Schulstunde nur zum Schreiben von Projektberichten bzw. zur Vorbereitung der Präsentation reserviert. Die eigentliche Präsentation fiel dann sehr knapp aus, so dass noch Zeit zum Gespräch über das Projekt blieb.

Im Gegensatz zum Experimentieren haben die Schüler nur sehr ungern dokumentiert, aufgeschrieben, dargestellt und präsentiert. Wahrscheinlich war nicht nur den Schülern, sondern auch mir die Projektdurchführung viel wichtiger als die Präsentation. Beim nächsten Mal würde ich die Präsentation von Anfang an mehr betonen. Sehr sinnvoll wäre es auch gewesen, die Ergebnisse der ganzen Schule zu präsentieren, was vielleicht auch die Motivation für die Präsentation erhöht hätte.

Reflexion des Projektes

Ich hatte mich vor dem Projekt darauf eingestellt, dass es schief gehen kann und ich es evtl. abbrechen muss, da ich von den Schülern sonst schlechte Mitarbeit gewohnt war. Wider Erwarten gab es aber eine große Begeisterung und ein intensives Arbeiten und es war relativ leise im Klassenzimmer. Nur ein paar wenige Schüler versuchten sich vor der Arbeit zu drücken. Einige – auch schlechte Schüler – sind dagegen zu „Höchstform aufgelaufen".

Intensives Arbeitsklima

Insbesondere bei den beiden Gruppen zum Linearmotor gab ich nur eine Anregung und die Schüler arbeiteten selbstständig. Sie kamen dann mit ihren Fragen und Problemen und ich gab ihnen neue Anregungen bzw. Ideen, die sie wieder alleine probierten. Selbst wenn wir uns in der Pause auf dem Gang trafen, wurden Ideen ausgetauscht.

Selbstständiges Arbeiten

Für mich als Lehrkraft war ungünstig, dass ich aus Sicherheitsgründen das Drehstromgerät (230 V) selbst bedienen musste. Anderseits funktionierten wegen der hohen Spannung auch ungünstigere Versuchsaufbauten. Für einen Aufbau mit 22 V hätte ich mehr Details vorgeben müssen. Es ist ein interessantes Erlebnis, für einige Stunden wenig vorzuschreiben, was zu machen ist, sondern auf die Wünsche der Schüler zu reagieren

5 Aktuelle Methoden II – Lernzirkel

Zwischen der *pädagogischen Dimension des Physikunterrichts* und *offenem Unterricht* besteht ein enger Zusammenhang: Schülerinnen und Schüler mit ihren individuellen Fähigkeiten und Interessen, ihren emotionalen und kognitiven Eigenschaften und Bedürfnissen rücken in den Mittelpunkt des Unterrichts und der Unterrichtsplanungen. Dies wurde bereits vor hundert Jahren von der Reformpädagogik gefordert. Im zurückliegenden Jahrzehnt wurden *Lernzirkel* als eine besondere *methodische Form des offenen Unterrichts* in allen Schulstufen und in fast allen Schulfächern erprobt. Durch dieses „*Lernen an Stationen*" (Hepp, 1999) sollen Schülerinnen und Schüler mehr *Eigenaktivität*, mehr *Eigenverantwortung* für ihren Lernweg im Physikunterricht und dabei auch *größeres dauerhaftes Interesse an der Physik* und mehr naturwissenschaftliche Sach- und *Selbstkompetenz* entwickeln können.

Lernzirkel befassen sich mit wichtigen physikalischen Begriffen, mit historischen und aktuellen technische Anwendungen und schaffen Möglichkeiten, dass Schüler intrinsisch motiviert selbst experimentieren. Dafür werden verschiedene Medien, verschiedene Formen der Repräsentation, verschiedene sprachliche Darstellungen eingesetzt. Der Lernzirkel „Einführung in die Akustik" soll Schülern der Sekundarstufe I einen Überblick liefern (Einführungszirkel). In der Thematik eingegrenzter ist der Lernzirkel „Laser", der für die Sekundarstufe II konzipiert und in Leistungskursen erprobt wurde (Erarbeitungszirkel). Außerdem werden Lernzirkel auch für Übung und Festigung des Lehrstoffs am Ende einer Unterrichtseinheit eingesetzt (Übungszirkel).

Nicht nur wegen der Komplexität unseres Faches und der Schwierigkeiten der Schülerinnen und Schüler, die begriffliche und der methodische Struktur der Physik zu verstehen und zu erwerben, sondern auch wegen der *vielfältigen und vielschichtigen Ziele*, steht insbesondere bei einem *einführenden* Lernzirkel die *didaktische Analyse* am Anfang der Planungen. Dadurch wird Wichtiges von Unwichtigem, Schwieriges von dem leichter Lern- und Durchführbaren unterschieden, mit entsprechenden Konsequenzen für die Lernstationen.

Lernzirkel sind einfacher und mit weniger Zeitaufwand zu konzipieren als Projekte: eine gut ausgestattete Physiksammlung, Experimentalliteratur ergänzt durch Recherchen in Zeitschriften und im Internet, Computerprogramme, Ideen für Freihandexperimente liefern das Material für Lernzirkel. Die bisherigen Erfahrungen deuten darauf hin, dass insbesondere Schülerinnen durch die Aktivitäten in Lernzirkeln hinsichtlich der Motivation und Selbstkompetenz profitieren. Bei Einführungszirkeln müssen die Lerninhalte anschließend noch *gründlich vertieft* werden.

Bisher ist der Aufwand für die Entwicklung eines einführenden Lernzirkels noch beträchtlich. Dieser Aufwand dürfte sich aber reduzieren, wenn die entwickelten Beispiele in das Internet eingegeben und allen Schulen verfügbar werden. Der Idealfall wäre freilich, dass die Lernenden so ausgebildet sind, dass sie sich alle notwendigen Informationen aus dem Internet selbst beschaffen und sich einen sinnvollen und motivierenden Lernzirkel selbst konzipieren und realisieren: *wirklich offenen Physikunterricht*.

Ernst Kircher & Daniela Lieb

5.1   Lernzirkel „Einführung in die Akustik"

Einführungszirkel geben einen Überblick über einen für die Schüler neuen thematischen Bereich. Dieser Einführungszirkel über die Akustik, wurde im Physikunterricht an einer Realschule in der 8. Jahrgansstufe erprobt.

Der Lernzirkel hat einerseits die Funktion, Interesse an akustischen Phänomenen und physikalischen Aspekten von akustischen Geräten zu wecken und dieses eventuell zu kanalisieren. Andererseits hat ein solcher von Experimenten und Texten verschiedener Art (Informationstexte, Arbeitsaufgaben) bestehender einführender Lernzirkel die Funktion eines „advance organizer". Das bedeutet, dass bei der später folgenden gründlicheren Behandlung im Unterricht die Informationsaufnahme und die Integration von vorhandenem Wissen erleichtert wird.

Hinweise zur Vorbereitung eines Lernzirkels

Im Folgenden wird die *Vorbereitung eines Lernzirkels* beschrieben, charakteristische Materialen, wie Überblicke über die Lernstationen, Experimente, Laufzettel, sowie wesentliche Aspekte der Evaluation dargestellt. Auf Einzelheiten der Versuchsdurchführung und auf die Informationstexte wird hier aus Platzgründen nur auf die verwendete Literatur verwiesen. Aus organisatorischen und didaktischen Gründen wird Partnerarbeit vorgeschlagen.

5.1.1   Ziele, Lernbereiche und Stationen

Detailplanung der Lernstationen

Eine didaktische Analyse (s. Kircher u.a. 2001, 84 ff.) hilft allgemeine Ziele (Leitziele und Richtziele) festzulegen. Grob- und Feinziele werden erst während der *Detailplanung der Lernstationen* schriftlich fixiert. Ziele können auch indirekt durch Arbeitsanweisungen formuliert werden (Beobachten, Experimente ausführen, Texte bearbeiten, Ergebnisse formulieren, neues Wissen anwenden usw.).

1. Die didaktische Analyse führte zu folgenden für wichtig erachteten Aspekten des Themas:

- Grundlagen der Akustik

- Resonanzphänomene

- Lärm und Lärmschutz

- Der Mensch: Die Stimme, das Hören

Der Lernzirkel enthält insgesamt fünf Themenbereiche mit Stationen, an denen verschiedene Lernaktivitäten ausgeführt werden. Es
wird zwischen Pflicht und Wahlstationen unterschieden.

Überblick über die Stationen

Station	Pflicht-/ Wahlstation	Thema	Inhalt
1a	P	Wie entsteht Schall?	Schallentstehung
1b	P	Wie breitet sich Schall aus?	Schallausbreitung
2a	P	Wie gut kannst du hören?	Hörtest, Infra- und Ultraschall in Technik und Biologie
2b	P	Wie kommt ein Echo zustande?	Schallreflexion, Anwendungen in Medizin, Technik und in der Natur
2c	W	Schallaufzeichnung und Schallwiedergabe	Funktionsweisen von Plattenspieler, Schallplatte, CD
2d	W	Wie schnell ist der Schall?	Messen der Schallgeschwindigkeit,
3a	P	Wie kann man leise Töne verstärken?	Schallverstärkung
3b	P	Wie kommt Resonanz zustande?	Resonanzerscheinungen in der Akustik und der Mechanik
3c	W	Resonanz in Umwelt und Technik	Film über Resonanzkatastrophe, Stoßdämpfer am Auto
4a	P	Wie laut ist dein Walkman?	Unterschied zwischen Schall- und Lautstärke, Schallpegelmessungen
4b	P	Lärm macht krank!	gesundheitliche Folgen des Lärms, Konzentrationstest
4c	P	Wie kann man sich vor Lärm schützen?	„Lärmschutzforscher", Lärmschutzmaßnahmen
5	W	Kehlkopf und Ohr – Schallquelle und Schallempfänger beim Menschen	Wie wir hören; die menschliche Stimme; Mickey- Mouse Versuch

Laufzettel für den Lernzirkel

Regeln für die Arbeit im Lernzirkel

- Du kannst die Stationen allein oder gemeinsam mit einem oder zwei Mitschülern bearbeiten. (Diese können auch von Station zu Station wechseln.)
- Wie lange du an einer Station arbeitest bleibt dir überlassen.
- Wenn du alle Aufgaben einer Station auf deinem Arbeitsblatt bearbeitet hast, bieten dir die Lösungsblätter eine Kontroll- und Korrekturmöglichkeit.
- Du kannst die Lösungsblätter auch als Hilfestellung verwenden, wenn du nicht mehr weiter kommst (aber nur dann!)
- Wie lange Du an einer Station arbeitest, ist Dir überlassen. Verursache aber keinen unangemessenen langen Stau.
- Du kannst dir die Reihenfolge der Stationen frei wählen, mit einer Ausnahme: Bevor du die Station 3c besuchst, solltest du die Station 3b bearbeitet haben.
- Wenn Du Verständnisschwierigkeiten mit den Stationen 3, 4, 5 hast, können dir vielleicht die Stationen 1a,b und 2a,b helfen, weil dort akustische Grundlagen gelernt werden.

Bei einem Lernzirkel ist der Geräuschpegel höher als im normalen Unterricht. Versuche dich so zu verhalten, dass Du diesen nicht unnötig erhöhst.

Laufzettel für den Lernzirkel

Der *Laufzettel für den Lernzirkel,* den jeder Schüler erhält, gibt einen Überblick über die *Wahl- und Pflichtstationen.* Der Laufzettel enthält außerdem *Regeln für die Arbeit im Lernzirkel.*

Der didaktische Schwerpunkt von Lernzirkeln

2. Der didaktische Schwerpunkt von Lernzirkeln ist, *naturwissenschaftliche Fähigkeiten und Fertigkeiten zu fördern* (Prozessziele). Wie einleitend erwähnt, werden auch *Einstellungsänderungen zur Physik* und die Änderung lebensweltlich vorgeprägter Dispositionen über die eigenen physikalischen Fähigkeiten intendiert. Natürlich wird auch begriffliches Wissen angestrebt (Konzeptziele). Aber man kann natürlich nicht erwarten, dass die vielen neuen Begriffe eines einführenden Lernzirkels in 2 – 3 Schulstunden gründlich gelernt werden können.

Im folgenden sind Prozess- und Konzeptziele zu Lernbereich 1 beispielhaft aufgeführt:

Konzeptziele	Prozessziele
S. wissen wie Schall entsteht	S. können ihr Wissen über die Schallent-
S. können zwischen verschiedenen Schall- arten unterscheiden	stehung auf Beispiele der natürlichen und technischen Umwelt übertragen
S. wissen, dass für die Übertragung von Schall ein materielles Medium nötig ist.	S. können einem Text die relevanten In- formationen entnehmen
S. kennen die Begriffe Wellenlänge. Längswelle und Querwelle	S. beobachten beim Experimentieren ge- nau, verbalisieren und beschreiben die Be- obachtungen und ziehen logische Schlüsse
S. können die Ausbreitung des Schalls physikalisch erklären	daraus
S. kennen Ähnlichkeiten und Unterschiede zwischen Schallwellen und Wasserwellen	S. sind fähig, das Oszilloskop mit Hilfe der Gerätebeschreibung zu bedienen.

5.1.2 Fachliche Grundlagen

Wir müssen hier auf die Darstellung der fachlichen Grundlagen aller Lernbereiche des Lernzirkels verzichten (s. Berge, 2000; Kadner, 1995; Kutter, 1995). Nur die in der 1. Phase der Lehrerbildung im Allgemeinen vernachlässigten, in diesem Lernzirkel aber thematisierten Lernbereiche werden hier skizziert. Dazu gehört der „Lärm und Lärmschutz" als gesellschaftliches und als individuelles Problem. Diese Thematik wird auch in den neueren Physikbüchern der Sekundarstufe I dargestellt. Die dafür notwendigen mathematische Grundlagen stehen allerdings aus dem Mathematikunterricht im Allgemeinen noch nicht bereit.

Lärm und Lärmschutz: gesellschaftliches und individuelles Problem

Diese Inhalte müssen daher elementarisiert, d.h. so vereinfacht werden, dass sie von Jugendlichen der 8. Klasse Realschule gelernt werden können. Bei dem Entwurf der einzelnen Stationen orientiert man sich an dem Niveau der Schulbücher der entsprechenden. Jahrgangsstufe (s. Lieb, 2001).

Schallstärke und Lautstärke

Aufgrund des großen vom Ohr wahrgenommenen Intensitätsbereichs und der Gegebenheit, dass sich die Schallempfindlichkeit nicht linear mit der Intensität ändert, wird deutlich, dass unsere Lautstärkeempfindung anderen Gesetzen folgt als ihr physikalisches Analogon, die Schallstärke. Nach Ernst Weber und Gustav Fechner ist die Lautstärke L proportional dem Logarithmus der Schallintensität I/I_0. Es gilt:

$$L = const \ln(I/I_0)$$

Dabei bezeichnet I die Schallstärke eines Tones und I_0 die Schallstärke einer Bezugsschallquelle. Eine Änderung der Schallstärke lässt sich erst feststellen, wenn diese sich um einen bestimmten Faktor (empirisch 20% - 25%) geändert hat, gleichgültig wie groß sie zu Beginn war. So ist der *Intensitätsunterschied* zwischen zwei Mücken und einer genau so groß wie zwischen zwei Autos und einem.

Phon und Dezibel   Gemäß dem Weber- Fechner- Gesetz wird der subjektive Lautstärkepegel in Phon, heutzutage mit Schallpegelmessgeräten in Dezibel (dB (A)) gemessen. Die Zahlenwerte von Phon und Dezibel stimmen bei der Schallfrequenz 1kHz überein. Ein Phon entspricht einem Intensitätsverhältnis von $\sqrt[10]{10}=1.259$, also ungefähr dem Unterscheidungsvermögen des menschlichen Ohres. Die Hörschwelle $I_0 = 10^{-13}$ W/m^2 soll bei der Normalfrequenz 1kHz bei 0 Phon liegen. Damit ist die Konstante in obiger Gleichung festgelegt:

$$L = 10 \log (I/I_0)$$

Die *Schmerzschwelle* bei 1kHz ergibt sich demnach zu L = 10 log 10^{13} = 130 Phon (s. Gerthsen & Meschede, 2001, 193 f.).

Subjektive Hörempfindung

Größte Empfindlichkeit des Ohres   Unsere subjektive Hörempfindung hängt außer von der Schallstärke auch von der Frequenz eines Tones ab, wie untenstehende Abbildung verdeutlicht. Sie zeigt Kurven gleicher Lautstärke für das menschliche Ohr. Die unterste Kurve repräsentiert die Hörschwelle eines sehr gut hörenden Menschen (ca. 1% der Bevölkerung). Man erkennt an ihr, dass die Hörschwelle für 1 kHz bei 0 dB liegt, für 60 Hz aber bereits 50 dB beträgt. Die zweite Kurve von unten gibt für etwa 50% der Bevölkerung den Verlauf der Hörschwelle wieder. Die *größte Empfindlichkeit des Ohres* ist bei allen Lautstärken bei 4 kHz. zu finden.

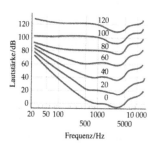

Abb. 5.1: Kurven gleicher Lautstärke (Tipler, 1995, 470)

Infraschall, Ultraschall, Hyperschall

Die Hörempfindung des Menschen ist in der Frequenz der Luftbe-
wegung begrenzt. So liegt die untere Hörgrenze bei 16Hz und die
obere Hörgrenze für junge Menschen bei 20kHz, für ältere Menschen dagegen schon bei 10kHz. Das Frequenzgebiet unterhalb bzw.
oberhalb des hörbaren Bereiches bezeichnet man als Infra- bzw. Ultraschall. Infraschallwellen können eine unangenehme Wirkung auf
unsere Ohren haben. Fährt man beispielsweise im Auto bei großer
Geschwindigkeit mit geöffnetem Seitenfenster, empfindet man die
dabei im Wageninneren entstehenden Schwingungen nicht als Ton,
sondern als Druckschwankung.

Infraschall

Ultraschallschwingungen verursachen dagegen im menschlichen Ohr
keine Empfindung. Fledermäuse senden kurze Schreie aus (Frequenz: ca. 50kHz, Impulsdauer: ca. 10ms), die wir Menschen nicht
mehr hören. Dabei verwenden sie die Reflexion dieser Ultraschallimpulse zur Orientierung und zur Beutefindung. Die zurückgestrahl-
ten Impulse fangen die Tiere mit ihren großen Ohren auf (s. Berg-
mann- Schaefer, 1990, 531 f.).

**Ultraschall in der
Tierwelt**

Doch nicht nur in der Tierwelt, sondern auch von den Menschen
wird Ultraschall zur Ortung und Hinderniserkennung ausgenutzt.

Ultraschall lässt sich fokussieren und ebenso gut bündeln wie Licht.
Da Ultraschall weitgehend ungefährlich ist und die Absorption von
Ultraschall in Stoffen mit simplen Molekülaufbau sehr gering ist,
setzt man Ultraschall auch zur Materialprüfung und Dickenmessung
ein (s. Gerthsen & Meschede, 2001, 196). Vor allem wenn selbst
harte Röntgenstrahlen ein dickes Metallstück nur schwer durchdrin-
gen können, werden Ultraschallimpulse verwendet. Des Weiteren
kann man mit Ultraschall Löcher beliebiger Querschnittsformen boh-
ren, Metalle miteinander verschweißen und sonst nicht mischbare
Stoffe miteinander vermengen. Auch bei der Ausmessung der akustischen Eigenschaften von Konzertsälen mit Hilfe von Architekturmo-
dellen arbeitet man mit Ultraschall. In der Medizin wird die Ultra-
schalldiagnostik vor allem dort eingesetzt, wo Röntgenstrahlung wegen der möglichen Schädigung auszuschließen sind. Als Schallquelle
dient ein piezoelektrischer Kristall, der nach Aussendung eines Im-
pulses automatisch auf Empfang umschaltet. Dabei legt man den
Schallkopf auf den Patienten und „tastet" mit dem sehr engen
Schallbündel punktweise das zu untersuchende Gewebe bzw. Organ
ab. Die reflektierten Ultraschallimpulse werden elektronisch verstärkt. Auf diese Weise werden Schichtaufnahmen vom Körperinne-

Ultraschall
- in der Technik
- in der Medizin

ren hergestellt, die auf einem Leuchtschirm sichtbar gemacht werden (siehe Bergmann- Schaefer, 1990, 588 f.).

In der modernen Akustik spielen Ultraschallgeber eine wichtige Rolle. Man unterscheidet dabei zwischen mechanischen Ultraschallgebern wie Pfeifen, welche Schwingungen bis ca. 500kHz erzeugen und elektroakustischen Schallgebern. Die Letzteren sind geeignet sehr starke Ultraschallwellen hervorzubringen und wandeln elektrische oder magnetische Schwingungen nach dem Prinzip der Elektrostriktion oder des umgekehrten Piezoeffekts bzw. der Magnetostriktion in mechanische um. Der Wirkungsgrad dieser Umwandlung weist die höchsten Werte im Fall mechanischer Resonanz auf.

Hyperschall   Schallschwingungen zwischen 1010 Hz und 1013 Hz bezeichnet man als Hyperschall. Dieser Frequenzbereich wird in Festkörpern sehr stark absorbiert. Oberhalb von 1013 Hz finden keine elastischen Schwingungen mehr statt, denn für eine Schallschwingung muss deren Wellenlänge größer bzw. gleich dem doppelten Atomabstand sein. Die Grenzfrequenz, für die diese Bedingung gerade nicht mehr erfüllt ist, heißt Debye- Frequenz (s. Gerthsen & Meschede, 2001, 197).

Lärm und Lärmschutz

Unterschiedliche Wirkung auf Menschen   Unerwünschter Schall wird als Lärm bezeichnet. Ob ein bestimmter Schall als Lärm empfunden wird, hängt von der momentanen Gemütsverfassung und von der Herkunft des Geräusches ab. Dabei ist der Grad der Verärgerung durch einen Schalleindruck entscheidend. So haben Untersuchungen ergeben, dass der Verkehrslärm in Stockholm störender empfunden wird als der im Vergleich dazu viel stärkere Verkehrslärm in der italienischen Stadt Ferrara. Es existiert keine allgemeingültige Festlegung, wie störend ein bestimmter Lärmpegel ist. Beispielsweise finden Kinder im Auto noch bei einem Geräuschpegel von 70 dB(A) Schlaf, solange der Lärm gleichförmig ist. Dahingegen wirkt pulsartiger, unnötiger Lärm wie ein tropfender Wasserhahn mit 30 dB(A) Schallenergie störend.

Die schädigende Wirkung von Lärm

Lärmschäden   Während Lärm zwischen 30 und 65 dB(A) „lediglich" psychische Reaktionen hervorruft, ist bereits bei 65 bis 90 dB(A) mit psychischen Reaktionen, Kreislaufbeschwerden, Kommunikationsstörungen, Schlafstörungen, Herzklopfen und einem Ansprechen des vegetativen Nervensystems zu rechnen. Über lange Zeit anhaltender lauter Dauerschall (über 80 dB(A)) führt zu einem bleibenden Hörverlust. Dabei erfordert ein Anstieg des Schallpegels um 3 dB(A) eine

Halbierung der Einwirkzeit, um die gleiche Schädigung zu erhalten.
So entsprechen sich nach dem Energie- Äquivalenzprinzip z. B. 8 h
mit 90 dB(A) Beschallung und 4 h mit 93 dB(A) Beschallung.

Auch ein explosionsartiger Schall wie z.B. ein Böllerschuss in unmittelbarer Nähe kann das Gehör dauerhaft schädigen, wie folgende
Abbildung zeigt (Fricke, 1983, 2).

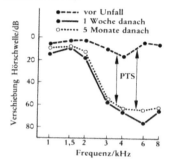

Abb. 5.2: Hörschwelle vor und nach dem Explodieren eines
Feuerwerkkörpers nahe am Ohr

In vielen Fällen führt kurzzeitig gehörter sehr lauter Schall oberhalb
von 100 dB(A) zunächst „nur" zu einer zeit weisen Verringerung der
Hörfähigkeit. Das Tückische daran ist, dass der Verlust der Empfindlichkeit (im Bereich von 4000 Hz bis zu 40 dB(A) bei entsprechender Belastungsstärke) für den Betroffenen beinahe unbemerkt ein-
tritt, da dieser anfangs keinen Einfluss auf das Verstehen von Sprache hat. Aus der reversiblen Verringerung der Hörfähigkeit wird im
Laufe der Zeit aber ein dauerhafter Hörverlust. Das einzige Warn-
signal des Gehörs ist Ohrensausen (s. Fricke, 1983, 148 und 2 f.).

**Verlust der Hör-
empfindlichkeit**

4. Juristische Bestimmungen

Lärmen wird vom Gesetzgeber als Ordnungswidrigkeit eingestuft.
So lautet §117 Abs. (1) des Gesetzes über Ordnungswidrigkeiten
(OwiG): „Ordnungswidrig handelt, wer ohne berechtigten Anlass
oder in einem unzulässigen oder nach den Umständen vermeidbaren
Lärm erregt, der geeignet ist, die Allgemeinheit oder die Nachbar-
schaft erheblich zu belästigen oder die Gesundheit eines anderen zu
schädigen".

Deswegen wurde eine spezielle Lärmgesetzgebung geschaffen. Da
die einzelnen Vorschriften so umfangreich sind, dass alleine ihre
Auflistung mehrere Seiten füllen würde, werden wir uns hier mit einigen wichtigen Bestimmungen über Verkehrswege und Arbeitsstät-
ten begnügen.

**Spezielle Lärm-
gesetzgebung**

Schallpegel am Arbeitsplatz

Nach der Unfallverhütungsvorschrift (UVV) vom 1. Januar 1990 sind Arbeitsplätze, an denen ein Schallpegel von mehr als 85 dB(A) vorliegt, als Lärmschutzbereich zu kennzeichnen (siehe HVBG, 1992, 38). Vom Arbeitgeber ist dabei Ohrenschutz vorzuhalten, der spätestens ab 95 dB(A) angelegt werden muss.

Für Gebiete unterschiedlicher Nutzung gelten die Immissionsgrenzwerte der TA Lärm. Nachbarn gewerblicher Anlagen können bei Bau und Planung solcher Anlagen gemäß den Bestimmungen dieser Verordnungen Widerspruch anmelden bzw. lärmmindernde Maßnahmen erzwingen (s. Landsberg- Becher, 2000, 149).

5. Lärmschutzmaßnahmen

Schutz vor Lärm und den angedeuteten Folgen ist an drei Stellen möglich (s. Fricke, 1983, 7, 101, 179):

* An der Quelle, wenn man beispielsweise leisere Motoren, bessere Vibrationsabsorber und Auspuffanlagen einsetzt, um unnötigen Lärm zu vermeiden.
* Bei der Schallausbreitung, etwa durch Lärmwälle, Umgehungsstraßen, Schallschutzfenster, Schallabsorber, eine gute Schalldämmung der Wände und Kapselung von Motoren. Grundsätzlich unterscheidet man hierbei zwischen „Schalldämmer" und „Schalldämpfer". Erstere absorbieren den Schall nicht, sondern reflektieren ihn und verhindern somit seine weitere Ausbreitung. Bei der Schalldämpfung hingegen wird der Schall absorbiert, d.h. die Schallenergie in Wärme umgewandelt.
* Beim Empfänger, zum Beispiel durch konsequent getragenen Hörschutz.

5.1.3   Unterrichtsmaterialien

Station 1: Grundlagen des Schalls

Station 1a: Wie entsteht Schall?

An dieser Station sollst du auf verschiedene Arten Schall erzeugen. Das Ziel dieser Station ist es, dass du erklären kannst, wodurch jeweils der Schall entsteht und dass du zwischen verschiedenen Schallarten unterscheiden kannst.

Arbeitsvorschläge:

1. Führe folgende Versuche durch! Überlege dir anschließend, worin sich die beiden Experimente ähneln!

Experiment 1:

Presse ein Ende des Lineals auf den Tisch und zupfe das freie Ende mit dem Finger an! Wie kannst du unterschiedliche Töne erzeugen?

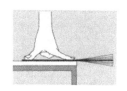

Experiment 2:

Schlage eine Stimmgabel an! Tauche die Stimmgabelzinken in ein Glas mit Wasser! Berühre die Enden der tönenden Stimmgabel auch vorsichtig mit den Fingern!

2. Lies den beiliegenden Text „Ohne Schwingungen kein Schall"!

3. Schall wird also durch schnell schwingende Körper erzeugt. Die schnellen Schwingungen kannst du mit folgendem Versuch 3 noch deutlicher sichtbar machen.

Erzeuge mit Hilfe einer brennenden Kerze eine Rußschicht auf einer Glasplatte und führe die Zinke einer angeschlagenen Schreibstimmgabel rasch über die Glasplatte.

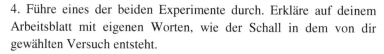

4. Führe eines der beiden Experimente durch. Erkläre auf deinem Arbeitsblatt mit eigenen Worten, wie der Schall in dem von dir gewählten Versuch entsteht.

Experiment 4: Erzeuge mit Hilfe eines Grashalmes Schall!

Experiment 5: Fülle Wasser in ein Weinglas. Fahre mit dem angefeuchteten Zeigefinger auf dem Glasrand entlang!

Die Aufgabe 5 ist zur freiwilligen, zusätzlichen Bearbeitung!

5. Wie du bereits weißt, gibt es 3 unterschiedliche Schallarten. Ihre Schwingungsbilder kann man mit Hilfe eines Oszillographen sichtbar machen. (Versuch 9). Schalte den Oszillographen und den Lautsprecher an! Eine Gerätebeschreibung findest du an deinem Arbeitsplatz.

• Erzeuge einen *Knall,* indem du einen aufgeblasenen Luftballon zum Platzen bringst!

• Erzeuge ein *Geräusch,* indem du ein Blatt Papier zerknüllst!

• Erzeuge einen *Ton* durch Anschlagen einer Stimmgabel und einen *Klang,* indem du eine gespannte Saite mit dem Geigenbogen anstreichst!

• Beobachte jeweils das entstandene Schwingungsbild und bearbeite anschließend dein Arbeitsblatt!

Station 4: Lärm und Gesundheit

Station 4a: Wie laut ist dein Walkman?

An dieser Station erfährst du, wie laute und leise Töne zustande kommen und lernst zwischen Schallstärke und Lautstärke zu unterscheiden. Des weiteren kannst du hier an einigen Schallquellen Schallpegelmessungen selbst durchführen.

Arbeitsvorschläge:

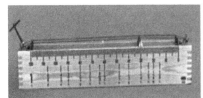

1. Führe folgendes Experiment (Versuch 20) durch!

Bringe eine eingespannte Saite zum Schwingen! Untersuche, wovon die Lautstärke des entstehenden Tones abhängt!

Notiere deine Beobachtungen (Arbeitsblatt)!

2. Befasse dich mit dem beiliegenden Textmaterial!

3. Mach dich mit dem Schallpegelmessgerät vertraut! Eine genaue Gerätebeschreibung findest du an deinem Arbeitsplatz. Führe für die folgenden Beispiele Schallpegelmessungen durch(Versuch 21)!

- Husten

- Walkman bei: - maximaler Lautstärke

- der Lautstärke, die du gewöhnlicher weise hörst

- Raum, in dem du dich gerade befindest

- auf dem Gang

Trage die Messwerte in die Tabelle auf deinem Arbeitsblatt ein! An deinem Arbeitsplatz findest du auch eine Übersicht über weitere Schallpegel des alltäglichen Lebens.

Station 4b: Lärm macht krank!

Musik spielt im Leben der meisten Jugendlichen eine wichtige Rolle: Auf der Loveparade, in der Disko, zu Hause, mit einem lauten Kofferradio am Strand oder an der Straßenecke. Subjektiv wird sie zwar nicht als Lärm empfunden, aber sie kann bei zu großer Lautstärke ebenso zu gesundheitlichen Schäden führen wie z.B. Flugzeug- oder Straßenlärm. Mit welchen gesundheitlichen Folgen aufgrund von zu hoher Lärmbelastung und ab welcher Lautstärke damit zu rechnen ist erfährst du an dieser Station.

Arbeitsvorschläge:

1. Informiere dich in beiliegendem Material über Lärm und Gesundheit!

2. Beantworte die Fragen auf deinem Arbeitsblatt!

3. Das deine Arbeitsleistung durch Lärm beeinflusst wird, soll dir der folgende Konzentrationstest (Versuch 22)zeigen:

Auf deinem Arbeitsplatz findest du zwei Buchstabenblöcke. Zähle jeweils wie häufig der Buchstabe E auftritt! Beim Durchsuchen des linken Buchstabenblockes höre lautstark Walkman, während du das Zählen der E's im rechten Block bei Ruhe erledigst. Messe jeweils die Zeit für das Bewältigen des Testes und notiere die Zahl der gefundenen Zeichen! Die tatsächlich Anzahl der E's kannst du nach Durchführung des Testes auf den Lösungsblättern nachsehen! Wann war deine Arbeitsleistung größer? (s. Lösungsblatt)

Station 4c: Wie kann man sich vor Lärm schützen?

72% der Bundesbürger fühlten sich Anfang der neunziger durch Straßenlärm belästigt, 54% durch Fluglärm und jeweils etwa 20% durch Industrie und Gewerbe, laute Nachbarn sowie den Schienenverkehr. Wie du dich vor Lärm schützen kannst und welche weiteren Maßnahmen ergriffen werden können , erfährst du an dieser Station.

Arbeitsvorschläge:

1. Betätige dich als „Lärmschutzforscher"!

Eine genaue Versuchsbeschreibung (Experiment 23) findest du an deinem Arbeitsplatz!

2. Um Schall zu mindern gibt es drei Arten von Lärmschutzmaßnahmen:

3. Informiere Dich über

- Persönlichen Lärmschutz (z.B. zu Hause, in der Schule, in Freizeitbereichen)
- Maßnahmen an der Schallquelle
- Maßnahmen auf dem Ausbreitungswegen aus den beiliegenden Texten.

Wer kann Dir weitere Auskünfte geben?

5.1.4 Zur Evaluation des Lernzirkels

1. Zur Erfassung der Motivation der Schülerinnen (n = 21) und der Schüler (n = 7) verwendete Lieb (2001) den IPN – Motivationstest (s. Kircher u.a., 2001, 333). Dieser wurde auf einer 5-stufigen Skala ausgewertet.

Dabei erhielt die Aussage: „Die Schule würde mir mehr Spaß machen, wenn öfters Lernzirkel durchgeführt würden" die größte Zustimmung (Mittelwert m (gesamt): 4.75, m (Mädchen): 4.86 !!, m

Spezifisches Interesse an der Unterrichtsform „Lernzirkel"

(Jungen): 4.43). Auch der Aussage: „Es gab Dinge, die mich besonders interessierten" wurde sehr hoch bewertet (m (gesamt): 4.29).
Das bedeutet aber noch nicht, dass das Interesse an der Physik größer
geworden ist. Die entsprechende Aussage 11 des Tests wurde mit m
(gesamt): 2.86) bewertet. Es ist ein *spezifisches Interesse* für diese
methodische Form des Unterrichts, für die dabei möglichen *attraktiven und verständlichen Lernaktivitäten*, für die *spezifischen Inhalte*
dieses Lernzirkels.

Diese Interpretation von Ergebnissen des Motivationstests wird
durch die Auswertung von 6 Interviews (4 Mädchen, 2 Jungen) bestätigt; dabei werden auch noch weitere methodische und didaktische
Aspekte genannt.

Beispielsweise hält die Schülerin Christina, die sonst wenig Interesse
an Physik zeigt und auch keine gute Zeugnisnote hat, den Lernzirkel
für sehr abwechslungsreich gestaltet. Bis auf wenige Ausnahmen
waren für sie die Stationen gut verständlich und einleuchtend, z.B.
die Schallausbreitung. Sie führt das darauf zurück, dass beim Lernzirkel Theorie und Praxis miteinander verbunden werden und weitgehend selbständig gearbeitet wird. Sie nimmt an, dass sie die Experimente und die dazu gehörigen Informationen bestimmt nicht so
schnell vergessen wird wie einen nur auswendig gelernten Buchtext.
Die Station „Der Mensch" empfand Christina als sehr interessant
und ansprechend. Die Abbildungen halfen ihr, eine Vorstellung davon zu bekommen, wie das Innere eines Ohres bzw. der Kehlkopf
aussieht; dadurch kann sie die Funktionsweise besser verstehen.

Technische Geräte können auf Schüler abschreckend wirken

Stationen, an denen *technische Geräte* aufgebaut waren, wirkten auf
sie abschreckend. Sie hatte auch Angst, die Geräte beim Experimentieren versehentlich zu zerstören. Sie fragt, ob es notwendig sei, bereits in der 8. Klasse mit so vielen komplizierten Geräten zu arbeiten
(nach Lieb, 2001, 124).

2. Die Schülerinnen und Schüler hielten die Ergebnisse von Arbeitsaufträge an den Stationen auch schriftlich in Arbeitsbögen fest.
Diese wurden nach folgenden Kategorien ausgewertet: „nicht bearbeitet", „falsche Lösung", „z. T. richtige/ nicht komplette Lösung",
„richtige Lösung".

Bemerkenswert war, dass „nicht bearbeitet" selten vorkam. Das lässt
darauf schließen, dass die Schülerinnen und Schüler sich Mühe bei
ihren Lösungen gaben, obwohl das Schreiben und das häufig damit
verknüpfte Lesen von Informationstexten wenig beliebt waren. Die
größte Häufigkeit war von der Kategorie „z. T. richtige/ nicht kom-

plette Lösung". Dies ist auch bei anderen einführenden Lernzirkeln zu beobachten, und eher wenig „richtige Lösungen" erarbeitet werden. Das lässt die Folgerung zu, dass *Nacharbeit der Thematik* zumindest für solche Lernzirkel *unumgänglich* ist.

Nacharbeit der Thematik ist unumgänglich

3. Zum Ablauf des Lernzirkels schreibt Lieb (2001, 127 f.): „Die Jugendlichen begannen sehr hektisch, oberflächlich und „verspielt" zu arbeiten. Aber allmählich beruhigte sich ihr Arbeitsrhythmus und sie erledigten die Arbeitsaufträge weitgehend konzentriert und gewissenhaft. Die meisten Lernenden waren mit Eifer und Engagement bei der Sache. Sie arbeiteten größtenteils selbstständig, diskutierten miteinander und suchten bei ihren Mitschülerinnen und Mitschülern Hilfe und nicht in erster Linie bei der Lehrkraft. ... Besonders begeistert wirkten die Schüler beim Experimentieren mit Alltagsgegenständen. So konnte ich beobachten, wie die Heranwachsenden eifrig übten auf einem Grashalm zu blasen. Auch das Experimentieren mit der Spiralfeder und mit dem Walkman schien ihnen viel Spaß zu machen. ...Völlig überraschte die Jugendlichen der Schallplattenversuch. Sie konnten zunächst überhaupt nicht fassen, dass es möglich ist, mit einem Papiertrichter und einer großen Nähnadel eine Schallplatte abzuhören.

Abb. 5.3: Schüler bei der Durchführung des Lernzirkels

Nicht alle Lernende konnten den Lernzirkel vollständig durchlaufen, da in den Gruppen unterschiedlich schnell gearbeitet wurde. Durch diese Unterrichtsmethode war also die Wahl eines individuellen bzw. eines Gruppenlerntempos möglich.

Zwar erforderte die Unterrichtsform „Lernzirkel" einen enormen Vorbereitungsaufwand, aber bei der Durchführung kann von einem deutlichen Entlastungseffekt des Lehrers gesprochen werden. Im Gegensatz zum lehrerzentrierten Unterricht blieb mir während der Stationenarbeit Zeit, Schüler zu beobachten, Einzelkontakte zu knüpfen sowie individuelle Hilfestellungen zu geben".

Entlastung des Lehrers während der Stationenarbeit

Wolfgang Reusch & Thomas Geßner

5.2   Lernzirkel „Laser"

Teils Erarbeitungs- teils Übungszirkel

Der hier vorgestellte Lernzirkel „Laser" wurde auf der Basis eines ursprünglich für die Sekundarstufe I konzipierten Lernzirkels (Roba- nus, 2000) zu einem Zirkel für die Sekundarstufe II erweitert und mit mehreren Leistungskursen des 13. Jahrgangs erprobt. In Anbetracht der Lernbereiche und des Einsatzzeitpunkts handelt es sich einerseits vorwiegend um einen Erarbeitungszirkel (Prinzip, Funktion und Anwendungen des Lasers) andererseits aber auch teilweise um einen *Übungszirkel* (Energiestufen in Atomen, Wellenoptik, Photonen- bild).

5.2.1   Lernvoraussetzungen, Inhalte und Organisation

Inhaltlich ist der Lernzirkel an der gymnasialen Oberstufe ausgerich- tet, wobei als Zielgruppe besonders der Leistungskurs in Betracht kommt. Bei der Auswahl der Inhalte diente der Themenbereich "La- ser" als Kristallisationspunkt, der Laser ist sowohl Lerninhalt als auch im Rahmen der Untersuchung der Eigenschaften seiner Strah- lung geeignetes experimentelles Hilfsmittel zur einfachen Realisie- rung von typischen Experimenten zur Wellenoptik (Beugung, Inter- ferenz, Polarisation). Weiterhin sind in den Lernzirkel fächerüber- greifende, anwendungsbezogene und sogar auch grundlegende wis- senschaftstheoretische Aspekte (verschiedene Facetten des Modell- begriffs) integriert.

Lernvoraus- setzungen

Die zentralen Lernvoraussetzungen umfassen vor allem grundlegen- de Kenntnisse in folgenden Wissensbereichen:

- Bohrsches Atommodell
- Energieniveauschemata mit quantisierten Zuständen und Über- gängen
- Photonen als Licht- und Energiequanten (Teilchenmodell)
- Phänomene der Wellenoptik (Beugung, Interferenz, Polarisation)
- Halbleiter, Dotierung, p-n-Übergang

Inhaltlich überdeckt der Lernzirkel die nachfolgend aufgeführten Themenbereiche:

- Grundlagen des Lasers (Aufbau und Grundprinzip am Beispiel des He-Ne-Lasers und der Laserdioden im Laserpointer)
- Besondere Eigenschaften von Laserlicht (monochromatisch, kohärent, kaum divergent)
- Wellenlängenbestimmung durch Interferenzphänomene
- Polarisation von Licht
- Gefahrenpotential von Laserstrahlung
- Schutz vor Laserstrahlung durch Reflexion und Absorption (Vor- und Nachteile)
- Vielfältige Anwendungen von Laserstrahlung

In Anbetracht der möglichen Gefahren durch Laserstrahlen erfolgt vor dem Start des Zirkels und der Arbeit an den Stationen eine allgemeine Sicherheitsbelehrung. Der eigentliche Lernzirkel umfasst sechs Stationen, die unabhängig voneinander zu bearbeiten sind. Durch die Ausrichtung auf Leistungskurse sind meistens sechs Stationen ausreichend, wenn man bis zu drei Teilnehmer pro Station vorsieht, andernfalls müssten mehr Stationen mit weiteren Themen eingerichtet werden. Denkbar wäre es auch, im Falle noch größerer Gruppen, alle Stationen doppelt anzubieten. Alternativ könnten auch zu den Grundstationen zusätzliche Stationen erstellt werden, die den besonders schnellen Gruppen als Ergänzungsangebot dienen.

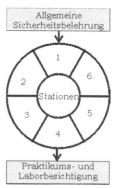

Als besonderes Zusatzangebot im Rahmen der Erprobung dieses Lernzirkels nahmen alle Gruppen nach Abschluss des Lernzirkels noch an Praktikums- und Laborführungen im Physikalischen Institut der Universität Würzburg teil. Dabei konnten im Fortgeschrittenenpraktikum „offene Laseraufbauten" mit den deutlich sichtbaren Grundelementen eines Lasers und in den Forschungslabors komplizierte Lasersysteme zur Erzeugung von hochintensiven „Femtosekunden-Laserpulsen" im Betrieb besichtigt werden.

5.2.2 Elementarisierung und didaktische Rekonstruktion des Lasers

Allgemeine fachliche Grundlagen

Laser steht als Abkürzung für die Beschreibung des Grundprinzips: „Light Amplification by Stimulated Emission of Radiation", was übersetzt „Lichtverstärkung durch künstlich angeregte Aussendung von Strahlung" bedeutet. Die Besonderheit der „Lichtquelle" Laser besteht in der Aussendung monochromatischer, kohärenter, kaum divergenter Strahlung. Jeder Laser besteht grundsätzlich aus drei Komponenten, dem *laseraktiven Medium*, einer *Energiepumpe* und einem *optischen Resonator*. Zur Realisierung bedient man sich unterschiedlicher aktiver Medien und Pumpverfahren.

Verschiedene Laser

Man kann bezüglich des Mediums grob zwischen Festkörperlasern (z.B. Rubin-Laser), Gaslasern (z.B. Helium-Neon-Laser), Flüssigkeitslasern (z.B. Farbstofflaser) und den Halbleiterlasern als speziellen Festkörperlasern unterscheiden. Bezüglich der Energiezufuhr unterscheidet man zwei Verfahren, optisches Pumpen (z.B. beim Rubin-Laser) und elektrisches Pumpen (z.B. beim Helium-Neon-Laser und Halbleiterlaser).

Heute sind die gängigsten Lasertypen, die in der Schule verwendet werden, besondere Gas- und Halbleiterlaser, nämlich Helium-Neon-Laser und Laserdioden. Ihr Aufbau und ihr Funktionsprinzip sollen nun vor allem unter dem Aspekt der Elementarisierung näher betrachtet werden.

Elementarmodell des Lasers (Helium-Neon-Laser)

Der Helium-Neon-Laser wurde erstmals 1960 von Theodore H. Maiman vorgestellt. Er ist bis heute immer noch ein sehr beliebter, preiswerter und zuverlässiger Laser. Dies ist in seinem Aufbau begründet. Die wichtigsten Bauteile eines He-Ne-Lasers sind die mit einem Helium-Neon-Gemisch gefüllte Entladungsröhre, eine Hochspannungsquelle und zwei Dünnschichtspiegel.

Bauteile des Lasers

Abb. 5.4: Schematischer Aufbau eines He-Ne-Lasers

Die Anregung der gebundenen Elektronen, auch „Pumpen" genannt, erfolgt durch elektrische Entladungen.

Funktionsweise des Lasers

Freie Elektronen und Ionen werden im angelegten elektrischen Feld beschleunigt. Sie kollidieren mit den Gasatomen und regen diese an. (Typische Gasmischung in der Entladungsröhre: Verhältnis von He zu Ne etwa 7:1 bei einem gesamten Gasdruck im Bereich von 0,1% des äußeren Luftdrucks, also etwa 100 Pa). Die Heliumatome befinden sich nach ihrer Anregung in den 2^1S und 2^3S Zuständen. Diese metastabilen Zustände sind sehr langlebig, da von ihnen aus Strahlungsübergänge verboten sind. Die so angeregten Heliumatome stoßen nun inelastisch mit den Neonatomen. Die dabei übertragene Energie regt die Neonatome in den 4S oder 5S Zustand an, und führt dazu, dass sich mehr Elektronen in den 4S oder 5S Zuständen befinden als in den darunter liegenden, den 3P oder 4P Zuständen. Nun spricht man von einer *Besetzungsinversion* bezüglich der 3P oder 4P Zustände. Die beherrschenden Laserübergänge zwischen den 5S Niveaus und den 4P Zuständen emittieren Photonen der oft bevorzugt verwendeten Wellenlänge 632,8nm (rot), aber auch Photonen mit den Wellenlängen 1152,3 nm und 3391,2 nm (infrarot).

Besetzungsinversion

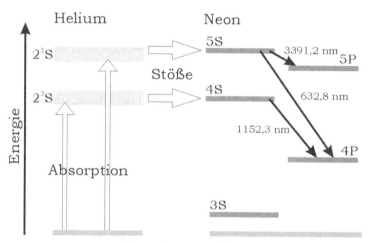

Abb. 5.5: Termschema des Laserübergangs

Die Photonen treffen nun auf die Spiegel an den Enden (typische Reflexionsgrade: $R_1 \approx 0,999$; $R_2 \approx 0,98$) und werden größtenteils reflektiert. Die reflektierten Photonen treffen nun wieder auf andere Neonatome und regen diese an, ebenfalls Licht auszusenden. Es entsteht eine Art Kettenreaktion. Immer mehr Atome werden angeregt, Photonen abzugeben. Der Lichtstrahl wird immer mehr verstärkt. Beim He-Ne-Laser beträgt die Verstärkung einige Prozent pro Durchlauf.

Verstärkung des Lasers

Jetzt stellt sich aber die Frage: Warum regen Photonen Atome an Licht (Photonen) auszusenden? Trifft ein zweites Photon (gleicher Energie) auf das angeregte Elektron, so kann das zweite Photon das angeregte Elektron veranlassen (stimulieren), sofort wieder in den Grundzustand überzugehen, also bevor es sowieso spontan „nach unten" fallen würde. Bei diesem Vorgang werden also zwei gleiche

Stimulierte oder induzierte Emission

Photonen abgegeben, die sich anschließend in gleicher Richtung weiterbewegen. Dieser Prozess heißt *stimulierte* oder *induzierte Emission*, weil die Aussendung von Licht durch das zweite Photon „erzwungen" wurde. Da sowohl die Ausstrahlungsrichtungen als auch die Wellenlängen der beiden Photonen gleich sind, wird das emittierte Licht intensiver. Natürlich reicht die Lichtverstärkung durch zwei Photonen nicht aus. Diese beiden Photonen können nun aber ihrerseits wieder zwei Elektronen von angeregten Atomen zum Aussenden von Photonen anregen. Wenn sich dieser Prozess immer weiter fortsetzt, kommt es zu einer lawinenartigen Verstärkung und eine Laserstrahlung hoher Intensität entsteht. Um die Verstärkung des Lasers weiter zu vergrößern, hält man viele der ausgestrahlten Photonen im Lasermedium. Das geschieht durch Spiegel (Reflektoren). Hierbei handelt es sich aus mehreren Gründen nicht um klassische Spiegel, die durch eine aufgedampfte Metallschicht ihre reflektierende Eigenschaft erhalten. Diese Metallschicht würde innerhalb kürzester Zeit durch den reflektierten Laserstrahl abgedampft werden und dadurch der Laser zerstört. Die Spiegel beim Laser sind Quarzkörper, die mit einem dünnen mehrschichtigen Film (dielektrische Vielfachschichten) überzogen sind. Dieser Film lässt sich in seiner Konstruktion so aufbauen, dass er nur für bestimmte Wellenlängen durchlässig ist, oder nur bestimmte Wellenlängen reflektiert (Prinzip der Interferenz an dünnen Schichten, z.B. Ölfilm auf Wasser). Dadurch wird selektiv nur die gewünschte Wellenlänge in der Entladungsröhre (Resonator) verstärkt. Durch den Spiegel mit dem geringeren Reflexionsvermögen gelangt ein kleiner Teil des im Resonator gefangenen Lichtes nach außen. Dies ist die gewünschte und beobachtete Laserstrahlung.

Optischer Resonator

Eine Zusammenfassung zum He-Ne-Laser mit einem vereinfachten Energieniveauschema des Vier-Niveau-Lasers findet man z.B. bei Grehn & Krause (1998, 432f).

Halbleiterlaser

Halbleiterlaser:
- klein
- robust
- leistungsstark

Der Halbleiterlaser oder Diodenlaser folgte dem Helium-Neon-Laser relativ schnell nach. Er wurde 1962 kurz nach der ersten Leuchtdiode vorgestellt. Bis heute hat er ständig an Bedeutung gewonnen, da er durch sein extrem reines Spektrum und einen sehr hohen Wirkungsgrad eine wichtige Rolle in der Optoelektronik spielt. Trotz der kleinen Abmessungen ist dieser Laser robust und leistungsstark (ca. 200 mW bei Stecknadelkopfgröße).

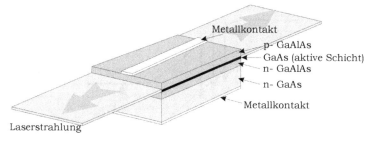

Aufbau des Halbleiterlasers

Abb. 5.6: Schematische Zeichnung eines Halbleiterlasers

Halbleiterlaser sind aus Galliumarsenid aufgebaut, welches so dotiert ist, dass sich ein p-n-Übergang ausbildet. Dazu wird das Galliumarsenid mit Fremdatomen, zum Beispiel Aluminium, gezielt verunreinigt, genauer gesagt gezielt Gitteratome durch Fremdatome ersetzt. Man spricht dann von einer Dotierung. Diese Dotierung führt dazu, dass sich ein Ungleichgewicht von Elektronen und Löchern im Valenzband und Leitungsband, im Vergleich zum undotierten Halbleiter einstellt. Bei n-dotierten Halbleitern hat man einen Elektronenüberschuss im Leitungsband, bei p-dotierten Halbleitern befindet sich ein Übergewicht an Löchern im Valenzband. Man spricht von einem Loch im Valenzband, wenn es einen Mangel an Valenzelektronen in diesem Band gibt. Fügt man nun einen solchen n-dotierten Halbleiter mit einem p-dotierten zusammen, so bildet sich an der Kontaktfläche ein Übergangsgebiet zwischen den beiden Dotierungsarten aus. Diese Schicht ist das für die Erzeugung von Photonen entscheidende Gebiet. Über den Bandabstand E_{GAP} an diesem p-n-Übergang lässt sich die Wellenlänge der emittierten Strahlung einstellen.

Erklärung des Laserprinzips bei einem Halbleiter

Springt ein Elektron aus dem Leitungsband in ein Loch im Valenzband (Rekombination), gibt es dabei seine Energie in Form eines Photons ab. Die Wellenlänge des Photons kann man aus der Energiedifferenz E_{GAP} zwischen Leitungsband und Valenzband bestimmen:

$$E_{GAP} = h \cdot f = h \cdot \frac{c}{\lambda}$$

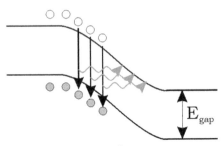

Abb. 5.7: Bändermodell eines p-n-Übergangs

So lassen sich durch unterschiedliche Dotierungen (entweder die Art der Atome mit denen dotiert wird oder die Anzahl der Fremdatome) p-n-Übergänge mit unterschiedlichem Bandabstand E_{GAP} herstellen und als Halbleiterlaser mit verschiedenfarbigem Licht betreiben, die jedoch meist auf einem Halbleitermaterial, nämlich Galliumarsenid (GaAs) basieren.

Technische Anwendung von Laserdioden

Einige der gegenwärtig kommerziell erhältlichen Laserdioden und die dafür verwendeten Materialien zeigt die folgende Zusammenstellung (s. auch Kap. 3.6):

- InGaAsP für den Infrarotbereich bis 1500 nm (Nachrichtentechnik).
- GaAlAs für den Grenzbereich Rot- Infrarot 730- 830 nm (Laserdioden in CD- Playern und Laserdruckern).
- InGaAlP für den roten Bereich 630- 670 nm. (z.B. in Laserpointern).

Damit die Diode zum Laser wird, müssen die Photonen im Halbleiter gehalten und nur teilweise ausgekoppelt werden. Den einfachsten Spiegel erhält man durch Aufpolieren der Stirnflächen des Halbleiters. Der relativ hohe Brechungsindex an der Grenzfläche zwischen Halbleitermaterial und Luft bedingt eine merkliche Reflexion (z.B. $R \approx 0,3$ beim Übergang GaAs/Luft). Wegen der sehr hohen Verstärkung in Halbleiterlasern genügt dies um Laserstrahlung zu erzeugen. Gleichzeitig beruht darauf der gute Wirkungsgrad von Laserdioden.

5.2.3   Die Stationen des Lernzirkels

Vor Beginn des Lernzirkels "Laser" müssen die Schüler über die Gefahren beim Umgang mit Lasern aufgeklärt werden. Daher erfolgt bei diesem Lernzirkel eine allgemeine Sicherheitsbelehrung vor den eigentlichen Arbeiten an den Stationen. Die Gefährdung für das menschlichen Auges, auch durch die in diesem Lernzirkel verwendeten relativ schwachen Laser, wird durch einen Vergleich mit der Überbelichtung beim Fotografieren deutlich gemacht:

Niemals in den direkten oder reflektierten Laserstrahl schauen!

Die Augenlinse ist eine Sammellinse aus durchsichtigem Knorpelmaterial; sie erzeugt Bilder wie die Sammellinse beim Fotoapparat. Anstelle des Films in der Kamera befindet sich in unserem Auge die Netzhaut mit ca. 100 Millionen lichtempfindlichen Sinneszellen. Beim Fotografieren achtet man immer darauf, dass man nicht direkt gegen eine starke, gebündelte Lichtquelle fotografiert, da der Film überbelichtet und zerstört wird. Dadurch ist der Film als Photomaterial unbrauchbar und muss ersetzt werden. Werden aber Sinneszellen im Auge stark „überbelichtet", dann sind sie dauerhaft zerstört, denn sie können sich nicht regenerieren!

Vorsicht beim Experimentieren mit Laserlicht!

Nach der einführenden Sicherheitsbelehrung (weitere Details zu Laserschutzmaßnahmen sind auch Inhalt der Station 2) startet der eigentliche Lernzirkel.

*   Optische Grundlagen - Wellenoptik
*   Gefahren und Sicherheitsbestimmungen beim Umgang mit Lasern
*   Wie funktioniert ein Strichcodelesegerät?
*   Besondere Eigenschaften des Laserlichts
*   Funktion von Laser und Laserpointer
*   Weitere Anwendungen des Lasers

Die sechs Stationen

werden nachfolgend im Hinblick auf die zugrunde liegenden Lernbereiche, die zentralen Fragestellungen, verwendete Materialien und thematische oder mediale Besonderheiten überblicksartig dargestellt.

Station 1: Optische Grundlagen – Wellenoptik

Lernbereich: Beugung, Interferenz, Kohärenz, Polarisation

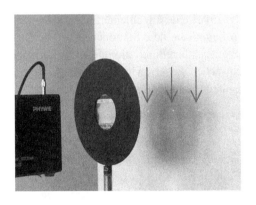

Experimente zu Wellenphänomenen

Zentrale Fragestellungen:

Unter welchen Bedingungen tritt Beugung an einem Spalt oder Gitter auf? Was sind Voraussetzungen für konstruktive (bzw. destruktive) Interferenz? Ist das Laserlicht polarisiert?

Materialien:

He-Ne-Laser (Schulausführung), Gitter (250 Str./cm), Polarisationsfilter, Schirm, Optische Bank, Messschieber, Maßstab

Wesentliche Ergebnisse:

Wellenphänomene durch LASER-Licht

Sichtbares Licht ist ein kleiner Bereich aus dem Spektrum der elektromagnetischen Wellen. Durch die besonderen Eigenschaften des LASER- Lichts lassen sich die Wellenphänomene: Beugung (Abweichung von der geradlinigen Ausbreitung) und Interferenz (Überlagerung, konstruktiv bzw. destruktiv) sehr einfach experimentell zeigen und auch zur Wellenlängenbestimmung nutzen.

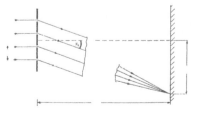

Abb. 5.8: Schematische Zeichnung der Beugung am Gitter. Die Strahlen, die sich in einem Punkt treffen, können am Gitter als näherungsweise parallel angenommen werden.

Station 2: Gefahren und Sicherheitsbestimmungen beim Umgang mit Lasern

Lernbereich: geeignete Schutzmaßnahmen gegen Laserstrahlung, Schäden durch Lasereinwirkung, Laserschutzklassen

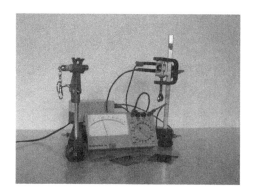

Zentrale Fragestellungen:

Vor- und Nachteile der Reflexion und Absorption als Schutzmechanismen? Sind Farbfolien ein geeigneter Schutz vor Laserlicht?

Materialien:

Laserpointer, Luxmeter (oder LDR und Ohmmeter), Schutzbrillen, Farbfilter, Stativmaterial

Informationen zu den Laserschutzklassen

Klasse 1: Diese Laser haben eine Leistungsgrenze von 0,000039 Watt. Sie sind für Haut und Auge völlig ungefährlich. **Keine Gefahr**

Klasse 2: Hier haben die Laser eine Leistungsobergrenze von 0,001 Watt. Solange man den Strahl nicht länger als ¼ Sekunde direkt ins Auge bekommt, ist er ungefährlich. Zu dieser Klasse gehört auch der Laserpointer. **Augen gefährdet**

Klasse 3: Die Leistungsobergrenze liegt hier bei 0,5 Watt. Hier können bereits erste leichtere Hautschädigungen auftreten. Solche Laser dürfen in der Schule nicht verwendet werden! **Haut gefährdet**

Klasse 4: Alle Laser mit einer Leistung über 0,5 Watt. Hier besteht dann schon akute Gefahr für das Auge und auch für die Haut. Wenn man mit diesen Lasern arbeitet, muss man nicht nur die Augen schützen, sondern auch die Haut (z.B. durch geeignete Schutzanzüge). **Schutzanzug erforderlich**

Station 3: Wie funktioniert ein Strichcodelesegerät?

Lernbereich: Funktionsweise eines Strichcodelesegeräts anhand eines einfachen, selbst gebauten Modells – Unterschiede zwischen Modell und kommerziellem Gerät– Binärcode, Strichcode

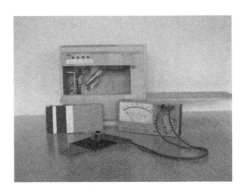

Zentrale Fragestellungen:

Wie funktioniert die Abtastung?

Was sind wichtige Komponenten des Strichcodelesegeräts?

Materialien:

Strichcodelesegerät (Modell), LDR (lichtempfindlicher Widerstand), Ohmmeter, weißes und schwarzes Papier

Codeinformation

Ziffern

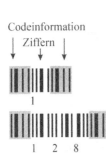

1

1 2 8

Beispiel für einen Strichcode

Mit einem „Abtaster" wird ein Laserstrahl über diesen Strichcode geführt. Die rückgestreute Strahlung wird gemessen. Durch die schwarzen und weißen Flächen des Strichcodes entsteht eine Folge von Impulsen mit unterschiedlichen Abständen. Diese werden durch einen Fotodetektor in ein entsprechendes elektrisches Signal umgewandelt und ausgewertet.

Das Strichcodelesegerät funktioniert, weil Licht von schwarzen und weißen Flächen unterschiedlich stark reflektiert wird. Man braucht also eine geeignete Lichtquelle (ein Laser ist günstig, weil er gebündeltes Licht aussendet) zum Lesen der Strichcodes.

Nebenstehende Abbildung zeigt einen solchen Strichcode. Am Anfang und am Ende befindet sich die Codeinformation, die zur Decodierung benutzt wird und Abstand und Dicke der Sticke für das Lesegerät vorgibt. Die Ziffern werden durch jeweils 4 Balken bestimmt.

Station 4: Besondere Eigenschaften des Laserlichts

Lernbereich: Laserlicht ist monochromatisch, Laserlicht ist kaum divergent

Zentrale Fragestellungen:

Kann Laserlicht spektral zerlegt werden?

Wie ist das Abstrahlverhalten des Lasers im Vergleich zu einer Glühlampe?

Materialien:

Laserpointer, Lampe, Prisma, Linse, Spalt, Schirm, LDR (lichtempfindlicher Widerstand), Amperemeter, Spannungsquelle, optische Bank

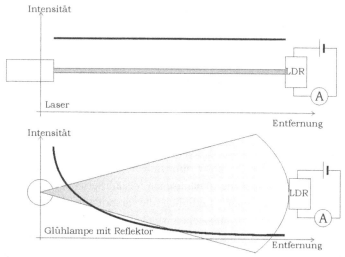

Abb. 5.9: Experiment zum Abstrahlverhalten des Lasers im Vergleich zu einer Glühlampe mit Reflektor

Station 5: Funktion von Laser und Laserpointer

Lernbereich: Modellvorstellung des Laserprinzips (Der Laser ist ein Lichtverstärker durch angeregte Emission)

Zentrale Fragestellungen:

Was ist eine Besetzungsinversion?

Was bedeutet stimulierte oder induzierte Emission?

Was sind laseraktive Übergänge?

Materialien:

Dokumente auf folgenden Web-Sites: Physics 2000 (Original) & Physik 2000 (deutsch)

http://www.colorado.edu/physics/2000/lasers/index.html

http://www.iap.uni-bonn.de/P2K/lasers/index.html

Erfahrungen zum Einsatz des Mediums „Internet"

Für die Bearbeitung der Aufgaben an dieser Station stand neben einer knappen schriftlichen Zusammenfassung eine Web-Site mit ausführlichen Erklärungen und interaktiven Simulationen als zentrale und umfassende Informationsquelle zur Verfügung. Die hervorragenden und klaren Darstellungen waren für die Oberstufenschüler sehr gut verständlich und wurden dank ihrer sehr ansprechenden Aufbereitung auch intensiv genutzt. Ein wesentlicher Motivationsfaktor und erweiterter Informationsträger gegenüber einem Druckmedium waren dabei die dynamischen Visualisierungen mit den interaktiven Simulationen. Lediglich die ursprünglich angegebenen englischsprachigen Originalseiten stießen bei einigen Teilnehmern auf grundsätzlichen Widerstand oder bereiteten manchen auch unerwarteter Weise Verständnisprobleme, so dass diesen Gruppen dann die deutschen Seiten angeboten wurden.

Station 6: Weitere Anwendungen des Lasers

Lernbereich: Laser in der Medizin, Laser als Lichtquelle für Hologramme, kurzer Aufriss weiterer Verwendungsbereiche

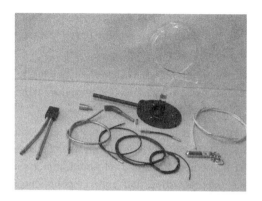

Zentrale Fragestellungen:

Was sind Anwendungsgebiete von Lasern?

Materialien:

Laserpointer, Lichtleitermodell, kommerzielle Lichtleiterkabel, Bildleiter, etc.

Medizin:

Photodisruption: Materialzerstörung durch intensive Laserstrahlung (z.B. Gallensteine)   **Photodisruption**

Photokoagulation: Schmelzen und verkleben von Material (z.B. Wunden verkleben)   **Photokoagulation**

Augenheilkunde: Mit dem Laser kann man Ablösungen an der Netzhaut oder Tumore im Auge durch die Linse behandeln.   **Augenheilkunde**

Lasereinsatz in der Materialbearbeitung

Durch einen Laserstrahl mit entsprechend hoher Leistung können Metalle exakt geschweißt oder gefräst werden.   **Material-
bearbeitung**

Einsatz in der Vermessungstechnik

Laufzeitmessung zur Entfernungsbestimmung   **Vermessungs-
technik**

Holographie

Räumliche Bilder mit Laserstrahlen erzeugen   **Holographie**

5.2.4 Erfahrungen bei der Durchführung

Der Lernzirkel mit seinen sechs Stationen wurde bisher mit acht Leistungskursgruppen unterschiedlicher Größe zwischen insgesamt acht und siebzehn Teilnehmern erprobt. Dabei erwies sich die Anzahl der Stationen selbst bei drei Teilnehmern pro Station als ausreichend. Ideal war natürlich die Besetzung der einzelnen Stationen mit maximal zwei Teilnehmern.

Zusammen mit der einführenden Sicherheitsbelehrung war für die Bearbeitung der sechs Stationen eine Gesamtdauer von zwei Stunden geplant, was sich als realistisch erwies.

Anwendungs-bezug als Interessen-schwerpunkt

Besonders überraschend war, dass das sehr vereinfachte Modell des Strichcodelesegeräts (Station 3), das unverändert aus dem ursprünglich für die SI konzipierten Lernzirkel übernommen wurde, auf besonders großes Interesse stieß und außergewöhnliche Neugier auslöste. Ähnlich wurde auch Station sechs mit weiteren Anwendungen des Lasers aufgenommen.

Um einen Eindruck zu gewinnen, wie der Lernzirkel im Vergleich zum *normalen* Kursunterricht beurteilt wird, wurde mit 43 Probanden aus drei der acht Gruppen eine Erhebung mit Fragebogen unmittelbar vor und nach dem Lernzirkel durchgeführt. Die Fragebogen mit jeweils 19 Items entsprachen im wesentlichen einem Fragebogen zur Messung der motivierenden Wirkung vorausgegangenen Unterrichts (Häußler et al., 1998, 111; Kircher et al., 2001, 333). Die Aussagen lassen sich vier Kategorien zuordnen (s. Kircher et al., 2001, 333 f.):

• Beschäftigung mit dem Thema auch außerhalb des Unterrichts (I)

• Einschätzung des persönlichen Nutzens (II)

• Beurteilung des Unterrichtsklimas (III)

• Themenspezifisches Interesse (IV)

Auf der jeweils sechsstufigen Antwortskala wurden im Mittel über die 43 Probanden folgende Einschätzungen für den vorausgegangenen Unterricht (LK) und für den Lernzirkel (LZ) getroffen. Dabei entspricht die Wertung 1 der höchsten Zustimmung bzw. positivsten Beurteilung.

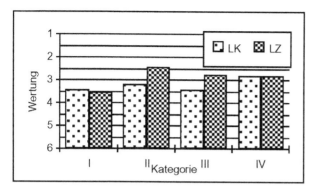

Abb.5.10: Übersicht zur tendenziellen Bewertung des Lernzirkels (LZ) im
Vergleich zum vorausgegangenen Unterricht (LK)

Erfreulicherweise liegen alle Bewertungen im positiven Bereich (≤ **Größerer**
3,5). Dies ist für Leistungskursteilnehmer im wesentlichen auch zu **persönlicher**
erwarten. Trotzdem ergeben sich teilweise deutliche Unterschiede. **Nutzen**
Während die Kategorien I und IV für den vorausgegangenen Unterricht und den Lernzirkel praktisch gleichwertig eingestuft sind, erfolgt in den Kategorien II und III eine vergleichsweise bessere Bewertung des Lernzirkels. Für Kategorie II (Einschätzung des persön- **Besseres**
lichen Nutzens) scheint der Anwendungsbezug entscheidend, für Ka- **Unterrichtsklima**
tegorie III (Beurteilung des Unterrichtsklimas) ist wohl die offenere
Unterrichtssituation mit mehr Eigenaktivität ausschlaggebend für die
bessere Bewertung des Lernzirkels.

Daraus lässt sich folgern, dass Anwendungsbezug ein wesentliches
Anliegen und ein Interessensschwerpunkt von Schülerinnen und
Schülern ist und auch diesbezüglich zentral in einem noch offeneren
Unterricht mit mehr Eigenaktivität berücksichtigt werden sollte.

6 Aktuelle Medien

In diesem Kapitel" werden altbekannte und neue Medien anhand von Beispielen beschrieben und didaktisch interpretiert, die den Zugang zur Physik erleichtern.

Der Beitrag „Neuen Medien im Physikunterricht" (6.1) befasst sich detaillierter als in „Physikdidaktik" mit der praktischen Nutzung von Computer und Internet im Physikunterricht. Dabei geht es vor allem um Strukturieren und Ordnen der nicht nur für Schülerinnen und Schüler unüberschaubaren Datenflut. „Charts" sind Übersichten, die vertikale Zusammenhänge herstellen; „Mindmaps" organisieren das Wissen um „Schlüsselbegriffe" (z.b. Energie, Elektron usw.). Ein weiterer Schwerpunkt des Beitrags befasst sich mit der Thematik „Multimedia". Dabei werden die Begriffe „Multikodierung" und „Multimodalität" an physikalischen Beispielen erläutert. Es ist vorauszusehen, dass „Neue Medien" künftig noch stärker als bisher den Physikunterricht beeinflussen, mit neuen Aufgaben und Rollen der Lehrkräfte, mit neuen Kompetenzen von Schülern und Lehrern. Vielleicht wird man einmal rückblickend von einer *neuen Unterrichtskultur* durch die neuen Medien sprechen.

Man kann die zur Zeit in der Physikdidaktik zu beobachtende Entwicklung von *Freihandversuchen* (s. z. B. Hilscher, 1999) als die „schönste Nebensache der Welt" im Unterricht betrachten, - weg von den Standardexperimenten der Schulphysik, die Martin Wagenschein ironisch oder verächtlich als „eingemachte Physik" bezeichnete, Freihandversuche für besondere Anlässe im Physikunterricht oder im Schulleben. Freihandversuche haben aber auch wichtige didaktische Funktionen. Sie interessieren und motivieren die Schülerinnen und Schüler durch faszinierende Phänomene, durch die scheinbare Leichtigkeit bei der Präsentation, durch die alltäglichen, vertrauten Materialien. Ein zweites wesentliches didaktisches Element sind die Überraschungseffekte bei Freihandversuchen, die kognitive Konflikte erzeugen und zu weiterem Fragen und Suchen anregen können. Der Autor, Lutz Fiesser, hat aus Freihandversuchen mit Materialien aus der Lebenswelt auch „Freilandversuche" gemacht. Gemeint ist die „Phänomenta" in Flensburg, die er im vergangenen Jahrzehnt mit seinen Mitarbeitern dort geschaffen hat.

Möglicherweise werden Sie überrascht sein, dass in diesem Kapitel auch "Gespielte Physik – spielerische Physik" (6.3) vorkommt, denn Sie haben in „Physikdidaktik" das Spiel ja als „methodische Großform" kennen gelernt. Aber: Spiele haben *eine didaktische, eine methodische und eine mediale Seite*. Bei der Realisierung von Spielen im Physikunterricht sticht vor allem die des Mediums ins Auge, das physikalische Sachverhalte *illustriert und verständlich* macht. Der Autor zeigt außerdem durch seine Beispiele, wie *Physik spielerisch und kreativ* in *Konstruktionsspielen angewendet* wird. „Gespielte Analogien" können unanschauliche Begriffe und Vorgänge veranschaulichen. Schließlich werden „Sinnhafte Spiele" mit einer ganz besonderen didaktischen Bedeutung beschrieben: sie führen zu ursprünglichem Verstehen. Gewissermaßen in der Nachfolge Martin Wagenscheins werden Möglichkeiten eines *sinnlichen, entschleunigten Physikunterrichts* skizziert.

Raimund Girwidz

6.1   Neue Medien im Physikunterricht

Die Didaktik stellt nicht die technischen Möglichkeiten neuer Medien in den Mittelpunkt, sondern die potenziellen Beiträge zum Lernen. Aber auch mögliche Schwierigkeiten beim Einsatz in der Praxis müssen beachtet, sinnvolle Lösungen dafür entwickelt und kritisch geprüft werden.

Betrachten wir beispielsweise das *Informationspotenzial* neuer Medien. Allein das Internet stellt ein enormes, weltweites Angebot bereit. Aus diesem "Datenmeer" ist es nicht immer einfach, wirklich hilfreiche Lernmaterialien zu "fischen". Ein zweiter Aspekt ist die *Multimedialität*: Informationen werden über verschiedene Träger, Kanäle und in verschiedenen Darstellungen angeboten und das interaktiv. Für die kognitive Flexibilität (Spiro et al., 1994) ist es sicher hilfreich, Wissen in verschiedenen Repräsentationsformen anzubieten. Die Informationen müssen aber auch von den Lernenden verarbeitet werden; sie müssen letztlich ihr Wissen konstruieren, Details einordnen, Beziehungen und Bedeutungszusammenhänge herstellen und Wissensstrukturen aufbauen.

Damit sind die zwei zentralen Themen ausgewiesen, die im folgenden genauer behandelt werden: Erstens die Arbeit mit der neuen Datenflut und Datenkultur, was *ihre Aufbereitung und Strukturierung* zu attraktiven Informationsangeboten beinhaltet und zweitens der Umgang mit den neuen Möglichkeiten zur *multiplen Codierung* und *vielfältigen Präsentation von Wissen*.

So befasst sich der erste Abschnitt mit der Organisation von Informationsangeboten und mit Hilfen zur Strukturierung von Wissen. Konkret wird dies an Internetrecherchen und der grafischen Darstellung der Ergebnisse in *Begriffsnetzen* festgemacht. Sogenannte "Concept Maps" bzw. "Mind Maps" können themenbezogene Übersichten zusammenstellen und Informationspfade durch das Netz der Netze aufzeigen. Damit wird auf konkrete Anwendungen für die Unterrichtspraxis hingearbeitet.

Im zweiten Abschnitt geht es darum, an konkreten Beispielen aufzuzeigen, wie Multimedialität (Multicodierung und Multimodalität) zur Umsetzung neuerer kognitionspsychologischer Ansätze eingesetzt werden kann.

Natürlich sollen die Beispiele praktisch nachvollziehbar sein. Deshalb beziehen sich die Beschreibungen vorwiegend auf Programme und Beispiele, die im Internet frei verfügbar sind. Weitere Informationen und Downloadmöglichkeiten finden Sie (z.B.) über:

- *http://www.physik.uni-wuerzburg.de/physikonline*

- *http:/www.physik.ph-ludwigsburg.de./physikonline*

6.1.1   Informationsangebote ordnen, Wissen vorstrukturieren

"Concept Maps", "Mind Maps" und "Charts" repräsentieren eine Wissensdomäne über Kernbegriffe und zentrale Aussagen, die durch Knoten und ihre Verbindungen visuell angezeigt werden. Neben dem Einsatz in Tests zur Wissensdiagnose (vgl. Fischler & Peuckert, 2000) sind Maps vor allem auch ein Hilfsmittel, um Wissen anschaulich zu organisieren. Entsprechende Computerprogramme machen es leicht, Hinweise auf Internetquellen in übersichtlichen Grafiken zusammenzustellen, zu ordnen und mit Bildern zu erläutern. So lassen sich kleine (inhaltsbezogene) Ausschnitt aus dem WWW strukturieren, gliedern und Lernpfade durch das Netz der Netze legen. Insbesondere können auch Schüler ihre eigenen Übersichten erstellen.

Schwierigkeiten bei Internetrecherchen

Bei aller Faszination für das neue Medium Internet stellt die gezielte Suche im Netz doch auch neue Anforderungen. Dies hat mehrere Gründe:

- Die Vielfalt der Informationen und die Komplexität ist einzigartig

- Es gibt keine zentrale Koordination und inhaltliche Kontrolle, keinen strukturierten Gesamtkatalog.

- Die Dokumente haben ganz unterschiedlichen Aufbau und sind ganz verschieden gegliedert. Kurze Texte, Grafiken, bis zu ganzen Büchern oder Datenbanken stehen gleichberechtigt nebeneinander.

- Darstellungen im Internet werden relativ frei gestaltet. Sie sind nicht immer vollständig und thematisch abgeschlossen.

- Das WWW hat eine starke Dynamik und das Angebot ändert sich ständig.

Im Gegensatz zu den technischen Standards ist die inhaltliche Struktur also nicht festgelegt und damit relativ ungeordnet und unübersichtlich. Findet man nicht gleich eine "Site", die ein bestimmtes Thema didaktisch gut aufbereitet anbietet, wird ein Lernen über das Netz selten effektiv und zielstrebig ausfallen.

Neue Möglichkeiten mit Charts und Concept Maps

Mind Maps und *Concept Maps* sind organisierte und strukturierte Darstellungen von Schlüsselbegriffen (auch als Text-Bild-Kombinationen). Der Begriff lässt sich je nach Schwerpunkt mit "kognitiver Landkarte", "Gedanken-Netz", "Ideen-Muster" oder

Charts, Concept Maps und Mind Maps

"Konzept-Netz" übersetzen. Sogenannte "Reference Maps" haben sogar zum Ziel, Wissensstrukturen abzubilden. Sie sollen quasi ein kognitives Gerüst anbieten und den Zugriff auf das Wissen erleichtern.

Charts gehen weniger stark von einem zentralen Begriff aus, sind eher vertikal organisiert und können damit gut hierarchische Strukturen aufzeigen.

Eine moderne Realisierungsform in Computeranwendungen sind sog. "clickable charts". Sie bieten strukturierte, bildhafte Übersichten, wobei über direktes Anwählen entsprechender Bildabschnitte die Darstellungstiefe erweitert wird und sich Verzweigungen anbieten.

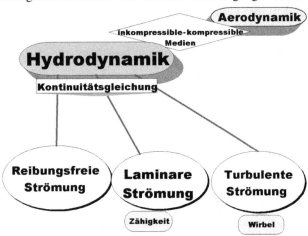

Abb. 6.1: Chart zur Stömungslehre

Intention, Funktion

Maps und Charts stellen Inhalte anders organisiert und strukturiert dar als Texte. Die Aussagen sind nicht sequentiell geordnet; sie sind nebeneinander oder untereinander gestellt. Relationen und Zusammenhänge werden grafisch visualisiert. Damit sind Mind Maps auch geeignet, sprachliches und bildhaftes Denken zu verknüpfen, analytisches und assoziatives, kreatives Arbeiten zu kombinieren und Ordnungshilfen zu geben. Darüber hinaus lassen sich die Knoten noch mit Bildmaterial reizvoll ausgestalten und vor allem auch mit Internetadressen verknüpfen.

Die Strukturierung von Wissen, vor allem eine *hierarchische Gliederung*, beeinflusst die Abrufbarkeit und ist ebenso wichtig wie die Kenntnis von Details. Leitbegriffe können den Zugriff auf relevante Details steuern.

Beispiele für Mind Maps

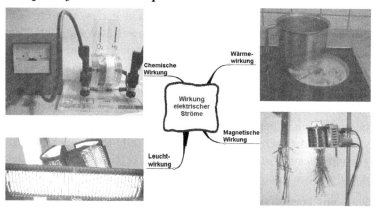

Abb. 6.2: Mindmap zu den Wirkungen elektrischer Ströme

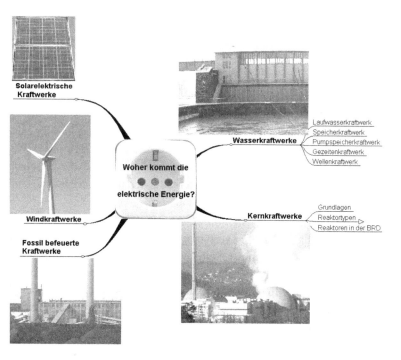

Abb. 6.3: Mindmap: Elektrizität aus verschiedenen Kraftwerken

Durch Erweitern der Darstellungstiefe (siehe Abb. 6.3 rechts) und durch die Verknüpfung mit Internetadressen lassen sich zunehmend detaillierte Informationen anbieten und Explorationen anregen.

Eigenaktivität beim Lernen

Allein das Darstellen von Wissensstrukturen garantiert noch nicht den Erwerb von strukturellem Wissen (Jonassen & Wang, 1993). Ein aktives Arbeiten mit den Inhalten, angeregt durch Verarbeitungsaufgaben und Zielvorgaben, scheint ganz wesentlich zu sein.

Mit einfach bedienbaren Computerprogrammen können auch Schüler leicht ihre eigenen Netze entwerfen und ihre Wegweiser durch das Internet legen. (Hier wurde mit einer für Lehrzwecke freien Lizenz von "MindManager Smart" von Mindjet (2001) gearbeitet.) Die Programmbedienung ist denkbar einfach und die Grundfunktionen sind schrittweise in weniger als fünf Minuten vermittelt:

Programm-
bedienung
in 5 Schritten

1. Zentralbegriff eingeben (automatisch beim Start verlangt)

2. Verzweigungen erzeugen (den entsprechenden Menüpunkt aufrufen)

3. Die Knotenpunkte mit Bildmaterial oder weiteren Erläuterungen ausgestalten (über rechte Maustaste starten).

4. Einen ausgewählten Knotenpunkt mit Internetadressen verknüpfen (über die rechte Maustaste starten).

5. Die Seite als html-Dokument abspeichern. (Einfach den entsprechenden Menüpunkt aufrufen).

Aus didaktischer Sicht sind Mind Maps als "cognitive tools" interessant, d. h. als Werkzeuge, die beim Lernen helfen, sich intensiver, effektiver und ökonomischer mit einem Inhalt auseinander zu setzen als ohne dieses Hilfsmittel. Für Internetrecherchen in der Schule sind besonders folgende Aspekte relevant:

Zielgerichtetes
Arbeiten

- *Zielgerichtetes Arbeiten durch Bindung an eine Arbeitsvorlage.* Wer kennt nicht die verführerischen Hinweise und Links im WWW, die man immer weiter verfolgt, bis man sich schließlich, weitab vom eigentlichen Ziel, an sein ursprüngliches Vorhaben erinnert? – Mind Maps dokumentieren den aktuellen Arbeitsstand und machen Fortschritte in der Grafik direkt erkennbar. Gleichzeitig erleichtern sie nach einer Unterbrechung das Zurückfinden zum aktuellen Arbeitsstand.

Dynamisches
Arbeiten

- *Dynamisches Arbeiten*: Der Computer wird zur Projektionsfläche für eigene Ideen. Gedanken und Vorstellungen entwickeln sich weiter, neue Informationen werden gefunden und aufgenommen. Kein Mind Map ist von Beginn an perfekt. Änderungen und Korrekturen sind aber auf einer Computeroberfläche kein Problem und die Darstellung bleibt übersichtlich.

- *Eigenes Wirken mit sichtbaren Ergebnissen*: Eigene Internetseiten mit attraktivem grafischen Design sind mit Mapping-Programmen leicht zu realisieren. Damit lassen sich eigene Wege und Pfade durch das Internet legen. Die Möglichkeit, eigenes Schaffen in entsprechenden Ergebnissen wiederzufinden, setzt aus motivationspsychologischer Sicht einen positiven Reiz ("Selbstwirksamkeit").

Eigenes Wirken erkennen

Aufgabenkategorien für Unterricht und Hausarbeit

Selten wird man bei Schülern schon ausgefeilte Techniken voraussetzen, mit denen sie Informationen über strukturelle Zusammenhänge lerneffektiv verwerten. Bedeutungsvolles Lernen aus Hypertextstrukturen verlangt extern angeregte und vermittelte Lernaufgaben. Die Arbeit mit Maps lässt sich in verschiedene Aufgabenstellungen einbinden und damit auch eine Anpassung an Schülerleistung und Zielsetzung erreichen. Einige Vorschläge bietet die nachfolgende Liste:

- Durcharbeiten einer vom Lehrer generierten (übersichtlichen) Ziel-Map

- Ausgestalten einer Ziel-Map (mit Bildern, Links und Begleit-Texten)

- Erweitern und ergänzen einer vorgegebenen Map ("Vertiefungsmap")

- Aus einer vorgegebenen Listenstruktur (z. B. auch aus dem Inhaltsverzeichnis eines Schulbuchs) relevante Stichworte extrahieren, in der Grafik übersichtlich zusammenstellen und mit Internetadressen verknüpfen

- Erstellen einer Übersicht über die aktuelle Unterrichtseinheit für den Schulserver, die stetig aktualisiert wird

- Ergänzende Anregungen ("links") sammeln, thematisch ordnen und gegliedert darstellen

- Brainstorming in einer ersten Projektphase und Erstellen einer Ziel-Map. Diese wird dann in arbeitsteiligem Gruppenunterricht weiter ausgearbeitet und "verlinkt"

Metakognition und Concept Maps

Mind Maps sollen ebenfalls helfen, verstandenes Handlungswissen zu entwickeln, metakognitive Fertigkeiten zu schulen und Lernstrategien aufzubauen. Dazu sollte nach Jüngst (1992) die in Abb. 6.4 abgebildete Phasenstruktur bewusst gemacht und anhand konkreter Inhalte vertieft werden:

Metakognition

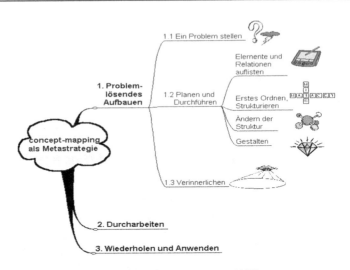

Abb. 6.4: Arbeiten mit Mind Maps (nach Jüngst, 1992).

Grundstrategien für Internetrecherchen

Gleichzeitig sollte die Suche im Internet systematisiert erfolgen. Aber nur langsam entwickeln sich empfehlenswerte und leicht vermittelbare Grundstrategien für das Arbeiten im Netz.

Potempa et al. (2000) fordern vor allem das Suchprofil zu präzisieren. Dabei hilft vielleicht der Fragesatz: "*Was* wird von *wem* für *wen, wo, wie, womit, wann,* in *welchem Umfang* und *warum* gesucht?" (Für die neun "W-Fragen" steht als Kurzform WWW^2.)

WWW^2-Fragen

Daneben verweisen Praktiker immer wieder auf folgende Tipps zur Arbeit mit Suchmaschinen und Katalogen:

- Thematische Suchverzeichnisse nutzen
- Vom Speziellen zum Allgemeinen (erst nach speziellen Begriffen suchen; wenn dies nicht zum Erfolg führt, den Suchbegriff weiter fassen).
- Sog. "Phrasen" in Suchmaschinen verwenden, d. h. feststehende Begriffe, die symbolisch in Anführungszeichen eingebettet sind.
- Verschiedene Synonyme ausprobieren. (Sie suchen nach einem Inhalt, einem Begriff und nicht nach einem bestimmten Wort.)
- Sofern dies die verwendete Suchmaschine unterstützt, auch den Ausschluss von Begriffen ("NOT-Operator") verwenden.

Eine Sammlung von Suchmaschinen und Startpunkten für Internetrecherchen gibt es auch auf den oben genannten Internetseiten.

6.1.2 Multimedia: Multicodierung und Multimodalität

Neue Medien werden in diesem Abschnitt nicht als Unterrichtsinhalte, sondern als ein Hilfsmittel für das Lernen betrachtet. Ihr Einsatz sollte aber theoriegeleitet erfolgen. So werden die nachfolgenden Anwendungen als Beispiele für die Umsetzung bestimmter mediendidaktischer Zielsetzungen vorgestellt. Natürlich sind sie auch als Anwendungen für die Unterrichtspraxis gedacht, allerdings keineswegs isoliert von weiteren Unterrichtsmaßnahmen. Da es selten perfekte Instrumente geben wird, muss der Lehrer in der Regel ergänzend und helfend mitwirken, bzw. die Werkzeuge so einsetzen, dass ihre speziellen Stärken zur Geltung kommen.

Multiple Codierung

Allgemein wird durch eine mentale Multicodierung der Inhalte die Verfügbarkeit von Wissen verbessert. Ziel sollte sein, mehrere Symbolsysteme anzubieten. Dadurch werden Suchprozesse beim Problemlösen mitunter ganz entscheidend erleichtert. Auch aus der Theorie der kognitiven Flexibilität (Spiro et al., 1988) ist abzuleiten, dass Wissen in verschiedenen Darstellungen präsentiert werden und in verschiedenen Szenarien eingebunden sein soll.

Multiple Codierung und kognitive Flexibilität

Als Beispiel dient **Abb. 6.5** aus dem Repetitorium zur Atomphysik von Gößwein (1997, siehe Girwidz et al. 2000). Beschrieben wird die Elektronenaufenthaltswahrscheinlichkeit in verschiedenen Darstellungen (auch als Formel). Mit dem Computerprogramm lassen sich verschiedene Grafiken zu den Energieniveaus erzeugen und kombinieren, Verknüpfungen und Zusammenhänge aufzeigen. (Selbstverständlich ist die gezeigte Zusammenstellung nicht für eine Einführung geeignet, sondern setzt schon einige Vorkenntnisse voraus.) Das *"Repetitorium zur Atomphysik"* soll grundlegende Phänomene und Ansätze beschreiben und veranschaulichen. Es kombiniert drei Computerprogramme mit Textinformationen, die eine Leitlinie vorgeben und folgende Schwerpunkte abrunden:

Repetitorium zur Atomphysik

- Rutherfordsches Atommodell und Streuversuche
- Wasserstoffspektrum und bohrsches Atommodell
- Wellenmechanisches Modell des Wasserstoffatoms.

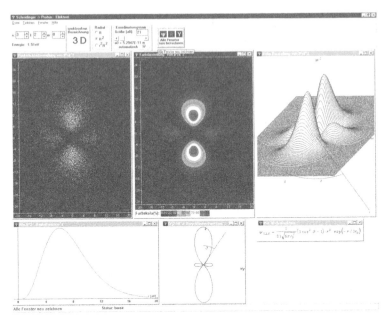

Abb. 6.5: Abbildung aus dem Programmpaket "Atomos"

Topologie von
Schaltskizzen

Das nächste Beispiel (Abb. 6.6) zeigt verschiedene Skizzen von physikalisch äquivalenten Widerstandsschaltungen, was zumindest für den Laien nicht sofort offensichtlich ist. Mit einem Computerprogramm (Härtel, 1992) lässt sich die Gleichwertigkeit sehr überzeugend zeigen. In der Animation werden die Schaltskizzen durch Drehen und Verschieben der Bauelemente ineinander übergeführt. Weitere Beispiele gibt es auch auf den oben genannten Internetseiten. Sie sind als sogenannte „animated gifs" erstellt und lassen sich ganz einfach über einen Internetbrowser abspielen.

 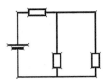 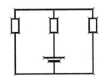 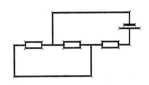

Abb. 6.6: Verschiedene Darstellungen – Multiple Codierung unterstützt kognitive Flexibilität

Besonders im Anfangsunterricht sind Lernprobleme mit der physikalischen Symbolsprache (z.B. mit Schaltskizzen oder Liniengrafen) nicht zu vernachlässigen. Medien können hier helfen, indem sie Zusammenhänge visualisieren. Zum Aufbau von Wechselbeziehungen zwischen verschiedenen Präsentationsformen und Beschreibungen kann das Supplantationskonzept (vgl. Salomon, 1979) wertvolle Hilfen bieten. Dabei wird, *eine fehlende, für den Lernprozess wichtige, kognitive Operation external durch ein Medium angeboten.*

Dies ist beispielsweise für Bezüge zwischen eher abstrakten Diagrammen und realen physikalischen Abläufen interessant. Ein Beispiel zeigt die nachfolgende Abbildung. In dieser Computeranimation wird eine Federschwingung realitätsnah dargestellt und simultan das entsprechende $y(t)$-Diagramm generiert. Der Zusammenhang zwischen realitätsnaher und abstrakter, graphischer Repräsentation wird unmittelbar deutlich.

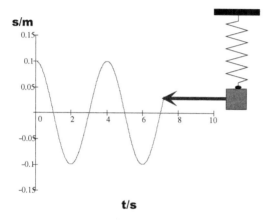

Harmonische Schwingung

Abb. 6.7: Zeichnen des $s(t)$-Diagramms einer harmonischen Schwingung in einer Simulation

Das Modellbildungs- und Messsystem Pakma (Heuer, 1996) kann diese Darstellung sogar mit einer experimentellen Aufnahme von Messwerten verbinden. So können abstrakte, formale Beschreibungen mit konkreten Operationen und Abläufen in Bezug gesetzt werden. Dieses Ziel verfolgt auch ein Computerfilm zum Stirlingmotor, in dem der Lauf des Motors synchron mit der Aufzeichnung des $p(V)$-Diagramms gezeigt wird (siehe Abb. 6.8).

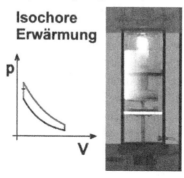

Stirling-Prozess

Abb. 6.8: Bild aus einem Computerfilm zum Stirlingmotor

Filme und Animationen mit hoher Informationsdichte oder komplexe Bilder mit vielen Details können hohe Anforderungen an eine zielgerechte Informationsaufnahme stellen. Auch hier ist das Supplantationsprinzip hilfreich. Wenn bei einem komplexen, physikalischen Versuchsaufbau Orientierungsschwierigkeiten oder Probleme auftreten, die wesentlichen Aspekte zu erkennen, kann der Film wichtige Details z. B. über Zoomtechniken 'heranholen' und akzentuieren.

Bohrsches Atommodell

Ein weiteres Beispiel aus dem Repetitorium zur Atomphysik zeigt die folgende Abbildung (Abb. 6.10). Das Programm verknüpft die Vorstellung über Elektronensprünge im bohrschen Atommodell mit dem Linienspektrum. Ein "Lichtquant" aus der links gezeigten Animation "läuft" dazu direkt auf die entsprechende Linie im Termschema, wenn das Elektron auf eine niedrigere Bahn springt. Gleichzeitig blinkt die entsprechende Linie in dem darunter gezeichneten Linienspektrum.

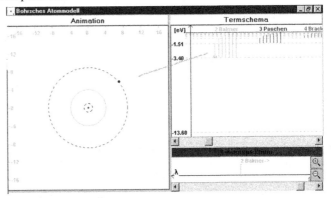

Abb. 6. 9: Abbildung aus dem Programm "BOHR"

Multimodalität

Multimodale Systeme nutzen den Zugang über mehrere sensorische Systeme. Der Einsatz akustischer und visueller Informationen in mehreren Beschreibungsformen kann unterschiedliche Aspekte eines Inhalts hervorheben, Zusammenhänge und Wechselbezüge verdeutlichen. Nachfolgend werden exemplarisch einige grundlegenden Themen aus der Akustik behandelt. Soundkarte, Mikrofon und Lautsprecher gehören heute zur Grundausstattung jedes Multimedia-PC´s. Dadurch steht dem Computerbesitzer mit der entsprechenden Software eine Funktionalität zur Verfügung, die sogar über Tonfrequenzgenerator und Speicheroszilloskop hinausgeht. Interaktivität und die Möglichkeit für Eigenaktivitäten der SchülerInnen verstärken die Wirkung eines multimodalen Lernangebots.

Bei den hier verwendeten Beispielen wurde mit den Programmen GOLDWAVE (Craig, 1997) , DITON (Geiß, 1996) und GRAM (Horne, 1999) gearbeitet. Details zu dem Share-Ware-Programm GOLDWAVE gibt es unter der Internetadresse: *http://www. goldwave.com*, zum Programm GRAM unter: *http://www.visualizationsoftware.com/gram.html* zu DITON: *http://www.physik.uni-erlangen.de/Didaktik/download/windown.htm* oder COOLEDIT: *http://www.syntrillium.com/cooledit*. Daneben gibt es ein sehr breites Angebot an weiteren Programmen, die teilweise auch direkt mit den Soundkarten vertrieben werden. Für aktuelle Angaben muss hier jedoch auf das Internet verwiesen werden.

Akustik mit dem Computer

Einige Einführungsexperimente sind auch mit herkömmlichen Geräten im Physikunterricht zu realisieren. Hier ist aber die Bedienung einfacher geworden, und sie sind sogar als Schülerexperimente für zu Hause geeignet. Dann folgen Experimente, die überhaupt erst durch den Computer so realisierbar sind. Die einfachsten Einstiege arbeiten mit fertigen Ton-Dokumenten (wav-Dateien). Diese können unter der Adresse http://www.physik.uni-wuerzburg.de/physikonline oder http://www.ph-ludwigsburg.de./physikonline über das Internet heruntergeladen werden.

Zusammenhänge zwischen Amplitude und Lautstärke, Frequenz und Tonhöhe

Zwischen Amplitude und Lautstärke, Frequenz und Tonhöhe lassen sich zunächst sehr einfach "Je-desto-Beziehung" aufzeigen. Eine Verknüpfung zwischen Hörempfinden und der Darstellung im Diagramm (Schallschnelle) wird auch dadurch erleichtert, dass parallel zur Tonausgabe die aktuelle Position im Diagramm angezeigt wird.

Grundlegende Zusammenhänge (halb-quantitativ)

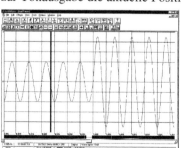 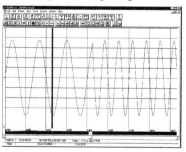

Abb. 6 10: a) Töne verschiedener Lautstärken b) Töne unterschiedlicher Frequenz (der senkrechte Strich ist die Abspielmarke)
(Der Zeitmaßstab ist variabel einstellbar, so dass die Kurven je nach Bedarf auflösbar sind.)

Ton, Klang, Geräusch, Knall

**Verschiedene
Schallereignisse
klassifizieren**

Unterschiedliche Schallereignisse lassen sich aufnehmen und analysieren. Die Höreindrücke können dann bestimmten Schwingungsformen und später auch den charakteristischen Schallspektren für Ton, Klang, Geräusch oder Knall zugeordnet werden.

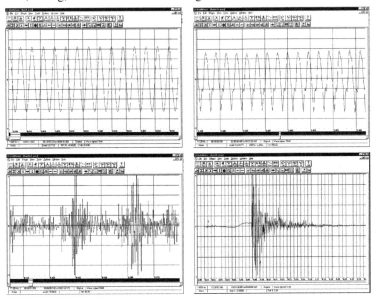

Abb. 6.11: Sinuston, Klang (Flöte), Geräusch, Knall

Detailbetrachtungen lassen sich zusätzlich durch folgende Maßnahmen unterstützen, die eine Zuordnung der akustischen Wahrnehmung zu der grafischen Darstellung noch deutlicher machen können:

- Maßstab für die Zeitachse anpassen
- Startmarke für die Wiedergabe an relevante Stellen der Grafik setzen
- Lautstärke bzw. Amplituden abschnittsweise verändern
- eine Aufnahme wiederholt abspielen.

Quantitative Analyse und Synthese von Schallereignissen

Generell ist auch für quantitative Betrachtungen vorteilhaft, dass die Programme nicht nur die Analyse von Klängen anbieten, sondern auch das Erzeugen definierter Tonfolgen. Dadurch lässt sich neu erworbenes Wissen gleich praktisch einsetzen und austesten.

**Lautstärke
quantifizieren**

Als Einführung bietet sich an, die Tondokumente lauter1.wav und lauter2.wav abzuspielen und sie dann zu analysieren. Bei lauter2.wav hat man im Unterschied zu lauter1.wav eher den Eindruck, dass die Töne gleichmäßig lauter werden, vor allem bei den größeren Lautstärken. Allerdings widerspricht dies zunächst scheinbar dem Verhalten der Amplituden in der grafischen Auftragung (bei linearem Maßstab).

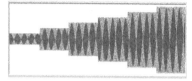 

Abb. 6.12: Ausschnitte aus lauter1.wav und lauter2.wav (linearer Maßstab)

Aufklären lässt sich der scheinbare Widerspruch erst über das Gesetz von Weber und Fechner. Danach ist die Wahrnehmungsstärke proportional zum Logarithmus der Reizintensität. In den meisten Programmen ist deshalb auch ein logarithmischer Maßstab verfügbar. Dies erschließt einen direkten Zugang zur Definition der Lautstärke mit Bezügen zum Hörempfinden.

Das Gesetz von Weber und Fechner gilt näherungsweise für das Lautstärke- und Helligkeitsempfinden, aber auch für das Wahrnehmen von Tonhöhen. Die Dateien hoeher1.wav und hoeher2.wav bieten Töne mit steigenden Frequenzen an; hoeher1.wav mit einer linearen Zunahme der Frequenz, hoeher2.wav jeweils mit einem Anstieg um eine halbe Oktave (d.h. um drei Ganztonschritte).

Tonhöhen quantifizieren

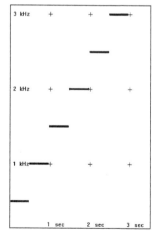 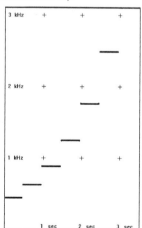

Abb. 6.13: Frequenzen der Töne aus Hoeher1.wav und Hoeher2.wav

Die grafische Auftragung der Frequenzen in linearem Maßstab (Abb. 6.13) zeigt wieder ein Ergebnis, das nicht direkt zu dem akustischen Eindruck passt. Auch hier hilft ein logarithmischer Maßstab weiter.

Halbtonschritte, das heißt, die Zunahme der Frequenzen jeweils auf das $\sqrt[12]{2}$ -fache, erscheinen im logarithmischen Maßstab als äquidistante Schritte. Dies entspricht besser unserem Hörempfinden.

Wahrnehmung und physikalische Beschreibung

Das besondere Potential der Multimodalität besteht bei diesen Anwendungen darin, die Verknüpfungen zwischen akustischer Wahrnehmung und mathematischen / grafischen Beschreibungen zu erleichtern.

Interessant ist außerdem der Vergleich zwischen der logarithmischen Frequenzauftragung und einem Notenblatt. Hier ist beispielsweise das Programm "GRAM" eine Hilfe. (Dabei ist unkritisch, wenn die Frequenzanalyse nicht so genau ist.) Betrachtet werden in Abb. 6.14 kurz angespielte Töne / Klänge einer Querflöte. Die Frequenzanalyse liefert natürlich auch die Obertöne und im Unterschied zum Notenblatt werden Halbtonstufen in der Frequenzauftragung erkennbar. (Analysiert wurde das Tondokument "floete3x.wav".)

Mit einigen Anpassungen kann man aber im Prinzip auf diese Weise Notenblätter vom Computer "mitschreiben" lassen.

Die Entstehung der Grafik lässt sich zusätzlich mit der folgenden Schemaskizze plausibel machen (siehe Abb.6.15). In einem dreidimensionalen Diagramm sind Intensität und Frequenz zeitabhängig erfasst. Intensitäten, die über einer bestimmten Schwelle liegen, werden mit Signalfarben markiert. Projiziert man die markierten Stellen in die xy-Ebene, bzw. in die Zeit-Frequenz-Ebene, so erhält man eine Darstellung in der Form von Abb. 6.14.

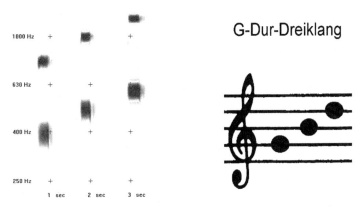

Abb. 6.14: Darstellung von 3 Tönen (genauer Flötenklängen) in der Zeit-Frequenz-Ebene

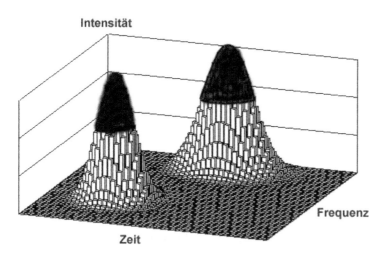

Abb. 6.15: Schemaskizze zur Entstehung von Abb. 6.14 links (vereinfacht und reduziert auf zwei "Töne")

Klang, Schallschnelleverlauf und Fast Fourier Transformation

Eine erste Aufgabe kann lauten, Klangbeispiele durch Überlagern verschiedener Töne zu erzeugen. Die Resultate lassen sich dann sofort über die akustische Wiedergabe testen. Gleichzeitig empfiehlt sich auch, verschiedene grafische Auftragungen zu nutzen. Geht man zunächst von einem Grundton aus und überlagert ihn dann mit Obertönen unterschiedlicher Amplituden, wird deren Bedeutung für das Klangerleben deutlich.

Klangbilder

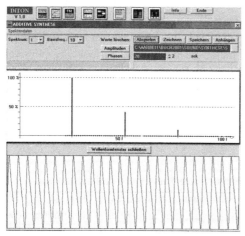

Abb. 6.16: Klangsynthese mit dem Programm DITON

Umgekehrt lassen sich die Klänge verschiedener Musikinstrumente über eine Fourier-Zerlegung (Fast Fourier Transformation / FFT) analysieren und in verschiedenen Diagrammen betrachten. Aus mediendidaktischer Sicht ist dabei wieder die Möglichkeit einer vergleichenden Charakterisierung in verschiedenen grafischen Darstellungen kombiniert mit der akustischen Präsentation

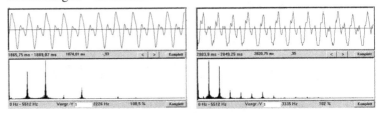

Abb. 6.17: Flöte und Klavier – Klangcharakterisierung durch Schnelleverlauf und Frequenzspektrum

Weiterführend können zunehmend komplexere Klänge und Geräusche analysiert werden. Auch für die Beispiele aus der Abb. 6.11 (Ton, Klang, Geräusch, Knall) lassen sich Fourier-Zerlegungen durchführen. Interessant ist vor allem auch die Möglichkeit, bei einem vorgegebenen Tondokument oder einer selbst gefertigten Aufnahme bestimmte Frequenzen des Spektrums auszublenden und die Wirkung zu testen.

Akustische Effekte austesten und erleben

Mit Klangeffekten experimentieren

Die meisten Akustik-Programme bieten spezielle Soundeffekte an. Über die Menüsteuerung ist die Programmbedienung fast immer problemlos. Damit kommen auch Schüler schnell zu eindrucksvollen Effekten, z. B. auch bei Aufnahmen mit der eigenen Stimme. Gleichzeitig bietet die detaillierte Betrachtung physikalischer Parameter vertiefende Einblicke. Es folgt eine Auswahl von Beispielen, die mit dem Programm GOLDWAVE erstellt wurde. Die Effekte werden aber auch von anderen Programmen angeboten (siehe Internetadressen).

- Ein Echo lässt sich einbauen; Intensität und Zeitverzögerung kann man variieren.
- Bei Stereoaufnahmen muss nur auf einem Kanal die Lautstärke kontinuierlich verringert und gleichzeitig auf dem anderen Kanal vergrößert werden, um eine quer zum Zuhörer bewegte Schallquelle zu simulieren.
- Über eine kontinuierliche Frequenzverschiebung kombiniert mit einer Zu- bzw. Abnahme der Lautstärke lassen sich bewegte

Schallquellen simulieren, die sich scheinbar auf den Hörer zu bzw. von ihm weg bewegen.

- Mit Filtern, z. B. Hochpass- oder Bandpassfilter, lassen sich Stimmen verändern ("Micki-Maus-Stimme") oder der Klang eines antiquierten Grammophons bzw. von "Schellack-Platten" (auch mit aktuellen Musikstücken) nachbilden.

- Werden Klavierklänge "rückwärts" abgespielt, klingt dies etwa wie ein Harmonium.

Die Möglichkeit, jederzeit zwischen verschiedenen Darstellungs- und Präsentationsformen zu wechseln und diese auch kombiniert einzusetzen, markiert ein wesentliches Merkmal des multicodal und multimodal ausgerichteten Medieneinsatzes. Damit kann der Computer helfen, eine Brücke zwischen Theorie und Wahrnehmung aufzubauen.

Lutz Fiesser

6.2 Freihandversuche im Physikunterricht

Durch pfiffige Experimente zum Denken anstiften

„... verblüffende Effekte pfiffig und einprägsam vorgestellt, ohne großen apparativen Aufwand und ohne Geräte, die den Blick auf das Wesentliche verdecken – dies ist das Ideal eines Freihandversuchs" formuliert Girwidz (s. Kircher u.a. 2001, 283). Man kann diese Forderung durchaus auf alle physikalischen Versuche ausdehnen, die Menschen ansprechen, ihr Denken anregen und im weitesten Sinn zum Lernen führen sollen. Bei diesem unterhaltsamen Experimentieren spielen sicherlich auch noch Fragen der Gefährdung, des Umweltschutzes und der Kosten eine Rolle. Entsprechende Literatur hat sich seit Generationen entwickelt, wobei in Deutschland die Experimentiervorschläge Pohls besondere Bedeutung haben. Eine große Zahl von Veröffentlichungen richtet sich an junge Menschen um sie zum eigenen Experimentieren anzuregen. In jüngerer Zeit überwiegt Literatur, die im Zusammenhang mit Fernsehsendungen entstanden ist. Die beigefügte umfangreiche, trotzdem noch nicht vollständig Literaturliste liefert viele weitere Vorschläge für die Vorbereitung und Durchführung von Freihandversuchen.

Minimaler Vorbereitungsaufwand fördert den Einsatz im Unterricht

Allerdings sind die Versuchsvorschläge selten didaktisch aufbereitet. Häufig handelt es sich eher um Bastelanleitungen, deren erfolgreiche Realisierung nicht immer gesichert ist. Die sinnfällige Erscheinung, die das Ergebnis des Experiments sein soll, ist oft kaum beobachtbar und für Laien nicht zu durchschauen.

Freihandversuche werden nach dem thematischen Bereich und ihrer didaktischen Funktion im Unterricht ausgewählt. Sie sind für die Schulpraxis von besonderer Bedeutung, weil sie ohne nennenswerten Vorbereitungsaufwand eingesetzt werden können; faszinierendes Experimentieren wird auch spontan möglich. Der relativ geringe finanzielle Aufwand macht Freihandversuche aus Lehrersicht zusätzlich attraktiv.

Freihandversuche sind qualitativ oder halb- quantitativ

Freihandversuche können grundsätzlich als Demonstrationsexperiment oder von Schülern als Gruppenversuch durchgeführt werden. Ich nenne hier ein Experiment nur dann „Freihandversuch", wenn es auch *aus einiger Entfernung beobachtet* werden kann und auf jeden Fall *für die Demonstration geeignet* ist. Damit entfallen die vielen Experimentieranleitungen für Jugendliche, die diese zu einfachen Untersuchungen mit Büroklammern und anderem Kleinmaterial anregen. Die präzise Messung ist in der Regel nicht Ziel von Freihand-versuchen. Eher werden sie qualitativ oder halbquantitativ in dem Sinne sein, dass zwischen zwei Prozessen verglichen wird. Sie kön-nen dann erfahrungsgemäß zu der Erarbeitung quantitativer Messun-gen führen und belegen dadurch ihre Wirkung auf den Unterrichtsab-lauf.

Freihandversuche sind grundsätzlich auch *in jeder Unterrichtsphase* einsetzbar. Erfahrungsgemäß sind sie in der Einstiegsphase wegen ihrer motivierenden Wirkung besonders geeignet: Ein Phänomen (ob natürlich oder technisch) wird vor der Klasse präsentiert. Es bindet die Aufmerksamkeit, regt zu Erklärungsversuchen an; es ist im idea-len Fall der Start zu einer intensiven gedanklichen Arbeit. Denn die-se einfachen Apparaturen rufen ein unmittelbare Erleben des Phä-nomens hervor, weil die Schülerinnen und Schüler oft mit den ver-wendeten Materialien vertraut sind und daher viel leichter zu einer eigenen Prognose über den Versuchsablauf kommen. Allerdings wird ein guter Freihandversuch gerade diese aus den Alltagsvorstel-lungen gespeisten *Erwartungen nicht erfüllen und so die Beobachter verblüffen*, in Erstaunen setzen und Fragen aufwerfen. Die Spannung zwischen dem Erklärbaren und dem was beobachtet wird, die Unver-einbarkeit von „Vorurteil" und unmittelbarer Beobachtung, birgt ein großes Potential an engagiertem, nachdenklichem und zielorientier-tem Mitarbeiten. Es ist dafür ein gewisses Maß an Lehr- und Präsen-tationskunst erforderlich, weil nur durch eine angemessene „Drama-turgie" ein tragfähiger Spannungsbogen entstehen kann. Allerdings machen es gute Freihandversuche Lehrerinnen und Lehrern wegen der unmittelbaren Begegnung mit den Phänomenen leicht, die Auf-merksamkeit der Klasse zu binden. Wenn dann nicht durch vor-schnelle Erklärungen der Verständnisprozess gestört und unterbro-chen wird, sollte es gelingen, die Schülerinnen und Schüler zu geis-tiger Auseinandersetzung mit physikalischen Problemen zu führen und damit fruchtbares Lernen in Gang zu setzen.

Die im Folgenden beschriebenen Freihandversuche sind nur wenige Beispiele dafür, wie durch einfache Materialien wirkungsvolle und pädagogisch relevante Medien entstehen. Sie sind auf Grund eigener Erfahrungen mit Lerngruppen von der Primarstufe bis zur Lehreraus- und Lehrerfortbildung so gewählt, dass die Versuchsgeräte im All-gemeinen in einer Physiksammlung bereit stehen. Die Phänomene sollen dann auch aus *ca. 5 m Entfernung noch deutlich wahrgenom-men* werden können. Ihre Präsentation bereitet keine besondere Schwierigkeit; sie können im Allgemeinen auch von ungeübten

Die Einstiegs-phase

Erstaunen über das Unerwartete

Phänomene müssen deutlich wahrnehmbar sein

Schülern durchgeführt werden. Gerade darin, dass selbst Hand angelegt werden kann, dass also nicht ein „Trick" die erstaunliche Erscheinung erklärt, liegt ein Grund für den Erfolg, der mit Freihandversuchen im Physikunterricht erzielt werden kann.

Bei allen Phänomenen sind elementare Erklärungen möglich, die auf
formale Betrachtungsweisen verzichten. In der Tradition der Schule
ist es bei manchen Themen üblich, auf Modellvorstellungen Wert zu
legen und dann auch formale Ansätze zu vermitteln. Solche Experimente findet der Leser eher am Ende der folgenden Vorschläge für
Freihandversuche.

6.2.1   Optische Phänomene

1 Vasenlinse

Material:

- Eine kugelige Glasvase, die mit Wasser gefüllt ist und auf einem
  Podest steht. (Es gibt auch gut geeignete entsprechende Weinglä-
  ser, massive Glaskugeln u.a.m.)
- Eine Lichtquelle: Kerze (lichtschwach) oder Energiesparlampe
- Eine weiße Wand.

Phänomen: Die Kugelvase erzeugt unter bestimmten Bedingungen
Bilder der Lichtquelle. Schüler finden die zwei Stellen, an die sie für
eine scharfe Abbildung gerückt werden muss.

Erklärung: Die Kugelvase zeigt sehr eindrucksvoll, dass eine konvex
gekrümmte Oberfläche Lichtstrahlen, die von einem Gegenstands-
punkt ausgehen so brechen kann, dass sie in einem Bildpunkt zu-
sammenlaufen. Bild- und Gegenstandpunkt können vertauscht werden, entsprechend wechseln dann Bild- und Gegenstandsweite. Die
Entfernungen sind von der Krümmung und von dem Material abhängig. Wird die Kugelvase mit Spiritus gefüllt, erscheinen die Bilder in
einer anderen Entfernung.

**Wahrnehmung
nicht vorhandener
Figuren**

2 Sehen:

Material:

- Kartonblätter im Format des Arbeitsprojektors
- Farbfolien, Cutter

Phänomen: In die Kartonblätter werden einprägsame Formen ge-
schnitten (Dreieck, Kreis, Baum, Auto u.s.w.) und mit Farbfolien
beklebt. Man fordert die Schüler auf, die projizierte Farbfläche etwa
20 Sekunden lang anzustarren (die Augen sollen nicht hin und her

wandern). Wenn dann der Karton vom Projektor gezogen wird erscheinen Nachbilder in der ursprünglichen Form aber in der jeweiligen Komplementärfarbe.

Erklärung: Die Farbempfindlichkeit des menschlichen Auges für eine bestimmte Farbe lässt an den Stellen der Netzhaut nach, die länger mit dieser Farbe belichtet werden. Wenn dann weißes Licht auf die Netzhaut trifft, ist die spezifische Farbe abgeschwächt, es erscheint die „Gegenfarbe" (Komplementärfarbe).

3 Farbwahrnehmung mit dem Arbeitsprojektor als Lichtquelle

Material:

- 2 Kartonblätter mit denen ein ca. 1 cm breiter Lichtspalt auf dem OHP ausgeblendet wird,
- ein ca. 1cm breiter Kartonstreifen,
- Prismen.

Phänomen: Die Schüler betrachten das hell leuchtende Band, das der Projektor auf dem Projektionsschirm erzeugt, durch ihre Prismen. (Es dauert einige Zeit, bis alle den richtigen Winkel entdeckt haben, bei dem die leuchtenden Farben des Spektrums zu sehen sind.) Die übliche Erklärung, wonach das Licht beim Durchgang durch das Prisma in seine Bestandteile aufgespalten wird, wird durch das 2. Experiment relativiert: Man nimmt die beiden Kartonblätter weg und legt nur den Kartonstreifen auf den Projektor. Die Schüler betrachten den Schatten, den der Kartonstreifen wirft, durch ihre Prismen und sehen andere Farben als vorher. Insbesondere fallen die Farben Cyan und Magenta auf. Legt man nun die Blätter und den Streifen so auf den Projektor, dass der helle Lichtstreifen und der Schatten gleich breit nebeneinander erscheinen, werden die Farbphänomene deutlich: Jeweils liegen die Komplementärfarben nebeneinander.

Erklärung: Bei „Farbwahrnehmungen" handelt es sich um einen subjektiven Prozess, der durch die Intensitätsaufteilung von 3 in ihrer spektralen Empfindlichkeit unterschiedlichen Farbrezeptoren in der Netzhaut bedingt ist. Auch monochromatisches Licht regt mehrere Rezeptorsorten an! Geht man von den Farbschwerpunkten Rot, Grün und Blau aus, denen man jeweils einen Rezeptor zuordnet, ergeben sich 8 Grundfarben, vom Weiß (alle Rezeptoren sind angeregt) über Gelb, Cyan und Magenta (je 2 Rezeptoren sind angeregt), Rot, Grün und Blau (je ein Rezeptor ist angeregt) bis hin zum Schwarz, das mangels Licht keine Erregung zeigt.

4 Polarisation und Doppelbrechung mit dem Arbeitsprojektor

Material:

- 2 Polarisationsfolien, wobei eine auf der Projektorfläche liegt. Ist sie kleiner als die Projektorfläche, wird der Rand mit Karton abgedeckt. Die zweite Folie wird am Spiegelkopf befestigt. Achtung! Erst die große Folie auflegen, andernfalls kann die kleine zu heiß werden!
- Zellophan, einfache Plastiklineale, Plastikdosen u.a.

Phänomen: Bei Drehung der flach liegenden großen Folie ändert sich die Intensität des Lichts. Es wird der Zustand minimaler Transmission eingestellt. Legt man nun die Gegenstände auf den Projektor, erscheinen sie in eindrucksvollen Farben. Diese ändern sich zum Teil, wenn die Materialien gedehnt, verbogen oder gestaucht werden.

Erklärung: Die Folien filtern (mehr oder weniger vollständig) Licht einer Schwingungsebene heraus. Stehen die Polarisationsrichtungen senkrecht zueinander, kommt kein Licht durch die Folien. In den zusätzlich aufgelegten Materialien (z.B. transparente Kunststoffe), hat Licht verschiedene Ausbreitungsgeschwindigkeiten. Man spricht von „Doppelbrechung", weil der Brechungsindex nicht nur einen bestimmten Wert hat. Durch die transparenten Kunststoffe wird die Polarisationsebene gedreht, und Licht bestimmter Wellenlängen kann die Apparatur passieren.

5 Farbige Schatten

Material:

- Eine farbige Lampe (eine farbige Halogenspiegellampe ist gut geeignet)
- Eine regelbare Lampe mit weißem Licht
- Gegenstände, die interessante Schatten werfen.

Phänomen: Man beleuchtet einen Gegenstand mit den beiden Lampen aus unterschiedlichen Richtungen. Beide Schatten sollen auf einer weißen Fläche gut sichtbar sein. Wenn nun die weiße Lampe weit genug abgedunkelt wird, erscheinen beide Schatten farbig in Komplementärfarben.

Erklärung: Die menschliche Farbwahrnehmung kann sich außerordentlich gut auf Licht unterschiedlicher Farbe einstellen. So werden z.B. Früchte im rötlichen Abendlicht nicht sehr viel anders als an einem trüben Tag wahrgenommen.

Wird eine Fläche betrachtet, die auf Grund der Erfahrung als weiß angesehen werden kann, werden die anderen Farben damit verglichen.

Bei der Erklärung der Phänomene ist es hilfreich, die Perspektive eines Beobachters anzunehmen, der sich auf der beleuchteten Fläche bewegt (Ameise):

In dem Bereich, in dem die weiße Lichtquelle nicht gesehen werden kann, ist die entsprechende Schattenzone nur von der farbigen Lampe beleuchtet. Die Mischlichtzone, von der aus beide Lampen gesehen werden, wird als weiß wahrgenommen. Dagegen fehlt in dem Schattenbereich in dem die farbige Lampe nicht gesehen wird genau diese Farbkomponente, was zu dem Eindruck der Komplementärfarbe führt.

6 Kerze in der Projektion

Material:

- Eine brennende Kerze
- Eine Projektionslampe (z.B. Diaprojektor*)*

Phänomen: In der Projektion auf eine weiße Wand erscheint die Kerzenflamme groß und geheimnisvoll. Man kann in dem Schlierenbild die Konvektionsströme sehen und sie durch Gegenstände beeinflussen.

*Erklärung: Di*e Verbrennungsgase (CO_2 und H_2O) und die erwärmte Luft haben andere optische Dichten als die kalte Luft: Das Licht hat in ihnen eine andere Geschwindigkeit und wird von seinem geraden Weg abgelenkt. Schlieren sind zu sehen und machen Strömungen im eigentlich unsichtbaren Gas erkennbar. Optisch reizvolle Strömungsexperimente sind dadurch möglich, dass man Körper in das aufsteigende Gas hält.

6.2.2 Überraschendes vom Luftdruck

1 Cartesischer Taucher

Material:

- Eine Flasche mit weitem Flaschenhals,
- ein Gummistopfen zum Verschließen der Flasche,
- eine Miniflasche (Magenbitter, Aromafläschchen)

Phänomen: Die Miniflasche wird so weit mit Wasser gefüllt, dass sie gerade eben noch schwimmt. Dann steckt man sie kopfüber in die große Flasche. Drückt man auf den Gummistopfen, sinkt das

Minifläschchen. Verringert man den Druck, steigt die Flasche wieder nach oben.

Erklärung: Mit höherem Druck verringert sich das Luftvolumen in dem Minifläschchen. Man kann gut sehen, wie Wasser von unten in die kleine Flaschenöffnung eindringt. Dadurch wird die Gewichtskraft größer als die Auftriebskraft..

2 Ein Tischtennisball als Flaschenverschluss

Material:

• Eine Flasche mit Wasser,

• ein Tischtennisball.

Phänomen: Man legt den Ball auf die vollständig mit Wasser gefüllte Flasche und dreht diese dann um. Das Wasser bleibt in der Flasche. Das funktioniert auch noch, wenn man einiges Wasser abfließen lässt.

Erklärung: Zunächst fließt beim Umdrehen etwas Wasser aus der Flasche, was den Luftdruck über der Wasseroberfläche herab setzt. Schließlich ist die durch den äußeren Luftdruck bedingte Kraft, die den Ball auf die Öffnung drückt, größer als die Kraft, die durch das Gewicht des Wassers und den inneren Luftdruck entsteht.

.. plötzlich steigt das Wasser nicht mehr mit!

3 Schlauchbarometer
Torricellis Versuch (1643) mit Wasser

Material:

• Eine Wäschewanne oder ein anderes Gefäß mit etwa 25 l Wasser

• Ein 12 – 15 m langer klarer, durchsichtiger PVC-Schlauch mit etwa 12 – 20 mm Durchmesser,

• Gummi- oder Korkstopfen

• Ein Treppenhaus mit wenigstens 10 m Höhe

Phänomen: Der Schlauch wird vollständig mit Wasser gefüllt und dann mit dem Stopfen an einem Ende sicher verschlossen. Das andere Ende muss in der Wanne unter Wasser bleiben. Die Wanne steht z.B. im Keller und die Schüler steigen mit dem verschlossenen Ende die Treppe hinauf. Im Wasser entstehen kleine Bläschen, die zur Oberfläche steigen. Bei einer bestimmten Höhe bewegt sich diese Oberfläche nicht mehr mit dem weiter nach oben gezogenen Schlauch mit.

Erklärung: Das Gewicht der Wassersäule erzeugt am unteren Ende des Schlauchs einen Druck, der bei etwa 10 m Höhe dem Luftdruck entspricht. Nach oben hin nimmt der Druck ab, wodurch sich Gasblasen bilden. Hat der Schweredruck am unteren Ende den Wert des Luftdrucks erreicht, kann die Wassersäule nicht höher gehoben werden, über der Wassersäule entsteht ein „Vakuum". Das Vakuum ist allerdings nicht vollständig, es enthält Wasserdampf und die aufperlende Luft.

4 Warum wird die Platte von dem Gebläse angesaugt ?

Material:

- Ein Haartrockner (Föhn) oder ein Staubsauger, an dessen Abluftöffnung der Schlauch angeschlossen werden kann.

- 2 runde Platten aus kaschiertem Polystyrol (Dekorationsbedarf, Durchmesser ca. 25 cm). Eine hat eine zentrale Öffnung mit der sie über die Öffnung des Gebläses geklemmt werden kann. In die Mitte der anderen wird ein Stück Streichholz gesteckt.

Phänomen: Entgegen der Erwartung wird die 2. Platte nach Einschalten des Gerätes nicht weggeblasen. Sie schwebt unter der am Gebläse befestigten Platte.

Erklärung: Haben die beiden Platten einen geringen Abstand voneinander, strömt die Luft in dem verbleibenden Spalt mit hoher Geschwindigkeit. Dadurch ist der statische Druck im Spalt geringer als außerhalb (Bernoullieffekt). Die aufgrund der Druckdifferenz auf die lose Platte wirkende Kraft kompensiert deren Gewichtskraft.

6.2.3   Fallen und Gleiten

1 Schnapp den Geldschein

Material:

- Ein (glatter) Geldschein
- Ein Schülerlineal

Phänomen: Der Lehrer hält den Geldschein senkrecht. Ein Schüler, der seine Hand schon „fangbereit" hält, soll ihn schnappen. Wenn das Loslassen ohne Signal erfolgt, ist es ihm unmöglich.

Wird ein Lineal in gleicher Weise los gelassen, kann die Strecke gemessen werden, die ein Gegenstand in der Reaktionszeit frei fällt.

Erklärung: Die Reaktionszeit eines Menschen beträgt wenigstens einige Zehntel Sekunden. In 0,2 Sekunden fällt ein Gegenstand ca. 20 cm – wenn also nicht andere Signale darauf hindeuten, dass die Finger sich lösen werden, kann kein Geldschein geschnappt werden.

2 Leichte und schwere Gegenstände fallen gleich schnell

Material:

- Ein Tischtennisball
- Ein großer Kieselstein
- Ein Fangkasten, z.B. Pappkarton mit einer Decke

Phänomen: Man hält beide Gegenstände in gleicher Höhe über dem Fangkasten und lässt sie gleichzeitig los. Beide schlagen bei dieser geringen Höhe gleichzeitig im Kasten auf.

Erklärung: Entgegen der Alltagsvorstellung ist die Fallzeit natürlich unabhängig von der Masse der fallenden Körper. Auch der Luftwiderstand und der Auftrieb in der Luft, die man als Grund für unterschiedliche Fallbeschleunigung erwarten kann, sind hier vernachlässigbar. Bei einer Fallhöhe von ca. 1,5 m sind die entsprechenden Zeitunterschiede für die Gegenstände nicht wahrnehmbar, da die Gewichtskraft im Vergleich zu der Luftwiderstandskraft und dem Auftrieb groß ist.

3 Schiefe Ebene und Reibung

Material:

- Ein glattes Brett (ca. 1 m x 0,2 m),
- Holzquader, alle Seiten mit Schleifpapier geglättet
- Bandmass, das mit einer Heftzwecke befestigt wird

Phänomen: Hebt man ein Ende des Bretts immer höher, beginnt bei einer bestimmten Steigung der Holzklotz zu rutschen. Seine Bewegung ist deutlich beschleunigt. Gleichgültig, welche Seite des Quaders man als Auflagefläche wählt: die Steigung, bei der die Haftreibung überwunden wird, ist immer nahezu gleich.

Erklärung: Die Haftreibung zwischen zwei festen Körpern ist größer als die Gleitreibung. Dadurch ist nach dem Ablösen die Hangabtriebskraft größer als die Reibungskraft, was zu einer gleichmäßig beschleunigten Bewegung führt. Dabei spielt im Gegensatz zu der Alltagsvorstellung die Größe der Auflagefläche keine Rolle. Legt man andere Materialien zwischen Klotz und Brett (Papier, Leder, Kunststofffolie), wird die Veränderung der Reibungskräfte deutlich.

4 Kugel auf der schiefen Ebene – (Was Galilei schon entdeckt hat)

Material:

- Ein längerer Tisch (ca. 2,5 m), der an einem Ende um ca. 5 cm höher gestellt wird und so eine schiefe Ebene bildet, Stahlkugeln unterschiedlicher Masse,

- ein Metronom oder Kassettenrekorder mit rhythmusbetonter Musik.

Phänomen: Die Kugeln werden jeweils zu einem Taktschlag gestartet. Ihre Position zu den folgenden Takten wird mit Kreide auf dem Tisch markiert. Die Strichabstände (der erste wird als Maß genommen) verhalten sich wie die Folge der ungeraden Zahlen. Die Gesamtstrecke (wieder in dem Maß des ersten Abstandes) wächst wie die Folge der Quadratzahlen:

$$\sum_{n=1}^{\infty} 2n - 1 = n^2$$

Erklärung: Das Experiment entspricht dem Vorgehen von Galilei. Er interpretierte die Bewegung auf der schiefen Ebene als eine gleichmäßig beschleunigte Bewegung. Sie ist dadurch charakterisiert, dass die Geschwindigkeit (und damit der Weg in einem Zeittakt) gleichmäßig anwächst.

6.2.4 Tricks im Alltag

1 Die „automatische" Schwerpunktsuche

Material:

- Ein Besen

Phänomen: Man hält den Besen waagerecht mit beiden Handkanten. Führt man nun die Hände langsam zusammen, bleibt der Besen im Gleichgewicht, die Hände treffen sich unter dem Schwerpunkt.

Erklärung: Die Reibungskraft zwischen Hand und Besenstiel hängt von der Auflagekraft ab. Sie ist jeweils an der Hand geringer, die weiter vom Schwerpunkt entfernt ist. Nur diese rutscht gerade so weit, bis eben die andere Reibungskraft geringer wird.

2 Das Tablett für Ungestüme

Material:

- Ein Brettchen (Frühstücksbrett), das an 4 Fäden befestigt ist. Die Fäden sind zu einer Schlaufe verknotet.
- Eine gefüllte Teetasse (auf einer Untertasse)

Phänomen: Die randvoll gefüllte Tasse steht auf dem Tablett. Der Experimentator kann ganz sorglos im Raum umher gehen, er kann das Tablett beschleunigen, hin und her schwenken oder es auch nach einiger Übung über Kopf schleudern ohne dass Flüssigkeit über schwappt. Allerdings darf er nirgends anstoßen und muss darauf achten, dass die Fäden immer gespannt bleiben.

Erklärung: Fäden können Kräfte nur in der Richtung übertragen, in der sie gespannt sind. Die Konstruktion führt dazu, dass die resultierenden Kräfte stets senkrecht zur Tablettfläche wirken. Während bei der herkömmlichen Art, ein Tablett zu tragen, Kraftkomponenten in Tangentialrichtung auftreten (und damit ein Herausschwappen zur Folge haben) ist hier die Beschleunigung ausschließlich senkrecht zur Flüssigkeitsoberfläche gerichtet.

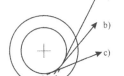

a)
b)
c)

Die Rolle dreht sich...
a) ...links herum
b) ...gar nicht
c) ...rechts herum

3 Die „gehorsame" Garnrolle

Material:

- 2 gummibereifte Räder werden über eine Achse miteinander verbunden und bilden damit eine Art große Garnrolle. Auf diese Rolle wird ein Seil gewickelt.

Phänomen: Je nach „Wunsch" des Experimentierenden, der an dem Faden zieht, läuft die Rolle weg oder kommt auf ihn zu.

Erklärung: Durch den Zugwinkels wird der Hebelarm festgelegt, der mit der Zugkraft das Drehmoment bestimmt. Wenn die gedachte Verlängerung des Seils genau auf den Auflagepunkt der Räder gerichtet ist (siehe Abb.) wird die Hebelarmlänge gleich null. Zieht man steiler, läuft die Rolle weg. Bei einem flachen Zugwinkel ist die Laufrichtung umgekehrt.

4 Wie Balancieren leicht gemacht wird

Material:

- Ein leichter (Holz-)Stab mit etwa 0,5 m Länge, ein Ballen Knetmasse (ca. 200 g)
- Die Knetmasse wird an einem Ende des Stabes fest angedrückt.

Phänomen: Es fällt sehr leicht, den Stab dann zu balancieren, wenn die Knetmasse am oberen Stabende sitzt. Dreht man den Stab so dass die Knete sich unten befindet, ist kaum ein Gleichgewicht zu halten.

Erklärung: Beim Balancieren erhält man ein labiles Gleichgewicht aufrecht. Hier muss dazu die Fingerspitze immer unter dem Schwerpunkt der Knetmasse gehalten werden, was dann leicht fällt, wenn die Stabbewegungen langsam sind.

Wie schnell der Stab kippt wird durch das Trägheitsmoment bestimmt. Es ist dann groß, wenn die Knetmasse weit vom Drehpunkt entfernt ist. Der Stab kippt dann langsam, die Reaktionszeit macht das Balancieren möglich. Im umgekehrten Fall ist das Trägheitsmoment aber so klein, dass das Kippen in der Regel für den Experimentator zu schnell erfolgt.

5 Rollenrennen mit Keksdosen

Material:

- Ein längerer Tisch (ca. 2,5 m), der an einem Ende um ca. 10 cm höher gestellt wird und so eine schiefe Ebene bildet,
- etwa 500 g Knetmasse

Phänomen: Die Knetmasse wird halbiert. Eine Hälfte wird in die Mitte der 1. Dose geklebt. Die andere Hälfte wird erneut halbiert und von innen an gegenüberliegende Stellen des äußeren Randes der 2. Dose geklebt. Beide Dosen dürfen keine „Unwucht" haben.

Werden die Dosen gleichzeitig losgelassen, gewinnt immer die, bei der die Knetmasse im Zentrum angebracht wurde, das Rennen.

Erklärung: Die Dose, bei der die Knetmasse außen befestigt ist, hat bei gleichem Gewicht ein sehr viel größeres Trägheitsmoment als die andere. Da die antreibende Kraft (Hangabtriebskraft) gleich ist, kommt die Dose mit der zentral befestigten Knetmasse schneller in Rotation, sie gewinnt das Rollenrennen.

6 Reflexion des Flummis – was ist los mit dem Reflexionsgesetz?

Material:

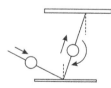

- Ein hochelastischer Ball (Flummi)
- Ein Tisch, dessen Unterseite glatt ist.

Phänomen: Man wirft den Flummi schräg so auf den Fußboden, dass er nach der 1. Reflexion unter den Tisch springt. Entgegen der Erwartung kommt er etwa zur Hand des Werfenden zurück!

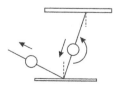

Erklärung: Beim 1. Aufprall auf den Fußboden gerät der Flummi in Rotation. Der Winkel, unter dem er an die Tischplatte springt, ist un-

erwartet klein. Beim Kontakt mit dem Tisch kehrt sich die Rotations-
richtung um (siehe Skizze), der Ball bewegt sich zurück. Nach dem
erneuten Aufprall auf den Boden fliegt der Flummi wieder in uner-
wartetem Winkel auf den Werfenden zu.

7 Flummikanone –
gilt hier nicht der Energieerhaltungssatz?

Material:

- 3 hochelastische Bälle (Flummis) unterschiedlicher Größe. Im
  größten steckt ein Stück Stahldraht, die kleineren sind so durch-
  bohrt, dass sie leicht auf diesem Stahldraht gleiten.

Phänomen: Man fädelt die Bälle auf den Stahldraht, der fest in dem
dicksten Flummi sitzt, so auf, dass der kleinste oben ist. Lässt man
diesen „Turm" aus einer Höhe von etwa 1 m auf den Fußboden fallen, schießt der kleine Flummi mit hohem Tempo gegen die Decke
(oder auch in andere unvorhergesehene Richtungen).

Erklärung: Erwartet wird, dass ein Ball nicht höher zurück springt
als in seine Ausgangslage. Aber die beiden großen Flummis werden
etwas früher reflektiert als der kleine. Auf dem Weg nach Oben stoßen sie mit dem kleinen Ball und übertragen Impuls und Energie.
Durch die größere kinetische Energie erreicht der kleine Ball somit
eine höhere Position als in der Ausgangslage. Man kann gut beobachten, dass die hohe Energie des kleinsten Flummis zu Lasten der
größeren geht, die nun deutlich geringere Steighöhen erreichen.

6.2.5 Schwingungen und Wellen

1 Stehende Wellen – eine Stichsäge hilft dabei

Material:

- Eine handelsübliche Stichsäge mit elektronischer Regelung. Das
  Sägeblatt sollte abgenommen und an seiner Stelle eine Drahtöse
  angebracht werden.
- Ein Gummiband, ca. 4 m lang.

Phänomen: Ein Ende des Gummibandes wird z.B. an einem Hei-
zungsrohr oder einem Fenstergriff verknotet. Das andere ist an der
Säge befestigt. Schaltet man sie ein, entstehen abhängig von der
Spannung des Gummibandes und der Drehzahl der Säge stehende
Wellen mit unterschiedlicher Zahl von Schwingungsknoten.

Erklärung: Das Gummiband kann eine Grundschwingung ausführen,
bei der die Schwingungsdauer gerade so ist, dass eine Erregung in

dieser Zeit hin und her laufen kann. Bei doppelter Frequenz (halber Schwingungsdauer) entsteht in der Mitte ein Schwingungsknoten, weil dort gerade immer entgegengesetzte Schwingungszustände aufeinander treffen. Entsprechende Eigenschwingungen höherer Ordnung entstehen bei geringerer Spannung des Gummibandes und höherer Drehzahl der Säge.

In leicht veränderter Form kann dieser Freihandversuch auch mit einem Rasierapparat durchgeführt werden, der einen Schwingkopf hat. Man nimmt das Scherblatt und den Messerblock ab und knotet das Gummiband an den Antriebsdorn. Die Frequenz kann allerdings nicht variiert werden. Bei unterschiedlicher Spannung des Gummibandes kommt es zu Eigenschwingungen verschiedener Ordnung.

2 Phasenpendel (parametrisches Pendel)

Material:

- Ein Ring an der Decke durch den ein Faden gezogen wird. Am Fadenende ist eine Pendelmasse befestigt (z.B. eine verchromte Boule-Kugel).

Anmerkung: Es sollten für Freihandversuche keine Stative usw. erforderlich sein. Allerdings sind manche Versuche außerordentlich viel einfacher und eindrucksvoller darstellbar, wenn eine Deckenbefestigung zur Verfügung steht. Vorschlag: Über einer freien Fläche des Klassenraums ist eine Öse in die Decke gedreht. Sie macht es möglich, einen Ring, der größer als die Öse ist, mit einem Seil (es reicht eine Kunststoffschnur mit 3 – 4 mm Durchmesser) nach oben zu ziehen. Damit das Seil im Raum nicht stört, ist in Wandnähe eine 2. Öse angebracht, von der es zu einem Befestigungspunkt läuft (Klampe).

Phänomen: Schüler werden aufgefordert, eine leichte Schwingung der Kugel dadurch zu verstärken, dass man im richtigen Moment am Faden zieht und ihn dann auch wieder geeignet loslässt. Es wird dauern, bis man merkt, dass beim Durchgang durch die Ruhelage gezogen und im Stillstand wieder nachgelassen werden muss.

Erklärung: Wenn durch das Ziehen und Nachlassen Energie auf das schwingende System übertragen werden soll, muss sich die Kraft unterscheiden: Zieht man beim Durchgang durch die Vertikale ist zusätzlich zum Gewicht noch die Zentrifugalkraft auszugleichen, gibt man am Umkehrpunkt wieder nach, fehlt die Zentrifugalkraft.

6.2.6   Ein bisschen Elektrizität

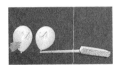

1 Kräfte zwischen geladenen Körpern: Das große Elektroskop

Material:

- Ein Besenstiel, der an einem dünnen Faden waagerecht aufgehängt ist.
- 2 Luftballons
- Aluminiumfolie

Phänomen: Ein Luftballon ist am Ende des Besenstiels mit Klebeband befestigt. Reibt man beide Ballons mit einem Stück Stoff, werden sie elektrisch aufgeladen. Die elektrische Kraft reicht aus, den Besenstiel ohne direkte Berührung zu drehen. Die Ballons stoßen sich ab. Befestigt man am Ende des Stiels ein Stück Aluminiumfolie, kann sie über Influenz aufgeladen werden: Man hält den geriebenen Ballon in die Nähe, berührt mit einem Finger die Folie und entfernt dann den Ballon. Nun ziehen sich Ballon und Aluminiumfolie so stark an, dass der Stiel wiederum gedreht werden kann.

Erklärung: Nichtleiter (z.B. Gummi) können durch intensiven Kontakt mit anderen Nichtleitern aufgeladen werden. Elektronen gelangen von dem einen auf den anderen Stoff. Gleichartig geladene Körper stoßen sich ab. Weil durch die Länge des Besenstiels der Hebelarm groß ist, können auch kleine (elektrostatische) Kräfte ein ausreichendes Drehmoment bewirken.

Kommt der aufgeladene Ballon in die Nähe eines Metalls (hier Alufolie), verschieben sich dort die beweglichen Ladungsträger (Influenz). Der Kontakt mit der Erde (über den Finger) führt dazu, dass sich das Metall auflädt. Die Ladungen haben das umgekehrte Vorzeichen wie der Ballon, daher zeihen sich Metall und Ballon an.

2 Spannungen: Das „Wasserflaschenelektroskop"

Material:

- Große Trinkwasserflaschen aus Plastik, von denen man den Boden abschneidet. Die Deckel werden mit einer Schraube auf einem Holzbrettchen befestigt. In die Flaschen, die in ihre Deckel gedreht worden sind, legt man Aluminiumfolie, die oben umgebogen wird. Zum Schluss befestigt man an diesem Rand Wollfäden.
- Kunststoffstäbe, ein Stück Fell, Folien
- Holzleiste

Phänomen: Man reibt einen Kunststoffstab mit dem Fell und steckt ihn in eine Flasche: die Wollfäden spreizen sich ab. Kommt man mit einer geriebenen Folie in die Nähe, sind die elektrischen Kräfte an den Fäden gut zu erkennen. Legt man eine Holzleiste als Verbindung von einer aufgeladenen zu einer neutralen Flasche, kann der Ladungstransport als langsam laufender Vorgang beobachtet werden.

Erklärung: Die Ladung des Kunststoffstabs geht auf die Aluminiumfolie über, die durch die Flasche gut isoliert ist. Wenn Ladung auf die Wollfäden gelangt, werden diese abgestoßen. Kommt ein gleichartig geladener Körper in die Nähe, ist wiederum die abstoßende Kraft zu erkennen. Holz leitet elektrische Ladungen schlecht. Daher erfolgt der Ladungsausgleich langsam genug, um ihn in Ruhe beobachten zu können.

3 Ströme: Plasmakugel

Material:

- Eine handelsübliche „Plasmakugel", bei der es sich um eine kugelförmige Gasentladungslampe handelt.
- Eine Leuchtstoffröhre

Phänomen: Legt man die Hand an die eingeschaltete Plasmakugel, bilden sich intensive Entladungsschläuche in Richtung der Fingerspitzen aus. Die Leuchtkanäle streben nach oben und reißen dort ab. Hält man mit der Hand eine Leuchtstoffröhre an die Kugel, wird sie hell. Die leuchtende Zone reicht aber nur bis zur Hand. Legt man die andere Hand an die Kugel, wird die Lampe dunkler.

Erklärung: Im Fuß der Plasmakugel ist ein Transformator eingebaut, der sehr hohe Spannungen liefert. Die Stromstärke ist aber so begrenzt, dass keine gesundheitlichen Gefährdungen bestehen. Im Füllgas der Kugel bildet sich bei den hohen Spannungen eine Gasentladung; in einer durchgehenden Zone (dem Entladungsschlauch) sind die ionisierten Gasatome elektrisch leitend. Wird die dabei auf die Glasoberfläche fließende Ladung nicht hinreichend abgeleitet, bricht der Strom zusammen. Die Finger sind gut geeignet, die Ladungen zur Erde zu transportieren. Die elektrische Strom, der bei der Gasentladung fließt, erwärmt das Material der Umgebung, das warme Gas (und damit der Entladungskanal) steigt auf.

Strom, der durch eine Leuchtstoffröhre fließt, bringt sie auch bei sehr kleinen Stromstärken in der entsprechenden Zone zum Leuchten. Fließt ein Teil des Stroms durch die zweite Hand, ist die Stromdichte in der Röhre geringer; sie wird dunkel.

6.2.7   Einfache und schwierige Erklärungen

Luft dehnt sich bei Erwärmung aus

1 Klappermünze

Material:

- Eine dünnwandige Flasche (Weinflasche)
- Eine Münze, die mit etwas Wasser befeuchtet auf die Flasche gelegt wird.

Phänomen: Man stellt die Flasche vor sich auf den Tisch und umfasst sie mit beiden Händen. Plötzlich hebt sich die Münze und klappt deutlich hörbar zurück. Das kann einige Male geschehen.

Erklärung: Besonders gut funktioniert das Experiment, wenn die Flasche recht kalt war. Die Hände erwärmen sie und damit das eingeschlossene Gas, das sich ausdehnt. Die Feuchtigkeit dichtet die Münze so weit ab, dass die Luft sie einige Millimeter anheben muss ehe die Münze zurückfällt.

2 Verlöschende Kerzenflamme

Material:

- Ein Becherglas mit etwa 600 ml Inhalt, hohe Form
- Ein Teller mit höherem Rand, der mit Wasser gefüllt wird
- Eine brennende Kerze, die auf einen Halter geklebt wurde (z.B. Münze) und in dem Teller steht.

Phänomen: Man stülpt das Becherglas über die brennende Kerze. Der Wasserspiegel sinkt zunächst, dann steigt er ganz langsam an. Es entsteht ein feiner Niederschlag im Glas, oben ein schwarzer Fleck. Die Flamme wird fahl und erlischt schließlich. Danach steigt der Wasserstand schnell und zeigt, dass noch etwa 4/5 des ursprünglichen Gasvolumens vorhanden sind.

Erklärung: Weit verbreitet ist die unzutreffende Begründung dieses Effekts, dass der Sauerstoff in der Luft (20%) ganz verbraucht wird. Die physikalischen und chemischen Vorgänge sind aber viel komplexer:

Beim Überstülpen wird die Luft im Glas erwärmt und dehnt sich aus. Der Wasserstand sinkt kurzfristig. Beim Verbrennen der Kerzenmasse spielen die beiden Elemente Wasserstoff und Kohlenstoff eine Rolle. Der schwarze Rußfleck deutet auf den Kohlenstoff hin, der zum größten Teil zu CO_2 verbrannt worden ist. Die Volumenänderung der festen Phase ist vernachlässigbar. Bei der Verbrennung entsteht aus einem O_2-Molekül ein CO_2-Molekül, also keine Volumenänderung. Der Wasserstoff „verbrennt" zu Wasser. Es kann beobachtet werden, dass das Wasser an der Gefäßwand kondensiert. Das Wasser steigt vor allem wegen der Abkühlung der Gase, wenn die Kerze erloschen ist. Ferner muss berücksichtigt werden, dass sich das entstehende CO_2 in Wasser löst. (Das nach dem Versuch vorhandene Gas enthält noch ca. 16% O_2)

6.2.8 Literaturhinweise

Im deutschen Sprachraum spielen die Bücher von J. Bublath eine besondere Rolle, da sie durch die erfolgreiche gleichnamige Fernsehserie populär wurden. Die im G+G Urban Verlag sowie im Heyne Verlag erschienen Bücher werden daher hier nicht aufgeführt. Wegen der großen Anzahl an Büchern zur Thematik wurde auch auf Publikationen vor 1980 verzichtet.

Ardley, N. (1996). Technik im täglichen Leben Beobachten, Experimentieren, Entdecken. München: Christian.

Ardley, N. (1997). 101 spannende Experimente aus Wissenschaft und Technik. Bindlach: Loewe.

Baker, W., Haslam, A. & Parsons, A. (1993). Wir spielen und experimentieren: Batterien, Birnchen und Magnete. München: ars edition.

Bürger, W. (1995). Der paradoxe Eierkocher Physikalische Spielereien aus Professor Bürgers Kabinett. Basel: Birkhäuser.

Calvani, P. Physik und Chemie spielend entdeckt Abenteuer Wissenschaft, Köln: Du Mont, 1990

Cash, T. & Taylor, B. (1990). Elektrizität - Experimente, Tips und Tricks. München: Südwest

M. Gressmann/W .Mathea: Fundgrube für den Physikunterricht. Das Nachschlagewerk für jeden Tag. Berlin: Cornelsen Scriptor, 1996

Hilscher, H. (Hrsg.) (1998). Physikalische Freihandexperimente. CD-ROM, Multimedia Physik Verlag.

Kikoin: Physik: Experimentieren als Spielerei Heidelberg: Spektrum, 1991

M. Kratz: Das Blutwunder von Neapel Über 200 Experimente und Versuche für Freiarbeit und Projektunterricht zu Hause und im Labor. Lichtenau: AOL, 1994

Kratz, M. (1997). Cola verdaut Fleisch Über 200 Experimente und Versuche für Freiarbeit und Projektunterricht zu Hause und im Labor. Lichtenau: AOL.

K. Mie/ K. Frey (Hg): Physik in Projekten. 3.Auflage. Köln: Aulis-Verlag Deubner, 1992

Melenk, H. & Runge, U. (1988). Verblüffende physikalische Experimente. Köln: Aulis-Verlag Deubner.

Oberdorfer, G. (1991). Das springende Ei und andere Experimente für die fünf Sinne. Bern: Zytglogge.

H.Press: Spiel, das Wissen schafft Ravensburg: Ravensburger Buchverlag, 1995

H. Raaf/ H.Sowada: Physik macht Spaß Überraschende Einsichten durch über 100 Modelle und Experimente Freiburg i.Br.: Herder, 1990

Treitz, N. (1983). Spiele mit Physik Ein Buch zum Basteln, Probieren und Verstehen. Thun: Harri Deutsch.

J.Walker: Der fliegende Zirkus der Physik Fragen und Antworten. 6.Auflage plus Lösungen München: Oldenbourg, 1994

Wittmann, J. (1994³, 1993) Trickkiste 1 + 2 Experimente, wie sie nicht im Physikbuch stehen. München: Bayerischer Schulbuchverlag.

Zeier, E. (1986). Physikalische Freihandversuche – kleine Experimente. Köln: Aulis-Verlag.

Peter Labudde

6.3   Gespielte Physik – Spielerische Physik

Spiel und Physik

„Physikerinnen und Physiker sind Spielkinder." Mit dieser Feststellung wurden wir als Erstsemestrige zu Beginn des Physikstudiums von einem Dozenten begrüßt. Einige Jahre später las ich von Nietzsche: „Die Würde des Menschen liegt im Spiel des Kindes." Seither beschäftigt mich immer wieder die Frage: Wie viel Spiel, wie viel gespielte und zugleich spielerische Physik unterrichten wir?

Spielregeln
Spielverläufe
Tipps und Tricks

Spiel und Spaß in Physik sollen gleichzeitig *Lernen und Verstehen der Physik* einschließen. Der folgende Beitrag und die Unterrichtsbeispiele gliedern sich, wie eine Spielanleitung, jeweils in drei Teile:

- Spielregeln beinhalten einige methodisch-didaktische Anregungen und Hintergrundinformationen zum Einsatz der Spiele,

- Spielverläufe schildern ganz konkret exemplarische Beispiele für den täglichen Unterricht: Welche physikalischen Voraussetzungen müssen die Spielerinnen und Spieler mitbringen? Wie lauten die Ziele des Spiels? Welche Materialien werden benötigt? Wie könnte das Spiel, d.h. die Unterrichtseinheit, ablaufen?

- Tipps und Tricks geben weiterführende Ideen und Anregungen für Fortgeschrittene, d.h. für ‚Spiel-Physik-Lehrkräfte'.

Die Beispiele sind eingebettet in den theoretischen Rahmen, wie ihn Kircher u.a. (2001, 173 ff.) für das Spiel sowie Labudde (1997, 2000) für ein konstruktivistisches Unterrichtsmodell aufspannen.

6.3.1   Konstruktionsspiele – technische Kreativität

1. Spielregel:
Wenig Vorgaben

Zu den allgemeinen Spielregeln: Konstruktionsspiele verbinden Physik und Technik. Schülerinnen und Schüler können hier ihrer Kreativität freien Lauf lassen. Wir Lehrpersonen beschränken uns bei den Vorgaben auf ein absolutes Minimum. Als Folge werden die Klasse und wir mit einer Fülle von originellen physikalisch-technischen Ideen beschenkt, mit überraschenden Fragen und Antworten, mit Motivation und Spaß. Alle Beteiligten erleben das Lernen in einer „Wissensbildungsgemeinschaft" (Stebler u.a., 1994).

2. Spielregel:
Ablauf gliedern

Für den Unterricht hat sich folgender Ablauf bewährt:

1. In das Problem einsteigen: Was soll konstruiert werden? Welches Produkt wird erwartet? Wie lauten die Rahmenbedingun-

gen, d.h. Baumaterial, Zeitdauer, Gruppengröße, Arbeitsplätze etc.? (Zeitdauer für diese Phase je nach Aufgabe 5'-15')

2. Probieren und Entwerfen: Jede Gruppe entwickelt erste Ideen, setzt diese um und baut eine erste vorläufige Version. (20'-45')

3. Erstes Treffen: Die Gruppen kommen zusammen, führen die Probeversionen vor, tauschen Fragen und Antworten aus. (10'-20')

4. Experimentieren und Optimieren (evtl. als Hausaufgabe): In dieser Phase werden die Modelle verbessert, das anfängliche intuitive Basteln macht einem Tüfteln und systematischen Experimentieren Platz. Die Lernenden werden so zu Expertinnen und Experten. (20'-45')

5. Zweites Treffen: Die Gruppen führen ihre Modelle im Plenum vor. Physikalisch-technische Probleme und ihre Lösungen werden kritisch begutachtet, gewürdigt oder hinterfragt. (10'-20')

6. Auswerten: Auf Tafel oder Papier werden Erkenntnisse („Was haben wir gelernt?") und offene Fragen notiert. Beide bilden eine Basis für den weiteren Unterrichtsverlauf. (10'-20')

Die folgenden Beispiele bzw. Spielverläufe lassen sich – der Altersstufe jeweils angepasst – fast überall einsetzen: Orientierungsstufe, Sekundarstufen I und II, Aus- und Weiterbildung von Lehrkräften.

Ziel: Konstruiere ein Fahrzeug, das durch ein Gummiband angetrieben wird und möglichst weit fährt.	**1. Beispiel** **Gummibandauto**

Physikalische Inhalte: Newtonsche Axiome, insbesondere $F = m \cdot a$, Reibungskraft, potentielle und kinetische Energie (bzw. Spannungs- und Bewegungsenergie).

Rahmen: Einsatz dieses Beispiels entweder beim Erarbeiten des 2. newtonschen Axioms oder beim Diskutieren des Energiesatzes.

Material: Gummibänder (für alle Gruppen genau die gleichen), Holz und Sperrholz, Draht, Klebstoff, Nägel, Schrauben, Räder (Holzräder, Räder von alten Spielzeugautos, alte CDs oder Schallplatten), Laubsäge, Hammer, Schraubenzieher, Handbohrer.

Durchführung: Bei der Aufgabenstellung muss bekannt gegeben werden, wo die Schülerinnen und Schüler ihre Autos nachher vorführen, z.B. Pausenplatz, Schulhauskorridor, Turnhalle. Diese 'Teststrecke' sollte einen relativ glatten Belag aufweisen sowie mindestens 30 m lang sein.

Abb. 6.18: Zwei Gummibandautos

Physikalische Erkenntnisse

Auswertung: Warum beschleunigen die einen Autos mehr, die anderen weniger? Welchen Einfluss hat die Masse des Autos auf Beschleunigung und zurückgelegte Wegstrecke? Welchen Vorteil bieten Antriebsräder, die einen großen Durchmesser aufweisen (z.B. CDs)? Wie lässt sich die Reibung in den Radlagern reduzieren? In diesem Beispiel werden zum einen der Zusammenhang zwischen Kraft, Beschleunigung und Masse sowie die Umwandlung von Spannungs- in Bewegungsenergie „be-greifbar". Zum anderen erfahren – im doppelten Sinn des Wortes – die Lernenden auch die Bedeutung der Reibungskraft. Ist diese zu klein, d.h. der Reibungskoeffizient bzw. das Gewicht sind zu klein, drehen die Räder beim Beschleunigungsvorgang durch.

Weiterführende Tipps und Tricks: Statt eines Gummibands lässt sich auch eine Mausefalle als Antriebssystem verwenden. Diese weist nicht nur eine Feder zur Energiespeicherung auf, sondern besitzt mit dem Holzbrettchen gleich noch ein Chassis. Köhler (2000) schildert ausführlich eine Unterrichtseinheit zum „Mausefallenauto". Sie schlägt zudem vor, diese Projektaufgabe mit einer schriftlichen Erörterung abzuschließen. In dieser beschreiben und begründen die Jugendlichen aus physikalisch-technischer Perspektive ihre Konstruktion und führen zudem Schwächen und Verbesserungsvorschläge auf. Bei einer eventuellen Benotung gibt Köhler 20% der Note für die Fahrtüchtigkeit und gefahrene Strecke, 30% für die Konstruktion des Autos und 50% für die Erörterung.

2. Beispiel Turboschiff

Ziel: Baue ein Schiff aus Styropor, das Wasser mit sich führt und durch dieses angetrieben wird.

Physikalische Inhalte: Potenzielle Energie, Impulssatz, Rückstoßprinzip, evtl. Wasserwiderstand.

Rahmen: Dieser Schiffbau kann als verbindendes Element zwischen den zwei Unterrichtseinheiten Energie und Impuls eingesetzt werden. Wird zuerst die Energie diskutiert, hilft der Schiffbau mit, den

Begriff „potenzielle Energie" zu „be-greifen". Gleichzeitig entwickeln die Lernenden ein erstes qualitatives Verständnis von Impuls und Rückstoßprinzip (ohne dass diese Begriffe beim Bau des Schiffes bereits bekannt sein müssten).

Material: Styropor, Styroporschneider oder Messer, Klebstoff, Wasserbecken (z.B. Planschbecken, Brunnen, Badewanne), leere PET-Flaschen (3 dl oder 5 dl), Plastikschläuche bzw. Plastiktrinkhalme, Holz-Spießchen und -Zahnstocher zum Zusammenstecken von Styroporteilen, Litermaß, je nach Bedarf weiteres Recycling-Material.

Durchführung: Es empfiehlt sich, die Menge des Antriebswassers auf 300 ml zu begrenzen, denn mehr Wasser führt zu großen Schiffen, für die dann eine passende Wasserfläche fehlt. Wenn immer möglich sollte diese Konstruktionsaufgabe alle sechs Phasen umfassen, d.h. die Kinder oder Jugendlichen sollten zuerst probieren und entwerfen, dann experimentieren und optimieren. Während des Baus treten nämlich derart viele physikalisch-technische Fragen und Probleme auf, dass genügend Zeit zur Verfügung stehen muss (mindestens 80 Minuten reine Gruppen-Arbeitszeit). Bei der ersten Durchführung war es für mich eine große Hilfe, mit einem Kollegen aus dem Fachbereich Technisches Gestalten zusammen zu arbeiten.

Auswertung: So einfach die Aufgabenstellung scheint, so interessant und vielfältig sind die physikalischen Einsichten und Herausforderungen, die sich während des Baus einstellen. Hier wird eine altbekannte Triade Pestalozzis umgestellt: „Hand, Herz, Kopf". Während und nach dem Schiffbau fragen und diskutieren Schülerinnen und Schüler:

Physikalische Erkenntnisse

- Wie lässt sich das Schiff antreiben? Soll das Wasser hinten durch einen dünnen oder dicken Schlauch fließen? Soll dieser beim Ausfluss horizontal oder schräg nach unten geneigt sein, sich über oder unter der Wasseroberfläche befinden? (Impulssatz)

- In welcher Höhe sollte das Wasser gelagert werden? Könnte es auch eine Art Turbine bzw. Wasserrad antreiben, welche ihrerseits das Schiff vorwärts bewegen? (Energiesatz und Wirkungsgrad)

Abb. 6.19: Ein einfaches Turboschiff sowie ein Katamaran mit Rad

- Wo muss das Wasser platziert werden: in der Schiffsmitte, mehr vorne oder eher hinten? (Schwerpunkt, Stabilität)
- Wie lässt sich der Wasserwiderstand verringern? Welchen Vorteil hat eine Katamaran-Lösung? (Querschnitt, Widerstand)

Weiterführende Tipps und Tricks: Dieser Schiffbau wurde von mir bereits an anderer Stelle unter dem Titel „Mit den Händen denken lernen beim Schiffbau" sehr ausführlich beschrieben und als ein Beispiel genetischen Lernens aus dem Blickwinkel der Physikdidaktik diskutiert (Labudde, 1993, 86).

Variante Papierschiff

Am Institut für Maritime Systeme und Strömungstechnik der Universität Rostock wird jährlich ein internationaler Wettbewerb ausgeschrieben (Bronsart, 2001): Jugendliche sind eingeladen, ein Papierschiff zu bauen. Der Materialeinsatz ist auf 10 g Papier und Kleber beschränkt. Das Schiff mit der größten Tragfähigkeit gewinnt, der Rekord steht bei unglaublichen 2855 g. Der Wettbewerb bietet für Klassen, Gruppen oder Einzelpersonen eine schöne Gelegenheit, über das Gesetz von Archimedes hinaus zu gehen und auf spielerische Art einige physikalisch-technische Grundprinzipien des Schiffbaus zu erarbeiten.

3. Beispiel Ei-Fall-Bremser

Ziel: Ein rohes Ei wird aus 2 m Höhe fallen gelassen. Konstruiere ein ‚Gerät' bzw. eine ‚Bremsvorrichtung', so dass das Ei unbeschädigt auf dem Fußboden landet und dort zu liegen kommt.

Physikalische Inhalte: gleichmäßig beschleunigte Bewegung (freier Fall, Bremsvorgang, Radialbeschleunigung), Bremskraft.

Unterrichtsrahmen: Dieses Konstruktionsspiel kann während oder am Ende einer Unterrichtseinheit zur Kinematik durchgeführt werden. Es leitet von der Kinematik zur Dynamik über.

Material: Rohe Eier (pro Gruppe ca. zwei), 2m-Zollstock, A4-Blätter, Karton, Gummibänder, Papierhandtücher, Bindfaden und Bänder, Büroklammern, Tesafilm, Scheren, Kleber, Papierhefter.

Wettbewerbs-bedingungen

Durchführung: Zu Beginn werden die genauen Wettbewerbsbedingungen schriftlich festgehalten: Das Ei muss aus 2 m Höhe frei fallen; am Ei selber darf nichts angebracht werden; die Eierbremsmaschinen müssen alleine auf dem Boden stehen, d.h. sie dürfen nicht von einer Person gehalten werden; das Ei muss nachher wirklich auf dem Boden liegen, es darf sich keine Luft zwischen Ei und Fußboden befinden, allenfalls ein oder zwei Blatt Papier. Es reicht *eine* Bastel- und Experimentierphase von ca. 60' - 90', d.h. die Phasen 4 und 5 sind hier nicht nötig. Die Eier werden erst ganz am Schluss ausgegeben, d.h. wenn die Gruppen im Plenum ihre „Ei-

ausgegeben, d.h. wenn die Gruppen im Plenum ihre „Ei-Fall-Bremser" vorführen. Dieses Vorgehen steigert Spaß und Spannung.

Auswertung: Der Ei-Fall-Bremser könnte auch als „Ein-Fall-Bremser" bezeichnet werden, niemals jedoch als „Einfall-Bremser". Der Kreativität sind hier keine Grenzen gesetzt, ein Dutzend Gruppen entwickelt ohne weiteres 5-8 ganz verschiedene Lösungen. Physikalisch „be-greifen" die Schülerinnen und Schüler hier das Konzept der „Gleichmäßigkeit", sie verstehen qualitativ das Wort „gleichmäßig" in dem sonst recht theoretischen Ausdruck „gleichmäßig beschleunigte Bewegung". Bei einigen Modellen erarbeiten die Jugendlichen intuitiv auch den Zusammenhang zwischen Richtungsänderung und (Radial-) Beschleunigung bzw. Zentralkraft. Zudem entwickeln sie erste Ideen bzw. Präkonzepte zur Proportionalität von (Brems-) Kraft und Beschleunigung. Diese Ideen können in den folgenden Stunden wieder aufgenommen werden.

Physikalische Erkenntnisse

Weiterführende Tipps und Tricks: Die Anregung für dieses Experiment verdanke ich der Arbeitsgruppe „Oberflächen" des Instituts für Festkörperphysik der Universität Hannover: Als die Institutsmitglieder anlässlich einer Weihnachtsfeier „Ei-Fall-Bremser" bauten, mussten von den einzelnen Gruppen alle Materialien teuer bei der Organisatorin des Spiels eingekauft werden (z.B. eine Rolle Tesafilm 2.-, ein Blatt Papier 0.5, Ausleihen einer Schere 10.- Euro). Das Geld kam einem karitativen Zweck zugute. Ähnlich könnte das Konstruktionsspiel in der Schule eingesetzt werden: Tag der offenen Tür, Basar, Schulfest. So lässt sich Geld sammeln für eine wohltätige Organisation, die Physik-Sammlung oder eine Landschulwoche.

Eine Bereicherung für Schulfest und -kasse

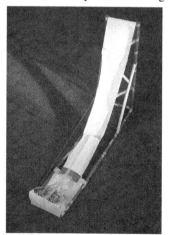 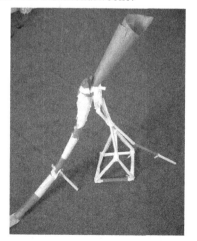

Abb. 6.20: Zwei Ei-Fall-Bremser

6.3.2   Gespielte Analogien – modellhaftes Lernen

Zu den allgemeinen Spielregeln: Bei dieser Art von Spielen (Kircher u.a., 2000, 162) geht es darum, Modelle spielerisch darzustellen, z.B. ein Modell für den elektrischen Stromkreis oder eines für die Aggregatzustände. Zuerst werden meist die physikalischen Inhalte erarbeitet. Im Spiel geht es dann um das Durcharbeiten, Üben und Anwenden der Modelle, gleichzeitig aber auch – von der Art des didaktischen Vorgehens her – um modellhaftes Lernen:

Drei Spielregeln:
- Vorwissen
  aktivieren
- Kommunizieren
- Beitragen aller

- Die Schülerinnen und Schüler können ihre vielfältigen Ideen einbringen, sie aktivieren ihr Vorwissen. Im Idealfall strukturieren sie es neu, nehmen neue und alte Wissenselemente aus der Fachsystematik der Physik auf. Sie verbinden so ihr Vorwissen mit dem Wissen der „scientific community". Als Lehrkraft moderiere ich das Gespräch, halte mich selbst aber mit eigenen Beiträgen bewusst aus dem Spiel heraus.

- Die Jugendlichen tauschen ihre Vorschläge aus, diskutieren und streiten miteinander – ganz im Sinne eines wissenschaftlichen Streitgesprächs. Inhaltliches und sozial-kommunikatives Lernen gehen hier Hand in Hand.

- Die Kinder oder Jugendlichen spielen die Analogie zusammen – als Gemeinschaftswerk, inklusive Lehrkraft. Jede Person, auch die sonst stille oder uninteressierte, trägt etwas bei.

1. Beispiel:
Elektrischer
Stromkreis

Ziel: Die Klasse als Ganzes spielt im Elektronenmodell einen elektrischen Stromkreis: Strom, Generator, Stromstärke, Verzweigungen.

Physikalische Inhalte: Schalter, Leiter, Nichtleiter, Generator bzw. Dynamo, Stromstärke $I = Q / t$, Serie- und Parallelschaltung.

Rahmen: Nach dem Erarbeiten von Elektronenmodell und geschlossenem Stromkreis können wir als Lehrkräfte das Spiel einsetzen, um das zuvor Erarbeitete zu vertiefen und neue Begriffe qualitativ einzuführen, z.B. Leiter/Nichtleiter oder Stromverzweigungen.

Material: Je Person ein (gebrauchter) Tennisball, evtl. einige einfarbige T-Shirts oder Pullover.

Physikalische
Erkenntnisse

Durchführung und Auswertung: Das Spiel lässt sich in verschiedene Phasen gliedern. Schrittweise wird altes Wissen durchgearbeitet, wiederholt oder angewendet sowie neues in Problemen aufgebaut (Aebli, 1985):

- Einfacher Stromkreis mit Generator und Schalter: Die Klasse steht im Kreis, bildet ein geschlossenes Rechteck oder eine andere Figur. Jede Person (sie entspricht dem Atomrumpf eines Metallatoms) hat einen Tennisball (Elektron) in der Hand. Ein Schüler spielt den Generator und ist durch ein einfarbiges, z.B. blaues T-Shirt speziell gekennzeichnet. Zudem ist der eine Ärmel mit + der andere mit – gekennzeichnet. Dieser Schüler setzt den Elektronenfluss jeweils in Bewegung. Eine außerhalb des Kreises stehende Schülerin wirkt als „Schalter", d.h. kann den Stromkreis unterbrechen bzw. schließen. Bei geschlossenem Stromkreis geben alle Schülerinnen und Schüler ihren Ball jeweils in die gleiche Richtung der Nachbarperson weiter. Nirgends sollte ein Stau oder eine Lücke entstehen. Während und direkt nach dieser Spielphase wird diskutiert: Was ist die Aufgabe des gespielten bzw. eines richtigen Dynamos? Woher erhält dieser seine Energie? Wofür zahlen wir eigentlich die Stromrechnung? (Für den Betrieb des Generators.) Warum kann bzw. darf kein Elektronenstau auftreten?

- Leiter und Nichtleiter: Wie lassen sich diese in unserem Modell darstellen? Wir lassen die Klasse entsprechende Vorschläge machen, diskutieren und dann natürlich spielen.

- Stromstärke: Was bedeutet $I = Q / t$ in unserer Analogie? (Anzahl Bälle pro Zeiteinheit, d.h. pro Sekunde oder Minute.) Ändert sich die Stromstärke irgendwo im Kreis? (Nein.) Die Klasse könnte zwei Stromstärken spielen, z.B. I_1 und $I_2 = 2 I_1$.

- Parallelschaltung: An einer Stelle verzweigt sich der Stromkreis, zwei Schülerreihen von je 4-5 Personen bilden zwei parallele Leiter, die dann wieder zusammenkommen. Bei der Verzweigung werden die Bälle abwechslungsweise auf die beiden Leiter verteilt. Auch hier wird wieder diskutiert: Warum sollten die Bälle auf die beiden Leiter, vorausgesetzt sie weisen identische Eigenschaften auf, gleichmäßig verteilt werden? Wie groß ist die Stromstärke in den parallelen Leitern, bzw. in der zu- und abführenden Leitung?

Weiterführende Tipps und Tricks: In dieser gespielten Analogie sollen Schülerinnen und Schüler einige grundlegende Begriffe und Zusammenhänge des elektrischen Stromkreises qualitativ verstehen. Das Spiel und die Diskussion darüber, d.h. wie das Modell am besten darzustellen sei, und damit das Lernen physikalischer Inhalte sind aufs Engste miteinander verzahnt. Auf eine zu frühe Mathematisierung wird – mit Ausnahme des Terms der Stromstärke $I = Q / t$ – bewusst verzichtet, ebenso auf den Begriff der Spannung.

1. Tipp: Qualitatives Verstehen

2. Tipp: verschiedene Medien und Eingangskanäle

Verschiedene Lernangebote können in ihrer Gesamtheit zu einem vertieften Verständnis des Stromkreises führen: Schülerversuche mit Batterie, Kabeln, Lämpchen, Amperemeter etc.; das hier beschriebene Spielen des Stromkreises; das Erarbeiten im fragend-entwickelnden Unterricht; das Lesen eines Kapitels aus dem Physikbuch; der Bau eines Wasserkreislauf-Modells (Schwedes & Schilling, 1984). Der physikalische Inhalt wird jeweils in verschiedenen „Verpackungen" erarbeitet. Als Lehrkräfte können wir damit diverse Zugänge öffnen, unterschiedliche Lernwege ermöglichen. Sie werden je nach Individuum verschieden begangen. Teilweise ergänzen sie sich komplementär. Die gespielte Analogie wird nach dem Spiel von den Jugendlichen beschrieben, erklärt und reflektiert (Metakognition; vgl. Kircher u.a., 2000, 122). Sie erhalten so die Gelegenheit, verschiedene Wissensfragmente – aus Spiel, Schülerexperiment, Schulbuch etc. – miteinander zu verbinden, ihre Struktur zum Begriff Stromkreis beweglich und vernetzt auszubauen.

2. Beispiel: Aggregatzustände

Ziel: Die Klasse stellt die Aggregatzustände des Wassers und seine Zustandsänderungen im Teilchenmodell von Dalton dar.

Physikalische Inhalte: Wasser im festen, flüssigen und gasförmigen Zustand, die jeweils verschiedenen Dichten und Kräfte zwischen den Teilchen, Geltungsbereich und Grenzen eines physikalischen Modells.

Rahmen: Die Analogie lässt sich in Physik am Anfang der Wärmelehre oder in Chemie bei der Einführung des Daltonmodells spielen.

Physikalische Erkenntnisse

Material: Keines.

Durchführung und Auswertung: Wie im 1. Beispiel sind auch hier Durchführung und Auswertung miteinander verwoben. Jede Spielsequenz wird ausführlich diskutiert und lässt so das Wissen wachsen. Ein Spiel, das ‚Wissen schafft':

„Jede Person stellt ein Wasserteilchen (für ältere Jugendliche: ein Wassermolekül) dar. Wie können wir flüssiges Wasser spielen?" Die Klasse steht in der Mitte des Klassenzimmers, Hufeisenbestuhlung. Einzelne beginnen, sich zu bewegen (brownsche Bewegung), gehen aufeinander zu (Dichte), strecken die Arme aus, berühren andere oder ergreifen diese bei Händen oder Schultern (Kohäsionskräfte).

„Wie lässt sich in unserem Modell Eis darstellen?" Die Jugendlichen gehen „feste Verbindungen" ein, d.h. greifen andere fest bei den Händen oder hängen sich mit den Armen ein (zum Lösen dieser Bindungen wird Energie benötigt: die Schmelzwärme). Sie diskutieren evtl. die Form des Eiskristalls, die Lehrperson hilft hier mit ihrem

Fachwissen weiter (sechszählige Symmetrie); Klasse und Lehrkraft vergleichen die Dichte von Eis und Wasser (da im Eis je sechs Wassermoleküle ein Sechseck bilden, bleibt je in der Mitte ein freier Raum, d.h. Eis weist eine geringere Dichte auf).

„Und wenn wir jetzt Wasserdampf spielen?" Die Jugendlichen bewegen sich schnell mit größerem Abstand voneinander (kleine Dichte), haben keinen Körperkontakt (keine Kohäsionskräfte), stoßen allenfalls gegeneinander (Richtungsänderung) oder gegen die Wand (Druck).

Weiterführende Tipps und Tricks: Für eine ausführlichere Beschreibung dieser gespielten Analogie sei verwiesen auf Labudde (1993, 177). Ergänzen lassen sich das Spielen von Wasser, Eis und Dampf mit dem Darstellen von gefrierendem sowie kochendem Wasser: Beim Erstarren dehnt sich das Wasser aus und sprengt unter Umständen Glasflaschen oder Wasserleitungen; in der gespielten Analogie erkennt die Klasse, dass sie als Eis wegen der sechseckigen Kristallstruktur mehr Platz benötigt als beim flüssigen Wasser.

Drei Tipps:
- **Sprengendes Eis**
- **Siedebläschen**
- **Modell - Realität**

Abb. 6.21: Wasser (links) und Eis (rechts) im Modell dargestellt

Beim Kochen von Wasser gelangen einige Teilchen früher als andere in den gasförmigen Zustand, d.h. sie benötigen mehr Platz. Ein Siedebläschen besteht also aus Wasserdampf. Dies lässt sich im gespielten Modell simulieren.

Eine Diskussion über den Geltungsbereich und die Grenzen von naturwissenschaftlichen Modellen, über das Verhältnis von Modell und

Realität, über die Unterschiede zwischen Entdecken und Erfinden könnte die Unterrichtseinheit abrunden, dies besonders in Klassen, die an Wissenschaftstheorie und Philosophie interessiert sind.

3. Beispiel: Dynamisches Gleichgewicht

Ziel: In einem Modell simulieren Jugendliche zwei einander entgegengerichtete Prozesse und erleben dabei, wie sich ein dynamisches Gleichgewicht einstellt.

Physikalische bzw. chemische Inhalte: dynamisches Gleichgewicht, Dampfdruck, chemisches Gleichgewicht.

Rahmen: Im Physikunterricht der Sekundarstufe II kann das Spiel bei der Behandlung von Gleichgewichtszuständen eingesetzt werden (z.B. Gleichgewicht zwischen Flüssigkeit und Dampf beim Dampfdruck), in Chemie beim Diskutieren des chemischen Gleichgewichts.

Material: möglichst viele Bälle, mindestens 40 (Gymnastikbälle aus der Turnhalle, alte Tennisbälle, eventuell auch Tannenzapfen).

Durchführung: Wir messen ein Spielfeld ab, das in der Größe ungefähr einem Volleyballfeld entspricht, und teilen es mittels eines Kreidestrichs, Abdeckbands o.ä. in zwei Hälften. An den Außenseiten werden 'Banden' aufgestellt, um das Wegrollen der Bälle zu verhindern. Wenn man dieses Spiel in der Turnhalle durchführt, kann man dabei Sitz- bzw. Schwedenbänke verwenden, im Klassenzimmer auf die Seite gekippte Pulte als Banden. Beim Einsatz von Tannenzapfen kann das Spiel auf einem Rasenfeld ohne Banden durchgeführt werden.

Zwei Mannschaften spielen gegeneinander, die eine umfasst doppelt so viele Personen wie die andere, z.B. vier gegen zwei (die anderen schauen zu und kommen später an die Reihe). Zu Beginn befinden sich die Bälle je zur Hälfte auf den beiden Seiten. Jede Mannschaft versucht nun, möglichst rasch so viel Bälle wie möglich auf das Feld der Gegenseite zu werfen. Die Bälle werden also ständig hin und her geworfen. Frage an die Klasse: „Wie werden die Bälle nach einigen Minuten Spiel auf die beiden Spielfeldhälften verteilt sein?" Die Klasse beginnt zu überlegen und entwickelt Hypothesen.

Jetzt kann das Spiel beginnen. Bereits nach kurzer Zeit ist ersichtlich: Die eine Mannschaft ist doppelt so groß wie die andere, die Anzahl Bälle auf ihrem Spielfeld wird kleiner (genauer die Konzentration der Bälle, d.h. die Anzahl pro Quadratmeter). Das führt aber dazu, dass diese Mannschaft mehr Mühe hat, Bälle zu finden. Umgekehrt umfasst die andere Mannschaft weniger Personen, hingegen finden diese mehr Bälle auf ihrem Spielfeld. Schließlich kommt es zur Situation, dass die Anzahl Bälle, die pro Sekunde in die eine Richtung geworfen wird, genau gleich ist der Anzahl in die Gegenrichtung. Es stellt sich ein stabiles Gleichgewicht ein, d.h. die Bälle werden ungefähr im Verhältnis 2:1 auf die beiden Spielfeldhälften verteilt sein. Die folgenden Mannschaften, wobei die eine immer doppelt so groß sein soll wie die andere, können mit anderen Anfangsbedingungen starten: z.B. alle Bälle in einer Spielfeldhälfte oder eine verschiedene Anzahl Bälle zu Spielbeginn bei den beiden Mannschaften. Im Spiel wird sich stets ein Gleichgewichtszustand von ungefähr 2:1 einstellen. (Der durch die Spielanordnung gegebene Ablauf entspricht derselben Gesetzmäßigkeit wie der mikroskopisch reale Vorgang. Die Spielenden müssen sich also nicht um das erwartete Gleichgewicht kümmern, es stellt sich von selbst ein.)

Auswertung: Diese gespielte Analogie ist ein typisches Beispiel eines dynamischen Gleichgewichts in einem geschlossenen System, wie wir es beim Dampfdruck oder beim chemischen Gleichgewicht vorfinden. Im Folgenden beschreibe ich – im Sinne eines fachüberschreitenden Unterrichts (Häußler u.a., 1998, 43) – das chemische Gleichgewicht. Die folgenden Beschreibungen lassen sich aber leicht auf den Dampfdruck übertragen: Denn dieser ist einfacher als das chemische Gleichgewicht zu erklären, da es sich bei Dampf und Flüssigkeit um den chemisch gleichen Stoff handelt.

Naturwissenschaftliche Erkenntnisse

Unser Spiel entspricht einer chemischen Reaktion: A ↔ B, bestehend aus Hin- und Rückreaktion, A → B und A ← B. A steht hier für die Reaktanden, B für die Produkte. Im Gleichgewicht ist die Geschwindigkeit$_{A\rightarrow B}$ der Hinreaktion, gemessen in Mol pro Sekunde, gleich groß wie die Geschwindigkeit$_{B\rightarrow A}$ der Rückreaktion. Hierbei ist die Geschwindigkeit$_{A\rightarrow B}$ das Produkt von Geschwindigkeitskonstante $k_{A\rightarrow B}$ und Konzentration von A in Mol pro Liter, abgekürzt [A]. Analog wird die Geschwindigkeit$_{B\rightarrow A}$ definiert. Im Spiel entspricht die Geschwindigkeitskonstante der Anzahl Personen in einer Mannschaft, die Konzentration der Anzahl Bälle pro Quadratmeter.

Für den Gleichgewichtszustand gilt:

$$\text{Geschwindigkeit}_{A\rightarrow B} = \text{Geschwindigkeit}_{B\rightarrow A}$$

$$k_{A\rightarrow B} \cdot [A] = k_{B\rightarrow A} \cdot [B]$$

Oder anders mit der Gleichgewichtskonstante der Reaktion notiert:

$$K_{\text{Gleichgewicht}} = k_{A\rightarrow B} / k_{B\rightarrow A} = [B] / [A]$$

Unabhängig von den Anfangsbedingungen und der absoluten Anzahl Moleküle (Anzahl Bälle) wird sich im Gleichgewicht also ein festes Verhältnis der Konzentrationen [A] und [B] einstellen. Das Gleichgewicht ist erreicht, wenn sich Hin- und Rückreaktion ausgleichen, d.h. die Waage halten. Für detaillierte chemische Informationen sei auf Dickerson & Geis (1981, 321) verwiesen, die eine vergleichbare Analogie beschreiben.

Tipp:
Gleichgewichte in
Natur, Technik
und Gesellschaft

Weiterführende Tipps und Tricks: In der Sekundarstufe II kann die lebensnotwendige Bedeutung von Gleichgewichten in einer fächer- übergreifenden Unterrichtseinheit zum Thema „Leben im Gleichge- wicht" oder „Gleichgewichte in Natur, Technik und Gesellschaft" erarbeitet werden. Es lassen sich verschiedenste Gleichgewichte ana- lysieren, ihre Gemeinsamkeiten und Unterschiede vergleichen: z.B. statische, dynamische und stationäre Gleichgewichte in den Natur- wissenschaften (chemisches, radioaktives und thermisches Gleich- gewicht; Stoff- und Energiewechsel als Fließgleichgewichte in bio- logischen Systemen), „checks and balances" der amerikanischen Verfassung, monetäre Gleichgewichte, seelisches Gleichgewicht.

6.3.3   Sinnhafte Spiele – ursprüngliches Verstehen

1. Spielregel:
Sinnlich-sinn-
haftes Verstehen
ermöglichen

Mit diesen Spielen gelangen wir an Ursprünge physikalischen Den- kens. Zuallererst sind es ja unsere Sinne, mit denen wir unsere Um- gebung wahrnehmen und beobachten. Wir stellen uns Fragen, ent- werfen Hypothesen, experimentieren und überprüfen. Seit Jahrtau- senden entwickeln so Laien und Fachleute, jede Person auf ihre Art und entsprechend ihrem Niveau, neues physikalisches Wissen: Sei es das „Aha-Erlebnis" des Individuums oder sei es eine Nobelpreis würdige Entdeckung in der „scientific community". In Anlehnung an Wagenscheins Hauptwerk (1970) 'Ursprüngliches Verstehen und ex- aktes Denken' lässt sich für die hier beschriebenen Spiele – vielleicht etwas optimistisch – skizzieren: Schülerinnen und Schüler entdecken physikalische Phänomene mit ihren Sinnen, spielen mit Phänomenen und Sinnen. Aus sinnlichen werden sinnhafte Begegnungen. Kinder und Jugendliche verstehen Physik an ihren Ursprüngen. Sie nähern sich exaktem, wissenschaftlichem Denken.

2. Spielregel:
Einsicht in die
Notwendigkeit
von Labor-
experimenten
gewinnen

Exaktes Denken und wissenschaftliches Arbeiten sind in der Physik des 20. und 21. Jahrhunderts nicht ohne Laborexperimente möglich. Für uns Physiklehrkräfte eine Selbstverständlichkeit, nicht so für un- sere Schülerinnen und Schüler! Ein Ziel, das eigentlich zu den wich- tigsten Bildungszielen des Physikunterrichts gehört, findet sich leider kaum in einem Lehrplan: *Schülerinnen und Schüler sollen Einsicht in die Notwendigkeit von Laborexperimenten gewinnen.* Ohne diese Einsicht bleiben die Physik als Wissenschaft, die sie vermittelnde Lehrkraft und die fremdartigen Geräte der Physiksammlung für Kinder und Jugendliche eine unfassbare Realität. Bei Spielen und Experimenten mit unseren Sinnen gelangen wir, wenn wir es genau wissen wollen, d.h. an die Ursprünge gelangen und es wirklich verstehen wollen, bald einmal an Grenzen: Wir können mit unseren Sinnesorganen nicht exakt genug beobachten und messen: Der Wunsch nach Messgeräten und Laborexperimenten wird wach, die Einsicht in die Notwendigkeit von Laborexperimenten wächst.

Ziel: Bestimme den Wasserdruck auf dein Ohr in verschiedenen Wassertiefen, bei unterschiedlicher Neigung des Kopfes sowie in verschieden großen Schwimmbecken.

1. Beispiel: Hydrostatischer Druck

Physikalische Inhalte: Druck in Abhängigkeit der Wassertiefe, Druck als skalare Größe, hydrostatisches Paradoxon.

Rahmen: Der Besuch im Hallen- oder Freibad findet am besten ganz am Anfang einer Unterrichtseinheit zur Hydrostatik statt.

Material: Hallen- oder Freibad; evtl. Taucherbrillen.

Durchführung: Niemand sollte gezwungen werden, die folgenden Spiele und Experimente mitzumachen, denn es gibt immer wieder Kinder und Jugendliche, die nicht gerne schwimmen und tauchen. Drei Fragebereiche liefern die Gliederung für die Unterrichtsstunde:

1. Wie verändert sich der Druck mit der Tiefe? Wie stark empfindet man den Druck z.B. in 1.5 m bzw. 3 m Tiefe?

2. Besteht ein Unterschied, ob sich der Kopf senkrecht oder waagerecht unter Wasser befindet? Spürt man bei waagerechtem Kopf überhaupt einen Druck auf dem unteren Ohr?

3. Spielt es für den Druck, den ich in den Ohren spüre, eine Rolle, ob ich in einem flächenmäßig kleinen oder großen Schwimmbecken oder in einem See tauche? (Vorausgesetzt ich befinde mich stets in gleicher Wassertiefe)

Abb. 6.22: Spürt man im unteren Ohr auch den Wasserdruck?

Physikalische Erkenntnisse

Auswertung: Die spielerischen Experimente im Wasser und die Diskussionen am Beckenrand führen zu folgenden Einsichten:

1. Der Druck nimmt mit zunehmender Wassertiefe zu. Er ist in 3 m Tiefe deutlich stärker als in 1,5 m Tiefe. Ob Druck und Wassertiefe allerdings wirklich proportional zueinander sind, können wir mit dem Ohr als Messgerät nicht bestimmen. An dieser Stelle regt sich der Wunsch nach einem exakten Messgerät. Warum ein solches nicht ins Bad mitnehmen? (Nebenbei: Unsere Sinnesorgane sind für derartige Experimente nicht nur zu unempfindlich, sondern auch wegen des nichtlinearen Zusammenhangs zwischen physikalischem Sinnesreiz und physiologischem Sinneseindruck, wie es im Weber-Fechnerschen Gesetz beschrieben wird, wenig geeignet.)

2. Egal ob das Ohr unter Wasser nach oben, unten, rechts oder links orientiert ist, wir spüren stets den gleichen Druck. Der Druck weist also keine bestimmte Richtung auf. Hier lässt sich mit der Klasse auch ein Vergleich mit der Luft ziehen: Wir befinden uns ja am Boden eines gewaltigen „Luftmeeres", wie bereits Pascal (1648) feststellte. Druckunterschiede spüren wir unabhängig davon, wie der Kopf geneigt ist, z.B. wenn wir mit Auto oder Fahrrad eine Passstraße oder mit Ski bzw. Snowboard einen Berghang hinunter fahren.

3. Es spielt keine Rolle, ob wir in einem großen oder kleinen Wasserbecken tauchen. Der Druck hängt nicht von der Größe der Wasseroberfläche ab, sondern ausschließlich von der Wassertiefe. Das, was bei anderer Fragestellung zum sogenannten hydrostatischen Paradoxon führt, tritt hier gar nicht als Paradox und damit auch nicht als Lernschwierigkeit auf. Im Gegenteil: Die Erfahrung beim Tauchen hilft zu verstehen, warum die Staudämme eines kleinen und großen Stausees, von je gleicher Tiefe, gleich stark gebaut sein müssen. (Man kann Physik manchmal wirklich schwerer machen als sie ist, z.B. durch das unselige hydrostatische Paradoxon.) – Eventuell wenden Jugendliche ein, sie könnten das „Druckgefühl" im zweiten Becken nicht mit demjenigen des ersten vergleichen, da die „Druckerinnerung" vom ersten Tauchversuch verloren gegangen oder durch andere Sinneseindrücke gestört worden sei. Dieser Einwand ist eine Chance, auf die Notwendigkeit von physikalischen Messgeräten und Laborversuchen hinzuweisen.

Tipp: Physik im Schwimmbad

Weiterführende Tipps und Tricks: Die hier geschilderten sportlich-spielerischen Begegnungen mit dem Druck lassen sich in zwei Richtungen erweitern: Wilke (1998) beschreibt vielfältige hydrostatische Experimente mit PET-Flaschen und Wasser, die die Schülerinnen und Schüler allesamt im Schwimmbad durchführen können. Dies im

Sinne eines echten „Physik-Plansch-Festivals"! Oder die oben geschilderten Experimente werden eingebettet in eine größere Unterrichtseinheit „Physik im Schwimmbad". Hier werden Themen wie Brechung, Auftrieb, Wärmekapazität und Zeitmessung im Schwimmsport direkt mit dem Alltagsbezug des Schwimmbads erarbeitet (Labudde, 1993, 117).

2. Beispiel: Radialkräfte

Ziel: Die Jugendlichen erfahren die Radialkraft (Zentripetalkraft) als Ursache einer Richtungsänderung, können diese Kraft qualitativ charakterisieren und in Alltagsbeispielen identifizieren.

Physikalische Inhalte: Radialkraft, Reibungs-, Gravitations- und evtl. Lorentz-Kraft (alle drei Kräfte nur qualitativ) , $F_Z = m \cdot v^2 / r$.

Rahmen: In der Dynamik kann dieses Spiel zum Einstieg in das Thema „Kräfte bei Kreisbewegungen" dienen.

Material: Abdeckband oder Kreide, Schnur, funkgesteuertes Auto (von einem Schüler oder einer Schülerin mitbringen lassen), Globus, Modellrakete oder -satellit.

Versuchsaufbau

Durchführung und Auswertung: „Wie lässt sich ein Gegenstand auf eine gekrümmte Bahn bringen: z.B. ein Auto oder Fahrrad in einer Kurve oder ein Satellit in einer Erdumlaufbahn?" Diese Frage steht am Anfang der Unterrichtseinheit (Labudde, 1993, 152). Auf dem Pausenhof, in der Eingangs- oder Turnhalle markieren wir einen Kreismittelpunkt, spannen eine Schnur als Zirkel und ziehen mit Kreide oder Abdeckband eine Bahn auf den Boden, z.B. einen Halbkreis von 3-4 m Radius. Die Jugendlichen stellen sich in regelmäßigen Abständen der Bahn entlang auf. Die Lehrkraft lässt jetzt ein funkgesteuertes Auto mit konstanter Geschwindigkeit der Bahn entlang fahren, die Räder bleiben immer geradeaus gestellt. Es wird also an der Fernsteuerung während des ganzen Experiments weder Geschwindigkeitsbetrag noch -richtung verändert.

Physikalische Erkenntnisse:

1. Charakteristika der Radialkraft

„Jetzt waren wir es, die das Auto auf die Kurvenbahn gezwungen haben. Welche Kraft wirkt bei einem richtigen Auto oder Fahrrad?" Die Jugendlichen analysieren, es ist die Reibungskraft. „Welche Kräfte wirken auf einen Satelliten in einer Erdumlaufbahn, welche auf ein elektrisches Teilchen in einem Kreisbeschleuniger?" Wir stellen zur Veranschaulichung einen Globus auf den Bahnmittelpunkt und lassen einen Modellsatelliten um ihn ‚kreisen'. Die folgende Diskussion zeigt, dass verschiedene Formen von Kräften als Radialkräfte wirken können: Reibungs-, Gravitations-, elektromagnetische Kräfte oder die Kräfte unserer Hände.

2. Arten von
Radialkräften

Abb. 6.23: Radialkräfte bei Funkauto und Mond

Erst nach diesem qualitativen Verstehen der Kräfte bei Kreisbewegungen werden die quantitativen Zusammenhänge zwischen Radialkraft, Bahnradius, Geschwindigkeit und Masse diskutiert. Die Erfahrungen aus den vorangegangenen Spielen helfen, entsprechende Hypothesen aufzustellen. Die Jugendlichen realisieren rasch: ihre Hypothesen können nicht mehr mit Händen und Funkauto überprüft werden; dazu bedarf es eines geeigneten Experiments mit Kraftmesser, Stoppuhr, Waage etc. Auch hier wieder: Einsicht in die Notwendigkeit von Laborexperimenten.

Weitere Beispiele   Sinnhafte Spiele bzw. das Erfahren von Physik mit den eigenen Sinnen lassen sich in weiteren Beispielen umsetzen. Entscheidend ist, dass Kinder und Jugendliche diese nicht einfach theoretisch z.B. anhand eines Lehrbuchtextes erarbeiten, sondern wirklich mit den eigenen Sinnen erfahren: Die Geschwindigkeit eines Autos mittels Dopplereffekt und Ohr bestimmen (Labudde, 1996, 64); den Drehimpulssatz auf einem Kinderkarussell erleben; Kraft und Gegenkraft beim Tragen eines Steines erfahren (Schön, 1991), Eigenschwingung und Resonanz beim Schaukeln spüren (Labudde, 1997); das Fliegen und den aerodynamischen Auftrieb mit einem ausgestopften Vogelflügel entdecken (Labudde, 1993, 170), die Last an einem elektrischen Generator wahrnehmen (Muckenfuß, 1992).

Mit diesen und ähnlichen Beispielen können wir Physiklehrkräfte einer Klage Nietzsches begegnen, der seufzte: „Die Bildung wird täglich geringer, weil die Hast größer wird.". *Mit sinnhaften Spielen, mit Sinnlichkeit und Sinn wird der Physikunterricht entschleunigt, dafür das ursprüngliche Verstehen gestützt.*

7 Planung und Analyse von Physikunterricht

Unterrichtsplanung und Unterrichtsanalyse gehören zum Handwerkszeug jeder Lehrerin, jedes Lehrers. Nachdem die 1. Phase der Lehrerbildung in Deutschland weitgehend an Universitäten erfolgt, werden diese Kompetenzen vor allem in der 2. Phase der Lehrerbildung erworben, im Referendariat. Im Zusammenhang mit den Schulpraktika sind Planung und Analyse von Unterricht auch in der 1. Phase der Lehrerbildung von Bedeutung. Grundsätzlich wird die Relevanz auch nicht dadurch relativiert oder reduziert, dass derzeit schülerzentrierter offener Unterricht gegenüber lehrerzentriertem Frontalunterricht aus guten Gründen favorisiert wird (Petri, 1993). Von Seiten der Schulpädagogik wird daraus die Konsequenz gezogen, dass zwischen *offener und lernzielorientierter Unterrichtsplanung* unterschieden wird (s. Peterssen, 1998). In den empirischen Untersuchungen von Fischler (2000) hat sich gezeigt, dass Studierende in ihren Lehrversuchen derartige Planungen für ihre Handlungen im Unterricht benötigen, sich aber an den Unterrichtsplanungen, schriftlichen „Unterrichtsentwürfen" in zu strikter Weise orientieren. Dadurch wird die beabsichtigte Öffnung des Unterrichts verhindert.

In dem Beitrag *„Planungsmodelle – Unterrichtsentwurf – Unterrichtsstunde"* (7.1) erfolgt die oben erwähnte schulpädagogische Differenzierung. Außerdem werden zwei Planungsmodelle speziell für den Physikunterricht interpretiert. Ein besonderer Aspekt der Unterrichtsplanung, nämlich die *„Konstruktion und Bewertung von Physikaufgaben"*, wird in Abschnitt (7.2) dargestellt. Diese Fähigkeit ist im Zusammenhang mit der TIMS- und PISA- Studie bekannt und für die Lehrerbildung und die Schulpraxis wichtiger geworden.

Die *Analyse von Physikunterricht* ist von großem wissenschaftlichen, aber auch von schulpraktischem Interesse. Der Beitrag *„Analyse einer Unterrichtseinheit"* (7.3) gibt Hinweise zur Beurteilung einer Physikstunde und nennt Schwierigkeiten und Probleme dieser Prüfungssituationen für angehende Lehrerinnen und Lehrer. In dem Beitrag *„Videoanalyse von Unterrichtsmitschnitten"* (7.4) wird ein heutzutage wichtiges Analyseinstrument beschrieben. Dieses ist nicht nur für Wissenschaftler, sondern auch für Studierende handhabbar und kann für die Anfertigung von Zulassungsarbeiten eingesetzt werden. Lehrerinnen und Lehrer können sich an Unterrichtsforschung beteiligen oder den eigenen Unterricht kritisch reflektieren.

Zur theoretischen Vertiefung und zur Beschreibung und kritischen Würdigung weiterer Aspekte von Unterrichtsplanung und -analyse (z. B. Planungsprodukte wie Wochenplan, Jahresplan, Lehrplan) wird auf die schulpädagogische Literatur verwiesen (z. B. Jank & Meyer,1991; Peterssen, 1998).

Ernst Kircher

7.1 Planungsmodelle – Unterrichtsentwurf – Unterrichtsstunde

7.1.1 Planungsmodelle

Schriftliche Unterrichtsvorbereitung ist notwendig

1. *Vorbemerkungen*: Modelle für die Unterrichtsplanung werden benötigt, wenn Unterricht systematisch auf dem Hintergrund pädagogischer Theorien und gewissen Erfahrungen aus der Schulpraxis vorbereitet werden soll. Mehrere Gründe sprechen für eine ausführliche schriftliche Unterrichtsvorbereitung in der Lehrerbildung: eine „Lehrprobe" („Lehrversuch") muss in schriftlicher Form vorliegen, um die *didaktischen und methodischen Absichten* zwischen Auszubildenden und Ausbildern *diskutierbar zu machen*. Außerdem sind schriftliche Unterrichtsentwürfe notwendig, *um Differenzen zwischen antizipiertem und realisiertem Unterricht* festzustellen und um Alternativen des Lehrerverhaltens vorzuschlagen. Der Unterrichtsentwurf soll den Unterrichtsverlauf strukturieren aber nicht festlegen, sondern offen halten. Wenn es die Unterrichtssituation erfordert, sollen Schüler und Lehrer offen sein für spontane Änderungen des Verhaltens. Auch wenn im Unterrichtsentwurf schließlich nur eine Variante ausgearbeitet wird, können die in der Planungsphase beiseite gelegten Möglichkeiten sich als wertvoll erweisen und wieder aktualisiert werden, wenn eine Änderung der Unterrichtskonzeption notwendig wird. Fischler (2000) hat aufgezeigt, dass dieses für Lehranfänger sehr schwierig ist.

Notwendige Planungsprodukte für den Unterricht

Nach dem zweiten Staatsexamen reduziert sich die schriftliche Unterrichtsvorbereitung. Sie beschränkt sich bei einem vollen Lehrdeputat schon aus Zeitgründen auf eine Skizze des geplanten Stundenverlaufs, auf vorbereitete Folien, Arbeitsblätter oder das Tafelbild. *Erfahrene Lehrkräfte* können gelegentlich auf eine schriftliche Unterrichtsvorbereitung verzichten, ohne dass auf den ersten Blick der Unterricht darunter leidet. Wer aber Neues erproben will (neue physikalische oder technische Themen, neue Methoden wie etwa Projekte oder auch neue Medien) wird auf die systematische, schriftliche Unterrichtsvorbereitung zurückgreifen. *Planungsmodelle* liefern dafür ein Gerüst, indem sie Hilfen für begründete Schritte in einer bestimmten Reihenfolge vorschlagen, um notwendige Planungsprodukte für den Unterricht zu gewinnen.

Im Folgenden wird zuerst ein Planungsmodell beschrieben, das sich an dem *Berliner Modell* von Heimann (1962) orientiert. Dieses hat sich in der Bundesrepublik im Grunde in allen Fächern bewährt und wird an vielen Hochschulen und Studienseminaren verwendet. Mit diesem Modell wird *lernzielorientierter Unterricht*, – häufig eine einzelne Unterrichtsstunde -, geplant, der im Allgemeinen *lehrerzentriert* ist (Frontalunterricht) und eine Fülle von *Feinlernzielen* aufweist (z. B. die Fachausdrücke für physikalische Geräte und neue physikalische Begriffe). Dabei besteht allerdings die Gefahr, dass durch Feinlernziele der Unterrichtsverlauf kleinschrittig festgelegt wird, ohne Spielräume für spontane Anregungen und Wünsche der Schülerinnen und Schüler.

Berliner Modell:

Lernzielorientierter Unterricht

Für geplanten *offenen Unterricht* werden in der Regel keine Feinlernziele formuliert. Das bedeutet natürlich nicht, bei offenem Unterricht auf eine Zielanalyse zu verzichten. Die dafür notwendige *didaktische Analyse* befasst sich dann „nur" mit *Leitzielen*, *Richtzielen* und im Allgemeinen auch mit Grob*zielen* des Physikunterrichts (s. Kircher u.a., 2001, 92 ff.). Die in der didaktischen Analyse entwickelten Planungsprodukte (Sachstrukturdiagramm und „Grobstruktur des Unterrichts") müssen Freiräume bieten für selbstbestimmtes Lernen der Schülerinnen und Schüler. Dabei ist es sinnvoll, sich auch über Lehrerverhalten Gedanken zu machen, das *offenen Unterricht konterkarieren* würde. Für *offenen Unterricht* wird hier das *Hamburger Modell* (Schulz, 1980) vorgeschlagen.

Auch „offener Unterricht" muss geplant werden

2. Das *Berliner Modell* unterscheidet Lernvoraussetzung, Variablen des Unterrichts und Lernfolgen:

Berliner Modell: Lernvoraussetzungen, Variable des Unterrichts, Lernfolgen

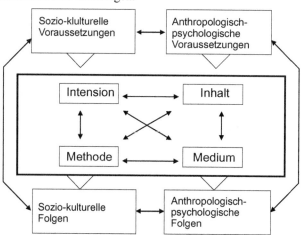

Abb.7.1: Das Berliner Modell der Unterrichtsplanung

**Lernvoraus-
setzungen:**
soziokulturelle,
anthropologisch-
psychologische

Die *soziokulturellen* und die *anthropologisch- psychologische Lernvoraussetzungen* sind soziale und kulturelle Herkunft der Schülerinnen und Schüler, sowie deren Begabung und deren geistige / körperliche Entwicklung gemeint. Sie sind vom Unterrichtsfach verhältnismäßig unabhängig. Da die Lernvoraussetzungen in den Klassen unseres Schulsystems im Allgemeinen sehr verschieden sind, können pädagogische Folgerungen nur vor „Ort" und *nur für die zu unterrichtende Klasse* gezogen werden. Studenten und Referendare orientieren sich bei der Unterrichtsvorbereitung am Wissen und den Erfahrungen des jeweiligen Klassenlehrers.

**Lernvoraus-
setzungen:**
Alltagsvorstellun-
gen über Physik

Als allgemeine Lernvoraussetzungen des Physikunterrichts haben sich die *Alltagsvorstellungen* der Lernenden über physikalische Phänomene, Begriffe, Arbeitsweisen erwiesen. Mit der in Kap. 1 dargestellten Übersicht über diesen wichtigen physikdidaktischen Forschungsbereich und den unterrichtlichen Implikationen sollte sich jede Lehrkraft gründlich befassen. Das gilt für die Planung einer speziellen Unterrichtseinheit z. B. über „das ohmsche Gesetz" ebenso, wie für allgemeine Überlegungen, wie der Physikunterricht effektiver gestaltet werden kann (Prenzel & Duit, 1999; MNU, 2001).

**Variablen des
Unterrichts:**
Intentionen (Ziele),
Inhalte, Methoden,
Medien.

Heimann (1962) nennt die folgenden vier sich gegenseitig beeinflussende Variablen des Unterrichts: *die Intentionen (Ziele), die Inhalte, die Methoden und die Medien.* Die „Interdependenz der Variablen" bedeutet wechselseitige Abhängigkeit mit der Konsequenz, dass sie bei der Unterrichtsplanung grundsätzlich gleich gewichtig sind und dass jede der Variablen bei der Unterrichtsplanung reflektiert und im Unterrichtsentwurf schriftlich thematisiert werden muss (s. 7.1.2).

Die Erörterungen über Lernvoraussetzungen und Variable des Unterrichts bilden die *Vorüberlegungen eines Unterrichtsentwurfs.*

3. Für bestimmte Fälle kann *jede der vier Variablen des Unterrichts vorrangig* sein. Das impliziert Konsequenzen für die anderen Variablen („Implikationszusammenhang"). Wenn sich Lehrkräfte zum Beispiel dazu entschließen, ein gemeinsames Projekt durchzuführen, dann impliziert die Entscheidung für diese „Methode", dass *Ziele* angestrebt werden wie z.B. *selbständiges und/ oder kooperatives Arbeiten*, dass die *Inhalte des Unterrichts fachüberschreitend* sein können und dass vorwiegend in *arbeitsteiligem Gruppenunterricht* gelernt wird. Außerdem impliziert ein Projekt, dass Medien von Schülerinnen und Schülern selbst hergestellt, zumindest selbst ausgewählt und bedient werden. Dadurch werden auch gewisse Medien ausgeschlossen, zum Beispiel Experimente, die aus Sicherheitsgründen nur von Lehrkräften durchgeführt werden dürfen. Auch *Lehreraktivi-*

täten sind bei Projekten *ausgeschlossen*, wie zum Beispiel ungebeten einen Vortrag zu halten oder die Lernenden während der Durchführung des Projekts abzufragen und zu prüfen

4. Wir sind mit diesem Beispiel „Projektunterricht" bei der *„offenen Unterrichtsplanung"* angelangt, die Schulz (1980) durch eine „Umrissplanung" mit seinem *Hamburger Modell* angestrebt. Ich stimme Peterssen (1998) zu, dass sich dieses Planungsmodell aufgrund seiner hohen *Komplexität* bisher nicht in der Lehrerbildung durchgesetzt hat. Dazu mögen auch inhaltliche Charakteristika des Modells wie die *Beteiligung der Schüler an der Unterrichtsplanung* beigetragen haben, die dem noch vorherrschendem Selbstbild von Lehrkräften widersprechen. Aus diesen pragmatischen Gründen wird dieses detailliert ausgearbeitete, theoretisch sehr überzeugende Planungsmodell hier nur skizziert. Außerdem werden in 7.1.4 *Planungsschritte* dargestellt, die sich in der Entwicklung von offenen Curricula und von Projekten für den Physikunterricht bewährt haben (s. Duit u.a., 1981, 252 ff.).

Hamburger Modell:

offene Unterrichtsplanung

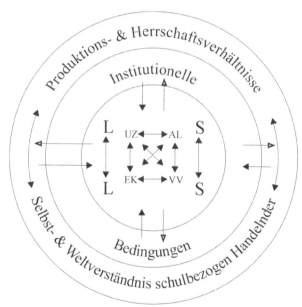

Abb. 7.2: Hamburger Modell (nach Peterssen, 1998, 100)
Dabei bedeuten: UZ: Unterrichtsziele
                   AL: Ausgangslage
                   EK: Erfolgskontrolle
                   VV: Vermittlungsvariablen

7.1.2   Der Unterrichtsentwurf

Unterrichtsentwurf:

- Vorüberlegungen
- Unterrichtsverlauf
- Materialen
- Literatur

Unterrichtplanung erfolgt langfristig (Jahresplan), mittelfristig (Unterrichtseinheit bzw. Wochenplan), kurzfristig (Entwurf einer Unterrichtsstunde). Der Unterrichtsentwurf ist das detaillierteste Glied dieser Planungen. Dabei steht der aktuell gültige Lehrplan als Orientierungshilfe und/ oder „Gebot" ständig im Hintergrund.

Der im Folgenden dargestellte *Unterrichtsentwurf* orientiert sich an dem Berliner Modell der Unterrichtsplanung.

Im *Unterrichtsentwurf* werden über einen (z. B. durch den Lehrplan) vorgegebenen physikalischen Inhalt *„Vorüberlegungen" (1.)* dargestellt: über Lernvoraussetzungen, Ziele Inhalte, Methoden und Medien. In dem auf den *Vorüberlegungen* aufbauenden *„Unterrichtsverlauf – (Skizze des Unterrichts)" (2.)* wird versucht, das *geplante Lehrerverhalten im voraus* festzulegen, sowie das *erwartete Schülerverhalten* (für eine Einzel- oder Doppelstunde) zu antizipieren. Durch *didaktische Kommentare* werden diese Lehrer- und Schüleraktivitäten plausibel gemacht. Außerdem werden die im Unterricht eingesetzten *„Unterrichtsmaterialien" (3.)* detailliert dargestellt: Arbeitsblätter, Folien und Versuchsbeschreibungen (Lehrer- und Schülerexperimente). Natürlich muss auch die verwendete *Literatur (4)* angegeben werden.

Darstellung eines Unterrichtsentwurfs

Unterrichtsentwurf

1. Vorüberlegungen

1.1. Lernvoraussetzungen

1.1.1   Anthropologisch –psychologische Voraussetzungen

1.1.2   Sozio – kulturelle Voraussetzungen

1.1.3   Spezifische Alltagsvorstellungen

1.2. Ziele

        Leitziele, Richtziele, Grobziele, Feinziele

1.3. Sachanalyse

1.3.1.   Fachliche Darstellung des Inhalts

1.3.2.   Elementarisierung und didaktische Rekonstruktion

1.4. Methoden

1.4.1.   Methodische Großformen und Unterrichtskonzepte

1.4.2. Phasen des Unterrichts (Motivation (Einstieg), Erarbeitung, Vertiefung)

1.4.3. Sozialformen

1.5. Medien

1.5.1. Experimente

1.5.2. Weitere Medien

2. Geplanter Unterrichtsverlauf (Unterrichtsskizze)

3. Unterrichtsmaterialien

3.1. Experimente (Lehrer-/ Schülerexperimente)

3.2. Arbeitsblätter (Folien)

3.3. Tafelbild (Folien)

4. Literatur

Im Folgenden werden die *Teilaspekte der Vorüberlegungen* erläutert.

1. Die *Lernvoraussetzungen* (1.1) befassen sich mit folgenden Fragen:

Über Lernvoraussetzungen

- Wie ist die Leistungsfähigkeit und wie die Leistungsbereitschaft der Klasse im Fach Physik einzuschätzen?

- Wie viele besonders gute, wie viele eher schwache Schülerinnen und Schüler sind in der Klasse? Wie kann ich diese interessieren, wie optimal fördern?

- Wie ist die Klasse in soziokultureller Hinsicht zusammengesetzt?

- Mit welchen Alltagsvorstellungen zur Thematik ist bei den Lernenden zu rechnen? Welche Vergleiche, bildhafte Analogien, Beispiele, Modelle kann ich einsetzen, um Unterschiede und/ oder Ähnlichkeiten zwischen den Alltagsvorstellungen und den physikalischen Vorstellungen zu illustrieren?

- Welcher thematische Zusammenhang besteht zu der vorhergehenden/ zur nachfolgenden Stunde?

Unter den *„anthropologisch – psychologischen Voraussetzungen"* kann auch entwicklungspsychologisches Wissen referiert werden. Dafür bietet sich Piagets entwicklungspsychologische Theorie an, weil diese auch an mathematischen und naturwissenschaftlichen In-

halten empirisch untersucht wurde. Die Zeitintervalle der piagetschen Entwicklungsstufen werden neuerdings relativiert bzw. bestrit-
ten (z.B. Sodian, 1995). Ich meine daher, dass Ausführungen auf der
Grundlage der piagetschen Entwicklungspsychologie auch entfallen
können.

Über Lernziele

2. Lernziele (1.2) können grundsätzlich erst nach einer *didaktischen
Analyse* formuliert werden. Für eine *einzelne Unterrichtsstunde* ist
ein weniger theoriegeleitetes Vorgehen akzeptabel, um Lernziele zu
gewinnen. Dabei orientiert man sich vor allem an der Art und Intensität der *geplanten Lehrer- und Schüleraktivitäten*. Diese hängen natürlich von den Lerninhalten ab und von *Ihren* Auffassungen über
guten Physikunterricht. Allerdings beschränken sich Unterrichtsentwürfe bei einem solchen pragmatischen Vorgehen häufig auf *begriffliche Ziele (Konzeptziele)*. Die durch eine didaktische Analyse gewonnenen *Listen für Lernziele* charakterisieren und begründen weitere *fachliche und fachüberschreitende Aspekte* eines Themas.

Durch physikdidaktisch sinnvolle Schüleraktivitäten werden auch
Fähigkeiten und Fertigkeiten erworben, die zu *den physikalischen
Methoden* gehören und die als *Prozessziele* formuliert werden. Wenn
diese Aktivitäten im Gruppenunterricht erfolgen, sind *soziale Ziele*
impliziert, außerdem *Einstellungen und Werte* (Kircher u.a., 2001).

**Beschreibung von
Lernzielen**

Um ein Lernziel hinreichend präzise zu beschreiben, müssen die
Zielebene, die *Zielklasse* und die *Lernzielstufe* (das Anforderungsni-
veau) angegeben werden. Dazu einige Erläuterungen und Beispiele:

Auf die allgemeinsten Bildungsziele, „Leitziele", die in Präambeln
der Lehrpläne formuliert sind (Beispiel: „Erziehung zur Demokra-
tie") kann in Unterrichtsentwürfen für Physikstunden i. Allg. verzichtet werden, da diese allgemeinen Ziele nicht fachspezifisch sind;
– sie sollen aber im Hintergrund jeder Unterrichtsstunde wirken.
„Richtziele" charakterisieren in allgemeiner Weise das Fach und den
Sinn des Faches. Daher sollen Richtziele dann für eine Physikstunde
formuliert werden, wenn das „Teilchenbild" (Kurzfassung: „Die
Welt ist aus Atomen aufgebaut") oder Erhaltungssätze oder allgemeine Arbeitsweisen der Physik (z. B. „Experimentieren") thematisiert und gelernt werden. Ich meine, dass für eine thematisch unspek-
takuläre Unterrichtsstunde wie „Das hookesche Gesetz", die *Formulierung von (wenigen) Grob- und (einer größeren Anzahl) von Feinzielen* genügt, die die verschiedenen Zielklassen berücksichtigen und
zusätzlich Hinweise über *mögliche Anforderungen* (z.B. für Prüfun-

gen) enthalten. Dafür können die Anorderungsstufen (Lernzielstufen) von Roth oder (meines Erachtens noch besser für Physikunterricht geeignet) die *Kompetenzniveaus*, die von Baumert u.a (2000a) verwendet werden (s. dazu auch Kircher u.a., 2001, 96 f.).

Beispiele für Lernziele zur Thematik „hookesches Gesetzes":

Grobziele:

g1 Die Schüler sind fähig, einen funktionsfähigen Kraftmesser herzustellen

g2 Die Schüler können eine Gebrauchsanweisung für den Federkraftmesser formulieren, die sowohl eine Angabe über die Genauigkeit als auch über die maximal zulässige Kraft enthält

g3 Die Schüler sind in der Lage, Arbeitsgruppen zu bilden, kooperativ Problemlösungen anzustreben und die Lösungen zu überprüfen hinsichtlich der Aufgabenstellungen

Feinziele:

f1 Die Schülerinnen und Schüler wissen, dass für Stahlfedern in einem bestimmten Ausdehnungsbereich $F \sim \Delta s$ gilt

f2 Die Schüler wissen, dass es unterschiedlich „harte" Federn gibt

f3 Schülerinnen und Schüler erfahren durch Experimente, dass überdehnte Federn nicht mehr ihre Ausgangslänge haben und für einen Kraftmesser unbrauchbar sind

f4 Die Schüler sind in der Lage, zwischen verschiedenen Federn eine sinnvolle Auswahl zu treffen, je nach dem geforderten Messbereich des Federkraftmessers

f5 Die Schüler sind fähig, geeignete Experimente zu planen, diese aufzubauen, durchzuführen und die Messergebnisse zuerst in Tabellen und dann graphisch darzustellen

f6 Die Schüler sind fähig, die Arbeiten in der Gruppe im Konsens zu organisieren und sich gegebenenfalls bei Schwierigkeiten zu unterstützen.

Dazu folgende Anmerkungen:

Die hier beispielhaft aufgeführten Feinziele gehören zu verschiedenen *Zielklassen* (Konzept-, Prozessziele, soziale Ziele, Ziele über Werte und Einstellungen). Die Anforderungsstufen (z. B. nach Roth) bzw. die Kompetenzniveaus (nach Baumert u.a.) sind nicht klar zu erkennen. Das Feinziel f5 hat die Allgemeinheit eines Richtziels; das Feinziel f6 kann auch als Leitziel aufgefasst werden. Die gewählten Beispiele sollen deutlich machen, dass die Zuordnung zu einer bestimmten Lernzielebene i. Allg. *nicht trennscharf* ist. Zwischen Leit-

, Richt-, Grob- und Feinzielen besteht ein Zusammenhang; aber die Ziele der unteren Zielebenen *sind nicht aus den oberen Zielebenen deduzierbar.*

Außerdem: Die Feinlernziele sind absichtlich *nicht „operational" formuliert* wie in früheren curricularen Lehrplänen.

Über Sachanalysen

3. Durch die „Sachanalyse" (1.3.1 des Unterrichtsentwurfs) soll sich der Lehrende vergewissern und durch entsprechende Darstellungen auch zeigen, dass er mit der Thematik *aus fachlicher Sicht* vertraut ist. Dazu verwenden künftige Primarstufenlehrer am besten Schulbücher der Sekundarstufe I, Lehrer der Sekundarstufe I informiert sich durch Physikbücher der Sekundarstufe II, Gymnasiallehrer benutzen die Lehrbücher seines Studiums und ergänzende Spezialliteratur. Die Vertrautheit mit der „Sache" ist aber auch eine wichtige Voraussetzung für eigenständige *Elementarisierungen und die didaktische Rekonstruktionen* (1.3.2). Diese sollen *fachgerecht, schülergerecht, zielgerecht* sein (Kircher u.a., 2001, 110 ff.).

Sowohl für auszubildende als auch bereits praktizierende Lehrerinnen und Lehrer sind die *Vorschläge aus verschiedenen Schulbüchern* sowie *aus physikdidaktischen Zeitschriften* eine wichtige Fundgrube für Ideen, wie eine bestimmtes Thema im Unterricht behandelt werden könnte. Die Ergebnisse der Elementarisierung und der didaktischen Rekonstruktion, – Schüler- und Lehrerexperimente, ikonische und symbolische Darstellungsweisen der neu zu lernenden Begriffe, Modelle und Analogien -, sind Bausteine des „Puzzles" Unterricht, das Lehrerinnen und Lehrer (mit weiteren Elementen des Puzzles) für ihre Klassen komponieren müssen.

Über Unterrichtsmethoden

4. Wenn lernzielorientierter Unterricht konzipiert werden soll, konzentrieren sich die Vorüberlegungen über Unterrichtsmethoden vor allem auf die *Phasen des Unterrichts* (1.4.2 des Unterrichtsentwurfs).

Das sogenannte „*Grundschema für die Artikulation einer Unterrichtsstunde*" wird vor allem in der 1. Phase der Lehrerbildung verwendet. In der 2. Phase der Lehrerbildung werden häufig differenziertere Artikulationsschemata verwendet, wie z. B. ein Schema für „problemlösenden Unterricht".

Stichworte zu den drei Phasen des Grundschemas:

- Für die *Phase der Motivation* werden Vor- und Nachteile verschiedener Einstiegsmöglichkeiten in den Vorüberlegungen aufgeführt und schließlich die getroffene Wahl begründet.

Phase der Motivation

- Für die *Phase der Erarbeitung* muss überlegt werden, ob Experimente von Lehrern bzw. von Schülern durchgeführt werden. Aus physikdidaktischer Sicht sind Schülerexperimente aufgrund der vielfältigen implizierten Zielaspekte zu bevorzugen. Aber es gibt eine ganze Reihe pragmatischer und lernpsychologische Gründe, um auch Lehrerexperimente zu rechtfertigen.

Phase der Erarbeitung

- *Phase der Vertiefung* Die Lernvoraussetzungen und die Lernziele bestimmen die Art und die Intensität der Schüleraktivitäten, um die *Lernergebnisse zu vertiefen.* Grundsätzlich sollten Vertiefungen kognitiv, affektiv und psychomotorisch erfolgen. Pestalozzi sagte es so: mit Kopf, Herz und Hand. Und man kann diese Reihe erweitern: „mit den Füßen", wenn man gespielte Physik (s. 6.3) und gespielte Analogien zum besseren Verständnis der Physik einsetzt. Die Aspekte und methodischen Implikationen des *kumulatives Lernens* (s. MNU 2001) sind ebenfalls relevant.

Wenn der lernzielorientierte Unterricht Schülerexperimente vorsieht, müssen verschiedene Vorüberlegungen angestellt werden:

Über Sozialformen des Unterrichts

Wie werden die Gruppen gebildet? Wie ist die Sitzordnung? Wie vertraut sind die Regeln für den Gruppenunterricht? Wie vertraut sind die notwendigen Arbeitstechniken? Ist die Rollenverteilung in der Gruppe geklärt und abgestimmt? Sind die Arbeitsanleitungen so gestaltet, dass die Schüler erfolgversprechend arbeiten können? Wie ist das Herbeischaffen und Aufräumen der Geräte am sinnvollsten zu organisieren?

Allgemeine pädagogische Überlegungen über die verschiedenen *Sozialformen des Unterrichts* müssen (m.E.) nicht schriftlich dargestellt werden.

5. Medien (1.5 des Unterrichtsentwurfs) sind Mittel, um Lernprozesse anzuregen, zu optimieren, erfolgreich zu beenden. Sie beeinflussen die bisher diskutierten Variablen des Unterrichts. Die *modernen Medien* können unser Schulsystem nicht nur beeinflussen, sondern grundlegend verändern.

Über Medien

Bei den Vorüberlegungen zu einem Unterrichtsentwurf bleiben solche allgemeinen Überlegungen ausgespart. Es werden die konkret vorhand*enen, herstellbaren oder beschaffbaren Medien erörtert, die wünschbaren erwähnt*, um den eigenen Überblick über Medien im Physikunterricht aufzuzeigen.

Wie werden Medien ausgewählt?

Ein häufiges Auswahlkriterium in der Schulpraxis ist leider der Mangel. Wenn etwa Geräte für ein Schülerexperiment nicht in genügender Anzahl vorhanden sind, fällt dadurch die Entscheidung für ein Lehrerexperiment. Wenn auch diese Ausstattung nicht vorhanden ist, müssen Abbildungen und Texte in Büchern, auf Folien oder Arbeitsblättern das Experiment ersetzen. Heutzutage sind gelegentlich Simulationen eines Experiments als Film oder als Computersimulation verfügbar. Ein Blick ins Internet wird häufig durch subjektiv neue Experimente belohnt (s. 6.1).

Physikdidaktische Auffassungen, die innere Struktur der Inhalte und besondere Unterrichtsmethoden beeinflussen die Medienwahl

Bestehen keine Zwänge hinsichtlich der medialen Ausstattung und der verfügbaren Unterrichtszeit, sollen *physikdidaktische Auffassungen, inhaltliche Gegebenheiten, besondere Unterrichtsmethoden* (z.B. Spiele, Lernzirkel, Projekte) *die Medienwahl beeinflussen*. Das kann bedeuten, dass trotz der Präferenz von Schülerexperimenten diese entfallen, wenn sie *gefährlich, zu schwierig* für die Schülerinnen und Schüler sind, wenn die *Phänomene im Schülerexperiment weniger überzeugend sind als im Lehrerexperiment*.

Bildmedien sind für Lernprozesse wichtig, indem sie Experimente ergänzen: hinsichtlich des Gesamtablaufs, spezieller Geräteteile, der Darstellung und Interpretation der Daten, der Modell- und Theoriebildung. Die detailliert ausgearbeiteten Visualisierungen für ein vorgegebenes physikalisches Thema werden entweder in den „Vorüberlegungen" oder den „Unterrichtsmaterialien" dargestellt.

Konsistenzprüfung

6. Abschluss der Vorüberlegungen: *Konsistenzprüfung.*

- Sind die Lernvoraussetzungen durchgängig berücksichtigt?
- Entsprechen die Lehr-/ Lernaktivitäten den Lernzielen?
- Sind die intendierten Medien vorhanden und funktionsfähig?
- Welche organisatorischen Maßnahmen sind zu treffen (vor, während, nach dem Unterricht)?

7.1.3 Die Unterrichtsskizze

Unterschiedliche Schemata

Die Unterrichtsskizze gibt den geplanten Verlauf des Unterrichts wieder. Für deren Darstellung werden unterschiedliche Schemata verwendet. Einigkeit besteht darüber, dass das *geplante Lehrerverhalten* und das *erwartete Schülerverhalten* adäquat repräsentiert werden sollen.

Zeit	Gepl. Lehrerverhalten	Erwart. Schülerverh.	Sozialform	Medien	Didakt. Kommentar
1. Einstieg 5 –10 min	Überraschungsversuch	Stellen Hypothesen auf	Frontalunterricht	Lehrerexp. Tafel .	Motivation d. S. .
2. Erarbeitong 20 – 30 min	.	. .	Gruppenarbeit .	. Schülerexperimente .	. .
3. Vertiefung 15 – 20 min				Arbeitsblatt OHP-Folie	

Abb.7.3: Schema für die Unterrichtsskizze

In der Literatur wird empfohlen (s. Peterssen 1998), die *Aktivitäten von Lehrenden und Lernenden in separaten Spalten* darzustellen, ergänzt durch *weitere Spalten wie „didaktischer Kommentar" (Begründung), Medien, Sozialformen.* Häufig wird auch die *Zeitdauer für die Phasen des Unterrichts* in einer eigenen Spalte angegeben. Noch übersichtlicher ist das von Schulz (1969) vorgeschlagene Schema, das *nur 3 Spalten* enthält: *Gepl. Lehrerverh., erwart. Schülerverh., did. Kommentar* (beide Schemata: *DIN A 4 Querformat*). Üblich ist auch noch die aufeinanderfolgende, *chronologische Darstellung von Lehrer- und Schüleraktivitäten.*

Weitere Darstellungsmöglichkeiten für die Unterrichtsskizze

Für das *geplante Lehrerverhalten* sind sogenannte „Schlüsselstellen des Unterrichts" besonders wichtig und werden daher detaillierter ausgearbeitet: zum Beispiel ein Wechsel der Sozialform oder der Medien, Schlüsselstellen eines Unterrichtsgesprächs, indem z. B. ein für den Gesprächsablauf wichtiger „stummer Impuls" im voraus reflektiert und in dieser Spalte notiert wird. Für das „erwartete Schülerverhalten" ist zu empfehlen, nicht nur von optimalem Schülerverhalten, sondern auch von dem „schlechtesten Fall" (z. B. bei Schü-

Schlüsselstellen des Unterrichts ausarbeiten

lerexperimenten) auszugehen und im voraus zu überlegen, wie darauf reagiert werden kann.

Kürzel für die Medien und die Sozialformen verwenden

In dem dreispaltigen Schema (nach Schulz) wird in der Spalte „geplantes Lehrerverh." auch das zugrundeliegende Artikulationsschema untergebracht und die Spalte „Didakt. Kommentar" dazu verwendet, um *Kürzel für die Medien* (TB: Tafelbild, F: Folie, AB: Arbeitsblatt usw.) und *die Sozialformen* (FU: Frontalunterricht, GU: Gruppenunterricht, IU: Individualisierter Unterricht) aufzunehmen.

Ein Tipp am Rande

Lehranfänger platzieren die Unterrichtsskizze z.B. auf dem Experimentiertisch, um gelegentlich einen Blick darauf zu werfen, *selbstbewusst und nicht heimlich.*

7.1.4 Schritte offener Unterrichtsplanung

Grobplanung
Spielräume für Lehrende und Lernende

1. Für *methodische Großformen des Physikunterrichts*, Projekte, Lernzirkel, Spiele und (mittelfristige) Unterrichtseinheiten wird eine Grobplanung durchgeführt, mit *Spielräumen für Lehrende und Lernende*. Es werden folgende Planungsprodukte entwickelt:

Eine *Liste von Leit- und Richtzielen, ein Sachstrukturdiagramm* und eine *„Grobstruktur der Unterrichtseinheit (des Projekts, des Lernzirkels)"*. Der Ausgangspunkt ist eine *systematische* „didaktische Analyse". Dafür wurden *Fragenkataloge* entwickelt und folgende Schritte vorgeschlagen (Kircher u.a., 2001, 84 ff.):

Ausloten des Themas

1. Ausloten eines gegebenen /gewählten Unterrichtsthemas und festlegen auf didaktische Schwerpunkte (in den vier Zieldimensionen „Allgemeine Bedeutung, Gegenwartsbedeutung, Zukunftsbedeutung, innere Struktur" des Themas).

Es werden Arbeitsgruppen gebildet. Jede Gruppe notiert Ideen zu dem Thema (z.B. „Kernenergie") entsprechend den vorgegebenen *Aspekten des Fragenkatalogs*. Diese noch unstrukturierten Stichworte werden dann durch die Lernvoraussetzungen ergänzt.

Jede Gruppe wählt die aus ihrer Sicht didaktisch relevantesten Schwerpunkte aus, – aus der Erfahrung der Curriculumentwicklung: *3 – 5 solcher didaktischen Schwerpunkte.*

Planungsprodukte

Liste der Leit- und Richtziele

2. *Je ein bis zwei Leit- und Richtziele zu jedem der Schwerpunkte formulieren.* Leit- und Richtziele helfen, die weiteren Planungen zu strukturieren. Um den Überblick zu behalten, sollte eine Gruppe *nicht mehr als fünf Leit- bzw. Richtziele formulieren*. In einer Diskussion aller Gruppen wird entschieden, welche Leit- und Richtziele nun von allen weiter verfolgt werden.

3. Die Liste der Leit- und Richtziele beeinflusst die *Stichwortliste* zu den ausgewählten Schwerpunkten. Letztere wird von den Gruppen ergänzt im Hinblick auf (vergangene, gegenwärtige, zukünftige) relevante *physikalische, technische Geräte und politische, umweltpolitische, wirtschaftliche, rechtliche Zusammenhänge.* Im Plenum wird eine *gemeinsame Stichwortliste* festgelegt mit den wichtigsten neu zu lernenden Begriffen.

gemeinsame Stichwortliste

4. Aus dieser Stichwortliste entwickeln die Gruppen ein *Sachstrukturdiagramm*, das auch die *Lernvoraussetzungen* der Schüler in Stichworten enthält. Eine Wellenlinie trennt die vorausgesetzten und die neu zu lernenden Begriffe. *Pfeile zeigen Zusammenhänge zwischen den (nicht nur physikalischen) Begriffen. Die Komplexität der Begriffe nimmt i. Allg. von oben nach unten zu.* Bei dem Sachstrukturdiagramm eines Projekts wird außerdem darauf geachtet, dass die möglichen Themen für Schülerarbeitsgruppen bereits auf dem Sachstrukturdiagramm erkennbar sind.

Sachstrukturdiagramm

Praktische Hinweise: Die Begriffe werden einzeln ausgeschnitten und auf einer DIN A O oder DIN A1 Fläche probeweise ausgelegt, bevor sie festgeklebt (und die Papierfläche ggf. verkleinert kopiert) werden. Die in den Gruppen entstandenen Sachstrukturdiagramme werden im Plenum diskutiert. Die Arbeitsschritte 1 – 4 erfordern bei der Grobplanung eines Projekts oder eines Lernzirkels ca. 6 Seminarstunden.

5. Die bisher entstandenen *Planungsprodukte*, die *Liste der Leit- und Richtziele sowie das Sachstrukturdiagramm werden auf innere Konsistenz überprüft* und ggf. abgeändert und / oder ergänzt.

Planungsprodukte überprüfen

6. Eine Grobstruktur der Unterrichtseinheit (des Projekts, des Lernzirkels) wird entwickelt. Diese Übersicht enthält Vorschläge für den zeitlichen Umfang, die Teilthemen der Unterrichtseinheit und deren Reihenfolge, sowie zentrale Experimente und besondere Lernformen (z.B. Spiel, Betriebsbesichtigung, Museumsbesuch).

Grobstruktur der Unterrichtseinheit

Praktischer Hinweis: Da von Studierenden noch kein Überblick über die Experimentalliteratur der Schulphysik erwartet werden kann, sind die *Physikbücher der Schulstufe* ein guter Ausgangspunkt für die *Auswahl, Durchführung und Auswertung der Experimente.*

Physikbücher der Schulstufe: ein guter Ausgangspunkt

2. Sollen, können Schülerinnen und Schüler an der Unterrichtsplanung beteiligt werden?

Diese Frage ist nicht pauschal mit ja oder nein zu beantworten. Die Antwort hängt vom Alter der Lernenden, von der sozialen Reife der Klasse, von der Souveränität und Einstellung der Lehrenden und von der Komplexität und Schwierigkeit der Thematik ab. Auch die beabsichtigte methodische Großform und spezielle Medien können Art und Intensität der Schüleraktivitäten bei der Unterrichtsplanung beeinflussen.

Gebundene partizipative Planung, kooperative Planung

Biermann (1985) unterscheidet zwei Fälle: die *gebundene partizipative* Planung und die *kooperative* Planung.

Von gebundener partizipativer Planung kann man beispielsweise bei einem Lernzirkel sprechen. Dabei können die Schülerinnen und Schüler über die Art und Reihenfolge der Aktivitäten in den unterschiedlichen Lernstationen entscheiden. Auch die Dauer und damit die Intensität der Beschäftigung mit den angebotenen Inhalten wird i. Allg. nicht von den Lehrkräften festgelegt. Durch „Klassenverträge" zwischen Lehrenden und Lernenden können organisatorische und inhaltliche Vereinbarungen für das „Lernen an Stationen" schon in der Primarstufe einvernehmlich geregelt werden. Solche „Klassenverträge" bestimmen auch das Sozialverhalten in dieser Form des offenen Unterrichts. Von partizipativer Unterrichtsplanung wird auch dann gesprochen, wenn alternative Lehr- und Lernwege angeboten werden und die Lernenden für sich, für ihre Lerngruppe, für die Klasse über die angebotenen Alternativen entscheiden können.

Ein Projekt wird *kooperativ von Lehrenden und Lernenden* geplant. Dabei wird ausschließlich von Schülerinteressen und Schülererfahrungen ausgegangen. Die Lehrkräfte greifen nur auf Wunsch der Schüler beratend und unterstützend ein. Noch geringer ist die Einflussnahme der Lehrer auf die Schüleraktivitäten im offenen Unterricht, der in der idealtypischen Form auch *keiner Planung* bedarf.

Offener Unterricht benötigt Wochenplan und Tagesplan

Was die mehr oder weniger detaillierte Unterrichtsskizze für den lernzielorientierten Unterricht bedeutet, bedeutet der *Wochenplan einschließlich Tagesplan für den offenen Unterricht.*

Der *Wochenplan* enthält sowohl die inhaltlichen Schwerpunkte der Fächer, als auch Stichworte für ein Projekt, die schulischen Veranstaltungen, die Lerngänge und Besichtigungen. Im *Tagesplan* werden nicht nur die Aktivitäten der Großgruppe (Klasse) skizziert, sondern auch die der Kleingruppen (z. B. für arbeitteiligen Gruppenunterricht) und sogar die geplanten möglichen Aktivitäten einzelner Schüler, falls individualisierter Unterricht vorgesehen ist und dabei natürlich individuelle Lernvoraussetzungen und Fähigkeiten berücksichtigt werden müssen.

Wochen- und Tagesplan für offenen Unterricht sind grundsätzlich revidierbar; diese Pläne sind auch Schülern und Eltern zugänglich. Je nach den schulischen Gegebenheiten und der Vereinbarkeit mit allgemeinen Leitzielen können sich diese an den Unterrichtsplanungen beteiligen.

Wochen- und Tagesplan: öffentlich, grundsätzlich revidierbar

3. Und die Zukunft?

Wochen- und Tagesplan enthalten die *verschiedenen methodischen Großformen des Unterrichts* (s. Kircher u.a., 2000, 159 ff.). Im naturwissenschaftlichen Unterricht spielen nach wie vor fachlich orientierte Unterrichtseinheiten eine Rolle, wünschenswert als „Epochenunterricht".

In diesem Falle sind in einem Wochenplan während einer naturwissenschaftlichen Epoche (z.B.) *täglich 2 Unterrichtsstunden* vorzusehen. Der Tagesplan enthält außerdem 2 Stunden offenen (individualisierten) Unterricht (i. Allg.) in den Basisfächern Mathematik und Deutsch, sowie 2 Stunden Wahlfächer. Werden *Projekte* durchgeführt, *dominieren diese den Wochen- und Tagesplan auch bezüglich der Unterrichtszeit.* Zumindest einmal in der Woche ist anstatt der Wahlfächer auch *Freiarbeit* vorzusehen, d.h. Tätigkeiten ohne offensichtlichen Unterrichtszweck: freies Spielen, Unterhalten, Geschichten erzählen, sich individuell auf Prüfungen vorbereiten, in ein neues Themengebiet einarbeiten, die Homepage der Schule im Internet erneuern, organisatorische Vorarbeiten für die kommende Woche leisten, - Entspannung.

Derartiger Unterricht ist keine Fiktion, sondern ist in Deutschland vor allem in der Primarstufe bereits realisiert. In der Bielefelder Laborschule wird solcher schülerzentrierter Unterricht in allen Schulstufen erfolgreich praktiziert. Der Lehrer ist dabei kein Instruktor sondern ein Moderator, der zu effektivem und schülergemäßen Lernen anregt. Dazu gehören auch strukturierte und anspruchsvolle Aufgaben.

Schülerzentrierter Unterricht: in der Bielefelder Laborschule erfolgreich praktiziert

Die TIMS-Studie und die PISA-Studie haben gravierende Leistungsdefizite deutscher Schülerinnen und Schüler und damit der deutschen Schulsysteme deutlich gemacht. Ein humanes Schulsystem wird in der Bilanz nicht nur elementares und komplexes Wissen, elementare und komplexe Fähigkeiten vermitteln, sondern auch die in der Schule angeeigneten *sozialen Ziele* und die *Einstellungen und Werte* betrachten. Eine derartige Studie steht noch aus.

Hans E. Fischer & Dennis Draxler

7.2 Konstruktion und Bewertung von Physikaufgaben

Aufgaben werden im naturwissenschaftlichen Unterricht meist benutzt, um den Unterricht zu strukturieren und Unterrichtsinhalte zur Rekonstruktion fachlicher Inhalte anzubieten. Ihre Struktur und der Lösungsweg sind fachtypisch und sie sind wichtiger Bestandteil der didaktischen Planung. Lehrerinnen und Lehrer sollten deshalb Aufgaben bezüglich der zum Lösen notwendigen Kompetenzen einschätzen, *unterschiedliche Lösungswege zum selben Inhalt* als auf den Lerner bezogenes differenziertes Angebot konstruieren und nicht zuletzt *Aufgabenschwierigkeit als Möglichkeit der Differenzierung* einsetzen können. Im Beitrag werden Wege aufgezeigt, wie dies gelingen kann.

7.2.1 Einleitung

Rolle von Aufgaben im naturwissenschaftlichen Unterricht

Im naturwissenschaftlichen Unterricht spielen Aufgaben eine besondere Rolle. Sie werden in vielfältigen didaktischen Zusammenhängen genutzt, *um Inhalte zu entwickeln, typische Probleme zu lösen, Problemlösen selbst zu unterrichten und Unterricht entlang der Prinzipien naturwissenschaftlichen Arbeitens zu strukturieren.* Im experimentellen Bereich eröffnen Aufgaben einige für den naturwissenschaftlichen Unterricht spezifische Unterrichtsziele. Es ist allerdings festzustellen, dass die umfangreiche Literatur mit Aufgaben für naturwissenschaftlichen Unterricht die vielfältigen Einsatzmöglichkeiten nicht repräsentiert. Es gibt viele Aufgabensammlungen, Aufgaben begleiten häufig ein Lehrbuch (Stroppe, Streitenberger & Specht, 1997) oder sie sind in das Werk integriert, wie meistens bei Schulbüchern. Sie sind in der Regel nach fachlichen Inhaltsbereichen geordnet und die Auswahl der Aufgaben wird, wenn überhaupt, allenfalls intuitiv begründet. „Bei der Auswahl [...], ein tieferes Verständnis der physikalischen Gesetzmäßigkeiten und ihres theoretischen Gehalts zu erreichen. Das Grundsätzliche soll dabei betont und das formale Denken gefördert werden" (Stroppe, Streitenberger, & Specht 1997, 5). „Sie sind inhaltlich und methodisch so aufgebaut, dass jeder Lehrer sie unter Berücksichtigung der angegebenen Lernvoraussetzungen als Bausteine in sein Konzept einsetzen kann" (Wambach 1996, S. XI). Behauptungen, die weder allgemein noch spezifisch untersucht wurden.

Aufgabenschwierigkeiten werden in der Regel nicht explizit sondern durch die Reihenfolge im Buch oder mit einer nicht näher begründeten Schwierigkeit der zum Lösen notwendigen mathematischen Operationen charakterisiert. Deren Auswahl ist durch das Curriculum, also den vermuteten Ausbildungsstand der Schülerinnen und Schüler, vorgegeben. Auch übergeordnete Ziele werden in der Unterrichtsliteratur nicht oder wiederum nur unscharf erwähnt und ausschließlich fachimmanent argumentierend. „1. Wozu Anwendungsaufgaben in der Physik? [...] Stichworte zur Beantwortung der ersten Frage sind: Motivation, Lebensnähe, Aktualität, Orientierung, Verlässlichkeit, Fortschritt. [...] Anwendungen [...] sind gute Tradition, jeder Unterricht bietet sie. [...] Die Integration von Anwendungsaufgaben in die Schulpraxis ist auf vielfältige Weise möglich. [...] (Übungsaufgabe, Hausaufgabe, Lehrervortrag, Schülerreferat)" (Schmidt 1991, 6). Eine ausschließlich fachlich motivierte Herangehensweise an Aufgaben berücksichtigt nicht die von Stark u.a. (1995, 289) herausgearbeitete Problematik, dass offensichtlich hohes Sachwissen mit geringer Fähigkeit der Anwendung des Wissens korreliert (s. auch Gräsel u.a., 1993, 55 ff.). In den untersuchten Bereichen Betriebswirtschaft und Medizin führt offensichtlich der traditionelle Unterricht zu einem hohen *deklarativen Wissen*, nicht aber zu nennenswerter Kompetenz, fachliche Probleme oder Alltagsprobleme mit fachlichen Methoden zu lösen. Die TIMSS-Ergebnisse bestätigen diesen Befund ebenfalls für die naturwissenschaftlichen Fächer (Baumert, Lehmann et al., 1997).

Charakterisierung von Aufgabenschwierigkeit

Kennzeichnend für die in der deutschsprachigen Literatur zu findenden Aufgaben ist eine eher intuitive, erfahrungsbasierte Begründung der zur Lösung notwendigen Kompetenzen, Fähigkeiten und Schwierigkeiten und, ganz wesentlich, eine *konvergente Aufgabenführung*. Es wird in der Regel die Erarbeitung *einer* Lösung über *einen* Zugang und *einen* Lösungsweg angestrebt und als Musterlösung dargestellt. Nach Baumert, Lehmann et al. (1997, 215 ff.) ist dieses Prinzip in der Unterrichtsführung für deutschen Mathematikunterricht charakteristisch. Das Fehlen alternativer Lösungswege in naturwissenschaftlichen Aufgaben lässt ein ähnliches Drehbuch für den naturwissenschaftlichen Unterricht vermuten.

Kennzeichen für Aufgaben in der deutschen Literatur: konvergente Aufgabenführung

Aufgabentypen, die zu größerer methodischer Variabilität führen, werden von Labudde (1993) vorgeschlagen. Obwohl auch er nicht ausführlich auf die Schwierigkeit von Aufgaben und die zur Lösung notwendigen Fähigkeiten eingeht, wählt er einen grundsätzlich anderen Zugang. Aufgaben spielen bei ihm eine zentrale Rolle bei der

Aufgaben als Mittel zur Unterrichtsorganisation

Organisierung von Unterricht, der eine Verbindung von Schülerorientierung und Sachorientierung herstellen soll (ebenda, S. 11). Labudde lenkt die Aufmerksamkeit auf eine normalerweise nicht genannte Funktion der naturwissenschaftlichen Aufgabe, ohne dies allerdings explizit zu machen: Aufgaben können helfen, den Physikunterricht nach übergeordneten Zielen, etwa entlang der Prinzipien naturwissenschaftlichen Arbeitens (Fischer, 1999), zu organisieren. Im Folgenden wird auf dieser Basis ein Rahmen für die Funktion von Aufgaben im naturwissenschaftlichen Unterricht entwickelt. Nach Fischer (1999) und BLK-Expertise (1997) lassen sich über geeignete Aufgaben naturwissenschaftliche Arbeitsweisen in Ansätzen in den Unterricht als Unterrichtsziel und als Organisationsprinzip integrieren. Dies ist für naturwissenschaftliches Experimentieren sofort einzusehen, aber auch theoretische Phasen lassen sich entsprechend strukturieren. Nach Lunetta (1998) und Breuer & Fischer (1997, 10ff.) verbinden die folgenden Unterrichtsphasen naturwissenschaftliche Arbeitsweisen und die Unterrichtsführung: *Planungs- und Gestaltungsphase, Durchführungsphase, Analyse- und Interpretationsphase, Anwendungsphase und Präsentationsphase.*

Hypothesen als Rahmen zur Aufgabengestaltung

Aufgaben als wesentlicher Teil eines *„Drehbuchs für Unterricht"* können sich explizit auf diese Phasen beziehen. Die folgenden Hypothesen werden als Rahmenkonzept für die Aufgabengestaltung aus empirischen Untersuchungen der letzten Zeit abgeleitet:

- Das derzeit in Deutschland, auch in den naturwissenschaftlichen Fächern, bevorzugte fragend entwickelnde Drehbuch des Unterrichts lässt nur bedingt Unterricht zu, der an naturwissenschaftlichen Arbeitsweisen orientiert ist (Baumert, et al., 1997). Naturwissenschaftliches Arbeiten setzt Methodenvielfalt voraus.

- Lernen durch Eigenerfahrung der Schülerinnen und Schüler im naturwissenschaftlichen Unterricht sollte planvoll geschehen. An „trial and error" orientiertes Schülerhandeln fördert nicht das Verstehen naturwissenschaftlicher Konzepte (Horstendahl u.a., 2000).

- Es ist zu vermuten, dass ein Wechsel der Arbeitsformen und planvolle Eigentätigkeit der Schülerinnen und Schüler sich positiv auf ihre Motivation auswirkt (Fischer & Horstendahl, 1997; Horstendahl, 1999).

- Naturwissenschaftliche Arbeitsweisen müssen in ein unterrichtliches Gesamtkonzept eingebunden sein. Im Gegensatz zu ihrer Funktion in den Naturwissenschaften selbst, sind sie im Unterricht Unterrichtsziel und Organisationsprinzip (Fischer, 1998).

7.2.2 Die Rolle von Aufgaben im naturwissenschaftlichen Unterricht

Die bisherigen Funktionen von Aufgaben im naturwissenschaftlichen Unterricht sind mit unterschiedlichen Schwerpunkten in den Lehrplänen aller Bundesländern zu finden. Nach TIMSS ist allerdings festzustellen, dass die Leistungen der Schülerinnen und Schüler dem Anforderungsprofil nicht entsprechen. 20% von ihnen verfügen am Ende des 8. Jahrgangs noch nicht einmal über physikalisches Wissen auf Grundschulniveau, nur etwa 60% sind in der Lage, Aufgaben auf dem Niveau naturwissenschaftlichen Alltagswissens zu lösen, 43% sind in der Lage, leichte Aufgaben zu lösen, die Abstraktion vom Alltagswissen verlangen und nur 25% zeigen ein beginnendes Verständnis von naturwissenschaftlichen Konzepten und Verfahren (Baumert et al., 1997).

TIMSS

Einen Hinweis auf Gründe für die mangelnde Umsetzung der Forderungen der Lehrpläne erhält man, wenn man die Ergebnisse des TIMSS-Experimentiertests der deutschsprachigen Schweiz betrachtet (Deutschland hat an diesem Test nicht teilgenommen). Stebler u.a. (1998) führen das gute Abschneiden der Deutschschweizer Siebtklässler darauf zurück, dass dort nicht nur die Lehrpläne „flexibel anwendbares Sach- und Problemlösewissen" verlangen, sondern diese Forderung über „Experimentieraufgaben als produktive Lernaufgabe" in Unterrichtseinheiten eingebettet sind (ebenda, S. 48). Besonders wird darauf geachtet, dass beim Lösen der Aufgaben kooperative Arbeitsformen angewandt werden. Es wird postuliert, dass beim Lösen von Experimentieraufgaben „abstrahiertes Wissen (entsteht), das in der Regel besser vernetzt und leichter transferierbar ist, als das von situativen und phänomenhaften Bezügen entblößte, abstrakte Wissen, das im Unterricht oft direkt zu vermitteln versucht wird" (ebenda 1998, 48). Berücksichtigt man außerdem nach Dweck & Mueller (1998), dass Leistungen in Mathematik, Physik und Chemie für Schülerinnen und Schüler in hohem Maße *Indikatoren für die eigenen Fähigkeiten* sind, sollten die Aufgaben während des Löseprozesses *individuelle Erfahrung der Kompetenz und Selbstwirksamkeit* zulassen.

Experimentieraufgaben als produktive Lernaufgabe

Unterricht in den naturwissenschaftlichen Fächern kann bei vielen Schülerinnen und Schülern der Sekundarstufe I und II *Alltagsvorstellungen nicht wesentlich verändern*. Das heißt u.a. auch, dass Schülerinnen und Schüler die schulinternen Leistungsüberprüfungen (i.d.R. durch spezifische Aufgaben) systemgemäß absolvieren. Außerhalb des Prüfungskontextes und in unübersichtlichen oder für

Alltagsvorstellungen

sie neuen Situationen argumentieren sie aber weiterhin mit Alltagswissen. Neben der notwendigen inhaltlichen Ausweitung von Problemen in gesellschaftlich relevante Bereiche ist deshalb das Heraus-
arbeiten problemrelevanter Parameter eine besondere Chance, Schülerinnen und Schüler an naturwissenschaftliche Problemlöseprozesse
heranzuführen und Aufgaben so zu gestalten, dass sie über die Ab-
frage deklarativen Wissens hinausgehen. Das *Verstehen naturwis-*
senschaftlicher Konzepte, das Anwenden naturwissenschaftlicher
Forschungsmethoden, das Erlernen praktischer Fertigkeiten beim
Experimentieren und Problemlösen, sowie Förderung von naturwis-
senschaftlichem Interesse und Motivation sind Ziele, die *in explora-*
tiven Lernumgebungen durch geeignete Aufgaben erreicht werden
können.

Besondere
Problematik
experimenteller
Aufgaben-
bearbeitung

Verschiedene Untersuchungen zeigen, dass diese Erwartungen nur
sehr unvollkommen erfüllt werden, wenn der Unterricht detailliert
festgelegt ist. Durch die Differenziertheit einer (experimentellen)
Aufgabenstellung werden häufig alle wesentlichen Momente des
Problems (des Experiments) erfasst. Dadurch lassen sich vom Schüler oder von der Schülerin keine weiteren eigenständigen Fragen
entwickeln; sie werden kognitiv entlastet und bearbeiten die Aufgabe
nur oberflächlich, orientiert an außerfachlichen Motiven (Prüfung,
Zensuren, soziale Motive etc.). Die Experimente werden, entgegen
der Erwartung, *wegen akribischer Anleitungen sehr undifferenziert*
und mit nur geringem Wissenszuwachs bearbeitet. Sogar im traditionellen Anfängerpraktikum der Physik in der universitären Ausbildung folgen die Lernenden häufig den kochbuchartigen Anweisungen der Anleitung und aktivieren dadurch nicht unbedingt komplexe
physikalische Konzepte zur Handlungsregulation (Hucke, 2000; Hucke & Fischer, 2001). Der Gegenpol zu detailliert angeleiteten Experimenten wäre eine *offene, nicht strukturierende Aufgabenstellung.*
Aber auch hier zeigt sich ein geringer Wissenszuwachs. Schülerinnen und Schüler sind oft wegen fehlenden Vorwissens und geringen
Möglichkeiten, das eigene Handeln adäquat zu strukturieren, nicht in
der Lage, offene experimentelle Fragestellungen physikalisch angemessen zu behandeln. So sind nach stärker strukturiertem und lehrerzentriertem Unterricht in der Regel bessere Leistungen (auf einem
niedrigen Niveau) festzustellen, als nach offenem Experimental-
Unterricht, wie vergleichende Leistungsmessungen gezeigt haben.
Experimenteller Unterricht mit geringen Planungsvorgaben scheint
deshalb ebenfalls die Anforderungen an effektiven Unterricht nicht
erfüllen zu können (Horstendahl u.a., 2000). Um, aus Sicht der
Lernmöglichkeiten der Schülerinnen und Schüler, in einer immer

sehr komplexen Unterrichtssituation angemessen reagieren zu können, sollten deshalb Aufgaben konstruiert werden, die eine Differenzierung nach verschiedenen Aspekten ermöglichen. Ein erster Schritt dahin ist ein System von wissenschaftlich begründeten Kategorien, mit dem bereits vorhandene Aufgaben beurteilt und daraufhin entsprechend variiert werden können.

7.2.3 Die Beurteilung von Aufgaben

Als Grundlage zur Erstellung des Kategoriensystems werden neben den im Zusammenhang mit der TIMS-Studie durchgeführten Arbeiten auch einige im Rahmen des BLK-Programms zur Steigerung der Effizienz des mathematisch-naturwissenschaftlichen Unterrichts (http://www.ipn.uni-kiel.de/projekte/blk_prog/blkstefr.htm, Funddatum 18.12.2001, BLK-Expertise, 1997) erschienene Schriften und Arbeiten zur Untersuchung der TIMSS/ III-Population verwendet (Klieme, 2000). Das Kategoriensystem soll die Möglichkeit bieten, zu jeder Aufgabe eine Art „Datenblatt" zu erstellen, das diese ausreichend charakterisiert und den Vergleich mit anderen Aufgaben und ihre gezielte Veränderung zulässt.

Grundlage: TIMSS und BLK

Um Aufgaben beurteilen zu können, müssen auf der entwickelten theoretischen Grundlage die folgenden Bereiche jeweils im Hinblick auf das konkrete Unterrichtsziel kategorisiert werden: *Der Inhaltsbereich, die Lösungswege, das Antwortformat (Offenheit), die Kompetenzstufen, die Anforderungsmerkmale und die Unterrichtsphasen.*

Inhaltliche und curriculare Einordnung

Aufgaben lassen sich inhaltlich den verschiedenen Teilgebieten der naturwissenschaftlichen Disziplin zuordnen (Klieme, 2000, 58; Häußler & Lind, 1998, 24), wobei diese Zuordnung nicht eindeutig sein muss. Die curriculare Einordnung soll anhand der in den Richtlinien und Lehrplänen vorhandenen Aufteilung nach Sachgebieten bzw. -themen stattfinden und kommt einer detaillierteren inhaltlichen Einschätzung gleich. Neben diesen Charakterisierungen nach inhaltlichen und curricularen Gesichtspunkten ist der Realitätsbezug des Aufgabeninhaltes zu erläutern. Insbesondere ist abzuschätzen, inwieweit die alltagsweltlichen Aspekte einer Aufgabe geeignet sind, das Interesse der Schülerinnen und Schüler zu wecken. Dazu muss u.a. geklärt werden, ob die Schülerinnen und Schüler bei der Bearbeitung auf eigene Erfahrungen zurückgreifen können und die Aufgabe gesellschaftlich relevante Anknüpfungspunkte bietet.

Physikalische Sachgebiete, Richtlinien und Lehrpläne

Lösungswege

Zur Charakterisierung der Lösungswege werden vier Kategorien unterschieden:

Lösungswege:
experimentell,
halbquantitativ,
rechnerisch,
theoretisch

1. *Experimentelle Lösungen* umfassen die Durchführung eines Experiments, die Ermittlung von Daten und deren Verrechnung sowie eine aktive Auseinandersetzung mit den Resultaten und der jeweils gewählten experimentellen Methode.

2. Eine *halbquantitative Lösung* geschieht durch die Interpretation graphischer Darstellungen und Wertetabellen, die entweder schon vorhanden sind oder erst noch von den Schülerinnen und Schülern anhand gegebener Werte selbstständig erstellt werden.

3. Von einer *rechnerischen Lösung* wird ausgegangen, wenn eine Aufgabe mit vorhandenen Daten unter Zuhilfenahme physikalischer Gesetze durch mathematische Methoden gelöst werden soll.

4. Eine *theoretische Lösung* beinhaltet die Anwendung physikalischer Konzepte und Abschätzungen zur Lösung einer Aufgabe. Im Gegensatz zur rechnerischen Lösung ist hier das Verständnis für physikalische Gesetzte bedeutsamer als der Umgang mit deren Mathematisierung.

Natürlich besteht keine eindeutige Zuordnung zwischen den einzelnen Kategorien. Die Zuordnung soll daher jeweils nach dem Schwerpunkt des Lösungsweges geschehen. Außerdem können zu einer Aufgabe oftmals unterschiedliche Lösungswege der selben Kategorie formuliert werden. Häufig lassen sich beispielsweise Aufgaben nach verschiedenen physikalischen Prinzipien lösen (Häußler & Lind, 1998, 13). Es ist insbesondere von der speziellen Formulierung einer Aufgabe abhängig, welche Lösungswege die mit der Aufgabe verfolgten Ziele repräsentieren.

Antwortformat, Offenheit und Experimentierverhalten

Antwortformat:
multiple choice,
Kurzantwort,
erweitertes Format

Das Antwortformat wird, in Anlehnung an das Vorgehen im Rahmen von TIMSS (Klieme, 2000, 83), *dreistufig kodiert*:

1. *MC-Aufgaben (multiple choice)*: Die Aufgabe gibt mögliche Antworten vor, von denen der Schüler oder die Schülerin eine oder mehrere auswählen muss.

2. *Kurzantwort-Aufgaben*: Die Antwort ist vom Schüler oder der Schülerin selbst zu formulieren. Es genügt allerdings ein einzelnes Stichwort oder ein kurzer Satz, eine Zahl oder eine kurze Rechnung.

3. *Aufgaben mit erweitertem Antwortformat*: In diese Kategorie fallen Aufgaben, die ausführliche Rechnungen und Beweise, die Beschreibung und/oder Durchführung von Experimenten, Skizzen und Diagramme sowie Antworten in Aufsatzform verlangen.

Zur Charakterisierung der Offenheit einer Aufgabe werden ebenfalls drei Stufen formuliert. Die Einordnung geschieht dabei allerdings in zwei Schritten.

Offenheit:

Zunächst ist die Aufgabenstellung daraufhin zu prüfen, ob sie die Lösungsmöglichkeiten einschränkt oder den Schülerinnen und Schülern sogar bestimmte Lösungswege vorgibt:

1. Schritt:
Vorgabe des Lösungsweges?

- Stufe 1: Die Aufgabe lässt mehrere Lösungswege zu und schreibt weder direkt noch indirekt einen bestimmten Weg vor.

- *Stufe 2*: Die Aufgabe lässt mehrere Lösungsmöglichkeiten zu und thematisiert einige Alternativen.

- *Stufe 3*: Der Lösungsweg ist durch die Aufgabe vorgegeben.

Danach soll, im Fall der letzten beiden Stufen, unterschieden werden, wie detailliert der vorgegebene Lösungsweg (Stufe 3) bzw. die vorgeschlagenen Lösungswege (Stufe 2) beschrieben werden:

2. Schritt:
Vorgabeintensität

- *Vorgabe A*: Der Lösungsweg ist nur grob vorgezeichnet, zum Beispiel durch Handlungsanweisungen („berechne", „messe", etc.).

- *Vorgabe B*: Die Angabe des Lösungsweges enthält grundsätzliche Vorschläge oder Vorgaben zur Methode, z. B. durch Nennung der zu verwendenden Geräte oder physikalischen Gesetze.

- *Vorgabe C*: Der Lösungsweg ist detailliert beschrieben, etwa in Form von Experimentieranleitungen.

Auch bei sehr offen formulierten Aufgaben können den Schülern und Schülerinnen, nachdem sie sich eigenständig für einen bestimmten Lösungsweg entschieden haben, Hilfen für den Lösungsweg angeboten werden. Dies kann insbesondere bei experimentellen Lösungen notwendig sein, da – wie oben bereits beschrieben – offene Experimentieraufgaben für Schülerinnen und Schüler besonders schwierig sind. Andererseits haben zu genaue Anweisungen undifferenziertes Arbeiten und nur geringe Lerneffekte zur Folge (Hucke,

2000, 87f., 116ff.). Um dieser besonderen Problematik der experimentellen Aufgabenbearbeitung gerecht zu werden, soll, als Ergänzung zu den drei Vorgabetypen, ein weiteres Unterscheidungskriterium eingeführt werden, welches das *verlangte Experimentierverhalten* beschreibt (Horstendahl, 1999, 159f.):

Experimentier-
verhalten:
imitatorisch,
organisierend,
konzeptuell

- *Imitatorisches Experimentieren*: Der Schüler oder die Schülerin arbeitet eine Versuchsanleitung ab, indem er die angegebenen Geräte zusammenträgt, sie entsprechend der Anweisungen aufbaut, die geforderten Messungen durchführt und die Messwerte notiert.

- *Organisierendes Experimentieren*: Die zur Verfügung stehenden Geräte werden selbstständig zu einem Versuchsaufbau zusammengefügt und es werden Messungen durchgeführt.

- *Konzeptuelles Experimentieren*: Schülerinnen und Schüler diskutieren über die für das Experiment relevanten Messgrößen, erarbeiten Hypothesen und konstruieren einen Versuchsaufbau, um die Messungen durchzuführen.

Im Sinne naturwissenschaftlicher Arbeitsweisen erscheint konzeptuelles Experimentieren besonders wünschenswert. Gleichzeitig stellt es aber auch die anspruchsvollste Form der Behandlung experimenteller Fragestellungen dar.

Kompetenzstufen

Die zu formulierenden Kompetenzstufen sollen die von Schülerinnen und Schülern für eine erfolgreiche Aufgabenbearbeitung einzubringenden Kompetenzen beschreiben (oder die zu erlernende, je nach Funktion der Aufgabe im Unterricht) und ein hierarchisches System zur Erfassung der Schwierigkeit einer Aufgabe darstellen. Die Zuordnung einer Aufgabe zu einer bestimmten Kompetenzstufe soll damit einen deutlichen Hinweis auf die Aufgabenschwierigkeit geben. Da nicht auszuschließen ist, dass zu einer Aufgabe unterschiedlich komplexe Lösungswege existieren, ist es gegebenenfalls notwendig, verschiedene Bearbeitungsmöglichkeiten einer Aufgabe unterschiedlichen Stufen der Kompetenz zuzuordnen. Das benutzte Modell ist aus vier Modellen zur Erfassung von Aufgabenschwierigkeiten entwickelt worden, die aus der Analyse der TIMSS-Ergebnisse hervorgegangen sind. (Zur detaillierteren Beschreibung der Entwicklung des Modells s. Draxler, 2000):

- *Stufe I – Anwenden naturwissenschaftlichen Alltagswissens*: Eine Aufgabe dieser Kompetenzstufe ist ohne Schulwissen, allein mit Alltagswissen lösbar.

- *Stufe II – Einfache Erklärung naturwissenschaftlicher Phänomene*: Es genügt die einfache Erklärung der Phänomene ohne tiefere Einsicht in Gesetze, Konzepte oder Modelle der Naturwissenschaft, fast noch auf einer deskriptiven Ebene.

- *Stufe III – Anwenden von Gesetzen und Faktenwissen*: Die Bearbeitung einer Aufgabe erfordert die Kenntnis und Anwendung naturwissenschaftlicher Fakten und Gesetze.

- *Stufe IV – Anwenden von Konzepten, Verfahren und Modellvorstellungen*: Soll eine entsprechende Aufgabe erfolgreich bewältigt werden, so ist ein Verständnis für Konzepte, Modelle oder Verfahren notwendig.

- *Stufe V – Argumentieren und Problemlösen*: Die Lösung einer Aufgabe fordert vom Schüler oder der Schülerin argumentative und problemlöserische Fähigkeiten im Wissensgebiet.

- *Stufe VI – Überwinden von Fehlvorstellungen*: In dieser höchsten Kompetenzstufe sind Aufgaben erst dann lösbar, wenn Schüler oder Schülerinnen bestimmte, typische Fehlvorstellungen überwunden haben.

Sechs Kompetenzstufen

Die Stufen V und VI sind additiv zu verstehen, sie lassen sich nicht in die Hierarchie der ersten vier Stufen einordnen; sie sind aber notwendig: Sie entsprechen sowohl den Forderungen nach naturwissenschaftlicher Grundbildung (Scientific Literacy) (Stufe V) (Fischer, 1998) als auch dem empirischen Befund, dass in machen Fällen notwendigerweise grundlegende Fehlvorstellungen überwunden sein müssen, um eine Ausgabe lösen zu können (Stufe VI).

Anforderungsmerkmale

Der folgende Katalog von Anforderungsmerkmalen dient als Leitlinie einer detaillierten Untersuchung der für die Lösung von Naturwissenschaftsaufgaben nötigen Fähigkeiten der Schülerinnen und Schüler. Dazu werden die von Klieme zur Charakterisierung von TIMSS-Aufgaben verwendeten Merkmale erweitert (Klieme, 2000, 72ff.). Es handelt sich um sieben auch für Mathematikaufgaben geeignete und sechs auf die Physik bezogene Merkmale, die für die anderen Naturwissenschaften modifiziert werden können. Jedem einzelnen Merkmal ist dabei auf einer dreistufigen Skala ein Wert zugeordnet: 0 - nicht von Bedeutung, 1 - spielt eine Rolle, 2 - ohne be-

Sechzehn Anforderungs- merkmale

stimmtes Merkmal nicht zu lösen. Abweichende Bewertungen der Skalenstufen bei einzelnen Kategorien werden in der nun folgenden Aufstellung der Anforderungsmerkmale gesondert erwähnt:

1. *Kenntnis von Definitionen und Gesetzen* (Formel-, Begriffs- und Definitionswissen)

2. *Qualitatives Begriffverständnis* (Verständnis für physikalische Begriffe über reine Definitionen hinaus)

3. *Rechenfertigkeiten* (Umgang mit Zahlen, Funktionen, Kalkülen und Termen)

4. *Interpretation von Diagrammen* (Deutung von Darstellungen in Koordinatensystemen und anderen Diagrammtypen)

5. *Textverständnis* (Fähigkeiten im Umgang mit Texten, insbesondere, wenn diese länger sind oder komplizierte und ungewöhnliche Inhalte und Formulierungen enthalten)

6. *Visuelles Vorstellungsvermögen* (bildliches und räumliches Vorstellungsvermögen)

7. *Fähigkeiten des Problemlösens* (Lösungswege selbstständig entwickeln)

8. *Verständnis formalisierter Gesetze* (Interpretation physikalischer Gleichungen)

9. *Verständnis für funktionale Zusammenhänge* (ähnlich dem vorangegangenen Merkmal, allerdings rein mathematisch)

10. *Verständnis für Alltagssituationen* (Notwendigkeit der Kenntnis spezieller Alltagssituationen)

11. *Verständnis für experimentelle Situationen* (Interpretation, Konstruktion, Beschreibung oder Durchführung eines Experiments, Umgang mit Geräten und Messinstrumenten)

12. *Verständnis für symbolische Zeichnungen* (Wissen um Skizzen, Zeichnungen oder Schaubilder, die spezifisch naturwissenschaftliche Bedeutungen tragen, zum Beispiel Kraftvektoren, Schaltzeichnungen oder Abbildungen experimenteller Aufbauten)

13. *Überwindung von Fehlvorstellungen* (0: Aufgabe thematisiert keine typischen Fehlvorstellungen; 1: ohne Überwindung von Fehlvorstellungen lösbar, aber geeignet, bestimmte Fehlvorstellungen zu thematisieren und zu deren Modifizierung beizutragen; 2: Aufgabe ohne Überwindung von Fehlvorstellungen nicht lösbar)

14. *Naturwissenschaftliche Arbeitsweisen* (Bedeutsamkeit naturwissenschaftlicher Arbeitsweisen für den Lösungsprozess)

15. *Kenntnis älterer Unterrichtsinhalte* (Relevanz älterer Inhalte, die nicht unmittelbar mit dem gegenwärtigen Unterrichtsthema zu tun haben)

16. *Fähigkeit zur Kooperation* (Gruppenarbeit organisieren und zu einem Ziel führen)

Bei der Anwendung dieses Katalogs ist zu berücksichtigen, dass die einzelnen Merkmale unterschiedlich schwierig zu beurteilen sind. Wenn eine Aufgabe die Fähigkeit zur Interpretation von Diagrammen voraussetzt, kann diese auch einfach dadurch geklärt werden, dass die Aufgabe ohne die darin enthaltenen Diagramme betrachtet wird. Dagegen erweist es sich als wesentlich komplexer, die Anforderungen einer Aufgabe an das Textverständnis der Schülerinnen und Schüler zu erfassen.

Ähnlich wie bei den Kompetenzstufen ist auch hier davon auszugehen, dass *bei unterschiedlichen Lösungswegen auch unterschiedliche Anforderungsmerkmale von Bedeutung* sind. Daher sind bei der Bewertung von Physikaufgaben auch in diesem Fall die einzelnen Lösungsmöglichkeiten getrennt zu betrachten. Dieser Katalog der Anforderungsmerkmale sollte aber nicht dazu genutzt werden, eine Wichtung der verschiedenen Lösungen zu erstellen. Eine Rangfolge widerspräche der Forderung, mehrere Lösungen und auch Teillösungen gleichberechtigt zuzulassen. Die Beurteilung der Anforderungsmerkmale kann aber dazu dienen, die bis dahin getroffenen Einschätzungen der Aufgabe noch einmal kritisch zu überprüfen. So widerspräche die Zuordnung der Null bei dem Merkmal *Kenntnis von Definitionen und Gesetzen* eindeutig der Kompetenzstufe III (*Anwenden von Gesetzen und Faktenwissen*). Ebenso wäre die Kompetenzstufe VI (*Überwinden von Fehlvorstellungen*) nur mit einer „Zwei" bei dem entsprechenden Anforderungsmerkmal zu vereinbaren. Diese selbstkorrigierende Eigenschaft des Kategoriensystems sollte bei der Bewertung von Aufgaben unbedingt genutzt werden.

Umgang mit den Anforderungsmerkmalen

Unterrichtsphasen

Schon zuvor ist auf die Notwendigkeit der Unterscheidung verschiedener Unterrichtsphasen und ihrer Wechselwirkung beim Einsatz von Aufgaben hingewiesen worden. Im Folgenden werden *drei Unterrichtsphasen mit unterschiedlichen Anforderungen an Aufgaben* skizziert (Häußler & Lind, 1998, 6f.):

Unterrichtsphasen: Erarbeitung, Übung, Leistungsmessung

1. *Erarbeitungsphase*: In dieser Phase des Unterrichts sollen die Aufgaben die Schülerinnen und Schüler beim *Verstehen neuer Begriffe, Gesetzte und Konzepte unterstützen*. Das zuvor Erlernte soll sinnvoll angewendet und dadurch sein Einsatzbereich angedeutet werden. Ferner ist zu fordern, dass Schülerinnen und Schüler in dieser Phase durch die Aufgaben eine *Rückmeldung über ihre Verständnisschwierigkeiten* erhalten.

2. *Übungsphase*: Ziel dieser Phase ist es insbesondere, *die Transferfähigkeit des Wissens und die Motivation über Kompetenzrückmeldung* zu fördern. Dazu sind Aufgaben zu formulieren, die unterschiedliche Lösungswege erlauben und in denen die erarbeiteten Kenntnisse auf verschiedene, für die Schülerinnen und Schüler interessante Kontexte angewendet werden.

3. *Leistungsmessungsphase*: Der Lernerfolg einzelner Schülerinnen und Schüler hängt u.a. von *der Prüfungskultur in einer Klasse* ab. Es ist deshalb besonders darauf zu achten, dass die während der zuvor stattgefundenen Phasen verfolgten Lernziele auch von den Leistungsmessungsaufgaben erfasst werden.

Ausdrücklich sei auf die Notwendigkeit *der Trennung der Leistungsmessungsphasen vom restlichen Unterricht* hingewiesen. Die Schüler müssen dem Lehrer vertrauen können, dass in Erarbeitungs- und Übungsphasen, noch nicht gründlich verstandene, noch nicht „belastbare" Begriffe sinnvoll sind und diese nicht als Fehler, sondern als Zwischenzustände auf dem Weg zu akzeptierbaren physikalischen Konzepten betrachtet werden (Fischer & Breuer, 1994).

Datenblatt für Physikaufgaben

Damit ist die Konstruktion des Kategoriensystems zur Aufgabencharakterisierung abgeschlossen. Das Datenblatt für Physikaufgaben ist als pdf-Datei abrufbar (http://www.physik.uni-dortmund.de/-didaktik/). Es ist ein Werkzeug entstanden, mit dem Aufgaben für den Einsatz in ganz bestimmten Unterrichtssituationen gestaltet und dem jeweiligen Bedarf der Lehrenden und der Lernenden angepasst werden können.

7.2.4 Ausblick

PISA

Das hier vorgeschlagene Kategoriensystem zu Konstruktion und Charakterisierung von Physikaufgaben ist nicht als ein statisches System zu betrachten, sondern bedarf der Weiterentwicklung unter Berücksichtigung aktueller Erkenntnisse und Entwicklungen in der Naturwissenschaftsdidaktik. Derzeit (Dezember 2001) ist die Diskussion geprägt durch die kürzlich veröffentlichten Ergebnisse des ersten Testzyklusses von PISA (OECD, 2001). Im Hinblick auf die Konstruktion von Physikaufgaben sind nicht nur die öffentlich diskutierten Ergebnisse von PISA interessant, sondern insbesondere die Vorgehensweise bei der Item-Konstruktion. Ein erster Schritt bei der Weiterentwicklung des Kategoriensystems wird deshalb ein diesbezüglicher Vergleich mit PISA sein. Hier wäre etwa zu fragen, in welchem Verhältnis die bei PISA verwendeten Kompetenzstufen naturwissenschaftlicher Grundbildung zu den hier genannten Kompetenzstufen stehen. Außerdem sollten Teile von Ergänzung bzw. Verfeinerung des Kategoriesystems herangezogen werden, etwa die Lesekompetenzstufen (OECD 2001, 36) im Hinblick auf die hier noch unscharfe Einschätzung einer Aufgabe hinsichtlich des Anforderungsmerkmals *Textverständnis*. Dadurch – und durch die gezielte Anwendung und Evaluation des Kategoriensystems – ist für die nahe

Zukunft eine Absicherung und Weiterentwicklung des Kategoriensystems zur Konstruktion und Bewertung von Physikaufgaben zu
erwarten.

7.2.5 Beispiel: Das Schmelzen des Nordpols

Welche Auswirkungen würde das Schmelzen des Nordpols auf den **Die Aufgabe**
Meeresspiegel der Erde haben?

Das Eis des Nordpols schwimmt auf dem Wasser. Dabei verdrängt **Lösungs-**
es – nach dem Prinzip von Archimedes – eine Wassermenge, deren **möglichkeit A**
Masse gleich der Gesamtmasse des schwimmenden Eises ist. Da die
Masse beim Schmelzen erhalten bleibt, nimmt das geschmolzene Eis
danach also einen genauso großen Raum ein wie das zuvor verdrängte Wasser. Daher würde sich der Meeresspiegel durch das Ab-
schmelzen des Nordpols nicht verändern.

Vereinfachend soll das Schmelzen eines Eisblocks vom Volumen 1 **Lösungs-**
m^3 betrachtet werden. Dabei werden für das Eis bzw. das Wasser **möglichkeit B**
folgende Dichten zu Grunde gelegt:

$$\rho_{Eis} = 0{,}92 \frac{g}{cm^3} , \ \rho_{Wasser} = 1{,}03 \frac{g}{cm^3} \ \text{(Meerwasser bei 0°C)}$$

Der betrachtete Eisblock hat also folgende Masse:

$$m_{Eis} = 1m^3 \cdot 0{,}92 \frac{g}{cm^3} = 1.000.000 cm^3 \cdot 0{,}92 \frac{g}{cm^3} = 920.000 g = 920 kg$$

Daraus ergibt sich wiederum die Gewichtskraft:

$$F_{Eis} = m_{Eis} \cdot g = 9025{,}2 N$$

Da das Eis am Nordpol schwimmt, muss auf den Eisblock eine ebenso große Auftriebkraft F_A wirken, die zudem der Gewichtskraft des
verdrängten Wassers entspricht (m_{Wasser} sei die Masse des verdrängten Wassers):

$$F_A = m_{Wasser} \cdot g = 9025{,}2 N = F_{Eis} \Rightarrow m_{Wasser} = 920 kg$$

Damit lässt sich das Volumen des vom Eisblock verdrängten Wassers berechnen:

$$V_{Wasser} = \frac{m_{Wasser}}{\rho_{Wasser}} = \frac{920.000 g}{1{,}03 \frac{g}{cm^3}} = 893.204 cm^3 = 0{,}893204 m^3$$

Bleibt nun zu berechnen, welches Volumen der Eisblock nach dem
Schmelzen einnimmt. Dazu kann das Gesetz der Erhaltung der Masse benutzt werden:

$$V_{Eis \to Wasser} = \frac{m_{Eis}}{\rho_{Wasser}} = \frac{920.000g}{1{,}03\dfrac{g}{cm^3}} = 893.204cm^3 = 0{,}893204m^3$$

Der geschmolzene Eisblock nimmt also ein genauso großes Volumen ein, wie er vorher an Wasser verdrängt hat. Die Rechnung zeigt also, dass sich der Meeresspiegel durch das Schmelzen des Nordpols nicht verändern würde.

**Lösungs-
möglichkeit C**

Es sei V_E das Volumen des Eises am Nordpol. Außerdem sei ρ_E die Dichte des Eises und ρ_W die Dichte des umgebenden Wassers. Da das Eis am Nordpol auf dem Wasser schwimmt, muss nach dem Prinzip von Archimedes eine Wassermenge verdrängt werden, die der eigenen Gewichtskraft entspricht:

Gewichtskraft des Eises: $F_E = V_E \cdot \rho_E \cdot g$

Gewichtskraft des verdrängten Wassers: $F_W = V_W \cdot \rho_W \cdot g$

Dabei ist V_W das verdrängte Wasservolumen. Mit der Schwimmbedingung folgt:

$$F_E = F_W \Rightarrow V_E \cdot \rho_E \cdot g = V_W \cdot \rho_W \cdot g \quad \Rightarrow \quad V_W = \frac{\rho_E}{\rho_W} \cdot V_E$$

Das Volumen V_W des verdrängten Wassers muss nun mit dem Volumen verglichen werden, das das Eis nach dem Schmelzen einnimmt. Auf Grund der Erhaltung der Masse beim Schmelzvorgang gilt:

$$m_E = m_{gE} \quad \Rightarrow \quad V_E \cdot \rho_E = V_{gE} \cdot \rho_W \quad \Rightarrow \quad V_{gE} = \frac{\rho_E}{\rho_W} \cdot V_E$$

Dabei bezeichnet m die Massen, der Index gE steht für „geschmolzenes Eis".

Damit ist das Volumen des Eises nach dem Schmelzen genauso groß wie das Volumen des vorher verdrängten Wassers. Das Schmelzen des Eises am Nordpol hat also keinen Einfluss auf den Meeresspiegel.

**Lösungs-
möglichkeit D**

Das Schmelzen des Eises am Nordpol soll in einem Experiment simuliert werden. Es ist dabei zu beachten, dass das Eis am Nordpol auf dem Wasser schwimmt.

Ein Gefäß wird bis zum Überlaufen mit Leitungswasser gefüllt. Anschließend werden einige Eiswürfel dazugegeben, wodurch noch einmal etwas Wasser überschwappt. Nun schwimmen die Eiswürfel in dem randvollen Gefäß. Wird jetzt gewartet, bis die Eiswürfel vollständig geschmolzen sind, fällt auf, dass beim Schmelzen der Eiswürfel kein Wasser überläuft und das Gefäß noch immer bis zum Rand mit Wasser gefüllt ist.

Dem Experiment zufolge hätte ein Schmelzen des Nordpoleises also keinen Einfluss auf den Meeresspiegel.

Diese Aufgabe soll nicht dazu dienen, die Gefahren der Umweltverschmutzung herunterzuspielen. Vielmehr hat sie zum Ziel, eine kritische Auseinandersetzung mit diesem Thema zu fördern. Im Unterricht sollte diese Aufgabe daher nicht isoliert stehen, sondern durch weitere Aufgaben und Diskussionen ergänzt werden.

Die experimentelle Lösung ist sehr einfach und kann von Schülerinnen und Schülern ohne Hilfestellung bewältigt werden. Vorbereitend ist allein für eine ausreichende Menge Eiswürfel zu sorgen. Während des Experiments ist darauf zu achten, dass die Eiswürfel tatsächlich schwimmen, denn bei Verwendung zu vieler Eiswürfel könnten diese eventuell auf dem Boden aufliegen.

Eine mögliche Komplikation kann sich daraus ergeben, dass die Oberflächenspannung des Wassers auch bei einer geringfügigen Zunahme der Wassermenge ein Überlaufen verhindern würde. In diesem Fall bietet es sich an, für das Experiment einen Messzylinder zu verwenden, um den Wasserstand vor und nach dem Schmelzen des Eises ablesen zu können. Alternativ kann die Oberflächenspannung auch durch Zugabe von etwas Spülmittel herabgesetzt werden. Im Fall großer Mengen von Eis kann es zudem durch die Abkühlung zu Kondenswasserbildung am Gefäß kommen, die von Schülerinnen und Schülern eventuell als langsames Überlaufen interpretiert werden könnte. Auch dieses Problem ist mit Hilfe eines Messzylinders lösbar.

Aufgabentitel/Aufgabennummer: Das Schmelzen des Nordpols

physikalisches Teilgebiet/Konzept: Mechanik, teilweise Rückgriff auf die Wärmelehre

Sachgebiet/Sachthema des Lehrplans (Gymnasium NRW): Jahrgangsstufe 9 und 10: B.3, Auftrieb in Flüssigkeiten

Kommentar zum lebensweltlichen Bezug: Das Problem der Klimaveränderung ist nach wie vor ein aktuelles Thema und von hoher gesellschaftlicher Relevanz. Es ist daher wahrscheinlich, dass diese Problematik auch für Schülerinnen und Schüler von außerordentlicher Bedeutung ist. Obwohl anzunehmen ist, dass das spezielle Thema der Aufgabe von den Schülerinnen und Schülern nicht unbedingt als direkter Teil ihrer Alltagswelt empfunden wird, erscheint die Aufgabe dennoch dazu geeignet, eine kritische Auseinandtersetzung mit diesem Themenbereich zu fördern. Dies ist insbesondere notwendig, um die Schülerinnen und Schüler im Umgang mit oft wenig präzisen und undifferenzierten Berichterstattungen der Medien zu sensibilisieren.

Kurzbeschreibung der Lösungen

A:　　　qualitative Überlegungen
B:　　　Berechnung anhand eines beispielhaften Eisblocks
C:　　　allgemeine Berechnung
D:　　　Experiment

Kategorisierung der möglichen Lösungswege

	Lösungsweg			
Lösungskategorie	A	B	C	D
experimentell	☐	☐	☐	☒
halbquantitativ	☐	☐	☐	☐
rechnerisch	☐	☒	☒	☐
theoretisch	☒	☐	☐	☐

Antwortformat, Offenheit, Experimentierverhalten

Antwortformat: Aufgabe mit erweitertem Antwortformat

Offenheit: Stufe 1 - mehrere Lösungswege, keine Vorgabe

verlangtes Experimentierverhalten bei Lösungsweg D: konzeptuell

Kompetenzstufen

Kompetenzstufen	Weg:	A	B	C	D
Stufe I: naturwissenschaftl. Alltagswissens		☐	☐	☐	☐
Stufe II: Erklärung physikalischer Phänomene		☐	☐	☐	☐
Stufe III: Gesetze und Faktenwissen		☐	☐	☒	☐
Stufe IV: phys. Konzepte, Verfahren, Modelle		☐	☒	☐	☒
Stufe V: Argumentieren und Problemlösen		☒	☐	☐	☐
Stufe VI: Überwinden von Fehlvorstellungen		☐	☐	☐	☐

Anforderungsmerkmale

0=keine, 1=mittlere, 2=entscheidende Bedeutung		Lösungsweg			
Nr.	Merkmal	A	B	C	D
1.	Kenntnis von Definitionen und Gesetzen: Prinzip von Archimedes, Massenerhaltung (bei A, B, C); Dichte, Gewichtskraft (bei B, C)	2	2	2	0
2.	Qualitatives Begriffsverständnis: Auftrieb, Volumen, Masse	2	0	0	0
3.	Rechenfertigkeiten: Umgang mit Gleichungen	0	2	2	0

4.	Interpretation von Diagrammen	0	0	0	0
5.	Textverständnis	0	0	0	0
6.	Visuelles Vorstellungsvermögen	1	0	0	0
7.	Fähigkeiten des Problemlösens: Lösungsweg ist selbstständig zu finden	2	2	2	2
8.	Verständnis formalisierter Gesetze: Prinzip von Archimedes	2	1	1	0
9.	Verständnis für funktionale Zusammenhänge	0	0	0	0
10.	Verständnis für Alltagssituationen	0	0	0	1
11.	Verständnis für experimentelle Situationen	0	0	0	2
12.	Verständnis für symbolische Zeichnungen	0	0	0	0
13.	Überwindung von Fehlvorstellungen: (1=thematisierbar, 2=notwendig) Schmelzen des Nordpols hat keinen Einfluss auf den Meeresspiegel	1	1	1	1
14.	Naturwissenschaftliche Arbeitsweisen: modellhafte Vereinfachung der Problemstellung	0	2	0	2
15.	Kenntnis älterer Lerninhalte: Massenerhaltung (bei A, B, C); Dichte, Gewichtskraft (bei B, C)	2	2	2	0
16.	Fähigkeit zur Kooperation (0=unnötig; 1=sinnvoll; 2=notwendig)	0	0	0	1

Kommentar zur Verwendbarkeit in der...

Unterrichtsphasen

...*Erarbeitungsphase*: Für diese Phase des Unterrichts scheint die Aufgabe weniger geeignet, da viel älteres Wissen notwendig ist. Damit ist eine Rückmeldung über Lernschwierigkeiten im Themenbereich Auftrieb nur bedingt möglich.

...*Übungsphase*: Für diese Unterrichtsphase scheint die Aufgabe sehr gut geeignet, da sie die Anwendung neuen Wissens in Kombination mit älteren Lerninhalten auf authentische Probleme verlangt. Zudem lässt die Aufgabe mehrere, auch qualitativ unterschiedliche Lösungswege zu.

...*Leistungsmessungsphase*: Zur Leistungsmessung scheint die Aufgabe geeignet zu sein, insbesondere weil sie verschieden anspruchsvolle Lösungen erlaubt. Auch die Bedeutsamkeit älterer Lerninhalte ist hier für die Leistungsmessungsphase durchaus gerechtfertigt, da es sich weitgehend um grundlegende und unverzichtbare physikalische Kenntnisse handelt.

Bemerkung zu den Lösungswegen B und C:

Lösungsweg C erscheint auf den ersten Blick anspruchsvoller als Lösungsweg B. Die Analyse, insbesondere die Kompetenzstufenzuordnung, ergibt jedoch eher das Gegenteil. Eine genauere Betrachtung beider Lösungsmöglichkeiten zeigt, dass Lösungsweg C sehr viel höhere Anforderungen an die mathematischen Fähigkeiten der Schülerinnen und Schüler stellt, physikalisch aber nicht anspruchsvoller ist als Lösungsmöglichkeit B. Da für die Kompetenzstufenzuordnung allein die physikalischen Anforderungen entscheidend sind, ist die oben vorgenommene Einschätzung also gerechtfertigt.

Eine engere Formulierung der Aufgabe

Welche Auswirkungen würde das Schmelzen des Nordpols auf den Meeresspiegel der Erde haben? Stelle zunächst eine Hypothese auf und begründe diese. Versuche anschließend, die Vermutung experimentell zu überprüfen.

Lösungsmöglichkeiten

Die Lösung dieser Aufgabe besteht aus zwei Schritten. Zunächst ist eine Hypothese zu formulieren. Dazu können die Lösungswege A, B oder C verwendet werden. Die geforderte experimentelle Überprüfung macht zusätzlich den Lösungsweg D erforderlich.

Analyse

Angegeben werden nur Abweichungen von der ursprünglichen Aufgabenstellung.
Kurzbeschreibung der Lösungen
A (+D): qualitative Überlegungen plus Experiment

Lösungskategorie	Lösungsweg		
	A (+D)	B (+D)	C (+D)
experimentell	☒	☒	☒
halbquantitativ	☐	☐	☐
rechnerisch	☐	☒	☒
theoretisch	☒	☐	☐

B (+D): Berechnung mit beispielhaftem Eisblocks plus Experiment
C (+D): allgemeine Berechnung plus Experiment

Antwortformat: Aufgabe mit erweitertem Antwortformat

Offenheit: erster Teil (Hypothese): Stufe 1 – mehrere Lösungswege, keine Vorgabe; zweiter Teil (Experiment): Stufe 3 - ein Lösungsweg vorgegeben

Vorgabeart (Experiment): Vorgabe A – grobe Vorgabe

verlangtes Experimentierverhalten bei Lösungsweg D: konzeptuell

Kompetenzstufen	Weg:	A +D	B +D	C +D
Stufe IV: phys. Konzepte, Verfahren, Modelle		☐	☒	☒
Stufe V: Argumentieren und Problemlösen		☒	☐	☐

Kategorisierung der möglichen Lösungswege

Antwortformat, Offenheit, Experimentierverhalten

Kompetenzstufen

0=keine, 1=mittlere, 2=entscheidende Bedeutung

		Lösungsweg		
Nr.	Merkmal	A	B	C
10.	Verständnis für Alltagssituationen	1	1	1
11.	Verständnis für experimentelle Situationen	2	2	2
14.	Naturwissenschaftliche Arbeitsweisen: modellhafte Vereinfachung der Problemstellung	2	2	2
16.	Fähigkeit zur Kooperation (0=unnötig; 1=sinnvoll; 2=notwendig)	1	1	1

Anforderungsmerkmale

Kommentar zur Verwendbarkeit in der...

...*Übungsphase*: Zusätzlich zu den Argumenten, die schon für die Verwendung der offenen Aufgabe in der Übungsphase sprachen, ist hier zu erwähnen, dass naturwissenschaftliche Arbeitsweisen auf Grund der Formulierung ausdrücklich anzuwenden sind.

Unterrichtsphasen

Versuche mit Hilfe einfacher Küchenutensilien herauszufinden, welchen Einfluss das Schmelzen des Nordpols auf den Meeresspiegel der Erde hätte

Eine sehr enge Formulierung der Aufgabe

Von den bei der offenen Aufgabenstellung möglichen Lösungswegen ist hier nur der experimentelle Lösungsweg D zulässig.
Kurzbeschreibung der Lösungen
D: Experiment

Lösungsmöglichkeiten

Analyse

Antwortformat: Aufgabe mit erweitertem Antwortformat

Offenheit: Stufe 3 - ein Lösungsweg vorgegeben

Vorgabeart: Vorgabe B – grundsätzliche Vorgabe

Antwortformat, Offenheit, Experimentierverhalten

Kompetenzstufen

verlangtes Experimentierverhalten bei Lösungsweg D: organisierend

Kompetenzstufen	Weg:	D
Stufe IV: phys. Konzepte, Verfahren, Modelle		☒

Anforderungsmerkmale

0=keine, 1=mittlere, 2=entscheidende Bedeutung		Lösungsweg
Nr.	Merkmal	D
7.	Fähigkeiten des Problemlösens: Lösungsweg grob vorgegeben	2
14.	Naturwissenschaftliche Arbeitsweisen:	2

Unterrichtsphasen

Kommentar zur Verwendbarkeit in der...

...*Erarbeitungsphase*: Für diese Phase des Unterrichts scheint die Aufgabe weniger geeignet, da sie sehr eng formuliert ist und keine direkte Anwendung neuen Wissens verlangt.

...*Übungsphase*: Für diese Unterrichtsphase scheint die Aufgabe nur bedingt geeignet. Der Lösungsweg ist im Wesentlichen vorgegeben und verlangt keine unmittelbare Anwendung physikalischen Wissens.

...*Leistungsmessungsphase*: Zur Leistungsmessung ist die Aufgabe nicht geeignet, da physikalisches Wissen zum Thema Auftrieb für die Lösung kaum relevant ist.

Formulierung als MC-Aufgabe

Welche Auswirkungen würde das Schmelzen des Nordpols auf den Meeresspiegel der Erde haben?

☐ *Der Meeresspiegel würde sinken.*

☐ *Der Meeresspiegel würde deutlich steigen.*

☐ *Der Meeresspiegel bliebe unverändert.*

☐ *Der Meeresspiegel würde zwar steigen, der Effekt wäre aber auf Grund der Größe der Weltmeere unmerklich klein.*

Lösungsmöglichkeiten

Diese Aufgabenversion lässt alle Lösungswege der offenen Formulierung zu.

Analyse

Kurzbeschreibung der Lösungen
A: qualitative Überlegungen
B: Berechnung anhand eines beispielhaften Eisblocks
C: allgemeine Berechnung
D: Experiment

Antwortformat: MC-Aufgabe

Offenheit: Stufe 1 - mehrere Lösungswege, keine Vorgabe

verlangtes Experimentierverhalten bei Lösungsweg D: konzeptuell

Antwortformat, Offenheit, Experimentierverhalten

Kompetenzstufen	Weg:	A	B	C	D
Stufe III: Gesetze und Faktenwissen		☐	☐	☒	☐
Stufe IV: phys. Konzepte, Verfahren, Modelle		☐	☒	☐	☒
Stufe V: Argumentieren und Problemlösen		☒	☐	☐	☐

Kompetenzstufen

Kommentar zur Verwendbarkeit in der...

...*Übungsphase*: Die Aufgabe lässt mehrere, auch qualitativ unterschiedliche Lösungswege zu und erfordert die Anwendung neuer Lerninhalte in Kombination mit älterem Wissen auf authentische Probleme. Damit ist sie für diese Unterrichtsphase sehr gut geeignet. Da das Antwortformat zudem Hinweise auf Lösungsmöglichkeiten geben kann ist diese Aufgabe, in Kombination mit der offenen Version, auch als Mittel zur Binnendifferenzierung einsetzbar.

...*Leistungsmessungsphase*: Neben der bereits bei der offenen Aufgabe festgestellten Eignung der Aufgabe zur Leistungsmessung bietet die MC-Version zudem den Vorteil der Auswertungsobjektivität.

Unterrichtsphasen

Auch bei diesen Aufgaben scheinen Offenheit und Schwierigkeitsgrad miteinander zu korrelieren. Zwar zeigt die Analyse, dass die etwas engere Formulierung höhere Ansprüche an die Fähigkeiten der Schülerinnen und Schüler stellt als die offene Version, die Ursache hierfür findet sich jedoch darin, dass die Lösung der engeren Aufgabe jeweils aus der Kombination zweier Lösungswege der offenen Aufgabe besteht. Die engere Aufgabenstellung gibt den Lösungsweg zwar zum Teil vor, bietet jedoch den Vorteil, dass mit der Formulierung einer Hypothese und deren Überprüfung naturwissenschaftliche Arbeitsweisen ausdrücklich eingesetzt werden müssen. Zudem können Hypothesen, die nachträglich verworfen werden müssen, unmittelbar zur Thematisierung von Fehlvorstellungen führen.

Vergleich der Aufgaben

Die sehr enge Aufgabenvariante, die ausdrücklich auf eine experimentelle Lösung abzielt, verlangt dagegen weniger Kompetenzen. Zudem macht sie kaum die Anwendung physikalischen Wissens nötig. Sie ermöglicht allerdings die eigenständige Entwicklung eines Experiments mit alltäglichen Gegenständen. Mit Hilfe des Hinweises auf die zu verwendenden Geräte kann dies von den Schülerinnen und Schülern selbstständig, insbesondere als Hausaufgabe, verwirklicht werden. Ebenso kann sie ein Hilfsmittel zur Binnendifferenzierung sein. Die MC-Aufgabe bietet im Wesentlichen dieselben Möglichkeiten wie die offene Aufgabenstellung. Allerdings nimmt die Vorgabe der Antwortmöglichkeiten den Schülerinnen und Schülern Spielräume, bietet dafür aber den Vorteil der Auswertungsobjektivität und kann ebenfalls zur Binnendifferenzierung eingesetzt werden.

Anhand dieser Aufgaben sind auch naturwissenschaftliche Arbeitsweisen thematisierbar. Während bei der engeren Formulierung naturwissenschaftliches Vorgehen von der Aufgabenstellung ausdrücklich vorgegeben wird, kann dies im Falle der offenen Aufgabe und der MC-Aufgabe durch einen Vergleich verschiedener Lösungswege geschehen.

Ernst Kircher

7.3 Gesichtspunkte zur Analyse einer Unterrichtseinheit

Die „Unterrichtsanalyse" bezieht sich hier auf die *1. und 2. Phase der Lehrerbildung*, nicht auf die ebenfalls notwendige und übliche kritische Reflexion des Unterrichts, die Lehrerinnen und Lehrer tagtäglich in der Schulpraxis vornehmen.

Das primäre Ziel solcher Analysen ist in der 1. Phase der Lehrerbildung, *das Verhalten der Studierenden vor und in der Klasse zu thematisieren und zu verbessern*. Eine wichtige Grundlage für die Analyse eines „Unterrichtsversuchs" ist die „Unterrichtsbeobachtung". Das heißt vor allem, das Verhalten der Studierenden zu beobachten:

Das Verhalten der Studierenden vor und in der Klasse thematisieren und verbessern

- im Umgang mit einzelnen Schülerinnen und Schülern
- im Umgang mit der Klasse
- im Umgang mit der Schulphysik und deren begrifflicher und methodischer Struktur.

Unterrichtsbeobachtung

Im „Schulpraktikum" folgt die „Nachbesprechung" (s. 7.3.2) direkt im Anschluss an den Unterrichtsversuch. Das Verhalten der Studierenden wird außerdem in den dafür eigens vorgesehenen „Begleitveranstaltungen" thematisiert: Es wird der Unterrichtsversuch vorbereitet, theoretisches Wissen über Unterrichtsplanung vermittelt und schulpraktische, auch organisatorische Maßnahmen erörtert und geübt, z.B. durch Microteaching.

In der 2. Phase der Lehrerbildung steht die „Prüfungslehrprobe" im Vordergrund, durch die abschließend die schulpraktischen Fähigkeiten der künftigen Lehrerinnen und Lehrer geprüft werden. Diese Beurteilung geht mit großem „Gewicht" in die Note des 2. Staatsexamens ein. Für solche schwerwiegenden Beurteilungen werden vor allem die *erzieherische, die didaktische und methodische Kompetenz*, die *„Lehrerpersönlichkeit"* und die *„Klassensituation"* durch die Prüfenden analysiert (s. 7.3.3).

Prüfungslehrprobe

Es werden hier Ratschläge und zusammenfassende Darstellungen für die Unterrichtsanalyse in beiden Phasen der Lehrerbildung gegeben. Dabei ist zu berücksichtigen, dass diese Thematik weder in der Pädagogik noch in der Physikdidaktik wissenschaftlich gründlich diskutiert ist. Die verwendete Literatur entstammt der *Praxis der Lehrerbildung*, etwa aus Studienseminaren (z.B. Seidl, 1976), ist oft nur *lokal genutzt* und *im Allgemeinen nicht publiziert*.

7.3.1   Unterrichtsbeobachtung

Unterrichtsbeobachtung wird in unterschiedlicher Absicht und auf verschiedene Weise durchgeführt. Man unterscheidet *Alltagsbeobachtung, begutachtende Beobachtung und wissenschaftliche Beobachtung* (Kretschmer & Stary, 1998).

Begutachtende Beobachtung

Die *begutachtende Beobachtung ist eine wichtige Kompetenz der Lehrkräfte.* Sie wird in den Schulpraktika und bei eigenen und fremden Unterrichtsversuchen erworben.. Die übliche Situation, dass die Lehrkraft unterrichtet und beobachtet, wird als *teilnehmende Beobachtung* bezeichnet. Während der Ausbildung und bei dienstlichen Beurteilungen sind Lehrerinnen und Lehrer selbst Subjekt der Unterrichtsbeobachtung.

1. Das Schulpraktikum beginnt im Allgemeinen mit dem Beobachten des Verhaltens der Klasse und den Aktionen und Reaktionen der Praktikumlehrer in typischen Unterrichtssituationen. Eine solche zunächst unstrukturierte Unterrichtsbeobachtung soll dazu beitragen, den Rollenwechsel von einer ehemaligen Schülerin zur künftigen Lehrerin vorbereiten. Diese anfängliche *Alltagsbeobachtung* kann für die Aspekte und Probleme der neuen Rolle sensibilisieren. Denn mit dieser sind *neue Wahrnehmungen, neue Einstellungen und neue Verhaltensweisen* erforderlich, etwa im Zusammenhang mit Störungen des Unterrichts aller Art.

Alltagsbeobachtung

Was ist Ihnen aufgefallen? In der ersten Nachbesprechung einer Unterrichtsstunde sollte auch „Unterrichtsbeobachtung" thematisiert werden: die Notwendigkeit einer „begutachtenden Beobachtung", wichtige Aspekte einer strukturierten Unterrichtsbeobachtung im Fach Physik, wichtige Aspekte des Lehrerverhaltens, mögliche Beobachtungsfehler sowie Hilfen, um diese Fehler zu vermeiden.

Mit einfachen Beobachtungsaufgaben beginnen

2. Um die Komplexität des Beziehungsfeldes Unterricht zu reduzieren, werden zunächst *einfache Beobachtungsaufgaben* gestellt, wie etwa *Ereignisse im Unterricht zählen*: die Häufigkeit der Lehrerfragen und/ oder –impulse, der Schüler-/ Schülerinnenantworten oder wie oft / wie selten bestimmte Schüler / Schülerinnen aufgerufen werden bzw. sich selbst melden. Dafür werden *Strichlisten* geführt, um damit das Lehrer- und Schülerverhalten zu erfassen.

Strichlisten

Einzelbeobachtung

Kretschmer & Stary (1998) empfehlen, sich bei der Beobachtung zunächst nur auf einen Schüler zu konzentrieren. Um die immanenten Probleme von Schülerbeobachtungen zu thematisieren, kann ein Schüler auch durch zwei Praktikanten unter verschiedenen Blickwinkeln aus dem Klassenzimmer beobachtet werden.

Schüler: ....Lehrer: ....

Zeitleiste	Auf-ruf/Impuls d. Lehrers	Keine Mel-dung	Meldung	Kein Aufruf/ Impuls d. L.	Äußerung/ Meldung
1. – 5. Min.					
6. – 10.					
11. – 15.					
usw.					
Summe					

Abb. 7.4: Schema einer Strichliste zur Unterrichtsbeobachtung

Durch derartige Strichlisten können auch Aspekte des Lehrerverhaltens erfasst werden: *das ständige Wiederholen von Schülerantworten, stereotypes und/ oder übertriebenes Lob, Sprachgewohnheiten*, die die Schüler „komisch" finden. Inadäquates verbales Verhalten wird dokumentiert und kann dadurch dem lehrenden Praktikanten unproblematischer vermittelt werden als ohne solche Statistiken. Eine *Videoaufzeichnung des Unterrichts* dürfte allerdings noch hilfreicher sein, um Lehrerverhalten zu korrigieren.

Videoaufzeichnungen sind hilfreicher als Strichlisten

3. Solche Strichlisten versagen, wenn es um ernsthafte pädagogische und didaktische Probleme geht, absichtsvolles Stören des Unterrichts oder Verständnisschwierigkeiten bei den Lernenden. Dann ist es notwendig zu fragen: Wie ist die Situation entstanden? Hat die Lehrkraft ungemessen oder sinnvoll auf die problemhaltige Situation reagiert? Welche Mittel wurden zur Konfliktlösung eingesetzt? Haben Klassenkameraden die Situation heraufbeschworen? Liegt die Ursache des Fehlverhaltens eines Schülers außerhalb der Schule, an der familiären Situation, an fehlender Leistungsbereitschaft?

Die Praktikantinnen und Praktikanten können darüber reflektierende *Erfahrungsberichte* oder *Falldarstellungen* anfertigen. Ich meine aber, dass die zuletzt erwähnten Fragen, die Details der familiären Situation einzelner Schüler betreffen, nicht im Schulpraktikum erörtert werden können und sollen.

Erfahrungsberichte

Die *qualitative Unterrichtsbeobachtung* konzentriert sich vor allem darauf, wenig professionelles didaktisches Verhalten der Praktikanten festzustellen und stichwortartig zu dokumentieren, um in der Nachbesprechung *Alternativen zu dem beobachteten Verhalten diskutieren* zu können: interessantere Einstiege in die Thematik, ver-

Qualitative Unterrichtsbeobachtung

ständlichere Erklärungsmuster, überzeugendere Lehrerexperimente, professionellere Folien, Tafelbilder usw.

Beobachtung von Gruppenunterricht

Aufschlussreich ist auch die *Beobachtung von Gruppenunterricht*, das betrifft im Speziellen Schülerexperimente, die in Gruppen durchgeführt werden: Wie zielorientiert, wie selbständig, wie sorgfältig arbeitet die für die Beobachtung ausgewählte Gruppe? Wer dominiert in der Gruppe? Wer verursacht Störungen? Wie reagiert die Gruppe auf Störungen? Wie werden (emotionale, organisatorische) Konflikte gelöst? Wie beteiligen sich die Mädchen an den Schülerexperimenten? Wie werden Ergebnisse der Gruppenarbeit vorbereitet, wie und von wem vorgetragen?

Beobachtungsschwerpunkt „Lehrerpersönlichkeit"

Weitere Beobachtungsaufgaben betreffen die „Lehrerpersönlichkeit": Wie souverän agiert der künftige Lehrer vor der Klasse? Wie reagiert er auf schwache, auf starke Provokationen der Schüler? Wie ansprechbar ist er nach dem Unterricht? Wie hilfsbereit, wie gerecht, wie objektiv ist er? Was sagt seine Körpersprache aus?

Realistische Zielsetzungen für das Schulpraktikum

Diese Fragen überschreiten die Aufgaben eines Schulpraktikums, das pädagogisches Sehen, Handeln und Denken erst anbahnen soll. Sie tangieren *notwendige Einstellungen*, die unter Umständen erst dann internalisiert werden können, wenn eine *gründliche Einführung* in *den Lehrerberuf* und die *Identifikation mit diesem Beruf* erfolgt sind, also im Allgemeinen erst in der 2. Phase der Lehrerbildung oder auch in den ersten Jahren danach .

Typische Beobachtungsfehler

4. Die eingangs erwähnte Thematisierung von Unterrichtsbeobachtung bedeutet vor allem, dass *typische Beobachtungsfehler* erläutert werden (s. Kretschmer & Stary, 1998, 30).

- *Ersteindruck*: Das spontane Urteil auf den ersten Eindruck einer Person (einer Sache oder Situation) kann die folgenden Beobachtungen und Bewertungen beeinflussen.

- *Vorurteile und Voreinstellungen*: Vorinformationen, Zuneigung oder Ablehnung von Personen und/ oder Situationen, können zu bestimmten Erwartungshaltungen führen und die eine objektive Beobachtung behindern.

- *Ähnlichkeits - / Kontrast – Effekt*: Eigene Persönlichkeitsmerkmale und/ oder dazu kontrastierende, werden auch bei den beobachteten Personen wahrgenommen.

- *Inferenz - Effekt*: Aus beobachteten Verhaltensweisen wird auf Charaktereigenschaften geschlossen.

- *Halo – Effekt*: Der Beobachter verallgemeinert sein Urteil über einen Schüler aufgrund weniger wahrgenommenen, häufig äußerlichen Merkmale auf die Gesamtpersönlichkeit.

- *Logische Fehler*: Von einem Schülermerkmal wird auf ein anderes, bloß aus der subjektiven Sicht des Beobachters damit zusammenhängendes Merkmal geschlossen.

Die Kenntnis der Beobachtungsfehler hat neben der wissenschaftlichen Bedeutung auch eine psychologische, nämlich für die Diskussion und Kritik einer Unterrichtsstunde. Sie nimmt den Beobachtungen ihr psychologisches Gewicht, indem sie als mögliche Beobachtungsfehler interpretiert werden können.

7.3.2 Nachbesprechung – es ist noch kein Meister vom Himmel gefallen

1. Die Nachbesprechung beginnt schon, - verbal oder nicht verbal- , nach dem Ende des Unterrichtsversuchs, wenn der Praktikant tief durchatmet und die während des Unterrichtens entstandene Anspannung sich löst. Die Betreuer (Praktikumlehrer und Hochschullehrer) gehen eher beiläufig auf den Praktikanten zu und finden eine aufmunternde Geste oder ein lobendes Wort für dessen Leistung. Für die eigentliche Nachbesprechung sollte ein zeitlicher Abstand sein, - wenigstens die „Große Pause". **[Zeitlicher Abstand der Nachbesprechung vom Unterricht]**

In einem (separaten) Besprechungsraum beginnt die Analyse des Unterrichtsversuchs unspezifisch. Zuerst hat der Praktikant, der unterrichtet hat die Gelegenheit, seine Wahrnehmungen und Eindrücke über den Unterricht darzustellen oder auch nur seine angestauten Emotionen vor verständnisvollen Kommilitonen und Betreuern zu reduzieren. Ich empfehle, dass die übrigen Praktikanten ihre Eindrücke vom Unterricht wiedergeben, bevor sich die Betreuer äußern. Diese Reihenfolge, - *Unterrichtender, beobachtende Praktikanten, Betreuer* - , wird während des Schulpraktikums beibehalten. **[Reihenfolge bei der Nachbesprechung]**

2. Bei der *detaillierten Nachbesprechung* geht es um den Vergleich zwischen dem geplanten und dem faktischen Unterricht. Der geplante Unterricht liegt allen Beteiligten als Unterrichtsentwurf oder als Unterrichtsskizze vor (s. 7.1). Über den faktischen Unterricht fertigen die Unterrichtsbeobachter eine *Mitschrift* an, deren Gliederung sich an dem in der Unterrichtsstunde verwendeten Artikulationsschema orientiert. Die Nachbesprechung wird von einem der Betreuer, im Verlauf des Praktikums auch von den Praktikanten reihum geleitet.

Aspekte der detaillierten Nachbesprechung

Erörtert wird beispielsweise: Wie motivierend war der Einstieg? Wurde der Überraschungseffekt des Einstiegsexperiments von allen Schülern beobachtet? Hat dieser Versuch auf alle Schüler motivierend gewirkt? Welche alternativen Einstiege bieten sich beim unterrichteten Lerninhalt an?

Bei der *Phase der Erarbeitung* stehen Lehrer- und / oder Schülerexperimente im Mittelpunkt der Diskussion: die mehr oder weniger *souveräne Durchführung des Lehrerexperiments*, dessen *schülergemäße Erklärung* durch ein Lehrer - Schüler – Gespräch, die *Gestaltung des Tafelbildes bzw. der vorbereiten Folien*, der *Kontakt zu den Schülerinnen und Schülern* während des Versuchs, *Einbindung der Schüler bei der Planung und Durchführung des Versuchs*, ggf. die Berücksichtigung von *Sicherheitsmaßnahmen*. Natürlich werden auch *experimentelle Alternativen* und der *Einsatz anderer Medien* angesprochen.

In der *Phase der Vertiefung* werden u.a. folgende Fragen diskutiert: Wurden die wesentlichen Ziele der Unterrichtsstunde erreicht, wie wurden sie erreicht, wie hätte man sie besser erreichen können? Wie wurde der neue Lerninhalt mit dem bisherigen Wissen vernetzt? Wie wurden leistungsschwächere Schüler unterstützt? Waren für leistungsstärkere Schüler Zusatzaufgaben vorbereitet? Auch die *Zeitplanung wird thematisiert, aber ihr sollte im Schulpraktikum noch keine große Bedeutung eingeräumt werden*. Wichtiger ist, ob ein *bewusster sinnvoller Abschluss der Stunde* gelungen ist, ob die weiter zu führende Unterrichtseinheit den Schülern attraktiv dargestellt wurde, ob notwendige organisatorischen Maßnahmen nicht vergessen, ob sinnvolle Hausaufgaben gestellt wurden.

Mäßige und förderliche Kritik

3. Bei der *Erörterung des Lehrerverhaltens* ist der Grundsatz vorrangig, dass die Kritik nicht verletzend sein darf, sondern für den Betroffenen förderlich, *zumindest akzeptabel* sein muss. Dieser Grundsatz und die Konsequenz, dass die Kritik auch beschönigend ausfallen kann, wird im voraus diskutiert, d.h. in der Begleitveranstaltung oder beim ersten Unterrichtsversuch.

Nicht selten wird auch noch in der Retrospektive der erste Unterrichtsversuch als eine Situation empfunden, in der es um das „Überleben" geht. Ein Videoband, mit dessen Hilfe der Unterrichtende selbst z. B. die undeutlich Sprache, das hektische Experimentieren, das unsichere Verhalten vor der Klasse erkennt, kann zu objektiveren Analyse dieser für den Praktikanten neuartigen Situation führen. Auch die vorherige Kritik der Kommilitonen kann die aus der Sicht des Unterrichtenden entscheidende Beurteilung des Betreuers in ihrer Bedeutung mindern, weil „vieles schon gesagt ist" und es nur noch „kleiner Ergänzungen" bedarf.

Die allgemeinen Ratschläge für künftige Lehrerinnen und Lehrer sind so alt, wie offensichtlich:

- Ruhe und Übersicht bewahren

- selbstbewusst aber nicht arrogant auftreten

- deutlich artikuliert sprechen

- keinen, auch nicht den lokalen Dialekt sprechen

- sich nicht nur auf die Schüler konzentrieren, die sich melden.

Außerdem: Versuchen Sie durch Modulation der Stimme (Stimmlage und Lautstärke) Interesse und Aufmerksamkeit zu wecken. *Üben Sie „Schweigen", leises und nachdrückliches Sprechen.* Versuchen Sie durch Beobachten des Praktikumlehrers festzustellen (Lernen am Modell), wie dieser mit schwierigen Situationen umgeht und zu meistern versucht. Es ist aber klar, dass Sie Ihren eigenen Unterrichtsstil finden müssen und in den nächsten Jahren auch finden werden. Setzen Sie Ihr offensichtliches Kapital bei den Schülern ein, Ihre Jugend – es ist ja noch kein Meister vom Himmel gefallen.

Allgemeine Ratschläge

Üben Sie „Schweigen"

7.3.3 Analysekriterien für die 2. Phase der Lehrerbildung

In der 2. Phase der Lehrerbildung hat die Fähigkeit „gut" zu unterrichten natürlich eine größere Bedeutung als im Schulpraktikum während des Studiums. Mit dem *größeren Gewicht des Unterrichtsversuchs* für die Staatsexamensnote ist auch das intensive Bemühen um eine *objektive, transparente Beurteilung und Benotung* verknüpft. Dazu werden auch „Lehrerpersönlichkeit" und die „Klassensituation" beobachtet und analysiert. Während die Analyse von „Lehrerpersönlichkeit" unmittelbar zu einer Beurteilung bzw. Note führt, ist die „Klassensituation" nur mittelbar zur Beurteilung heranzuziehen. Denn die Klassensituation hängt von Parametern ab, die wenig oder gar nicht von der auszubildenden Lehrkraft beeinflusst werden können. Wer allerdings schon mit schwierigen Klassensituationen adäquat zurecht kommt, hat gute und beste Noten verdient.

Objektive, transparente Beurteilung und Benotung

1. „Lehrerpersönlichkeit" ist ein vielschichtiger Begriff. Es wird versucht, diesen Begriff durch verschiedene Kompetenzen des Lehrers zu fassen: durch *pädagogische, psychologische, soziale, fachliche, physikdidaktische, -methodische Kompetenz sowie durch Medienkompetenz.*

„Lehrerpersönlichkeit"

Pädagogische Kompetenz

- *Pädagogische Kompetenz* schließt vor allem die *Vorbildfunktion* des Lehrers ein, die sich auf sein Verhalten im gesamten Bereich „Schule" bezieht. Sie zeigt sich in seinen Einstellungen zu seinem Beruf, zu seinen Schülern, zu den Kollegen und den Eltern. Sie erweisen sich z.b. im *engagierten Unterrichten, in der fairen Notengebung, im Bemühen um optimale Förderung aller Schüler in enger Kooperation mit den Eltern, sowie den Kolleginnen und Kollegen.* Durch diese verschiedenartigen Aspekte ist die *pädagogische Kompetenz nicht durch die Beobachtung von Unterrichtsversuchen allein zu beurteilen.* Aber man kann *Hinweise* dafür erhalten etwa durch die *Reaktionen der Lehrkraft* auf absichtliche und unabsichtliche Störungen des Unterrichts, auf relevante und irrelevante Fragen der Schülerinnen und Schüler, durch die Körpersprache der Lehrkraft, durch deren Verhalten im Raum, durch ihre verbale und nichtverbale Kommunikation mit den Schülern.

Psychologische und soziale Kompetenz

- *Psychologische und soziale Kompetenz* charakterisieren die Fähigkeit mit Schülern *altersgemäß* umzugehen. Dazu gehört auch Bescheid zu wissen z.b. über die Jugendkultur des entsprechenden Alters, - deren Stars aus Film, Fernsehen und des Sports, typische Ausdrücke der Jugendsprache, aktuelle Mode, Comics. Wichtiger ist zweifellos die Fähigkeit, individuelle Probleme der Schülerinnen und Schüler zu erkennen und dies im Lehrerverhalten zu berücksichtigen. Das kann beispielsweise bedeuten, auch Schülerverhalten zu akzeptieren, das üblicherweise gerügt oder bestraft wird.

Genau so wichtig ist die Fähigkeit, das „Klassenklima" positiv zu beeinflussen, etwa ein *Zusammengehörigkeitsgefühl zu fördern, Streitigkeiten unter Schülern so zu schlichten*, dass die Maßnahmen für alle Beteiligte ausgewogen, *fair erscheinen, Aktivitäten außerhalb der Schule* anzuregen und sich selbst daran zu beteiligen.

Fachliche Kompetenz

- *Fachliche Kompetenz* bedeutet das Beherrschen der Schulphysik. Das ist einerseits weniger als das Beherrschen der Hochschulphysik, andererseits aber auch mehr als diese, weil in der Schulphysik beispielsweise auch Technik, bei manchen Themen Biologie oder Chemie, bei Projekten noch weitere universitäre Disziplinen involviert sein können. Fachliche Kompetenz bezieht sich nicht nur auf *die begriffliche*, sondern auch auf *die methodische Struktur der Physik*, also auf Fähigkeiten wie sorgfältiges Experimentieren, auf erfolgreiche Fehlersuche bei Lehrer- und Schülerexperimenten, auf das Abschätzen von Messungenauigkeiten, auf das rasche Erkennen relevanter bzw. irrelevanter Hypothesen und Erklärungen in Lehrer - Schülergesprächen. Zur fachlichen Kompetenz gehört natürlich auch die Beherrschung der Fachausdrücke und der Fachsprache.

- *Physikdidaktische Kompetenz* bedeutet Kenntnis der physikdidaktischen Theorie und deren Umsetzung in systematische Unterrichtsplanung (s. 7.1), Unterrichtsorganisation und erfolgreichen, zielorientierten Physikunterricht. Im Detail sind sowohl *historische und aktuelle Begründungen des Physikunterrichts* gemeint als auch die *fachgerechte, schülergerechte, zielgerechte Elementarisierung und didaktische Rekonstruktion.* Dazu gehören der sinnvolle lernökonomische *Einsatz von Modellen und Analogien* ebenso, wie die (über allgemeine Ziele oder lernökonomisch oder organisatorisch) begründeten Entscheidungen für Lehrer- oder für Schülerexperimente, für Gruppen- oder für Frontalunterricht, für Projekt- oder für Kursunterricht.

Physikdidaktische Kompetenz

- *Physikmethodische Kompetenz* betrifft alle Methodenebenen. Deren jeweilige Elemente (methodische Großformen, Unterrichtskonzepte, Artikulationsschemata, Sozialformen, Handlungsformen) sollen in allen Einzelheiten souverän in der Schulpraxis verfügbar sein. Aus der empirischen Unterrichtsforschung (Fischler, 2000) ist bekannt, dass sich mit wachsender Schulerfahrung individuelle Mischformen ausbilden, sogenannte „Unterrichtskripte", die die oben erwähnten theoretischen Konstrukte mehr oder weniger abbilden. Der physikmethodisch kompetente Lehrer ist in der Lage, sein verinnerlichtes Handlungsmuster des Unterrichtens situations- und themenspezisch abzuwandeln.

Physikmethodische Kompetenz

- *Die Medienkompetenz* hat eine technische und eine didaktische Seite. Es genügt natürlich nicht, die im Physikunterricht verwendeten Medien nur bedienen zu können. Medien sollen *zielgerecht* eingesetzt werden: das für bestimmte Ziele optimal geeignet Medium. So ist zu vermuten, dass der Computer beispielsweise sehr gut geeignet ist, das Ziel „Modelle bilden und überprüfen" zu erreichen, aber weniger gut für den Erwerb der methodischen Struktur der klassischen Physik. Auch *ökonomisches Lernen* der begrifflichen Struktur der Physik, sowie die *Motivation der Schüler* (beim Umgang mit einem bestimmten Medium) können als wesentliche Gesichtspunkte für die Medienauswahl berücksichtigt werden.

Medienkompetenz

In Studienseminaren wird gegenwärtig noch Wert auf die *Gestaltung des Tafelbildes* gelegt und für Beurteilungen anhand einer differenzierten Kriterienliste analysiert. Für den Unterricht hat die Tafel schon durch den Arbeitsprojektor an Bedeutung verloren; das Tafelbild wird häufig durch Folien ersetzt. Es ist abzusehen, dass die Ta-

Medienkompetenz schließt „neue Medien" ein

fel und das Tafelbild durch das Internet weiter an Bedeutung verlieren wird. Denn die auf dem alten Medium „Tafel" dargestellten Zusammenfassungen sind über die *„neuen Medien"* jetzt schon für viele Themen der Schulphysik verfügbar. Sie können mit Hilfe des Computers umgearbeitet und daher spezifischen Fragestellungen angepasst werden. Es ist nur eine Frage der Zeit, bis Medienkompetenz *in allen Schulstufen* auch die „neuen Medien" einschließt.

Die wichtigsten Medienkompetenzen

Da auch Experimente zu den Medien zählen (Kircher u.a., 2001), sind die damit zusammenhängenden *experimentellen Fähigkeiten* weiterhin und aus physikdidaktischer Sicht zu recht *die wichtigsten Medienkompetenzen* eines Physiklehrers.

„Klassensituation"

2. Bei der Beurteilung der *„Klassensituation"* werden Schüler beobachtet hinsichtlich ihrer *Gesprächskompetenz*, ihres *Arbeitsverhaltens* und ihres *Sozialverhaltens*.

Gesprächskompetenz

- Die *Gesprächskompetenz* der Schülerinnen und Schüler wird beurteilt durch die Beobachtung

- der Gesprächsbereitschaft
- ob Gesprächsregeln eingehalten werden,
- die Artikulationsfähigkeit
- die Dialogfähigkeit
- die Beherrschung verschiedener Gesprächsformen.

Arbeitsverhalten

- Folgende Aspekte gehen in das *Arbeitsverhalten* der Schüler ein:

- die Lernbereitschaft
- die Aufmerksamkeit und Disziplin
- die Konzentrationsfähigkeit
- das Beherrschen von Arbeitsformen.

Sozialverhalten

- Für die Beurteilung des *Sozialverhaltens* werden beobachtet:

- auffällige Schüler
- das Verhalten der SS untereinander
- gruppendynamische Prozesse.

Für Beurteilungen wird versucht, sowohl die Aspekte von „Lehrerpersönlichkeit" als auch der von „Schulklima" quantitativ durch Beobachtungsbogen zu erfassen. Dafür können 5er- Nominalskalen verwendet werden, die von (1): „Merkmal nicht vorhanden" bis (5): „Merkmal sehr ausgeprägt vorhanden" reichen.

7.3.4 Abschließende Bemerkungen

1. Die hier skizzierten Beobachtungs- und Beurteilungskriterien sind nur ein grobes Raster für sehr komplexe Fähigkeiten des Unterrichtens; viele Details sind hier nicht erwähnt. So gibt es „Regeln" etwa für Demonstrationsexperimente, für die „Körpersprache" (s. Heidemann, 1996[5]) oder für die Gestaltung des Tafelbildes, die positiv als Handlungsanweisungen oder negativ als „Verbote" formuliert sind Beispielsweise gelten für Demonstrationsexperimente die „Regeln": „Unwichtige Geräte des Experiments in den Hintergrund, wichtige Geräte deutlich sichtbar in den Vordergrund!" oder „Aufbau und Erklärung eines Demonstrationsexperimentes verlaufen von links nach rechts (wie die Schreibschrift)!".

„Regeln" und „Verbote"

2. Insbesondere in der 2. Phase der Lehrerbildung werden sehr hohe Anforderungen an die auszubildenden Referendare gestellt. Diese können in optimaler Ausprägung nicht erfüllt werden!

Die aufgeführten Kompetenzen sind im Grunde ein sehr anspruchsvolles Fortbildungsprogramm für das ganze Berufsleben eines Lehrers.

Fortbildungsprogramm für das ganze Berufsleben

3. Lassen Sie sich im Referendariat von diesen hohen Anforderungen nicht erschrecken und erst recht nicht abschrecken!

Thomas Reyer & Hans E. Fischer

7.4 Videoanalysen in der Unterrichtsforschung

Ein zentrales Anliegen der erziehungswissenschaftlichen und fachdidaktischen Lehr-Lern-Forschung ist es, generalisierbare Aussagen über die Bedingungen und Effekte des Unterrichts zu machen (Brophy & Good, 1986; Wang, Haertel & Walberg, 1993). Je nach Forschungsfragestellung werden zwei Forschungstypen unterschieden: *qualitative und quantitative Forschung* (vgl. etwa Merkens, 2001).

Qualitative und quantitative Forschung

An beide Forschungstypen müssen aber ähnliche methodologische Ansprüche gestellt werden; qualitative wie quantitative Verfahren müssen beidseitig ergänzend eingesetzt werden, um zu brauchbaren Aussagen zu kommen. Eine Trennung ist deshalb nicht hilfreich. Auch soll verdeutlicht werden, dass die in der fachdidaktischen Literatur häufig anzutreffende Kritik, qualitative Forschung sei theoriefern, nicht aufrecht erhalten werden kann.

Videoanalyse als qualitative Forschungsmethode

In diesem Kapitel wird der Theoriebezug der Videoanalyse als qualitativer Forschungsmethode, die Verallgemeinerbarkeit ihrer Ergebnisse und schließlich eine Anwendung einzelner Prinzipien auf eine

für Lehrerinnen und Lehrer nutzbare Form dargestellt. Die Methoden qualitativer Forschung, und besonders die hier behandelte Videoanalyse, können zwar in der sehr aufwändigen wissenschaftlichen Variante nicht von Lehrenden genutzt werden – allerdings lässt sich ein Leitfaden entwickeln, der wissenschaftliche Kriterien beachtet und es den Lehrerinnen und Lehrern ermöglicht, sich an Unterrichtsforschung zu beteiligen, vor allem in kritischer Selbstreflexion Aussagen über den eigenen Unterricht zu treffen, die anders nicht zu treffen sind.

7.4.1 Qualitative und quantitative Unterrichtsforschung

Unterrichtspraxis nachhaltig und überprüfbar verbessern

Unterrichtsforschung dient ganz allgemein dem Ziel, *Unterrichtspraxis nachhaltig und überprüfbar zu verbessern*. Neben fachdidaktischen Anliegen stehen pädagogische Ziele im Vordergrund. Um Unterricht überhaupt beschreiben und teilweise verändern zu können, denkt man sich das Unterrichtsgeschehen aus unterschiedlichen Aspekten zusammensetzt; dabei wird häufig mit dem Prozess-Produkt-

Ansatz gearbeitet: Prozessvariablen des Unterrichts werden mit den Ergebnissen des Schülerlernens verbunden, um kausale Determinanten des Lernerfolgs zu erkennen. Unterrichtsqualität und

Unterrichtseffizienz sind häufig angewandte Konstrukte in dieser Forschung; Weinert, Schrader und Helmke (1989) benennen z.B. *Unterrichtsqualität als zentralen Analyseaspekt* auf der Ebene der Schulklassen. Die Operationalisierung, d.h. das Identifizieren dieses Merkmals auf der Handlungsebene, gestaltet sich aber als schwierig. Unterrichtsqualität wird als stabile Muster verstanden, das klare Vorhersagen oder Erklärungen für das Erreichen von Lehrzielen trifft; solche Muster sind nur sehr aufwändig zu identifizieren. Nach Wang, Haertel und Walberg (1990) gibt es 228 Variablen, die schulisches Lernen beeinflussen; sie können in 30 Skalen und sechs breitere Kategorien eingeteilt werden: (1) Schulpolitik und kulturelle Variablen, (2) außerschulische Kontextvariablen, (3) auf den Schultyp bezogene Variablen, (4) Schülervariablen, (5) Curriculumvariablen und (6) Variablen im Bereich Implementation, Unterricht und Klassenklima. Die Probleme mit diesen Variablen liegen auf verschiedenen Ebenen: Sie sind oder wirken nicht unabhängig, sodass kein klaren Korrelationen zu erwarten sind, da es z.B. keine direkte deterministische Verbindung zwischen Lehrverhalten und Lernverhalten gibt; der Einfluss spezifischer Lehrvariablen auf den Lernerfolg hängt von vielen Kontextbedingungen ab.

Unterrichtsqualität als zentraler Analyseaspekt

Eine Analyse von Unterricht muss daher eine Mehrebenenanalyse sein: Bildungssystemebene, Schulebene, Klassenverband, Lehrerebene, Unterricht und Schülerebene müssen in die Betrachtung einbezogen werden. Der Mehrebenenansatz entspricht nach Einsiedler (1997) dem Paradigma der Unterrichtsqualitätsforschung. Dabei darf die Anzahl der erhobenen Variablen nicht mit einer „Vollständigkeit" des methodischen Zugangs verwechselt werden – selbst die 228 genannten Variablen können keine vollständige Beschreibung der Unterrichtsrealität liefern, die Alternativinterpretationen ausschließt.

Mehrebenenanalyse des Unterrichts

7.4.2 Was hat Videoanalyse mit Beobachtung zu tun?

Für die Unterrichtspraxis wäre es von großem Vorteil, über ein „direktes" Beobachtungsinstrument zu verfügen, das die notwendige kritische Selbstreflexion von Lehrerinnen und Lehrern unterstützen könnte. Zunächst wird der wissenschaftliche Stand der Videoanalyse dargestellt, anschließend wird die Brauchbarkeit der existierenden Instrumente für die Unterrichtspraxis einzuschätzen versucht.

Nach von Aufschnaiter & Welzel (2001, S. 8) ist Videoanalyse unverzichtbar für die oben skizzierte Analyse von Unterricht:

Detaillierte Analyse von Unterrichtsprozessen ist unverzichtbar

„… Eine detaillierte Analyse von Unterrichtsprozessen ist dann unverzichtbar, wenn der Wirkungszusammenhang zwischen Lernangeboten und darauf bezogenen Handlungen, Diskursen und individuellem Erleben der Beteiligten sowie der Einfluss solcher Prozesse auf das Lernen der Schüler(innen) aufgeklärt werden soll."

Allerdings nennt Wild (2001, 63) ein grundsätzliches Problem von Forschung an Beobachtungsdaten:

„Sie lassen nur sehr begrenzte Schlüsse auf die internen Prozesse der beobachteten Personen zu."

Diesem Problem wird am besten mit einer Kombination von Datenquellen begegnet, um „beobachtbare Handlungsebene" und „nicht-beobachtbare intrapersonale Wirkungsebene" miteinander zu verbinden. Wild weist weiter auf das Problem hin, dass sich Einflüsse und Wirkungen nie vollständig erheben lassen:

„Trotz aller Mühen zur akkuraten Erfassung von Handlungs- und Wirkungsebene ist und bleibt eine solche Studie im Kern eine Korrelationsstudie, da die beobachteten Handlungsmuster nicht unabhängig von den übrigen Variablen variiert werden. Jeder empirische Zusammenhang zwischen zwei Variablen ist somit offen für alternative Kausalinterpretationen." (ebenda, S. 68)

Dieses allgemeine Problem empirischer Untersuchungen wird gerade bei einem so komplexen Phänomen wie Unterricht bedeutsam. Es kann deshalb nicht so sehr auf eine ungeheure Vielzahl von Größen ankommen, die berücksichtigt werden sollen, sondern es braucht ein *theoretisches Gerüst, das die Bedeutsamkeit und Zusammenhänge der einzelnen Kontrollgrößen und Variablen hinreichend klärt.* Damit ein solches theoretisches Gerüst trägt, müssen vor allem verlässliche, voneinander unabhängige Verankerungspunkte der Daten gefunden werden. Daten unterschiedlicher Herkunft, also z.B. Videodaten und Daten aus einem Fragebogen oder aus den Aufzeichnungen eines Beobachters, erzeugen allerdings verschiedene Arten von Daten. Sie können zwar nicht direkt miteinander verglichen werden, aber dennoch gegenseitige Verankerungen bieten.

7.4.3 Methodischer Kontext

Die Kombination von verschiedenen Daten zu einer Untersuchung ist eine „Triangulation". Treumann (1998) erläutert den Begriff als mehrperspektivische Erkenntnisstrategie. Er unterscheidet abhängig von der Art der „Positionspunkte": Datentriangulation, Untersuchungstrianguluation, interdisziplinäre Triangulation, theoretische Triangulation und Methodentriangulation. Eine spezielle Form der Methodentriangulation ist die Kombination von Beobachtungsdaten, also qualitativen Daten mit quantitativen Daten - sie wird als Triangulation „between methods" („übergreifende Methodentriangulation") bezeichnet.

Triangulation: mehrperspektivische Erkenntnisstrategie

Zur Charakterisierung qualitativer und quantitativer Erhebungsmethoden stellt Treumann (1998) die Schwerpunkte dieser verschiedenen Forschungsrichtungen tabellarisch gegenüber. Die wichtigsten Merkmale sind hier in Stichworten wiedergegeben:

Qualitativ vs. quantitativ

Dimensionen	Qualitative Forschung	Quantitative Forschung
Realitätswahrnehmung (ontologische Annahme)	Dynamisch	Statisch
Erkenntnisart (epistemologische Annahme)	Rekonstruktiv	Regelorientiert
Forschungsperspektive	Innensicht	Außensicht
Fokus der Untersuchung	Holistisch	Partikularistisch
Theorieorientierung	Entdeckung	Bestätigung
Untersuchungsbedingungen	Naturalistisch	Kontrolliert
Datengenerierung	Subjektiv	Objektiv
Vorherrschender Datentyp	Verbal	Numerisch
Analyseeinheiten	Einzelfälle	Statistische Aggregate
Untersuchungsergebnisse	Valide	Reliabel

Die übergreifende Methodentriangulation fordert ein gemeinsames theoretisches Modell für beide Datentypen. Bei der Videoanalyse im Rahmen einer solchen Triangulation muss also theoriegeleitet vorgegangen werden. Ein solches Vorgehen unterscheidet sich sehr deutlich von offeneren interpretativen Verfahren (vgl. objektive Hermeneutik oder Grounded-Theory).

Qualitative und quantitative Daten ergänzen sich also komplementär. Die quantitativen Ergebnisse können die qualitativen Ergebnisse „verankern". Die übergreifende Methodentriangulation fordert deshalb von beiden Datentypen, dass sie nicht nur gemeinsamen Bezug zur Theorie haben, sondern sich gegenseitig stützen und erklären. Ziel ist die „Quantisierung" der qualitativen Daten. Als äußerer Rahmen gelten die von Bortz (1999, 3) benannten „Phasen der empirischen Forschung": Erkundungsphase, theoretische Phase, Planungsphase, Untersuchungsphase, Auswertungsphase, Entscheidungsphase. Hypothesengenerierung und -prüfung werden durch den „Übergang" zwischen Planungs-, Untersuchungs- und Auswertungsphase durch die Operationalisierung, die Datenerhebung und die testtheoretische Bewertung der Daten verknüpft. In diesem Modell zur empirischen Forschung werden gleichzeitig Hypothesengewinnung und -testung sowie die oben genannte Forderung nach theoriegeleitetem Vorgehen und quantitativem Ergebnis verbunden.

Wendet man dies auf die von Treumann genannten Merkmale an (siehe obige Tabelle), so zeigt sich eine „Verschiebung" der Eigenschaften: Die Rekonstruktion wird zur Regelorientierung, Innensicht zur objektiveren Außensicht, der verbale Datentyp wird numerisch. Dieser Schritt zu quantitativen Daten in einem qualitativen Untersuchungsverfahren lässt sich nur mit einer kategoriegeleiteten Analyse erreichen: Ziel des interpretativen, aber theoriegeleiteten Umgangs mit dem Beobachtungsmaterial ist das Erstellen von exakten Regeln, wie die Beobachtungsmerkmale zu typisieren, d.h. zu kategorisieren sind. Die Hypothesengewinnung anhand der Daten bleibt im Wesentlichen auf diesen Schritt beschränkt. Dieser Satz von Regeln wird in der anschließenden eigentlichen Untersuchungsphase auf das Beobachtungsmaterial angewendet, um die Beobachtungen den entwickelten Kategorien zuzuordnen. Dieser Vorgang wird als „Kodierung" bezeichnet. Die kategoriale Zuordnung erlaubt eine spätere quantitative Auswertung. Ein solches Verfahren verbindet qualitative und quantitative Eigenschaften, sodass hier eine Unterscheidung nicht mehr sinnvoll erscheint.

Kodierung

7.4.4   Technik der Videoanalyse

Vorteile der Videoanalyse

Die Vorteile der Videoanalyse sind die „rohen" Daten, die von der jeweiligen Situation getrennt analysiert werden können. Dadurch veraltet die „klassische" Form, einen oder mehrere Beobachter während des beobachteten Geschehens mit Fragebögen, formalen oder freien Notizen die Situation „life" bewerten zu lassen. Es ist jetzt sogar möglich, dieselben Daten unter verschiedenen Fragestellungen oder Theorien wiederholt auszuwerten. Zudem liegt mit dem Videomaterial ein flexibles Format des Datenmaterials vor, bei dem eine größere Detailliertheit erreicht werden kann – zum Beispiel *durch Zeitlupenbetrachtung oder mikroskopische Analysen* mit Hilfe von ausführlichen Abschriften, so genannten „Transkripten". Außerdem sind die gewonnenen Ergebnisse im Prinzip von anderen Forschern nachvollziehbar, weil sie mit demselben Material wiederholbar sind. Diese prinzipielle Wiederholbarkeit führt zu einer besseren Intersubjektivität und Glaubhaftigkeit der Ergebnisse.

Videoanalysen haben Eigenschaften von qualitativen Inhaltsanalysen; ein Text oder eine Filmszene wird nach bestimmten Regeln und theoretischen Konstrukten interpretiert. Nach Mayring (2000) will eine Inhaltsanalyse (fixierte) Kommunikation regelgeleitet und theoriegeleitet „von innen" verstehend unter Beachtung des Kontextes analysieren, um Rückschlüsse auf bestimmte Aspekte der Kommunikation zu ziehen. Zu den typischen Techniken der Auswertung der auf diese Weise gewonnenen Daten gehören: *Frequenzanalysen* (z.B. Häufigkeiten von Wörtern oder Handlungen), *Valenz- und Intensitätsanalysen* (die Beurteilung von Wert und Intensität) und *Kontingenzanalysen* (Zusammenhänge, inhaltliche „Nähe").

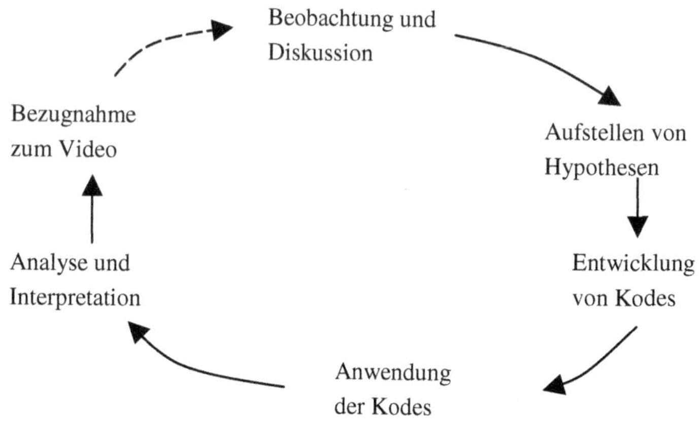

Videoanalyse ist qualitativ und theoriegeleitet

Beobachtung und Diskussion

Bezugnahme zum Video

Aufstellen von Hypothesen

Analyse und Interpretation

Entwicklung von Kodes

Anwendung der Kodes

Abb. 7.5: Schematische Darstellung des Analyseprozesses

Aus den bisherigen Überlegungen folgt, dass eine kategoriegeleitete Videoanalyse ein *Verfahren zur Kodierung des Beobachtungsmaterials* angeben muss. Ein solches Analyseverfahren wird theoriegeleitet in einem zyklischen Prozess entwickelt. Mayring (2000) erklärt ein solches Vorgehen als textbasierte qualitative Inhaltsanalyse. Jacobs u.a. (1999) beschreiben den Zyklus als:

Regeln für das Filmen müssen aufgestellt werden.

1.Schritt: Zunächst muss das Beobachtungsmaterial vorliegen. Bereits für das Filmen muss es Regeln geben, die von der Forschungsfrage abgeleitet werden, die aber auch bestimmte Bedingungen bezüglich der Brauchbarkeit der Aufnahme und der Weiterverarbeitung erfüllen muss. Werden z.B. Lernprozesse von Schülerinnen und Schülern analysiert, müssen *Schülergruppen nach passenden Kriterien ausgewählt* werden; steht das *Geschehen im gesamten Klassenraum* im Mittelpunkt, muss eine *Totalaufnahme* gewählt werden. Grundsätzlich muss eine gleichbleibend hohe Qualität der Kameraführung und der Tonaufnahmen gewährleistet sein. Das Videomaterial wird anschließend durch Schnitt, Kopie oder ggf. digitale Speicherung aufbereitet.

Wird ein Transkript benötigt? Wie detailliert muss es sein?

Je nach Untersuchungsgegenstand kann es erforderlich sein, Transkripte der Videos zu erstellen. Das Transkribieren umfasst mehr als nur das Abschreiben der gesprochenen Worte – bereits hier erfordert es klare Regeln, was schriftlich für die Analyse zu fixieren ist. So müssen hier zum Beispiel Entscheidungen gefällt werden bezüglich der Wichtigkeit von Handlungen, Gestik und Mimik, affektiver Äußerungen, Notation von Umgangssprache oder Dialekt und dergleichen mehr. Beispiele für Transkriptionsregeln für Interviewsituationen finden sich bei Mayring (2000, 49), für Unterrichtsvideos bei Fernandez & Stigler (1995, Anhang F).

Was will ich wissen?

Wie kann ich es aus der Handlung ableiten?

2. Schritt: Wenn das Analysematerial so weit vorbereitet ist, kann die eigentliche Entwicklung des Kodierverfahrens beginnen. Theoriegeleitet vorzugehen bedeutet zunächst, dass aus der Theorie oder Forschungshypothese bestimmt wird, welcher Teil der Konstrukte der Beobachtung und Typisierung zugänglich ist. Aus den Eigenschaften der Konstrukte werden somit Beobachtungskategorien bestimmt. Diese Festlegung heißt „Operationalisierung"; mit ihr können nun so genannte „Indikatoren" bestimmen werden; dies entspricht einer Beschreibung der Kategorien auf der Beobachtungsebene. Soll zum Beispiel die Kategorie „Mediengebrauch durch den Lehrer im Unterricht" ohne fachinhaltlichen Bezug kodiert werden, so bieten sich als kodierbare Medien etwa Tafel, Projektor, Buch, Objekt/Experiment und Arbeitsblatt an. Das beobachtbare und kodierbare Verhalten des Lehrers in Bezug auf das Medium Tafel könnte als Indikator formuliert werden als „Lehrer schreibt oder zeichnet an die Tafel." Für die anderen Medien wird dies entsprechend formuliert.

Operationalisierung und Indikatoren

Die Indikatoren sollen für die jeweilige Kategorie prägnant sein, aber auch umfangreich genug, um die Gültigkeit der jeweiligen Kategorie auszuloten. Dies lässt sich am besten durch eine umfangreiche

Sammlung von eindeutigen Musterbeispielen erreichen, die zusammen die Kategorie definieren und sie auf der Beobachtungsebene repräsentieren. Unser Beispiel „Gebrauch der Tafel durch den Lehrer" ist bisher beschränkt auf das Anschreiben; wenn die Kategorie jede Bezugnahme berücksichtigen soll, müsste die Kategorie zusätzlich durch die Indikatoren „Lehrer verweist nonverbal auf die Tafel.", „Lehrer nennt wörtlich die ‚Tafel'.", „Lehrer bezieht sich inhaltlich auf Tafelanschrieb oder Tafelskizze.", „Lehrer zitiert erkennbar von der Tafel" erweitert werden. In diesem Schritt der Operationalisierung wird gleichzeitig die Form des Kodierens festgelegt - ob zum Beispiel in festen Zeitschritten kodiert wird oder in so genannten „Turns" oder „Events", d.h. *schrittweise nach jeder Handlung, jeder Interaktion* oder jedem *kommunikativen Beitrag* (wobei genau festgelegt werden muss, was ein „Turn" ist).

Das Vorgehen der Operationalisierung einer Kategorie sei noch einmal knapp zusammengefasst: Die Indikatoren müssen auf der „richtigen" Beobachtungsebene ansetzen (Zeitschritte oder Turns, Festlegung des Materials), müssen die Kategorie möglichst vollständig abbilden (Indikatorenliste und Beispiele) und sie müssen eindeutig verstehbar sein, um die Beobachtung auswertbar machen (Festlegung als Kodierregel).

Festlegen der Kodierregeln

Die Suche nach Indikatoren kann nicht ohne eine enge Rückkopplung mit dem Beobachtungsmaterial funktionieren. Hier findet der im engeren Sinne qualitative Schritt statt: Durch Interpretation des Materials wird ein Bezug zur Beobachtungskategorie hergestellt. In diesem Schritt ist bereits damit zu rechnen, dass die Kategorien eventuell angepasst werden müssen, um das Beobachtete bzw. Interpretierbare genauer zu treffen. Am Ende dieses umfangreichen Arbeitsschrittes sollte *das Kodierverfahren* in erster Fassung vorliegen: eine ausführliche formale *Beschreibung der Kategorien* sowie ihrer *Indikatoren* auf der Beobachtungsebene und eine *Kodieranleitung*.

Kodierverfahren:

- Kategorien
- Indikatoren
- Kodieranleitung

3. Schritt: Diese Rohfassung des Kodierverfahrens wird nun erprobend angewendet mit dem Ziel, die Beschreibung der Kodierung zu vervollständigen und zu perfektionieren, um eine Analyse mit möglichst hoher Reliabilität zu ermöglichen. Die Reliabilität des gesamten Kodierverfahrens hängt nicht nur von der Größe und Art der Stichprobe ab, sondern auch von den Kodierern. Um eine Intersubjektivität der Analyseergebnisse glaubhaft zu machen, wird die Reliabilität bei Videoanalysen üblicherweise an der Übereinstimmung verschiedener Kodierer festgemacht, der so genannten „*Interkoder-Reliabilität*". Kategorien mit nicht ausreichenden Werten müssen

Reliabilität

überarbeitet werden. Eine Verbesserung der Kategorien kann durch Wiederholung des Interpretationsschrittes erfolgen, indem an einzelnen „Problemfällen" durch Diskussion der Kodierer der Bezug zum theoretischen Konstrukt erneut herzustellen versucht wird. Manchmal hilft auch die Elimination einzelner „unreliabler" Indikatoren oder eine Festlegung von *Grenzfallentscheidungen mit Musterbeispielen*. Im genannten Beispiel kann eine erste Erprobung etwa dazu führen, dass Unklarheit darüber herrscht, in welchen Fällen denn eine verbale Bezugnahme des Lehrers auf die Tafel vorliegt. Die Folgerung daraus könnte sein, dass der „Mediengebrauch Tafel" nicht kodiert werden darf, wenn der Lehrer zwar den Tafelinhalt, aber nicht wörtlich den exakten Tafelinhalt nennt oder sich nicht erkennbar darauf bezieht, etwa nonverbal durch Gesten.

Software zur Kodierung

Die Entwicklung eines Verfahrens zur Videoanalyse ist ein anspruchsvolles und aufwändiges Verfahren im Forschungsprozess; es ist Voraussetzung für die Kodierung des Beobachtungsmaterials. Sehr hilfreich kann hier die Nutzung geeigneter Computerprogramme sein. Es gibt eine kleine Auswahl von Software, von denen hier nur zwei genannt seien: VPrism und CatMovie. Die Software VPrism (von Digital Lava, http://www.digitallava.com; Knoll & Stigler 1999) eignet sich vor allem für eine event-orientierte Kodierung, dies können zum Beispiel einzelnen Sprechakte oder Handlungen sein. Ein großer Vorteil von VPrism liegt in der Möglichkeit, umfangreiche Sammlungen von Kodierbeispielen anzulegen. An festen Zeitschrittvorgaben orientiert sich CatMovie (s. Wild, 1999 und http://www.ezw.uni-freiburg.de/~wild/cat4/). Die Daten sind direkt mit der Statistik-Software SPSS auswertbar; CatMovie ist für Hochschulen kostenlos nutzbar. Derzeit (Ende 2001) ist am IPN Kiel die Software Videograph in der Erprobung. Ebenfalls SPSS-basiert, soll es komfortabler sein und sowohl mit Zeitschrittvorgaben als auch event-basiertes Kodieren zulassen. Zum Erstellen von Transkripten sind alle diese Programme geeignet.

7.4.5 Gütekriterien der Videoanalyse

Die Kodierung von Videos liefert quantitative Maße zu den einzelnen Kategorien, die etwa die Vorkommenshäufigkeit, die Reihenfolge oder die Ausprägungsstärke beziffern. Mit dieser Rohform sind nun weitere statistische Auswertungen möglich, die von der Fragestellung der jeweiligen Studie abhängen, etwa einfache Korrelationen zwischen Vorkommenshäufigkeiten oder das Typisieren des Materials auf der Grundlage der Beobachtungsdaten.

In der empirischen Forschung werden für die Ergebnisse solcher quantitativer Auswertungen Kriterien von der jeweiligen Forschungsgemeinschaft per Konsens akzeptiert, die entscheiden lassen, ob die Daten „gut" sind, also überhaupt auswertbar sind, ob sie die Eingangshypothesen bestätigen oder widerlegen, ob sie für Schlussfolgerungen zulässig sind. Solche Testgütekriterien für psychologische und pädagogische Tests sind zum Beispiel in einem Katalog von der APA (American Psychological Association, 1966, 1974, 1985) zusammengestellt. Gütekriterien für die klassische Testtheorie gruppieren sich in Objektivität, Reliabilität und Validität (s. z.B. Fisseni, 1997, 66). Die Objektivität beschreibt die Genauigkeit einer Messung; sie gibt an, wie weit ein Verhalten oder eine Beobachtung eindeutig zu quantifizieren ist und wie weit diese Quantifizierung eindeutig zu interpretieren ist. Die *Reliabilität* meint die Zuverlässigkeit der Messmethode unabhängig vom Inhalt. Krippendorff (1980, 158) nennt als Komponenten der Reliabilität: *Stabilität, Reproduzierbarkeit und Exaktheit (und schließt mit der Exaktheit die Objektivität ein)*. Validität bezeichnet die Gültigkeit eines reliablen Messergebnisses. Fisseni (1997, 94f.) unterscheidet *Inhaltsvalidität* (Testverhalten repräsentiert Gesamtverhalten), *kriteriumsbezogene Validität* (Verhalten in Testsituation ähnelt Verhalten außerhalb) und *Konstruktvalidität* (Testverhalten lässt auf Ursachen oder verdeckte Merkmale schließen).

Gütekriterien

Das Ziel, mit Hilfe der Kodierung eine quantitative Datenform zu benutzen, ist zum einen sinnvoll, um eine einfachere Form für Beschreibung, Auswertung und Vergleiche des Beobachtungsmaterials zu erhalten. Zum anderen wird mit der „Quantifizierung" versucht, die Zuverlässigkeit des Kodierverfahrens und der Daten mit den Gütekriterien zu bestimmen. Die Berechnung der Gütekriterien nach den Definitionen für quantitative Daten ist aber oft nicht möglich.

Validität:
inhaltsbezogen,
kriteriumsbezogen,
konstruktbezogen

Die bisher genannten Gütekriterien Reliabilität und Validität gelten zunächst nur für die klassische Testtheorie, die von einer deterministischen Abhängigkeit zwischen dem zu messendem (latenten) Merkmal und dem „wahren" Messwert ausgeht; gemessen wird in der klassischen Testtheorie jedoch nur ein „beobachteter" Messwert mit einem Messfehler, der angibt, wie weit durchschnittlich der beobachtete Messwert vom wahren entfernt liegt. Diese Bedingungen gelten nicht immer: Selbst bei „Papierdaten" kann nicht immer von einem solchen Messmodell ausgegangen werden, etwa wenn es um die Berechnung einer Probanden-„Fähigkeit" zur Lösung eines Aufgabentests geht. Welche Gütekriterien auf die gewonnenen Daten

Klassische Testtheorie

angewendet werden können, ist also modellabhängig. Ein Ausweg ist die Bestimmung neuer, speziell inhaltsanalytischer Gütekriterien, wie sie von Krippendorff (1980) oder kompakter von Mayring (2000) zusammengestellt werden. Hier sei exemplarisch die Interkoder-Reliabilität als prominentestes Gütekriterium diskutiert; sie misst die Reproduzierbarkeit der Analyse-Ergebnisse als Übereinstimmung zwischen verschiedenen Kodierern.

Interkoder-Reliabilität

Um die Interkoder-Reliabilität zu bestimmen, muss ein Teil des Beobachtungsmaterials mit dem fertig entwickelten Kodierverfahren von mehreren Kodierern unabhängig beurteilt werden. Für die Interkoder-Reliabilität liegen verschiedene Definitionen vor (Krippendorff, 1980; Mayring, 2000). Umfangreiche Kodierungen nehmen viel Zeit in Anspruch; eine wiederholte Bestimmung der Kodiererübereinstimmungen kann im Verlauf einer längeren Kodierungsphase zeigen, ob „sich das Verfahren verselbständigt" und die Kodierer mehr und mehr von der ursprünglichen gemeinsamen Interpretationsgrundlage abweichen. Abhängig von der jeweiligen Berechnungsvorschrift werden unterschiedliche Werte als Kennzeichen einer ausreichenden Reliabilität angegeben, die zeigen sollen, ob ein Ergebnis etwas „taugt"; zum Beispiel können Reliabilitätswerte von über 0,80 eine Messmethode als zuverlässig kennzeichnen.

Die Aussagekraft der Interkoder-Reliabilität muss relativiert werden: Sie ist nur interpretierbar mit Rücksicht auf die Eigenschaften des vorliegenden Kodierverfahrens. Man muss hier zunächst unterscheiden zwischen niedrig-inferenten Daten, d.h. Merkmalen, die „direkt" beobachtbar sind, und hoch-inferenten Daten, d.h. Merkmalen, die nicht ohne größere Interpretation durch den Kodierer bewertbar sind. Höhere Inferenz bedeutet, dass Vorwissen, Erwartungen und Weltbild des Kodierers eine größere Rolle spielen. Daraus folgt, dass mit höherer Inferenz eine geringere Interkoder-Reliabilität zu erwarten ist. Perfekte Indikatoren benötigen fast keinerlei Interpretation.

Probleme der Kodierung an Beispielen

Ein Beispiel, dass diese Schwierigkeiten zeigt, kann die Kodierung des Kommunikationsverhaltens eines Lehrers sein. Es könnte zum Beispiel gefragt sein, ob ein Lehrer „individuell", d.h. mit einzelnen Schülern oder Gruppen in Kontakt steht, oder ob er „global" agiert, d.h. mit der ganzen Klasse kommuniziert. Niedrig-inferente Indikatoren lassen sich hier kaum finden, denn zum Beispiel das Nennen eines Schülernamens macht die Rede nicht individuell, wenn der Lehrer es „vor der ganze Klasse" tut. Der Aufruf „Hört mal alle her!" kann auch nur eine ausgewählte Untergruppe der Schulklasse meinen. In diesem Fall bedarf es also größerer Interpretationen der beobachteten Situation. Ein entsprechender Satz von Indikatoren muss dies berücksichtigen und könnte für die individuelle Kommunikation etwa lauten: „Das Kommunikationsverhalten des Lehrers ist jetzt nur für einen Schüler oder eine Gruppen sinnvoll, zum Beispiel weil die anderen Gruppen oder Schüler andere Aufgaben haben oder mit verschiedenen Inhalten befasst sind.", „Der Lehrer zielt erkennbar auf einen Schüler oder ausgewählte Schülergruppe, erkennbar zum Beispiel am Ignorieren der anderen." usw.

Ein Beispiel mit noch stärkerem Interpretationsbedarf ist der Versuch, die Anforderung des Lehrers an die Lerngruppe zu kodieren; dies könnte etwa mit Indikatoren geschehen wie: „Der Lehrer möchte, dass die Schüler das Problem oder die Aufgabe selbständig lösen.", „Für den Lehrer steckt der Lerninhalt in der Lösung des Problems oder der Aufgabe." usw. Nicht geeignet wäre hier etwa die alleinige Kodierung über Lehreraussagen als Indikatoren wie „Ich möchte, dass ihr dass Problem löst." oder „Was lernen wir aus der Lösung?" – dies wäre zwar niedrig-inferent, kann aber keine vollständige Beschreibung der Kategorie „Problemlösen lernen" formulieren, sondern nur die vielleicht am deutlichsten erkennbare Ausprägung. Ein schweigendes Abwarten des Lehrers könnte dasselbe bedeuten (verstehbar auch für die Schüler), könnte aber nicht mit niedrig-inferenten Indikatoren kodiert werden.

Mit diesem Beispiel wird klar, dass pauschale Forderungen nach einer möglichst hohen Übereinstimmung nicht immer sinnvoll sind; das Ausgangsmaterial und die Kategorien legen die Inferenz und die Interpretationsbreite fest. Beurteilungen durch Experten beispielsweise sind weit entfernt von „Jedermann-Bewertungen" und damit hoch-inferent. Zwar dürfte sich mit einem höheren Maß an notwendiger Interpretation die Kodierer-Übereinstimmung verschlechtern, die Qualität der Aussagen kann dagegen steigen – hier kann sich u.U. dennoch ein stärkerer Bezug zur Theorie herstellen lassen. Wenn es um Beurteilungen hoch-inferenter Merkmale geht, könnten umgekehrt also hohe Reliabiltätswerte ein Kennzeichen von fast trivialen Aussagen sein. Clausen (2000) kommt zu dem Schluss, dass unterschiedliche Beurteilerperspektiven unterschiedlich wertvolle Aussagen zum untersuchten Unterrichtsaspekt machen können; hier steckt eine wichtige Aussage in der Nicht-Übereinstimmung der Beurteiler. Gütekriterien können nicht unabhängig von der Messmethode gewählt werden. Die *Interkoder-Reliabilität als Gütekriterium für Videoanalysen stellt einen Kompromiss dar* und kann nicht unabhän-

Auswahl der Gütekriterien hängt vom Kodierverfahren ab

gig vom jeweiligen Kodierverfahren als Urteil über die methodische Güte der Analysen herangezogen werden.

7.4.6 Videoanalysen zur kritischen Selbstreflexion des Unterrichts

Das bisher vorgestellte Verfahren zu Videoanalyse dient wissenschaftlichen Erhebungen zur Unterrichtsforschung. Der damit verbundene Aufwand ist natürlich von einzelnen Lehrerinnen und Lehrern für ihren eigenen Unterricht nicht zu leisten. Dennoch können vereinfachte Formen der Videoanalyse genutzt werden, um Aussagen über den eigenen Unterricht und eventuell zur Verbesserung des eigenen Unterrichts machen zu können. Insbesondere zur Reflexionen über das eigene Lehrerverhalten ist ein solches Verfahren sehr angebracht, um detaillierte und vergleichbare Informationen über Verhaltensresultate und Unterrichtsgeschehen zu erhalten; zusätzlich wird damit ansatzweise ein Perspektivenwechsel ermöglicht.

Beschreibung des eigenen Verhaltens und Handelns im Unterricht

Der einfachere Fall und die Grundlage für weitere Analysen ist sicher erst einmal die Beschreibung des eigenen Verhaltens. Bisher ist deutlich geworden, dass auch die Beschreibung des Unterrichtsgeschehens nicht losgelöst von einer Theorie oder Erwartung des Beschreibenden betrachtet werden kann. Ein Beobachter, der Unterricht ohne festgelegte Fragestellung, gewissermaßen „laienhaft" beobachtet, wird z.B. nicht erkennen, dass Mädchen anders behandelt werden als Jungen oder z.B. die Intention des Lehrers oder der Lehrerin von den Schülerinnen und Schülern nicht angemessen umgesetzt werden können. Bevor sie ihren eigenen Unterricht beschreiben können Lehrerinnen und Lehrer als Spezialisten für Unterricht aber festlegen, welche Merkmale der gewünschte, nach eigenen Maßgaben gute Unterricht besitzen sollte. Vielleicht folgen sie dabei sogar einer übergeordneten pädagogischen Theorie. Als Beispiel könnte etwa das Schülerhandeln im Mittelpunkt stehen. Die Fragestellungen der Beobachtung orientieren sich an den gewünschten Formen oder Ausprägungen des Schülerhandelns und könnten etwa lauten:

Zuerst: Fragestellung festlegen

1. Können die Schülerinnen und Schüler in meinem Unterricht zur Mitarbeit aktiviert werden?

2. Lassen die Experimente (meine Handlungsangebote) den Schülerinnen und Schülern genügend Freiraum zum Ausprobieren eigener Ideen?

3. Haben die Schülerinnen und Schüler gelernt, was ich intendiert habe? Haben sie auf eine Weise gelernt, die ich intendiert habe?

4. Sind in meinem Unterricht die Ziele, Methoden und Materialien aufeinander bezogen?

Je nach Frage muss mit der Kamera der ganze Klassenraum oder nur eine einzelne Schülergruppe in den Blick genommen und es müssen die zur Antwort entscheidenden Stellen hergesucht werden. Eventuell reicht eine Stunde zur Beobachtung aus (z.B. bei „allgemeinen Verhaltensaspekten"), andernfalls muss eine ganze Sequenz untersucht werden (z.B. zur Auswertung spezieller Unterrichtssituationen). Für manche Fragen müssen zusätzlich zur Videobeobachtung andere Methoden angewandt werden, z.B. können kurze Schülerfragebögen die Beobachtungsdaten ergänzen und bewerten helfen (z.B. „Konntest Du im Unterricht eigene Ideen weiterentwickeln?").

Dann: Fragestellung operationalisieren

In der ersten genannten Fragestellung ist die Totale als Kameraeinstellung notwendig, um die Mitarbeit der Schüler beobachten zu können. Die Phasen, in denen einzelne Schülergruppen versuchen, Problemstellungen zu bearbeiten (Frage 2), müssen mit einer zusätzlichen, auf eine ausgewählte Gruppe gerichteten Kamera, betrachtet werden. Die dritte Frage kann nur durch zusätzliche Tests und durch die auf den intendierten Lernprozess bezogene Fixierung der Intentionen des Untersuchenden beantwortet werden. Die Adäquanz von Methode und Material der vierten Frage kann man nur in einer längeren Untersuchung mehrerer Stunden, ebenfalls begleitet von Tests, herausfinden.

Sowohl bei der Aufnahme als auch bei der anschließenden Analyse ist es in jedem Fall von Vorteil, die Zusammenarbeit mit vertrauten Kolleginnen und Kollegen zu suchen und über die eigene Sicht zu diskutieren. Ähnlich wie in wissenschaftlichen Untersuchungen kann damit eine höhere Verlässlichkeit der Ergebnisse (Reliabilität) erreicht werden – indem man versucht, die eigene Erwartung und Voreingenommenheit durch einen Perspektivenwechsel zu hinterfragen und zu relativieren. Die Diskussionen können auch die eigene neue Perspektive wiederum festigen; dies ist wichtig, da eine erste Konfrontation mit dem eigenen Verhalten in Bild und Ton nicht selten selbst erfahrene Lehrerinnen und Lehrer verunsichert.

Empfehlenswert: Diskussion mit vertrauten Kollegen

Um zu wissen, worauf beim Analysieren des Films geachtet werden soll, muss für die erste Beispielfrage die Anschauung des Beobachters von Schüleraktivität aufgeschrieben werden. Erst dann kann „Aktivität" in seinen beobachtbaren Merkmalen gezählt und eventuell qualitativ bezüglich des „Aktivitätsmodells" beurteilt werden. Ähnlich kann für die Beantwortung der zweiten Frage vorgegangen werden: Es werden alle Situationen herausgesucht, in denen Schüle-

Auswertung und Bewertung des eigenen Verhaltens und Handelns im Unterricht

rinnen und Schüler auf die Handlungsangebote reagieren; anschließend können die geäußerten Schülerideen eingeordnet, gezählt und bezüglich ihrer Eigenständigkeit beurteilt werden. Für die dritte Frage muss zunächst die Intention expliziert werden: Bezieht sich diese auf Handlungen, z.B. auf die Durchführung eines Experiments, werden solche Situationen identifiziert und bezüglich des Erreichens der Intention eingeschätzt. Geht es um kognitive Kompetenzen, muss ein entsprechender Test entwickelt werden. Das Ergebnis des Tests kann dann auf die entsprechenden Lernsituationen im Unterrichtsvideo bezogen werden. Die vierte Frage erfordert die Analyse mehrerer Stunden, die in der Planung aufeinander bezogen sind. Es ist zu untersuchen, wie die Schülerinnen und Schüler, wieder beurteilt nach der Intention, mit dem Material umgegangen sind und wie sie die Intentionen bezogen auf die Unterrichtsmethode umsetzen konnten. Zum Beispiel mit der Intention „Schüler sollen lernen, über ein bestimmtes Thema der Physik zu kommunizieren" werden vor allem lehrerzentrierte, fragend-entwickelnde Phasen und Diskussionsforen im Unterricht beurteilt. Wichtig ist auch hier wieder die Operationalisierung, also die genaue Beschreibung der Handlung „über Physik kommunizieren können".

Videoanalyse ist ein anspruchsvolles Verfahren, um Daten und letztlich Beschreibungen von Unterricht zu gewinnen. Die wissenschaftliche Methode ist sehr aufwändig und erfordert spezielle Kompetenz in diesem Bereich. Sie kann nicht unverändert als Hilfe zur kritischen Selbstreflexion von Unterrichtssituationen durch den Lehrer oder die Lehrerin genutzt werden. Allerdings ist auch davon abzuraten, eine solche Betrachtung ohne theoretische Überlegungen durchzuführen. Wichtig sind auch hier die genaue Formulierung der eigenen Fragestellung und daraus abgeleitete Konsequenzen und Regeln für Kameraführung, Auswahl und Interpretation bestimmter Filmausschnitte. Dies gelingt am besten im Team, da es einen Perspektivwechsel erleichtert und damit eine Annäherung an Interkoder-Reliabilität gelingt.

Literaturverzeichnis

American Psychological Association (1966, 1974, 1985). Standards for educational and psychological tests. Washington: American Psychological Association.

Anders - von Ahlften A. & Altheide H.- J. (1989). Laser - das andere Licht. Stuttgart: Georg Thieme.

Arndt, M. & Zeilinger, A. (2000). "Wo ist die Grenze der Quantenwelt ?". Physikalische Blätter, 56 (3), 69-71.

Aspect, A., Dalibard, J. & Roger, G. (1982). Phys. Rev. Lett., 49, 1804.

v. Aufschnaiter, S. & Welzel, M. (2001). Nutzung von Videodaten zur Untersuchung vor Lehr-Lern-Prozessen: Eine Einführung. In S. v. Aufschnaiter & M. Welzel (Hrsg.). Nutzung von Videodaten zur Untersuchung von Lehr-Lern-Prozessen: aktuelle Methoden empirischer pädagogischer Forschung. Münster/ New York/ München/ Berlin: Waxmann, S. 7-15.

Ausubel, D.P. (1968). Educational psychology: A cognitive view. New York: Holt, Rinehart & Winston.

Backhaus, U. & Schlichting, H.J. (1990). Auf der Suche nach Ordnung im Chaos. Der mathematische und naturwissenschaftliche Unterricht, 43, 456.

Backhaus, U. (2001). Das 3. newtonsche Gesetz und der physikalische Kraftbegriff. NiU/ Physik 12, Heft 5, 7-10.

Bader, F. (1996). Eine Quantenwelt ohne Dualismus. Hannover: Schroedel Verlag.

Bader, F. (2000). Dorn Bader Physik 12/13 Gymnasium Sek II. Hannover: Schroedel Verlag.

Banholzer, A. (1936). Die Auffassung physikalischer Sachverhalte im Schulalter. Dissertation, Universität Tübingen.

Barrow, L.H. (1987). Magnet concepts and elementary students' misconceptions. In J. Novak (Ed.). Proceedings of the 2. Int. Seminar Misconceptions and Educational Strategies in Science and Mathematics. Vol. III, pp. 17-20. Ithaca: Cornell University.

Baumann, K. & Sexl, R. (1984). Die Deutungen der Quantentheorie. Braunschweig: Vieweg.

Baumert, J. u.a. (2000 a). TIMSS/III Bd. I. Dritte Internationale Mathematik- und Naturwissenschaftsstudie. Mathematische und naturwissenschaftliche Bildung am Ende der Schullaufbahn. Opladen: Leske & Budrich.

Baumert, J., Evans, R.H. & Geiser, H. (1998). Technical problem solving among 10-year-old students as related to science achievement, out-of-school experience, domain-specific control beliefs, and attribution patterns. Journal of research in science teaching, 35, 987-1013.

Baumert, J., Lehmann, R. et al. (1997). TIMSS – Mathematisch-naturwissenschaftlicher Unterricht im internationalen Vergleich. Opladen: Leske + Budrich.

Baxter, J. (1995). Children's understanding of astronomy and the earth sciences. In S. M. Glynn & R. Duit (Eds.). Learning science in the schools: Research reforming practice. Mahwah, New Jersey: Lawrence Erlbaum Associates. pp. 155-177.

Berge, O. E. (1988). Aufbau, Wirkungsweise und Anwendung von Elektromotoren. NiU/ Physik/Chemie, 36, Nr. 32, 2 – 12.

Berge, O.E. (1973). Der Linearmotor mit longitudinalem Magnetfeld. NiU/ Physik Chemie, 21, Heft1, 12 – 14.

Berge, O.E. (1976). Linearmotoren – Grundlagen, Anwendungen, Modellversuche – SII. Der Physikunterricht, 10, Heft 2, 70 – 98.

Berge, O.E. (2000). Lärm- Physikalische und biologische Grundlagen. NiU/ Physik, 11, Heft 58, 140- 146.

Berger, Roland (2000). Moderne bildgebende Verfahren der medizinischen Diagnostik – Ein Weg zu interessanterem Physikunterricht. Berlin: Logos.

Bergmann, L., Schäfer,C. (1990[19]). Lehrbuch der Experimentalphysik – Mechanik – Akustik – Wärme Bd.1. Berlin: Walter de Gruyter.

Berry, M. (1990). Kosmologie und Gravitation. B.G. Teubner, Stuttgart.

Bethge, T. (1992). Vorstellungen von Schülerinnen und Schülern zu Begriffen der Atomphysik. In H. Fischler (Hrsg,). Quantenphysik in der Schule. Kiel: IPN – Leibniz Institut für die Pädagogik der Naturwissenschaften, S. 215-233.

Biermann, R. (1985). Aufgabe Unterrichtsplanung. Essen: Neue Deutsche Schule.

BLK (1997). Expertise „Steigerung der Effizienz des mathematisch-naturwissenschaftlichen Unterrichts". Bonn: Bund-Länder-Kommission (http://www.ipn.uni-kiel.de/projekte/blk_prog/gutacht/gut_ub.htm).

BLK-Expertise (1997). Steigerung der Effizienz des mathematisch-naturwissenschftlichen Unterrichts. BLK für Bildungsplanung und Forschungsförderung, Heft 60, Bonn, BLK.

Blome, H., Hoell, J. & Priester, W. 1997). Kosmologie. Bergmann, Schaefer. Lehrbuch der Experimentalphysik. Bd. 8. Berlin, New York: Walter de Gruyter.

Bortz, J. (1999). Statistik für Sozialwissenschaftler. Berlin, Heidelberg, New York: Springer Verlag.

Bouwmeester, D., Pan, J.-W., Mattle, K., Eibl, M., Weinfrrter, H. & Zeilinger, A. (1997). Experimental quantum teleportation. Nature, 490, 575.

Boysen, G. et al. (1999). Oberstufe Physik. Berlin: Cornelsen.

Boysen, G. et al. (2000) . Oberstufe Physik. Sachsen Anhalt 11. Berlin: Cornelsen.

Breuer, E. & Fischer, H. E. (1997). Elektrostatik im Leistungskurs: Ein spiel- und kommunikationsorientierter Einstieg. In H. E. Fischer (Hrsg). Handlungsorientierter Physik-Unterricht Sekundarstufe II, Bonn: Dümmler, S. 6 – 29.

Bronsart, R. (2001). Internationaler Wettbewerb 'Das Papierschiff'. www.fms.uni-rostock.de/ismt/papierschiff.html

Brophy, J.E. & Good, T.L. (1986). Teacher behaviour and student achievement. In M.C. Wittrock (Eds.): Handbook of research on teaching. New York: Macmillan, pp 328-377.

Buttkus, B., Nordmeier, V. & Schlichting, H.J. (1993). Der chaotische Prellball. In G. Kurz: (Hrsg.). Didaktik der Physik. Vorträge der Frühjahrstagung der DPG Esslingen 1993, 455.

Buttkus, B., Schlichting, H.J. & Nordmeier, V. (1995). Tropfendes Wasser als chaotisches System. Physik in der Schule, 33, Heft 2, 67-71.

Bennet, C. H. et al. (1993). Teleporting an Unknown State via Dual Classical and Einstein-Podolsky-Rosen Channels. Phys. Rev. Lett., 70, 1895.

Clausen, M. (2000). Wahrnehmung von Unterricht / Übereinstimmung, Konstruktvalidität, und Kriteriumsvalidität in der Forschung zur Unterrichtsqualität. PhD thesis, Fachbereich Erziehungswissenschaft und Psychologie, Freie Universität, Berlin.

COOLEDIT (2001). http://www.syntrillium.com/cooledit (20.11.2001).

Craig, Ch. S. (1997). Computerprogramm Goldwave. Version 3. http://www.goldwave.com (20.11.2001).

Dickerson, R.E. & Geis, I. (1981). Chemie – eine lebendige und anschauliche Einführung. Weinheim: Verlag Chemie.

Diesterweg, F.A.M. (1935). Wegweiser zur Bildung für deutsche Lehrer. Reprint in P. Heilmann (1909). Quellenbuch der Pädagogik. Leipzig: Dürrsche Buchhandlung.

Dirac, P.A.M. (1947). The Principles of Quantum Mechanics. Oxford: Clarendon Press.

Dorn, F. & Bader, F. (2000). Physik für SII 12/13. Hannover: Schroedel Verlag.

Draxler, D. (2000). Eine theoretisch begründete Charakterisierung von Physikaufgaben und ihre Funktion im Unterricht der Sekundarstufe I. Schriftliche Hausarbeit für das Lehramt für die Sekundarstufe II, Uni Dortmund.

Driver, R. & Scott, P. (1994). Schülerinnen und Schüler auf dem Weg zum Teilchenmodell. NiU/ Physik, 5, Heft2, 24-31.

Duit, R. (1986b). Energievorstellungen. NiU/Physik Chemie,34, Heft 3, 7-9.

Duit, Goldberg & Niedderer, H. (Eds.) (1992). Research in physics learning: Theoretical issues and empirical studies. Kiel: IPN – Leibniz Institut für die Pädagogik der Naturwissenschaften.

Duit, R. & Häußler, P. (1994). Learning and teaching energy. In P. Fensham, R. Gunston. & R. White, Eds., The content of science. London: The Falmer Press, pp. 185-200.

Duit, R. & Komorek, M. (2000). Die eingeschränkte Vorhersagbarkeit chaotischer Systeme verstehen. Der Mathematische und Naturwissenschaftliche Unterricht, 53, 94-103.

Duit, R. & v. Rhöneck, Ch. (1998). Learning and understanding key concepts in electricity. In A. Tiberghien, E. Jossem & J. Barojas (Eds.). Connecting research in physics education. Ohio: ICPE Books (published on the internet: http://www.physics.ohio-state.edu/~jossem/ICPE/TOC.html), pp. 1-10.

Duit, R. & v. Rhöneck, Ch. (Hrsg.) (1996). Lernen in den Naturwissenschaften. Kiel: IPN – Leibniz Institut für die Pädagogik der Naturwissenschaften.

Duit, R. & v. Rhöneck, Ch. (Hrsg.) (2000). Ergebnisse fachdidaktischer und psychologischer Lehr-Lern-Forschung. Kiel: IPN – Leibniz Institut für die Pädagogik der Naturwissenschaften.

Duit, R. (1986a). Wärmevorstellungen. NiU/ Physik Chemie, 34, Heft3, 30-33.

Duit, R. (1992). Teilchen- und Atomvorstellungen. In H. Fischler (Hrsg). Quantenphysik in der Schule. Kiel: IPN – Leibniz Institut für die Pädagogik der Naturwissenschaften, 201-214.

Duit, R. (1995). Zur Rolle der konstruktivistischen Sichtweise in der naturwissenschafts-didaktischen Lehr- und Lernforschung. Zeitschrift für Pädagogik, 41, 905-923.

Duit, R. (1999). Die physikalische Sicht von Wärme und Energie verstehen. NiU/ Physik, 10, 10-12.

Duit, R. (2002). Bibliography: Students' and teachers' conceptions and science education. Kiel: IPN – Leibniz Institut für die Pädagogik der Naturwissenschaften (www.ipn.uni-kiel.de/publications/bibstcse).

Duit, R., Häußler, P.& Kircher, E. (1981). Unterricht Physik. Köln: Aulis.

Dweck, C. S. & Mueller, C. (1998). Praise for intelligence can undermine children's motivation and performance. Journal of Personality and Social Psychology, 75, Heft 1, 33.

Eichler H.- J.& Eichler J. (1998). Laser: Bauformen, Strahlführung, Anwendungen. Berlin: Springer.

Eichler H.- J.; Eichler J. (1995). Laser: High - Tech mit Licht. Berlin: Springer.

Eigler, D.M., Crommie, M.F. & Lutz, C.P. (1993). Confinement of electrons to quantum corrals on a metal surface. Science, 262, pp. 218-220.

Einsiedler, W. (1997). Unterrichtsqualität und Leistungsentwicklung. In F.E Weinert & A. Helmke (Hrsg). Entwicklung im Grundschulalter. Weinheim: Beltz, S. 223 - 240.

Einstein, A. Podolsky, B. & Rosen, N. (1935). Can Quantum Mechanical Description of Physical Reality Be Considered Complete?, Phys. Rev. 47, 777.

Enders-Dragässer, U. & Fuchs, C. (1989). Interaktionen der Geschlechter. Weinheim: Juventa.

Euler,M. (1995). Synergetik für Fußgänger I – Selbsterregte Schwingungen in mechanischen und elektronischen Systemen. Physik in der Schule, Heft 5, 189-194. Synergetik für Fußgänger II – Laseranalogie und Selbstorganisationsprozesse bei selbsterregten Schwingern. Physik in der Schule, Heft 6, 237-242.

Faißt, W., Häußler, P. et al. (1994). Physikanfangsunterricht für Mädchen und Jungen. Kiel: IPN-Materialien.

Faulstich-Wieland, H. (Hrsg.) (1987). Abschied von der Koedukation. Fachhochschule Frankfurt/Main.

Fernandez, C. & Stigler, J. (1995). TIMSS Videotape Classroom Study – Field Test Report. Washington, DC: NCES, IEA.

Feynman, R. P. (1988). QED – Die seltsame Theorie des Lichts und der Materie. München: Piper Verlag.

Feynman, R., (1982). Simulating physics with computers. International Journal of Theoretical Physics, 21, 6&7, 467-488,

Fischer, H. E. & Breuer, E. (1994). Misconceptions as indispensable steps towards an adequate understanding of physics. Proceedings of the Third International Seminar on Misconceptions and Educational Strategies in Science and Mathematics, Ithaca/New York: Cornell University Press.

Fischer, H. E. & Horstendahl, M. (1997). Motivation and Learning Physics. Research in Science Education, Special issue about European research in science education, 27, Heft 3, 411-424.

Fischer, H. E. (1998). Scientific Literacy und Physiklernen. Zeitschrift für Didaktik der Naturwissenschaften, 4, Heft 2, 41-52.

Fischer, H. E. (1999). Ein handlungs- und kommunikationsorientierter Einstieg in die Elektrostatik. NiU/ Physik, 10, Nr. 50, 16-20.

Fischler, H. & Lichtfeldt, M. (1992). Modern physics and students' conceptions. International Journal of Science Education, 14, Heft 2, 181-190.

Fischler, H. & Lichtfeldt, M. (1997). Teilchen und Atome. Modellbildung im Unterricht. NiU/ Physik, 8, Heft 5, 4 - 8.

Fischler, H. (2000). Über den Einfluss von Unterrichtserfahrungen auf die Vorstellungen vom Lehren und Lernen bei Lehrerstudenten der Physik. ZfDN, 6, 79 – 95.

Fischler, H., Peuckert, J. (Hrsg.) (2000). Concept Mapping in fachdidaktischen Forschungsprojekten der Physik und Chemie. Berlin: Logos Verlag.

Fisseni, H.-J. (1997). Lehrbuch der psychologischen Diagnostik. Göttingen/ Bern/ Toronto/ Seattle: Hogrefe.

Fricke, J., Moser, L. & Scheuer, H. (1983). Schall und Schallschutz. Weinheim: Physik.

Fritzsche, K. & Duit, R. (2000). Grundbegriffe der Wärmelehre – aus Schülervorstellungen entwickelt. NiU/ Physik, 11, Heft 6, 22-25.

Galili, I. & Hazan, A. (2000). Learners' knowledge in optics: Interpretations, structure and analysis. International Journal of Science Education, 22, 57-88.

Galili, I. (1993). Weight and gravity: Teachers' ambiguity and students' confusion about the concepts. International Journal of Science Education 15, 149-162.

Geiß, U. (1996). Computerprogramm DITON.
http://www.physik.uni-erlangen.de/Didaktik/download/windown.htm (20.11.2001).

Gerdes, J. & Schecker, H. (1999). Der Force Concept Inventory Test. Der Mathematische und Naturwissenschaftliche Unterricht, 52, 283-288.

Gerstenmaier, J. & Mandl, H. (1995). Wissenserwerb unter konstruktivistischer Perspektive. Zeitschrift für Pädagogik 41, 876-888.

Gerthsen, C. & Meschede, D. (2001[21]). Physik. Berlin, Heidelberg, New York: Springer Verlag.

Gillibrand, E. Robinson, P., Brawn, R. & Osborn, A. (1999). Girls´ participation in physics in single sex classes in mixed schools in relation to confidence and achievement. International Journal of Science Education. 21, 349-362.

Girwidz, R., Gößwein, O. & Steinrück, H.-P. (2000). Atomphysik am Computer. Physik in unserer Zeit, 31, Heft 4, 165 – 167.

v.Glasersfeld, E. (1993). Das Radikale in Piagets Konstruktivismus. In R. Duit & W. Gräber, (Hrsg.). Kognitive Entwicklung und Lernen der Naturwissenschaften Kiel: IPN – Leibniz Institut für die Pädagogik der Naturwissenschaften, S. 46-54.

Glumpler, E. (Hrsg.) (1994). Koedukation. Entwicklungen und Perspektiven. Bad Heilbrunn: Klinkhardt.

Goenner, H. (1994). Einführung in die Kosmologie. Heidelberg, Berlin, Oxford: Spektrum Akademischer Verlag.

Gräsel, C., Prenzel, M. & Mandl, H. (1993). Konstruktionsprozesse beim Bearbeiten eines fallbasierten Computerprogramms. In C. Tarnei (Hrsg.). Beiträge zur empirischen pädagogischen Forschung. Münster: Waxmann, S. 55-66.

Grehn J. & Krause J. (Hrsg.) (1998[3]). Metzler Physik. Hannover: Schroedel.

Grob, K., v. Rhöneck, Ch. & Völker, B. (1993). Die Entwicklung von Verstehensstrukturen im Anfangsunterricht der Elektrizitätslehre. NiU/ Physik, 4, Heft 3, 24-27.

Gropengießer, H. (2001). Didaktische Rekonstruktion des Sehens. Oldenburg: Didaktisches Zentrum der Carl von Ossietzky Universität.

Hacker, G. (2001). Grundlagen der Teilchenphysik – Ein Lernprogramm. Erlangen (http://www.physik.uni-erlangen.de/Didaktik/gdt/gdt.htm)

Haggerty, S. (1995). Gender and teacher development: issues of power and culture. International journal of science education, 17, 1-15.

Hagner, R. (1989). Der Linearmotor - Bearbeitung eines physikalisch-technischen Problems mit schulmäßigen Mitteln. NiU/ Physik Chemie, 37, 354 – 359.

Harrison, E. (1999[2]). Cosmology – The Science of the Universe. Cambridge: University Press.

Härtel, H. (1992). Neue Ansätze zur Darstellung und Behandlung von Grundbegriffen und Grundgrößen der Elektrizitätslehre. In K. Dette, P. J. Pahl (Hrsg.). Multimedia, Vernetzung und Software für die Lehre). Berlin: Springer, S. 423 – 428.

Häußler, P. & G. Lind (1998). BLK-Programmförderung „Steigerung der Effizienz des mathematisch-naturwissenschaftlichen Unterrichts". Stand Juli 1998. http://blk.mat. uni-bayreuth.de/blk/blk/material/ipn.html (Funddatum: 18.12.2000).

Häußler, P. & Hoffmann, L. (1995). Physikunterricht – an den Interessen von Mädchen und Jungen orientiert. Unterrichtswissenschaft, 23, 107-126.

Häußler, P. & Hoffmann, L. (1998). Chancengleichheit für Mädchen im Physikunterricht – Ergebnisse eines erweiterten BLK-Modellversuchs. Zeitschrift für Didaktik der Naturwissenschaften, 4, 51-67.

Häußler, P., Bünder, W., Duit, R., Gräber, W. & Mayer, J. (1998). Naturwissenschaftsdidaktische Forschung – Perspektiven für die Unterrichtspraxis. Kiel: IPN – Leibniz Institut für die Pädagogik der Naturwissenschaften.

Heidemann, R. (1996[5]). Körpersprache im Unterricht. Wiesbaden: Quelle & Meyer.

Heimann, P. (1962). Didaktik als Theorie und Lehre. Deutsche Schule, 54, 407 ff.

Helms, A. & May, A. (1977). Physik in Demonstrationsversuchen 7.-10. Schuljahr Ausgabe A/B Elektrik Teil 2, Phywe-Schriftenreihe, Göttingen: Industrie-Druck GmbH Verlag.

Hepp, R. (1999). Lernen an Stationen im Physikunterricht. NiU/ Physik, 10, Heft 51/52, 96 – 100.

Heuer, D. & Wilhelm, T. (1997). Aristoteles siegt immer noch über Newton. MNU 50, Heft 5, 280-285.

Heuer, D. (1996). Konzepte für Systemsoftware zum Physikverstehen. Praxis der Naturwissenschaften – Physik, 45, Heft 4, 2-11.

Heuer, D. (2000). Grafisch unterstütztes Modellieren und Messen. Praxis der Naturwissenschaften – Physik, 49, Heft 6, 32-36.

Hoffmann, L., Häußler, P. & Lehrke, M. (1998) Die IPN-Interessenstudie Physik. Kiel: IPN.

Hoffmann, L., Häußler, P. & Peters-Haft, S. (1997). An den Interessen von Jungen und Mädchen orientierter Physikunterricht. Kiel: IPN.

Holzinger G. (Hrsg.) (1978). Bundesamt für Arbeitsschutz und Unfallforschung: Schutz vor Laserstrahlen. Bremerhaven: Wirtschaftsverlag NW GmbH.

Horne R. S. (1999). Computerprogramm Spektrogram. http://www.visualizationsoftware.com/gram.html (20.11.2001)

Horstendahl, M, Fischer, H. E.& Rolf, R. (2000). Konzeptuelle und motivationale Aspekte der Handlungsregulation von Schülerinnen und Schülern im Experimentalunterricht der Physik. Zeitschrift für Didaktik der Naturwissenschaften, 6, 7- 25.

Horstendahl, M. (1999). Motivationale Orientierung im Physikunterricht. Berlin: Logos.

Horstkemper, M. (1987). Schule, Geschlecht und Selbstvertrauen. Weinheim: Juventa.

Höttecke, D. (2001). Die Natur der Naturwissenschaften historisch verstehen. Berlin: Logos Verlag.

Hucke, L. & Fischer, H. E. (2001). Fachdidaktische Forschung zur Verbesserung der experimentellen naturwissenschaftlichen Ausbildung – Eine Untersuchung im physikalischen Anfängerpraktikum. In C. Finkbeiner & G. W. Schnaitmann (Hrsg.). Lehren und Lernen im Kontext empirischer Forschung und Fachdidaktik. Reihe Innovation und Konzept. Donauwörth: Auer Verlag, S. 496 – 517.

Hucke, L. (2000). Handlungsregulation und Wissenserwerb in traditionellen und computergestützten Experimenten des physikalischen Praktikums. Berlin, Logos.

Huster, S. (1996). Fehlvorstellungen 13- bis 14jähriger Schüler zum Begriff Druck. Physik in der Schule, 34(7/8), 257-261, 319-321.

Jacobs, J.K., Kawanaka, T. & Stigler, J.W. (1999). Integrating qualitative and quantitative aproaches to the analysis of video data on classroom teaching. International Journal of Educational Research, 31, 717-724.

Jank, J. & Meyer, H. (1991). Didaktische Modelle. Frankfurt: Scriptor.

Jesse K. (1999). Laser: Grundlagen und moderne Trends. Berlin: VDE.

Jonassen, D., & Wang, S. (1993). Acquiring structural knowledge from semantically structured hypertext. Journal of Computer-Based Instruction, 20, 1-8.

Jones, M., Howe, A, & Rua, M. (2000). Gender differences in students´ experiences, interests, and attitudes toward science and scientists. Science Education, 84, 180-192.

Jung, W. (1986). Alltagsvorstellungen und das Lernen von Physik und Chemie. NiU/ Physik Chemie, 34, Heft 3, 2-6.

Jung, W. (1989). Phänomenologisches vs. physikalisches optisches Schema als Interpretationsinstrumente bei Interviews. physica didactica, 16, Heft 4, 35-46.

Jung, W. (1993). Hilft die Entwicklungspsychologie dem Naturwissenschaftsdidaktiker? In R. Duit & W. Gräber (Hrsg.). Kognitive Entwicklung und Lernen der Naturwissenschaften Kiel: IPN – Leibniz Institut für die Pädagogik der Naturwissenschaften, S. 86-108.

Jung, W. (1998). Physikspezifische entwicklungspsychologische Konzepte. Zeitschrift für Didaktik der Naturwissenschaften, 4, Heft 1, 45-49.

Jüngst, K. L. (1992). Lehren und lernen mit Begriffsnetzdarstellungen. Frankfurt a. M.: Afra-Verlag.

Kadner, I. (1995). Akustik in der Schulphysik. Physik in der Schule, 33, Heft 7-8, 246-253.

Kattmann, U., Duit, R., Gropengießer & Komorek, M. (1997). Das Modell der didaktischen Rekonstruktion – Ein theoretischer Rahmen für naturwissenschaftsdidaktische Forschung und Entwicklung. Zeitschrift für Didaktik der Naturwissenschaften 3, Heft 3, 3-18.

Kesidou, S., Duit, R. & Glynn, S. M. (1995). Conceptual development in physics: Students' understanding of heat. In S. M. Glynn & R. Duit, Eds., Learning science in the schools: Research reforming practice. Mahwah, New Jersey: Lawrence Erlbaum Associates, pp. 179-198.

Kircher, E. & Rohrer, H. (1993). Schülervorstellungen zum Magnetismus in der Primarstufe. Sachunterricht und Mathematik in der Primarstufe, 21, 336-342.

Kircher, E. (1986). Vorstellungen über Atome. NiU/ Physik Chemie 34, Heft 3, 34-37.

Kircher, E., Girwidz, R. & Häußler, P. (2001). Physikdidaktik. Berlin, Heidelberg, New York: Springer Verlag.

Kircher, E.; Girwidz, R.; Häußler, P. (2000). Physikdidaktik. Braunschweig / Wiesbaden: Vieweg.

Kittel, Ch. (1999[12]). Einführung in die Festkörperphysik. München: Oldenbourg Verlag.

Klieme, E. (2000). Fachleistungen im voruniversitären Mathematik- und Physikunterricht: Theoretische Grundlagen, Kompetenzstufen und Unterrichtsschwerpunkte. In J. Baumert et al. (Hrsg.). TIMSS/III. Dritte Internationale Mathematik- und Naturwissenschaftsstudie – Mathematische und naturwissenschaftliche Bildung am Ende der Schullaufbahn. Band 2. Mathematische und physikalische Kompetenzen am Ende der Sekundarstufe II. Opladen: Leske und Budrich.

Knoll, S. & Stigler, J.W. (1999). Management and analysis of large-scale video surveys using the software vPrism. International Journal of Educational Research, 31, 725-734.

Köhler, A. (2000). Mausefallenautos und andere Projekte im Physikunterricht. MNU 35, Heft 5, 303-305.

Köhler, M., Nordmeier, V. & Schlichting, H.J. (2001). Chaos im Sonnensystem. In V. Nordmeier (Hrsg). Didaktik der Physik. Vorträge der Frühjahrstagung der DPG Bremen 2001.

Kolb, E., M. Turner (1990). The Early Universe., New York: Addison-Wesley Publishing Company.

Komorek, M. (1998): Elementarisierung und Lernprozesse im Bereich des deterministischen Chaos. Kiel: IPN-Materialien.

Komorek, M., Duit, R. & Schnegelberger, M. (Hrsg.) (1998). Fraktale im Unterricht. Zur didaktischen Bedeutung des Fraktalbegriffs. Kiel: IPN-Materialien.

Korneck, F. (1998). Die Strömungsdynamik als Zugang zur nichtlinearen Dynamik. Aachen: Shaker Verlag.

Kotte, D. (1992). Gender differences in science achievement in 10 countries. Frankfurt/Main: Lang.

Krapp, A. (1992). Interesse, Lernen und Leistung. Zeitschrift für Pädagogik, 39, 747-770.

Kreienbaum, M. & Metz-Göckel, S. (Hrsg.) (1992). Koedukation und Technkikkompetenz von Mädchen. Der heimliche Lehrplan der Geschlechtertrennung und wie man ihn ändert. Weinheim: Juventa.

Kretschmer, H. & Stary, J. (1998). Schulpraktikum. Berlin: Cornelsen.

Krippendorff, K. (1980).Content Analysis. The Sage commtext series, 5. Beverly Hills/ London: Sage Publications.

Kutter, C. (1995). Lärm und Lärmschutz im Physikunterricht. Physik in der Schule, 33, Heft 7-8, 272-279.

Labudde, P. (1993). Erlebniswelt Physik. Bonn: Dümmler.

Labudde, P. (1996³). Alltagsphysik in Schülerversuchen. Bonn: Dümmler.

Labudde, P. (1997). Physiklernen als Sprachlernen – Wie in der Wissenschaft so im Unterricht. In: Fischer, H.E. (Hrsg.): Handlungsorientierter Physik-Unterricht Sekundarstufe II. Bonn: Dümmler.

Labudde, P. (1997). Selbstständig lernen – Eine Chance für den Physikunterricht. Unterricht Physik, Heft 37, 4-9.

Labudde, P. (2000). Konstruktivismus im Physikunterricht der Sekundarstufe II. Bern / Stuttgart: Haupt.

Landsberg- Becher, J.W. (2000). Lärm als Gesundheitsrisiko. NiU/ Physik, 11, Heft 58, 148-151.

Lange W. (1994). Einführung in die Laserphysik. Darmstadt: Wissenschaftliche Buchgesellschaft.

Lichtenberg, G.Ch. (1980). Schriften und Briefe Band II. München: Hanser.

Lichtfeldt, M. (1992a). Schülervorstellungen in der Quantenphysik und ihre möglichen Veränderungen durch Unterricht. Darmstadt: Westarp Wissenschaften.

Lichtfeldt, M. (1992b). Schülervorstellungen als Voraussetzung für das Lernen von Quantenphysik. In H. Fischler (Hrsg.). Quantenphysik in der Schule. Kiel: IPN – Leibniz Institut für die Pädagogik der Naturwissenschaften, S. 234-244.

Lieb, D. (2001). Einführung in die Akustik – ein Lernzirkel für die 8. Klasse Realschule. Schriftliche Hausarbeit, Universität Würzburg.

Lijnse, P. L. (1990). Energy between the life-world of pupils and the world of physics. Science Education, 74, 571-583.

Luchner, K. & Worg, R. (1986). Chaotische Schwingungen. Praxis der Naturwissenschaften - Physik, 35, Heft 4, 9.

Lukner, C. (1995). Die Magnetschnellbahn Transrapid als aktuelles Thema eines projektorientierten Unterrichtes. In: Praxis der Naturwissenschaften – Physik, 44, Heft 8, 32 – 36.

Lunetta, V. N. (1998). The school science laboratory: historical perspectives and contexts for contemporary teaching. In K. Tobin & B. Fraser (Eds). International Handbook of Science Education. Amsterdam: Kluwer.

Mandelbrot, B.B. (1987). Die fraktale Geometrie der Natur. Basel: Birkhäuser Verlag.

Marhenke, E. (1996 b). Modell eines Wechselstomzählers. NiU/ Physik, 7, 192-196.

Marhenke, E. (1996 c). Die Induktionskochstelle - Anwendung von Wirbelströmen in der Haushaltstechnik. NiU/ Physik 7, 71 – 73.

Marhenke, E. (1996a). Der Spaltpolmotor. NiU/ Physik, 7, 78 – 81.

Mayring, P. (2000⁷). Qualitative Inhaltsanalyse – Grundlagen und Techniken. Weinheim: Beltz Deutscher Studien Verlag.

Mc Comas; W.F. (1998). The nature of science in science education. Dordrecht: Kluwer Academic Publishers.

Merkens, H. (2001).Integration qualitativer und quantitativer Methoden in der Lehr- und Lernforschung. In C. Finkbeiner & G. Schnaitmann (Hrsg.). Lehren und Lernen im Kontext empirischer Forschung und Fachdidaktik. Reihe Innovation und Konzeption. Donauwörth: Auer-Verlag.

Miericke, J. (2000). Experimente "zum Anfassen" in der Schule. Physikalische Blätter, 56, Heft 5, 61-63

Mindjet (2001). MindManager Smart. Version 2.1.3. www.mindjet.de (20.11.2001)

Mittelstaedt, P. (2000). Universell und inkonsistent? – Quantenmechanik am Ende des 20. Jahrhunderts. Physikalische Blätter, 56, Heft 12, 65-68.

Möller, J. & Jerusalem, M. (1997). Attributionsforschung in der Schule. Zeitschrift für Pädagogische Psychologie, 11, 151-166.

Möller, K. (1999). Konstruktivistisch orientierte Lehr-Lernprozessforschung im naturwissenschaftlich-technischen Bereich des Sachunterrichtes. In W. Köhnlein, B. Marquardt-Mau, & H. Schreier (Hrsg.). Vielperspektivisches Denken im Sachunterricht. Bad Heilbrunn: Klinkhardt, S. 125-191.

Muckenfuß, H. (1992). Neue Wege im Elektrikunterricht. Köln: Aulis-Verlag Deubner.

Muckenfuß, H. (1995). Lernen im sinnstiftenden Kontext. Berlin: Cornelsen.

Muckenfuß, H. (1996). Orientierungswissen und Verfügungswissen. Zur Ablehnung des Physikunterrichts durch die Mädchen. Unterricht Physik 7, Heft 31, 20-25.

Nachtigall, D. (1986). Vorstellungen im Bereich der Mechanik. NiU/ Physik Chemie, 34, Heft 3, 16-20.

Nakamura, S.; Pearteon, S.& Fasol, G. (2000). The Blue Laser Diode. The Complete Story. Berlin, Heidelberg, New York: Springer Verlag.

Niedderer, H. (1988). Schülervorverständnis und historisch-genetisches Lernen mit Beispielen aus dem Physikunterricht. In K. H. Wiebel (Hrsg.). Zur Didaktik der Physik und Chemie. Vorträge auf der Tagung für Didaktik d. Physik/Chemie, September 1987). Nürnberg: Leuchtturm-Verlag, Alsbach, S. 76-107.

Nietzsche, F. (1978). Unschuld des Werdens. Stuttgart: Kröner.

Nordmeier, V. & Schlichting, H.J. (1996). Auf der Suche nach Strukturen komplexer Phänomene. (Themenheft Komplexe Systeme) Praxis der Naturwissenschaften – Physik, 45, Heft 1, 22-28.

Nordmeier, V. (1993). Fraktale Strukturbildung – Einfache Experimente für den Physikunterricht. Physik in der Schule, 31, 152.

Nordmeier, V. (1999). Zugänge zur nichtlinearen Physik am Beispiel fraktaler Wachstumsphänomene. Ein generisches Fraktal-Konzept. Münster: LIT-Verlag.

NRW (1999). Ministerium für Schule und Weiterbildung, Wissenschaft und Forschung des Landes Nordrhein-Westfalen: Richtlinien und Lehrpläne für die Sekundarstufe II – Gymnasium/Gesamtschule in Nordrhein- Westfalen – Physik. Frechen: Ritterbach Verlag.

Nussbaum, J. (1998). History and philosophy of science and the preparation for constructivist teaching: The case of particle theory. In J. Mintzes, J. Wandersee & J. Novak (Eds.). Teaching science for understanding. San Diego: Academic Press, pp. 165-194.

OECD (Hrsg.) (2001). Knowledge and Skills for Life: First Results from PISA 2000. Paris: OECD.

Pädagogisches Zentrum des Landes Rheinland Pfalz (Hrsg.) (1998). Mädchenphysik? Jungenphysik? Physik die allen Spaß macht. PZ-Information 6/98.

Paul, H. (1995). Photonen. Stuttgart: Teubner Studienbücher.

Peacock, J. (1999). Cosmological Physics. Cambridge: University Press.

Peitgen, H.-O., Jürgens, H. & Saupe, D. (1992). Bausteine des Chaos – Fraktale. Berlin: Klett-Cotta/Springer-Verlag.

Peterssen, W.H. (1998). Handbuch der Unterrichtsplanung. München: Ehrenwirth.

Petri, G. (1993). Analysen und neue Entwicklungsansätze zum schülerorientierten Unterricht. Graz: Dorrong.

Petri, J. & Niedderer, H. (1998). Die Rolle des Weltbildes beim Lernen vom Atomphysik – Eine Fallstudie zum Lernpfad eines Schülers. Zeitschrift für Didaktik der Naturwissenschaften, 4, Heft 3, 3-18.

Pfundt H. (1981). Das Atom – letztes Teilungsstueck oder erster Aufbaustein? Zu den Vorstellungen, die sich Schüler vom Aufbau der Stoffe machen. chimica didactica, 7, 75-94.

Pfundt, H. & Duit, H. (2001). Bibliographie – Alltagsvorstellungen und naturwissenschaftlicher Unterricht. Kiel: IPN – Leibniz Institut für die Pädagogik der Naturwissenschaften.

Pientka, H. (Hrsg.) (2001). Themenheft: Versuche mit Lasern. Praxis der Naturwissenschaften Physik, Physik in der Schule, 50, Heft 1.

Posner, G. J., Strike, K. A. , Hewson, P. W. & Gertzog, W. A. (1982). Accommodation of a scientific conception: Toward a theory of conceptual change. Science Education, 66, 211-227.

Potempa, T. (2000). Leitfaden für die gezielte Online-Recherche. München: Hanser.

Povh, B., Rith, K., Scholz, C. & Zetsche, F. (1999^5). Teilchen und Kerne. Berlin, Heidelberg, New York: Springer Verlag.

Prenzel, M. & Duit, R. (1999). Ansatzpunkte für einen besseren Unterricht. Der BLK-Modellversuch „Steigerung der Effizienz des mathematisch-naturwissenschaftlichen Unterrichts". NiU/ Physik, 10, Heft 6, 32-37.

Prigogine, I. et al. (1991). Anfänge. Berlin: Merve.

Psillos, D. & Kariotoglou, P. (1999). Teaching fluids: Intended knowledge and students´ actual conceptual evolution. International Journal of Science Education, 21, 17-38.

Rennström, L. (1987). Pupils conceptions of matter. A phenomenographic approach. In J. Novak (Ed.). Proceedings of the 2. Int. Seminar "Misconceptions and Educational Strategies in Science and Mathematics", Vol. III. Ithaca: Cornell University, pp. 400-414.

v. Rhöneck, Ch. (1986). Vorstellungen vom elektrischen Stromkreis und zu den Begriffen Strom, Spannung und Widerstand. NiU/Physik Chemie, 34, Heft 3, 10-14.

Rindler, W. (1977). Essential Relativity. . Berlin, Heidelberg, New York: Springer Verlag.

Robanus M. (2000). Der Lernzirkel „Laser und Laserpointer" im Physikunterricht der Hauptschule. Schriftliche Hausarbeit, Universität Würzburg.

Rodewald, B. & Schlichting, H.J. (1986). Prinzipien der Synergetik – erarbeitet an Spielzeugen. Praxis der Naturwissenschaft- Physik, 35, Heft 4, 33.

Rössler, O. E. (1977). In H. Haken (Hrsg.). Synergetics: A Workshop. Berlin, Heidelberg, New York: Springer Verlag.

Salomon, G. (1979). Interaction of media, cognition and learning. San Francisco: Jossey-Bass.

SAN (1999). Kultusministerium des Landes Sachsen-Anhalt. Rahmenrichtlinien Gymnasium/Fachgymnasium Physik. Magdeburg.

Schecker, H. & Niedderer, H. (1996). Contrastive teaching: A strategy to promote qualitative conceptual understanding of science. In D. F. Treagust, R. Duit, & B. Fraser (Eds.). Improving teaching and learning in science and mathematics. New York: Teachers College Press pp. 141-151.

Schecker, H. (1985). Das Schülerverständnis zur Mechanik. Bremen: Universität Bremen.

Schecker, H. (1988). Von Aristoteles bis Newton – Der Weg zum physikalischen Kraftbegriff. NiU/ Physik Chemie, 36, Heft 4, 7-10.

Schlichting, H.J. & Nordmeier, V. (1996). Strukturen im Sand. Kollektives Verhalten und Selbstorganisation bei Granulaten. Der mathematische und naturwissenschaftliche Unterricht, 49, Heft 6, 323-332.

Schlichting, H.J. & Nordmeier, V. (2000a). Thermodynamik und Strukturbildung am Beispiel der Entstehung eines Flussnetzwerkes. Der mathematische und naturwissenschaftliche Unterricht (MNU), 53/8, 450-454.

Schlichting, H.J. (1988a). Freihandversuche zu Phasenübergängen. Physik und Didaktik 16/2, 163.

Schlichting, H.J. (1988b). Komplexes Verhalten modelliert anhand einfacher Spielzeuge. Physik und Didaktik, 16, Heft 2, 163.

Schlichting, H.J. (1990). Physikalische Phänomene am Dampf - Jet - Boot. Praxis der Naturwissenschaften – Physik, 39, Heft 8, 19.

Schlichting, H.J. (1991). Zwischen common sense und physikalischer Theorie – wissenschaftstheoretische Probleme beim Physiklernen. MNU, 44, 74-80.

Schlichting, H.J. (1992a). Geduld oder Physik – ein einfaches Spielzeug mit physikalischen Aspekten. Praxis der Naturwissenschaften- Physik, 41, Heft 2, 5.

Schlichting, H.J. (1992b). Schöne fraktale Welt- Annäherungen an ein neues Konzept der Naturwissenschaften. Der mathematische und naturwissenschaftliche Unterricht, 45, Heft 4, 202-214.

Schlichting, H.J. (1993a). Naturwissenschaft zwischen Zufall und Notwendigkeit. Praxis der Naturwissenschaften- Physik, 42, Heft 1, 35.

Schlichting, H.J. (2000b). Energieentwertung- ein qualitativer Zugang zur Irreversibilität. Praxis der Naturwissenschaften- Physik 49/2, 2-6; ders.: Von der Energieentwertung zur Entropie. Praxis der Naturwissenschaften- Physik, 49, Heft 2, 7-11; ders.: Von der Dissipation zur Dissipativen Struktur. Praxis der Naturwissenschaften- Physik, 49, Heft 2, 12-16.

Schlichting, H.J., Backhaus, U. & Küpker, H.G. (1991). Chaos beim Wasserrad – ein einfaches mechanisches Modell für das Lorenzsystem. Physik und Didaktik, 19, Heft 3, 196- 219.

Schlichting, H.J., Nordmeier, V. & Buttkus, B. (1993b). Wie fraktal ist der Mensch ? – Anmerkungen zur Problematik des tierischen und menschlichen Stoffwechsels aus der Sicht der fraktalen Geometrie. Physik in der Schule, 31, 310.

Schmidt, W. (1991). Physikaufgaben, Beispiele aus der modernen Arbeitswelt. Stuttgart: Klett.

Schön, L. (1991). Die sinnliche Erfahrung als Grundlage für das Verstehen von Physik. In K.H. Wiebel (Hrsg.). Zur Didaktik der Physik und Chemie. Alsbach: Leuchtturm.

Schrödinger, E. (1935). Die gegenwärtige Situation der Quantenmechanik. Die Naturwissenschaften 23, 807-812, 823-828, 844-849.

Schroeder, M. (1994). Fraktale, Chaos und Selbstähnlichkeit. Heidelberg: Spektrum Akademischer Verlag.

Schuldt, C. (1988). Der Asynchronmotor - ein Unterrichtsmodell für die 12. Jahrgangsstufe. NiU/ Physik Chemie, 36, 37 – 42.

Schulz, W. (1980). Ein Hamburger Modell der Unterrichtsplanung – seine Funktionen in der Praxis. In B. Adl-Amini & R. Künzli (Hrsg.). Didaktische Modelle und Unterrichtsplanung. München, S.49 – 87.

Schwedes, H. & Schilling, P. (1984). Wasser und Strom. NiU/ Physik Chemie 32, Heft 8, 263-273.

Seidl, H. (1976). Beurteilungskriterien einer Unterrichtsstunde in Physik im gymnasialen Bereich. Physik und Didaktik, 259 – 286.

Sernetz, M. (2000). Die fraktale Geometrie des Lebendigen. Spektrum der Wissenschaft, 7, 72-79.

Shipstone, D. M., Rhöneck, C. von, Jung, W. , Kaerrquist, C. , Dupin, J. J. , Johsua, S. & Licht, P. (1988). A study of students' understanding of electricity in five European countries. International Journal of Science Education, 10, 303-316.

Shor,P. W. (1994). Algorithms for quantum computation: Discrete log and factoring, in: Proceedings of the 10th Annual Symposium on Foundation of Computer Science (Nov. 1994), Institut of Electical and Electronic Engineers Computer Society Press, pp. 124-136.

Sneider, C. & Ohadi, M. (1998). Unraveling students' misconceptions about the earth's shape and gravity. Science Education, 82, 265-284.

Spender, D. (1985). Frauen kommen nicht vor. Sexismus im Bildungswesen. Frankfurt/Main: Fischer.

Sperber, G. (1976). Linearmotor und Lineargenerator. NiU/ Physik Chemie 20 , Heft 2, 56 – 59.

Spiro, R. J., Coulson, R. L. et al. (1988). Cognitive Flexibility Theory: Advanced Knowledge Acquisition in Ill-Structured Domains. In V. Patel (Ed). Tenth Annual Conference of the Cognitive Science Society. Hillsdale, N.J.: Lawrence Erlbaum Ass. pp. 375-383.

Spiro, R. J., Coulson, R. L., Feltovich, P. J., Anderson, D. K. (1994). Cognitive flexibility theory: Advanced knowledge acquisition in ill-structured domains. In R. B. Ruddell, M. R. Ruddell et al. (Eds.). Theoretical models and processes of reading (4th ed.). Newark: International Reading Association, pp. 602-615.

Stark, R., Graf, M., Renkl, A., Gruber, H. & Mandl, H. (1995). Förderung von Handlungskompetenz durch geleitetes Problemlösen und multiple Lernkontexte. Zeitschrift für Entwicklungspsychologie und Pädagogische Psychologie, XXVII, 4, 289-312.

Stebler, R., Reusser, K. & Ramseier, E. (1998). Praktische Anwendungsaufgaben zur integrierten Förderung formaler und materialer Kompetenzen. Bildungsforschung und Bildungspraxis, 20, 1, 28-54.

Stebler, R., Reusser, K. & Pauli, C. (1994). Interaktive Lehr-Lern-Umgebungen. In K.; Reusser & M. Reusser-Weyeneth (Hrsg.). Verstehen. Bern: Huber.

Stockhausen, E. (1999). „Die Sonne schickt uns keine Rechnung" – Eine Projektwoche in der 3. Jahrgangsstufe der Grundschule. Schriftliche Hausarbeit, Universität Würzburg.

Stroppe, H., Streitenberger, P. & Specht, E. (1997). Physik, Beispiele und Aufgaben. München, Wien: Carl Hanser Verlag.

Sun, T., Meakin, P. & Jossang, T. (1994): The topography of optimal drainage basins. Water Resources Research 9/30, 2599.

Tiberghien, A. (1980). Modes and conditions of learning – an example: The learning of some aspects of the concept of heat. In W. F. Archenhold, R. Driver, A. Orton & C. Wood-Robinson (Eds.). Cognitive development research in science and mathematics. Proceedings of an international seminar. Leeds: University of Leeds, pp. 288-309.

Tipler, P. (1995). Physik. Heidelberg, Berlin, Oxford: Spektrum.

Tradowsky K. (1986). Laser: Grundlagen, Technik, Basisanwendungen. Würzburg: Vogel.

Treumann, K.P. (1998).Triangulation als Kombination qualitativer und quantitativer Forschung. In J. Abel, R. Möller & K.P. Treumann (Hrsg.). Einführung in die empirische Pädagogik (Grundriss der Pädagogik, Band 2).Stuttgart, Berlin, Köln: Kohlhammer.

Uhlenbrock, M. & Nordmeier, V. & Schlichting, H. J. (2000). Die Magnetschnellbahn Transrapid im Experiment. In: Der mathematische und naturwissenschaftliche Unterricht (MNU), 53, Heft 4, 220 – 226.

Uhlenbusch, L. (1992). Mädchenfreundlicher Physikunterricht. Frankfurt/Main: Lang.

Vester, F. (1978). Denken, Lernen, Vergessen. München: dtv.

Viennot, L. (1998). Experimental facts and ways of reasoning in thermodynamics: Learners' common approach. In A. Tiberghien, E. Jossem, & J. Barojas, J. (Eds.). Connecting research in physics education. Ohio: ICPE Books (published on the internet: http://www.physics.ohiostate.edu/~jossem/ICPE/TOC.html).

Vosniadou, S. (1994). Capturing and modelling the process of conceptual change. Learning and Instruction, 4, Heft 1, 45-69.

Wagenschein, M. (1965). Die pädagogische Dimension der Physik. Braunschweig: Westermann.

Wagenschein, M. (1965). Ursprüngliches Verstehen und exaktes Denken I. Stuttgart: Klett.

Wagenschein, M. (1968). Verstehen Lehren. Weinheim: Beltz.

Wagenschein, M. (1970). Ursprüngliches Verstehen und exaktes Denken. Stuttgart: Klett.

Wambach, H. (Hrsg.) (1996). Materialien-Handbuch Kursunterricht Chemie. Bd. 1: Atome-Bindungen-Strukturen. Köln: Aulis-Verlag Deubner.

Wang, M.C.; Haertel, G.D. & Walberg, H.J. (1990).What influences learning? A content anal sis of review literature. Journal of Educational Research, 84, 30-43.

Wang, M.C.; Haertel, G.D. & Walberg, H.J. (1993). Toward a knowledge base for school learning. Review of Educational Research, 63, 249-294.

Watzlawik, P. (1981). Die erfundene Wirklichkeit. München: Piper.

Weber H. (1998). Laser: eine revolutionäre Erfindung und ihre Anwendungen. München: Beck.

Weinert, F.E.; Schrader, F.W. & Helmke, A. (1989). Quality of Instruction and Achievement Outcomes. International Journal of Educational Research, 13, 895-914.

Weizsäcker, C. F.v. (1985). Der Aufbau der Physik. München: Hanser Verlag.

Wierzioch, W. (1988). Ein Schwingkreis spielt verrückt. In W. Kuhn (Hrsg.). Vorträge der Frühjahrstagung der DPG Gießen 1988, 292.

Wiesner, H. (1986). Schülervorstellungen und Lernschwierigkeiten im Bereich der Optik. NiU/ Physik Chemie 34, Heft 3, 25-29.

Wiesner, H. (1991). Schwimmen und Sinken: Ist Piagets Theorie noch immer eine geeignete Interpretationshilfe für Lernvorgaenge? Sachunterricht und Mathematik in der Primarstufe, 19, Heft 1, 2-7.

Wiesner, H. (1993/1994). Verbesserung des Lernerfolgs im Unterricht über Optik. Physik in der Schule, 31, 137-139; 210-211; 304-307; 333-337. Physik in der Schule, 32, 51-57.

Wiesner, H. (1994a). Ein neuer Optikkurs für die Sekundarstufe I, der sich an Lernschwierigkeiten und Schülervorstellungen orientiert. NiU/ Physik, 5, Heft 2, 7-15.

Wiesner, H. (1994b). Zum Einführungsunterricht in die Mechanik: Statisch oder dynamisch? - Fachmethodische Überlegungen und Unterrichtsversuche zur Reduzierung von Lernschwierigkeiten. NiU/ Physik, 5, Heft 2, 16-23.

Wiesner, H. (1995). Untersuchungen zu Lernschwierigkeiten von Grundschülern in der Elektrizitätslehre. Sachunterricht und Mathematik in der Primarstufe, 23, Heft 2, 50-58.

Wiesner, H. (1996). Verständnisse von Leistungskursschülern über Quantenphysik (2). Ergebnisse mündlicher Befragungen. Physik in der Schule, 34, 136-140.

Wild, K.-P. (1999). Catmovie 3. Eine Software zur Unterstützung der Kodierung digitaler Videomaterials. In: Arbeiten zur Empirischen Pädagogik und Pädagogischen Psychologie, Nr. 37. Gelbe Reihe. Neubiberg: Universität der Bundeswehr.

Wild, K.-P. (2001). Die Optimierung von Videoanalysen durch zeitsynchrone Befragungsdaten aus dem Experience Sampling. In S. v. Aufschnaiter & M. Welzel (Hrsg.): Nutzung von Videodaten zur Untersuchung von Lehr-Lern-Prozessen: aktuelle Methoden empirischer pädagogischer Forschung. Münster/ New York/ München/ Berlin: Waxmann, S. 61-74.

Wilhelm, T. (2002). Der asynchrone Linearmotor - einfachst nachgebaut. Praxis der Naturwissenschaften – Physik, 51, Heft 2, 25-29.

Wilke, H.-J. (1994). Die elektromagnetische Induktion in Experimenten – Wirbelströme in magnetischen Wechselfeldern (Teil 7) – Physik in der Schule, 32, Heft 11,. 375 – 376.

Wilke, H.-J. (1995). Rotierende und schwebende Wirbelstromscheiben in magnetischen Wechselfeldern. Praxis der Naturwissenschaften – Physik, 44, Heft 3, 35 – 42.

Wilke, H.-J. (1998). Überraschende Experimente mit Kunststoffflaschen - Teile 2-4. Der mathematische und naturwissenschaftliche Unterricht (MNU), 51, Hefte 2, 3, 5, 106-109, 178-178, 299-303.

Willand, H. & Mengeler, J. (1995). Lernen als Funktion des Vorwissens. Sachunterricht und Mathematik in der Primarstufe, 23, Heft 1, 8-12.

Wimber, F. (1988). Der Schrittmotor. NiU/ Physik Chemie, 36, 31 – 36.

Wiser, M. & Carey, S. (1983). When heat and temperature were one. In D. Gentner & A. L. Stevens (Ed.). Mental models. Hillsdale and London: Lawrence Erlbaum, pp. 267-297.

Wodzinski, R. & Wiesner, H. (1994a). Verbesserung des Lernerfolgs im Unterricht über Optik. Physik in der Schule 32, 13-19.

Wodzinski, R. & Wiesner, H. . (1994b). Einführung in die Mechanik über die Dynamik. Physik in der Schule 32, 164-169, 202-207, 331-335

Wodzinski, R. (1996). Untersuchungen von Lernprozessen beim Lernen Newtonscher Dynamik im Anfangsunterricht. Münster: Lit Verlag.

Wodzinski, R. (1997). Wie man mit dem Druck unter Druck geraten kann. In Fachverband Didaktik der Physik der Deutschen Physikalischen Gesellschaft (Hrsg.). Didaktik der Physik Berlin: Technische Universität Berlin, Institut für Fachdidaktik Physik und Lehrerbildung, S. 316-321.

Wooters, W. K. & Zurek, W. H. (1982). A single quanta cannot be cloned. Nature, 291, 802-803.

Worg, R. (1993). Deterministisches Chaos. Mannheim: Wissenschaftsverlag.

Wulf, P. & Euler, M. (1995). Ein Ton fliegt durch die Luft. Vorstellungen von Primarstufenkindern zum Phänomenbereich Schall. Physik in der Schule, 33, 254-260.

Zeuner, H. (1976). Zwei Modellversuche zum Thema Wirbelströme. Praxis der Naturwissenschaften – Physik, 25,Heft 6, 230 – 231.

Ziegler, A. Kuhn, C. & Heller, K.A. (1998b). Implizite Theorien von gymnasialen Mathematik- und Physiklehrkräften zu geschlechtsspezifischer Begabung und Motivation. Psychologische Beiträge, 40, 271-287.

Ziegler, A., Bromme, P. & Heller, K.A. (1998a). Pygmalion im Mädchenkopf. Psychologie in Erziehung und Unterricht, 45, 2-18.

Ziegler, A., Dresel, M. Bromme, P. & Heller, K.A. (1997). Geschlechtsunterschiede im Fach Physik: Das Janusgesicht physikalischen Vorwissens. Physik in der Schule, 35, 252-256.

Personenverzeichnis

Stichwortverzeichnis

Z

Autorenverzeichnis

Gisela Anton, Prof. Dr.
Universität Erlangen-Nürnberg, Physikalisches Institut

Franz Bader, Prof. Dr. Seminarleiter für Gymnasien (Physik) a.D.
Studienseminar Stuttgart

Klaus Bielfeldt, Seminarleiter für Realschulen (Physik) a.D.
Landesinstitut für Praxis und Theorie der Schule (IPTS) Kiel

Dennis Draxler, Wiss. Mitarbeiter
Universität Dortmund, Didaktik der Physik

Reinders Duit, Prof. Dr.
Universität Kiel (IPN), Didaktik der Physik

Lutz Fiesser, Prof. Dr.
Bildungsw. Hochschule Flensburg

Hans E. Fischer, Prof. Dr.
Universität Dortmund, Didaktik der Physik

Thomas Gessner, Student Lehramt Gymnasium
Universität Würzburg, Didaktik der Physik

Raimund Girwidz, Prof. Dr.
PH Ludwigsburg, Physik und Physikdidaktik

Johannes Günther, Dipl. Phys. Wiss. Mitarbeiter
Universität Würzburg, Didaktik der Physik

Reinhard Helbig, Prof. Dr.
Universität Erlangen-Nürnberg Institut für angewandte Physik

Ernst Kircher, Priv. Doz. Dr.
Universität Würzburg, Didaktik der Physik

Peter Labudde, Prof. Dr.
Universität Bern, Höheres Lehramt

Daniela Lieb, Studentin Lehramt Realschule
Universität Würzburg, Didaktik der Physik

Karl-Heinz Lotze, Prof. Dr.
Universität Jena, Didaktik der Physik und Astronomie

Klaus Mie, Dr.
Universität Kiel (IPN), Didaktik der Physik

Volkhard Nordmaier, Dr.
Universität Münster, Didaktik der Physik

Wolfgang Reusch, Gymnasiallehrer
Universität Würzburg, Physikalisches Institut

Thomas Reyer, Dipl. Phys. Wiss. Mitarbeiter
Universität Dortmund, Didaktik der Physik

Hans-Joachim Schlichting, Prof. Dr.
Universität Münster, Didaktik der Physik

Thorsten Schneider, Wiss. Mitarbeiter
Universität Erlangen-Nürnberg, Institut für angewandte Physik

Christine Silberhorn, Wiss. Mitarbeiterin
Universität Erlangen-Nürnberg, Physikalisches Institut

Ellen Stockhausen, Grundschullehrerin
Universität Würzburg, Didaktik der Physik

Erika Thiessen, Realschullehrerin
Realschule Rendsburg

Thomas Wilhelm, Gymnasiallehrer
Universität Würzburg, Didaktik der Physik

Rita Wodzinsky, Prof. Dr.
Universität Gh Kassel, FB Physik